Entangled Life
How Fungi Make Our Worlds, Change Our Minds & Shape Our Futures

菌類が世界を救う

キノコ・カビ・酵母たちの驚異の能力

マーリン・シェルドレイク
Merlin Sheldrake

鍛原多恵子 訳

河出書房新社

ピエモンテ白トリュフ（*Tuber magnatum*）。提供：著者

トリュフ犬のキカ。ロマーニョ・ウォーター・ドッグ種。提供：著者

「トリュフ狩り――貴重なキノコを探す訓練を受けたブタ」と題された1890年頃のイラスト。ブタは探し当てたトリュフを食べてしまわないように口輪をつけられている。
SAMANTHA VUIGNIER/CORBIS VIA GETTY IMAGES

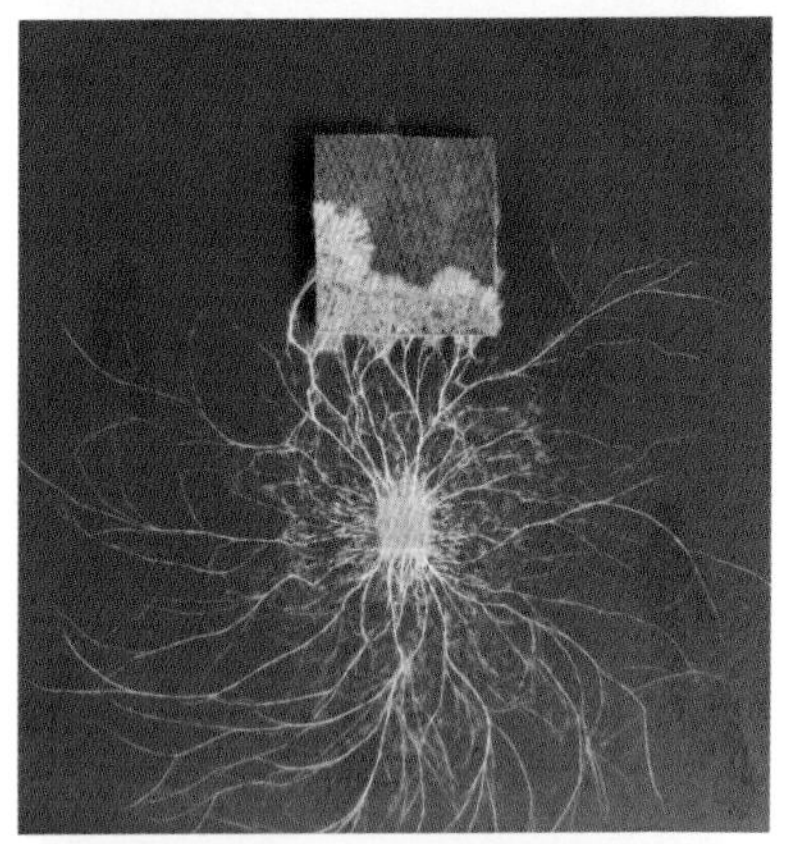

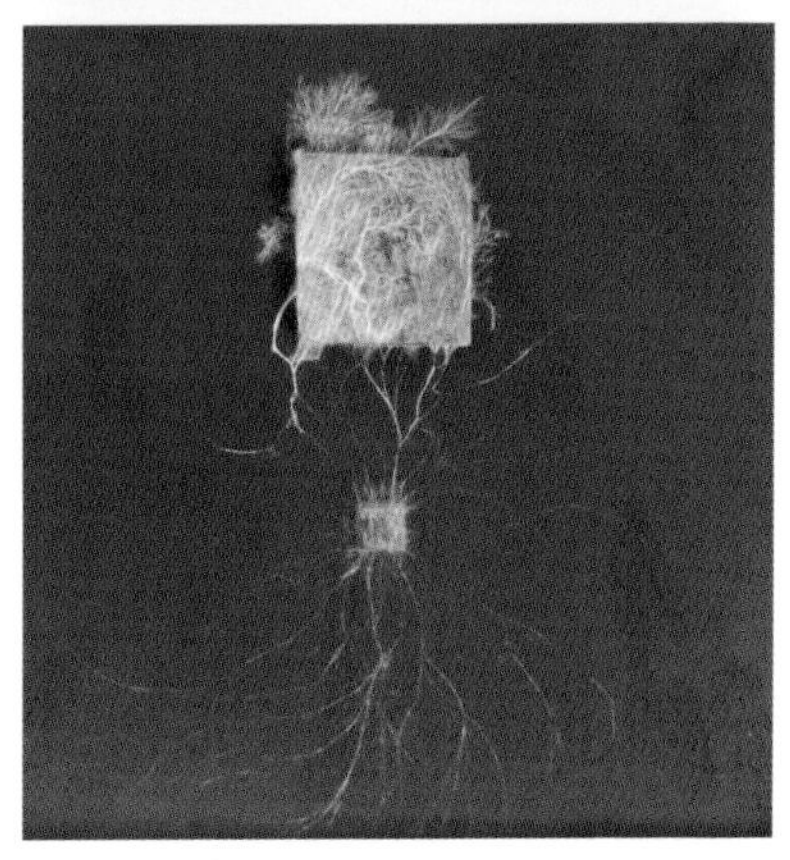

木材腐朽菌チャカワタケ（*Phanerochaete velutina*）の摂食行動。3 枚の画像は菌が 48 日間にわたって成長する様子を示す。菌糸体はまず探索モードで四方八方に伸びる。食物を発見すると、それにつながるリンクを強化し、つながらないリンクを刈り込む。提供：YU FUKASAWA

丸太を探し出して分解する木材腐朽菌の菌糸体。提供：ALISON POULIOT

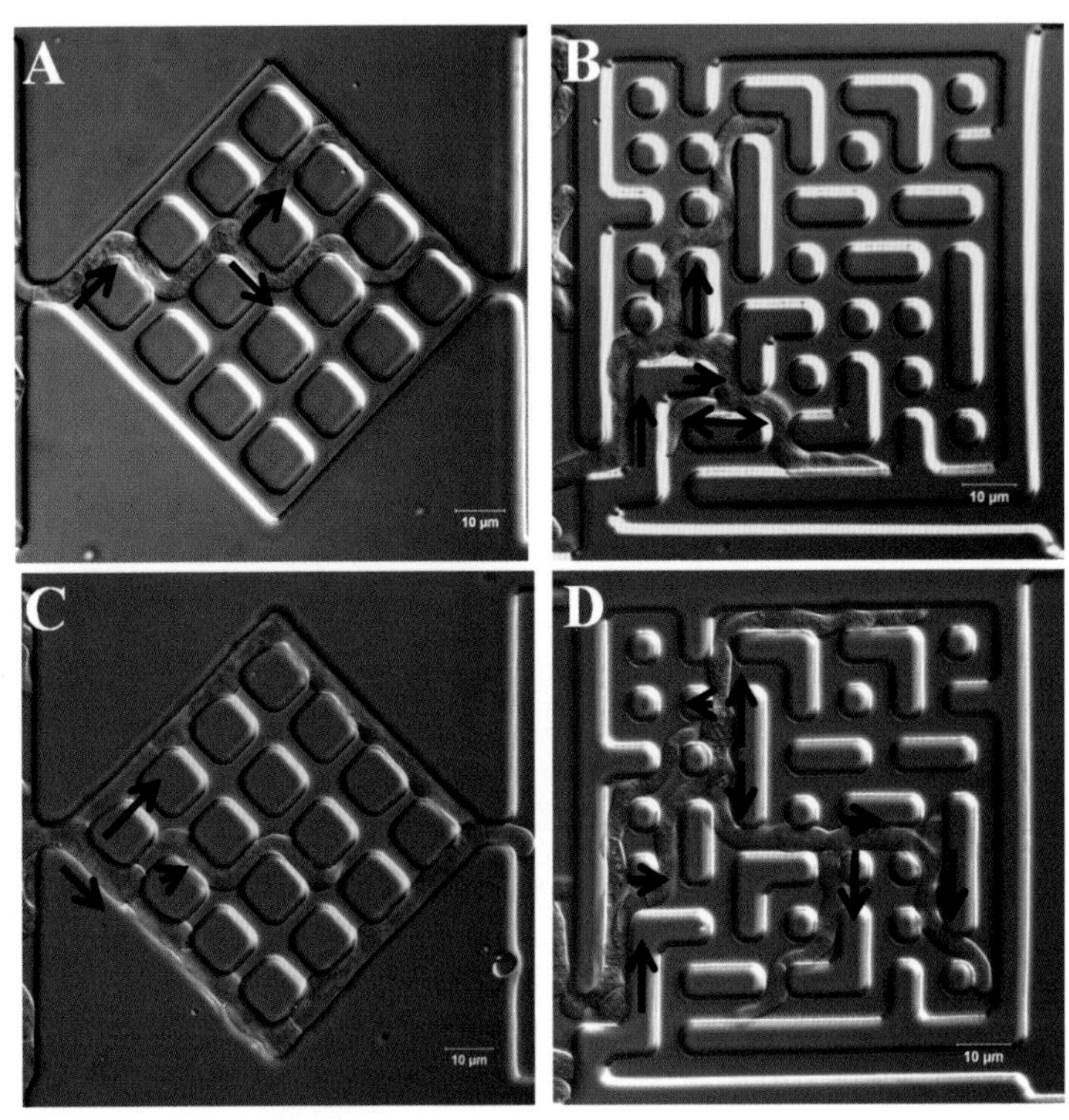

微小な迷路を解くアカパンカビ（*Neurospora crassa*）。黒い矢印は迷路の分岐部と入り口における菌類の成長方向を示す。画像は Held, et al.（2010）より。

生物発光菌オムファロツス・ニディフォルミス（*Omphalotus nidiformis*）。提供：ALISON POULIOT

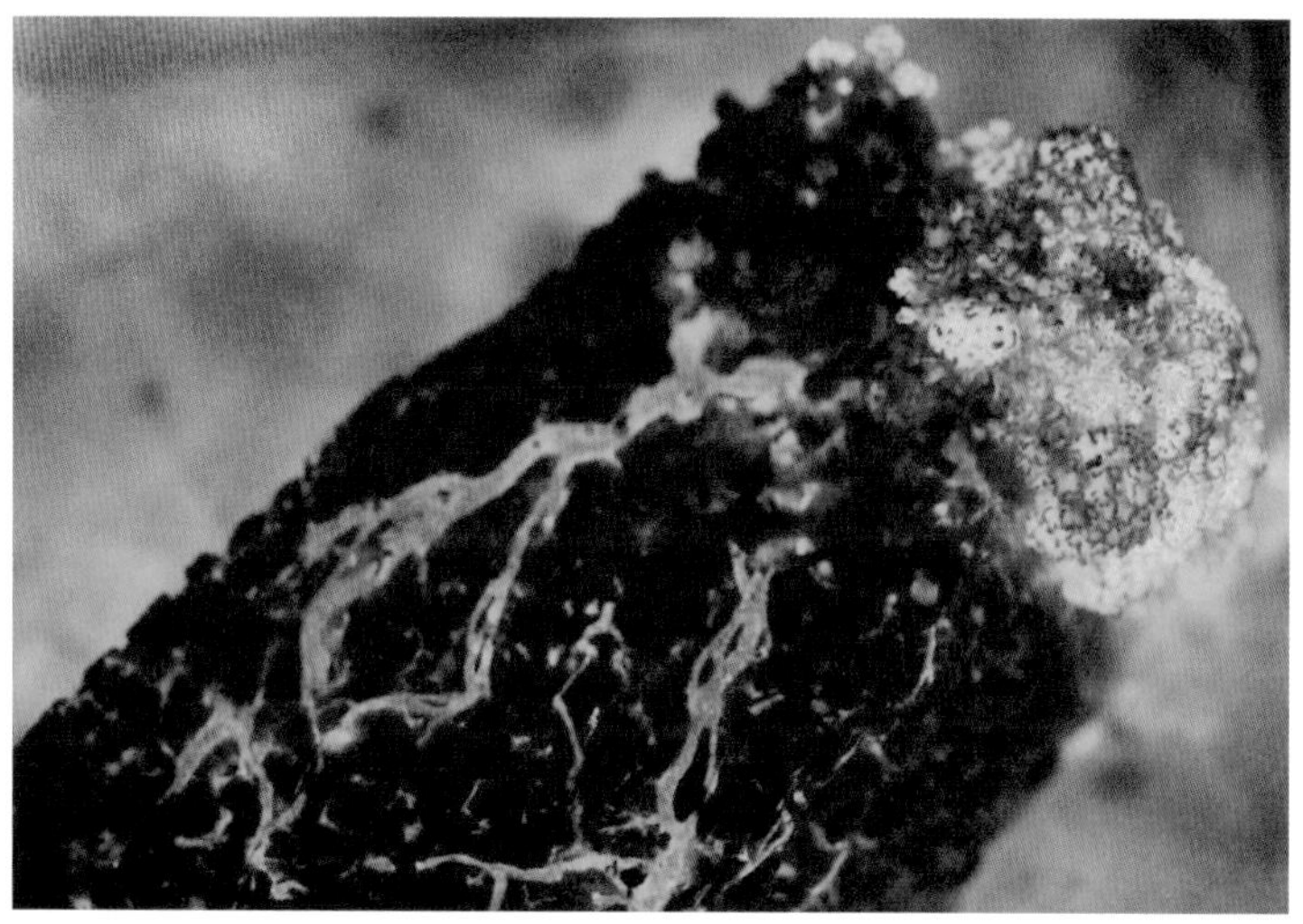

木片上で成長するワサビタケ（*Panellus stipticus*）の発光菌糸体。アメリカ独立戦争中に世界ではじめて開発された潜水艇タートルは、深度計に発光菌類を使用していた。19世紀イングランドの炭鉱労働者は支柱にいる菌類が手元を明るく照らしてくれたと話したという。提供：PATRICK HICKEY

エルンスト・ヘッケルの『生物の驚異的な形（*Kunstformen der Natur*）』（1904）に掲載の地衣類。

ビアトリクス・ポターによるハナゴケ属（*Cladonia*）の地衣類のイラスト。
THE ARMITT TRUST

「ゾンビ菌類」オフィオコルディケプス・ロイディイ（*Ophiocordyceps lloydii*）に感染したオオアリ。菌が２本の子実体（キノコ）をアリの身体から生やしている。サンプルはブラジル・アマゾンで採取。提供：JOÃO ARAÚJO

オフィオコルディケプス・カンポノティ＝ニデュランティス（*Ophiocordyceps camponoti-nidulantis*）に感染したオオアリ。菌がオオアリの全身を白い綿毛のようなもので覆い、菌のキノコの柄がオオアリの後頭部から生えている。サンプルはブラジル・アマゾンで採取。提供：JOÃO ARAÚJO

左：オフィオコルディケプス・カンポノティ＝アトリキピス（*Ophiocordyceps camponoti-atricipis*）に感染したオオアリ。キノコがオオアリの頭から生えている。サンプルはブラジル・アマゾンで採取。提供：JOÃO ARAÚJO
右：タイワンアリタケ（*Ophiocordyceps unilateralis*）に感染したオオアリ。白い棘は別種の菌類で、昆虫の身体で生きるオフィオコルディケプス属菌に感染する「菌寄生者」。サンプルは日本で採取。提供：JOÃO ARAÚJO

アリの筋線維の周りに伸びるオフィオコルディケプス属菌。スケールバーは２マイクロメートル。提供：COLLEEN MANGOLD

グアテマラで1970年代初期に撮影されたキノコの石像コレクション。全部で約200体あると考えられている。これらの石像は、儀式におけるマジックマッシュルームの摂取が少なくとも紀元前2000年にさかのぼることを示唆している。撮影：GRANT KALIVODA　提供：CHARLOTTE SCHAARF

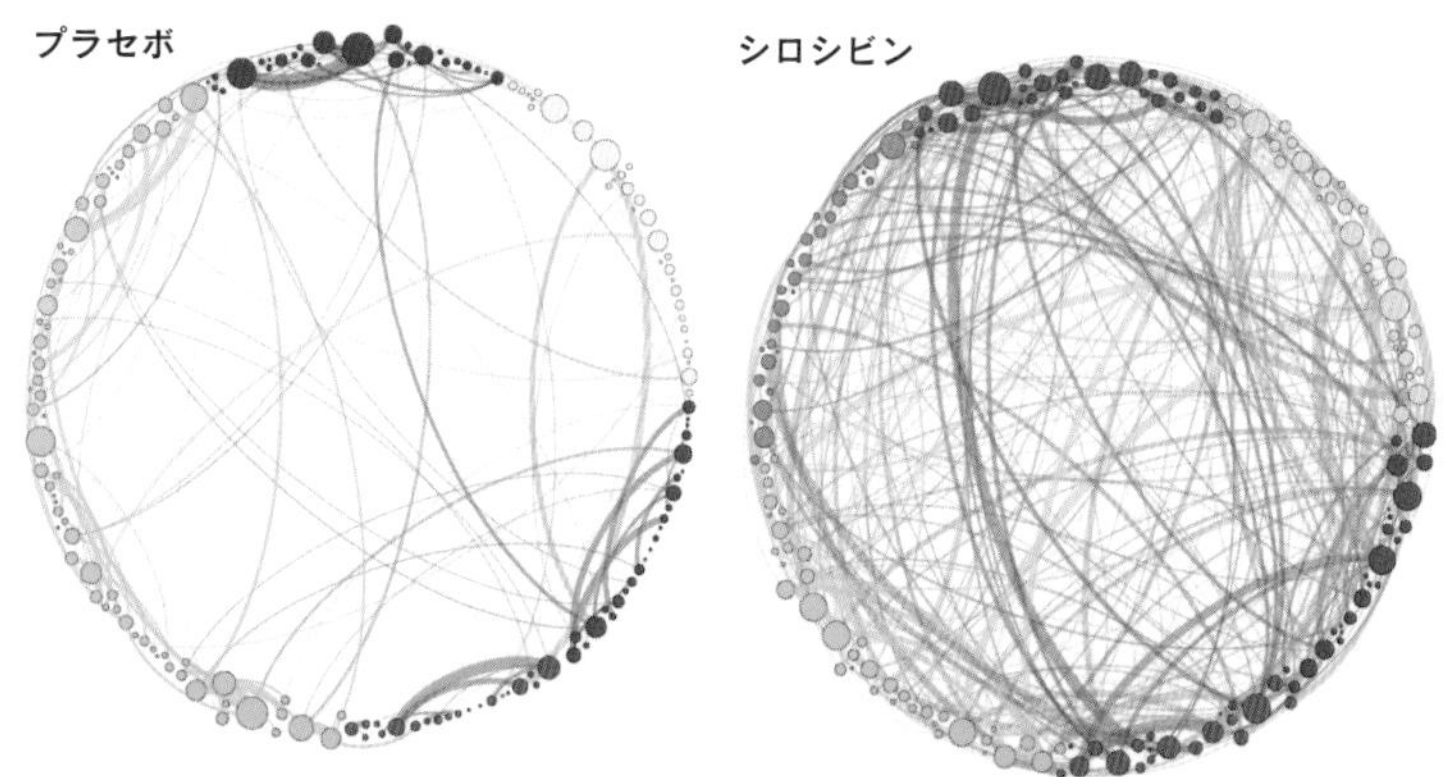

正常な覚醒時（左）とシロシビン投与後（右）における脳活動のネットワーク接続。異なるネットワークを各図の外縁に小さな色付きの円で示す。シロシビン投与後、新たな神経経路が続々と生まれる。人の心を変えるシロシビンの能力はこれらの脳内変化に関連していると思われる。画像はPetri, et al.（2014）より。

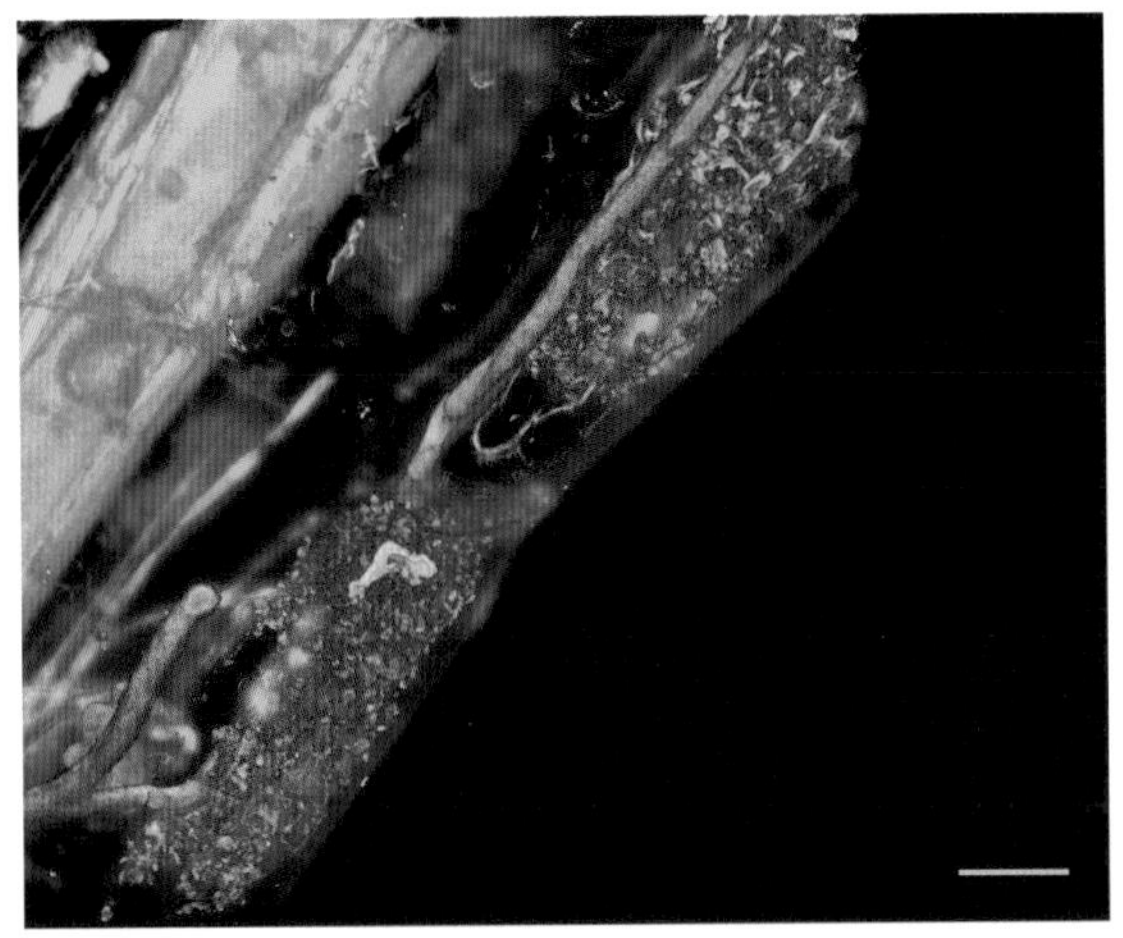

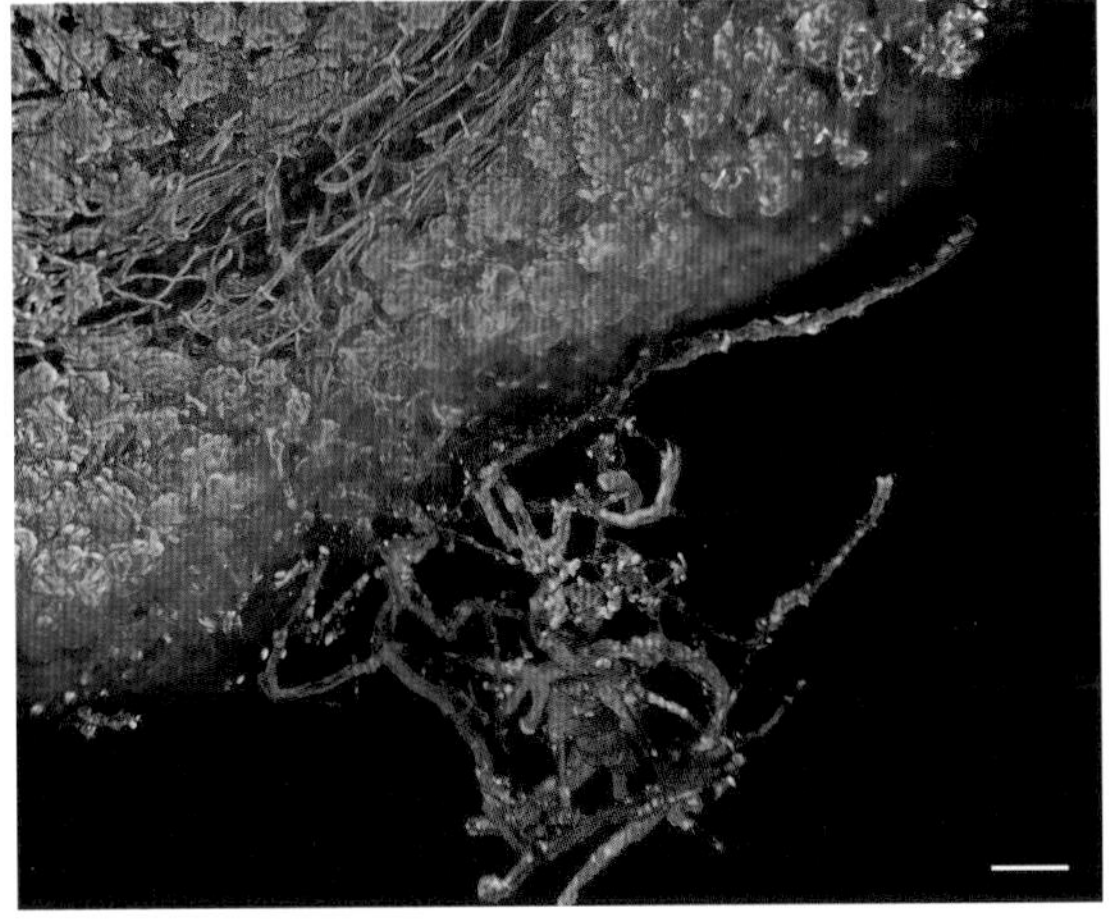

上：植物の根の中で生きる菌根菌。菌を赤、植物を青で示す。植物細胞内の細かな分岐構造は「樹枝状体」または「樹状体」として知られ、ここで植物と菌が物質のやり取りをする。スケールバー（右下）は 20 マイクロメートル。提供：著者
下：植物の根の中へ成長中の菌根菌。菌を赤、植物の根の縁部を青で示す。根の内部には菌の菌糸体が高密度に張り巡らされている。スケールバー（右下）は 50 マイクロメートル。提供：著者

パナマの熱帯雨林に生えている菌従属栄養植物のボイリア・テネラ（*Voyria tenella*）。この植物——ウッド・ワイド・ウェブの「ハッカー」——は光合成する能力を失い、土壌内を延びる菌根菌のネットワークから栄養素を受け取る。提供：CHRISTIAN ZIEGLER

ニューヨーク州のアディロンダック公園に生える菌従属栄養植物ギンリョウソウモドキ（*Monotropa uniflora*）。別名「ゴーストパイプ」。提供：DENNIS KALMA

カリフォルニア州のエルドラド国有林に生える菌従属栄養植物スノープラント(*Sarcodes sanguinea*)。ジョン・ミューアはこの植物を「輝く火の柱」と呼んだ。提供：TIMOTHY BOOMER

カリフォルニア州ソルト・ポイント州立公園に生える菌従属栄養植物シュガースティック(*Allotropa virgata*)。別名「サトウモロコシ」。提供：TIMOTHY BOOMER

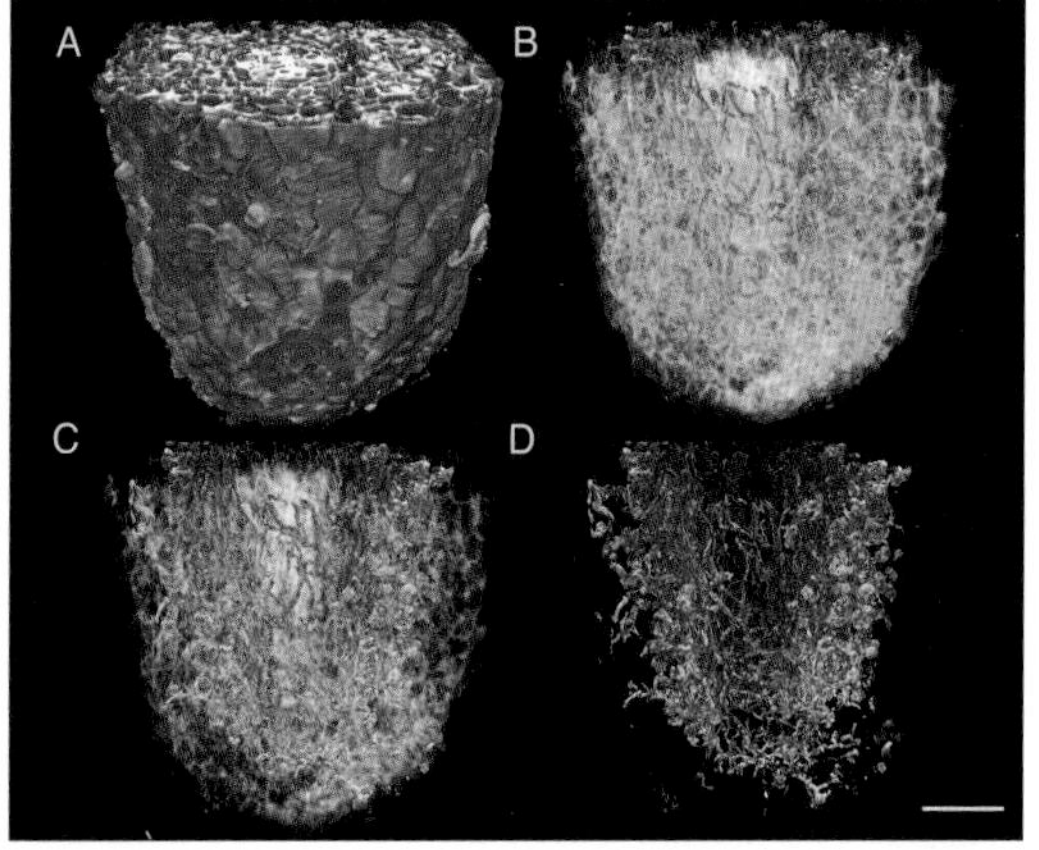

上：親密な上にも親密な関係。菌従属栄養植物ボイリア・テネラには菌根菌がたくさんいる。円Ａ内では、菌が根の縁部を囲む淡い色彩の環に見える。円Ｂ内では、菌を赤で示し、植物の根は省いた。スケールバー（左下）は１ミリメートル。画像は Sheldrake, et al.（2017）より。

下：菌従属栄養植物ボイリア・テネラの根の中で生きる菌根菌。菌を赤、植物の根を灰色で示す。Ａ～Ｄは植物の根の同一断面を段階的に透明にして示した。スケールバー（右下）は 100 マイクロメートル。画像は Sheldrake, et al.（2017）より。

菌従属栄養植物ボイリア・テネラの根は水分とミネラルを土壌から吸収することにあまり適応できず、菌類「農場」に進化した。菌根菌の菌糸体が根から伸びていることに注意。土壌の小片がベタベタした菌糸体の網に引っかかっている。菌が植物の根を周辺とつないでいる様子をとらえた珍しい写真。提供：著者

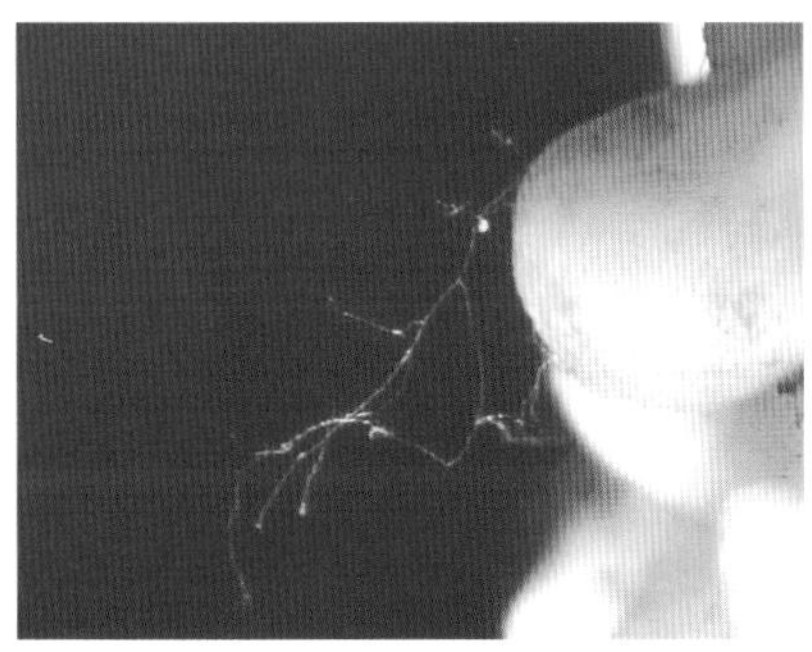

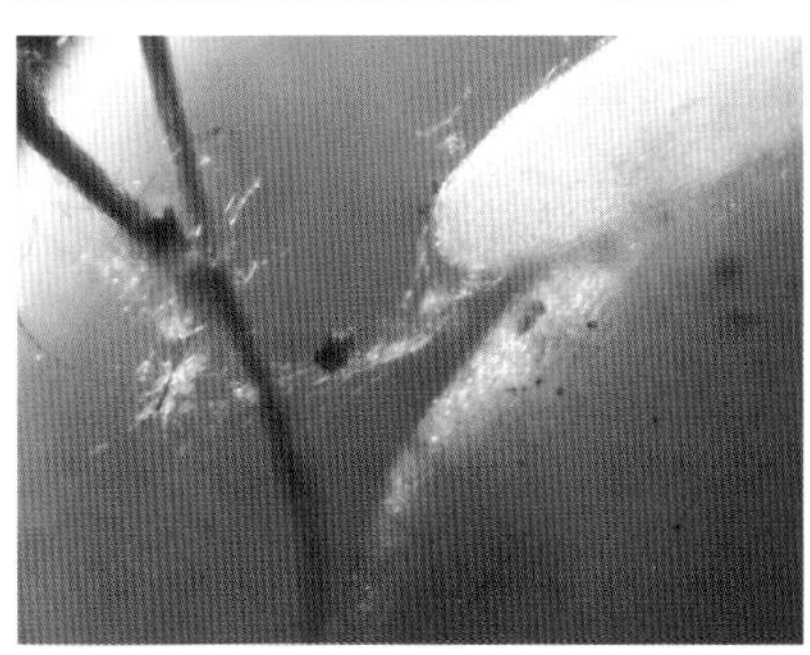

菌従属栄養植物ボイリア・テネラの根の上にいる菌根菌の菌糸体。提供：著者

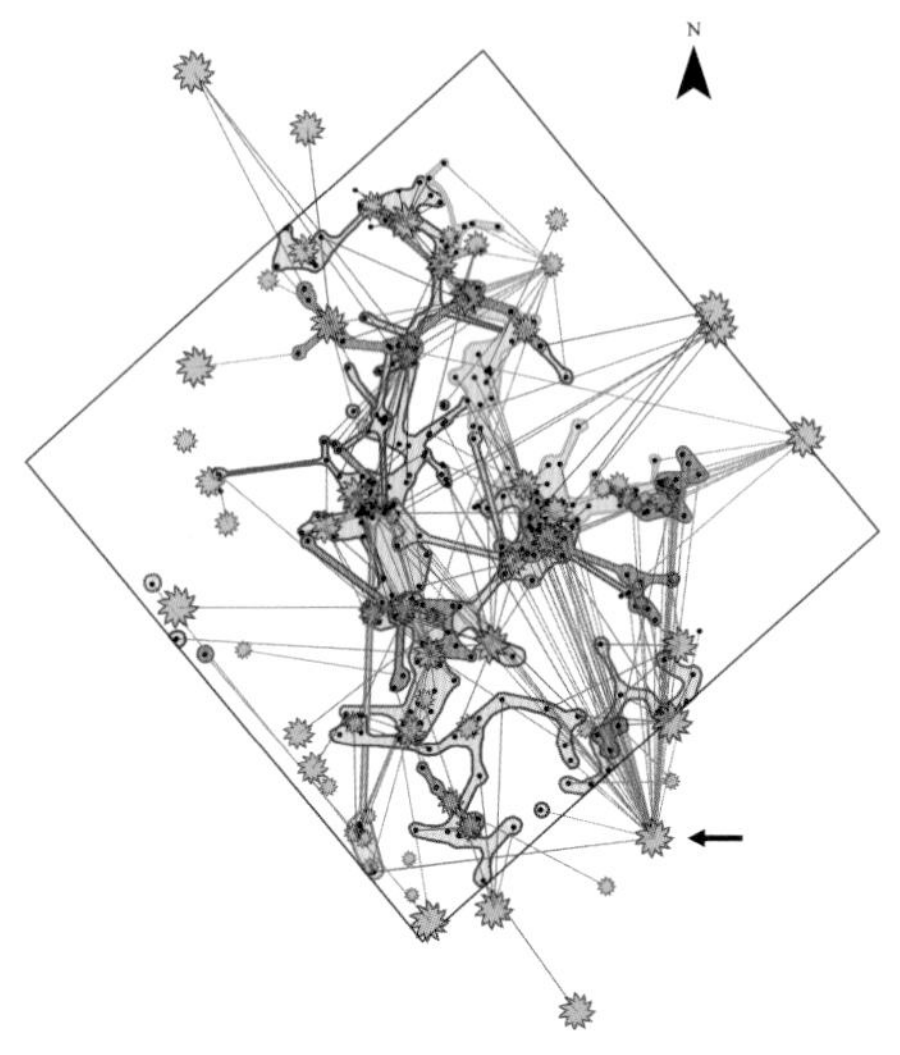

上：ケヴィン・ベイラーが作成した共有菌根ネットワークの地図。緑色のギザギザした印はダグラスモミ、直線はその根と菌根菌のつながりを示す。黒い点はベイラーがサンプルを採取した場所。遺伝学的に同一の菌類ネットワークをそれぞれ異なる色で示した。菌根菌リゾポゴン・ヴェシクロスス（*Rhizopogon vesiculosus*）は青、リゾポゴン・ヴィニカラー（*Rhizopogon vinicolor*）はピンクとした。黒の境界線は 30 × 30 メートルの調査区画、矢印は最大数のリンクを持った木を示す。この木は 47 本の他の木につながっていた。画像は Beiler et al.（2009）より。

左：ピーター・マッコイがヒラタケ属菌で行った実験。ヒラタケは煙草の吸殻のみで成長している。瓶の中に煙草の汚れたフィルター表面が見える。提供：PETER McCOY

菌類が世界を救う　目次

菌類が世界を救う——キノコ・カビ・酵母たちの驚異の能力

豊かな知識を与えてくれた菌類に感謝を捧げる

プロローグ

一本の木を見上げた。幹からシダやランが生え、頂上に繁茂する蔓（つる）植物の中に消えていく。高い梢（こずえ）にとまっていたオオハシが一声鳴いて飛んでいき、ホエザルの群れの咆哮（ほうこう）が長く尾を引いた。雨が止んだばかりで、ときどき頭上の枝から大粒の水滴がしたたる。地面近くを霧が這（は）う。

幹の根元から太い根が四方八方に延び、密林の地面を覆う落ち葉の中へ姿を消す。ヘビの用心に地面を棒でたたいた。タランチュラがあわてて逃げていく。ひざまずいて木の幹に手を這わせ、一本の根を探っていった。やがて根はふかふかした赤褐色の塊の中へ延びていった。支根（しこん）が絡まってできた塊だ。豊かな香りが下から上ってくる。シロアリが根の迷路をよじ登り、ヤスデが丸まって死んだふりをした。根はそこで地面の中に入る。私は周りの落ち葉をスコップで取り除いた。両手とスプーンで表土をほぐし、できるだけそっと地面を掘った。根は幹から延びて地表のすぐ下でねじれていた。

一時間かけて、やっと一メートルほど進んだ。根はすでに紐（ひも）より細くなり、いきなり盛んに枝分かれし始めた。互いにもつれた根はもうたどることもできなくなり、私は腹這いになって自分が掘った浅い溝に顔を近づけた。ナッツを思わせる強い香りの根もあれば、木のような苦い香りの根もある。私が掘り出した木の根は爪で引っかくと樹脂のような香りがした。何時間もかけて地面を進み、数センチメートルごとに根を引っかいては匂いを嗅いだ。同じ根であることを確かめるためだ。

しばらくすると、私がたどっている根から細根が生えている。数本の細根を先端までたどると、腐った落ち葉や小枝の小片の中にもぐっていく。細根の先端を水につけて土壌を洗い落とし、ルーペで観察した。細根は幼木のように分岐し、表面が粘着質に見える新鮮な層に覆われている。私が見たかったのはこの繊細な構造だった。これらの根から菌類ネットワークが土壌の中に延び、近くの樹木の根の周りにも延びていた。この菌類ネットワークがなければ、この木は存在しない。同じように菌類ネットワークがなければ、それがどこであろうと植物は生きていけないのだ。私たちをはじめ、あらゆる陸生生物はこれらのネットワークに依存している。根をそっと引っ張ると、地面が動くのがわかった。

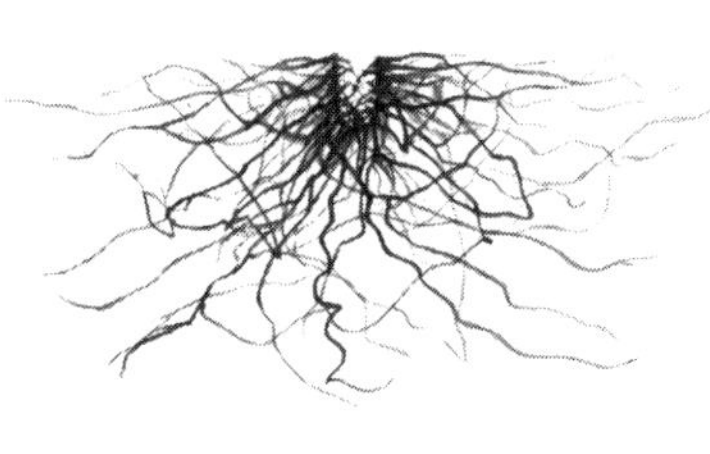

序章　菌類であることはどんな心地なのか

湿った愛には地に生きる者を天がうらやむ瞬間がある

——ハーフィズ(1)

地球は菌類によってつくられた

菌類はどこにでもいるが、なかなか気づかない。あなたの内側にも外側にもいる。あなたとあなたが必要とするもののすべてを維持している。あなたがこの文を読むあいだにも、菌類は一〇億年以上そうしてきたように生命のありようを変えている。岩石を食べ、土壌をつくり、汚染物質を消化し、植物に養分を与えたり枯らしたりし、宇宙空間で生き、幻覚を起こし、食物になり、薬効成分を産出し、動物の行動を操り、地球の大気組成を変える。菌類は私たちが生きている地球、そして私たちの思考、感覚、行動を理解するためのカギとなる。それなのに、私たちの目に入ることが少ない。菌類の九〇％以上の種類は未確認なのである。知れば知るほど、菌類はさらにわからなくなる。

菌類は、植物界および動物界とは別の多様な菌類界〔界は生物の分類階級の一つ。一番上の階級ドメインの下〕を構成する。微小な酵母も菌類であり、世界最大の生命体と言われるナラタケ類（*Armillaria*）の巨大なネットワークも菌類だ。現在、最大とされるナラタケはオレゴン州にあるオニナラタケ（*Armillaria ostoyae*）だ。重さ数百トンで、一〇平方キロメートルにわたって広がり、年齢は二〇〇〇～八〇〇〇歳とされる。おそらく、未発見のもっと古いナラタケもあるに違いない。(2)

地球上で起きる大半のできごとはこれまでも菌類の活動の結果だったし、これからもそのことに変わりはない。植物は菌類の助けを借りて約五億年前に陸に上がった。植物が独自の根を進化させるまでの数千万年間、菌類は植物の根の役目を果たしたのだ。今日では、植物の九〇％以上が菌根菌（mycorrhizal fungi）――ギリシャ語で菌を意味する *mykes* と根を意味する *rhiza* に由来する――に依存している。菌根は、「ウッド・ワイド・ウェブ（ＷＷＷ）」とも呼ばれる共有ネットワークに樹木をつないでくれる（本書第6章参照）。この太古の関係性から地上のあらゆる生命が生まれたのであり、これらの生命の未来は植物と菌類の健全な関係が今後も維持されるかどうかに懸かっている。

植物は地球を緑で覆ったかもしれない。だが、四億年前のデヴォン紀に目を移せば、プロトタキシーテスという別種の生命体に出あうだろう。これらの高くそびえ立つ陸生生物は陸上に散在していた。多くは二階建ての建物より背丈が高く、これより高い生物は存在しなかった。植物は存在していたが、その丈は一メートルに届かなかった。脊椎動物はまだ陸に上がっていない。小さな昆虫がこの巨大な生物の幹をかじって部屋や廊下をつくった。この不可思議な生物群――巨大な菌類と考えられている――は、少なくとも四〇〇〇万年にわたって陸上で最大の生命体だった。この期間はヒト属の存続期間の二〇倍にあたる。(3)

今日に至るまで、地上の新たな生態系は菌類によってつくられた。火山ができたとき、あるいは氷河が退行して岩石が露出したとき、地衣類――菌類と藻類または細菌の結合体――が最初の生物となって土壌を生み出し、その土壌に植物が根づいた。十分に発達した生態系でも、土壌はそれを維持する稠密な菌根組織がなければ雨によってすぐに洗い流されてしまう。海底の厚い堆積物から砂漠の表土、南極大陸の凍結した谷、私たちの腸や多様な窪みまで、地球上には菌類の見つからない場所はほとんどない。数十〜数百種の菌類が一個体の植物の葉や茎の中にいる。これらの菌類は植物の細胞間質内を複雑な織物のように伸び、植物を病気から守る。菌類のいない植物は自然環境では見つからない。菌類は葉や茎と同じく植物の一部なのだ。(4)

これほどまでに異なる棲息地(せいそくち)でも菌類が生存できるのは、その多様な代謝能力のおかげだ。代謝とは化学的変換反応である。菌類は代謝に長(た)けていて、じつに器用に何かを探し出し、取り出し、回収する。その能力に肩を並べるのは細菌ぐらいのものだ。強力な酵素と酸の混合物を用いることで、菌類は地上でもっとも分解の難しい物質をも分解する。樹木のいちばん硬い成分であるリグニン、岩石、原油、ポリウレタン樹脂、爆薬のＴＮＴまで分解できるのだ。菌類にとって極端すぎる環境はほぼ存在しない。採鉱廃棄物から分離されたある菌種はこれまで発見された中で放射線耐性がもっとも高い生物であり、放射性廃棄物処理場の除染に使えるかもしれない。爆発事故を起こしたチェルノブイリの原子炉には、この種の菌類がたくさん棲(す)みついた。放射線耐性を有する菌類種には放射能を含む「ホット」パーティクルに向かって伸びるものすらいて、植物が太陽光のエネルギーを利用するように、放射線をエネルギー源として利用することができるらしい。(5)

人間社会に欠かせない菌類たち

菌類と聞くとキノコを思い浮かべる人は多い。植物の果実が枝や根を持つ大きな生命体の一部であるのと同じように、キノコは菌類の子実体(しじつたい)であり、ここで胞子がつくられる。菌類は植物が種子を使うのと同

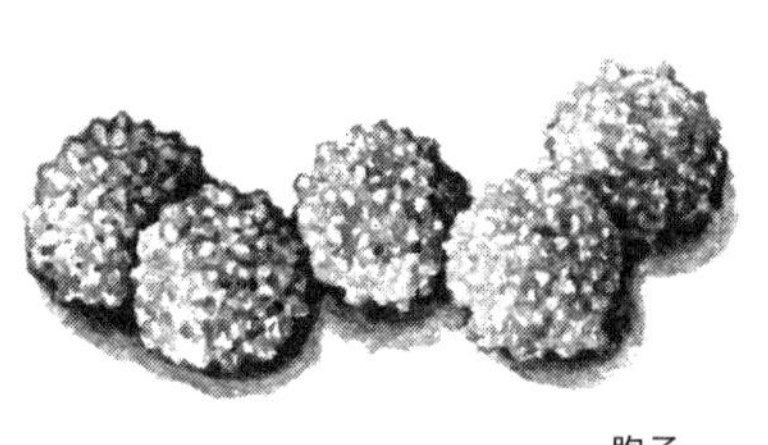

胞子

じように、胞子を拡散するためにキノコを使う。キノコは菌類以外の手段（風やリス）を利用して、胞子を拡散させたり、その拡散が邪魔されないようにしたりする。それは菌類の表に出た部分であって、刺激臭があって、食べてみたいと思わせ、美味だが、毒を持つことがある。だが、キノコは胞子を拡散する多様な手段の一つにすぎない。菌類の大多数はまったくキノコに頼らずに胞子を放出する。

　私たち生き物はみな菌類の胞子を吸っている。菌類が胞子を拡散する能力は高いからだ。爆発的に胞子を放出する種類では、発射直後のスペースシャトルの数万倍の速度で胞子を加速させ、その速度は時速一〇〇キロメートルにおよぶ。生物の移動速度としては最大級だ。独自の微気候〔地表に植物などによって形成される局所的な気候〕を形成する菌根もある。キノコのヒダから水分が蒸発するときに発生する上昇気流に乗って、胞子が上空に運ばれるのだ。菌根は一年で約五〇メガトン――五〇万頭のシロナガスクジラに匹敵する――におよぶ胞子をつくる。したがって、菌根は空中を漂う生きた粒子の最大の源泉である。胞子は雲の中にもいて、雨を降らせる水滴や、雪、みぞれ、雹（ひょう）を降らせる氷の結晶を形成することで天候に影響を与える。[6]

　糖を発酵させてアルコールに変えたり、パン生地を膨らませたりする菌類もいる。これらの菌類は単細胞生物で発芽によって増殖する。だが大半の菌類は多細胞生物であり、多数の細胞からなる菌糸（きんし）と呼ばれるネットワークを形成する。菌糸はあるいは分岐し、あるいは合流する管状の構造体で、絡まりあって繊細で無

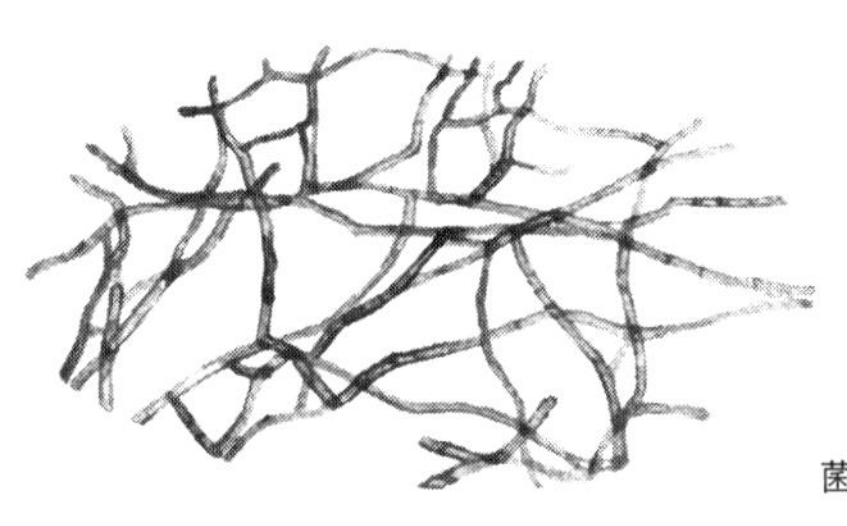

菌糸体

秩序な菌糸体になる。菌糸体は菌根のもっとも共通した習性であり、物というよりプロセスと考えるのがふさわしい。そのプロセスとは周辺を探る不規則な行動なのだ。菌糸体ネットワーク内の生態系には水と養分が流れている。菌類には菌糸体が電子移動を起こす種類があり、菌糸を通して電流が流れる。これは動物の神経細胞を流れる電気信号に似ている(7)。

菌糸は菌糸体を形成する一方で、より特殊な構造も形成する。キノコのような子実体は菌糸のフェルト状の束でできている。この器官には胞子を放出する以外にも多くの働きがある。トリュフはそのすばらしい香りのおかげで世界でもっとも高級な食材の一つとされている。ササクレヒトヨタケ（*Coprinus comatus*）などはとくに硬いわけでもないのに、アスファルトを突き抜け、重い敷石をも押し上げる。このキノコは炒めて食べることができる。この真っ白なキノコは瓶に入れておくと、数日で融化して漆黒のインクになる（この本のイラストはササクレヒトヨタケのインクで描いたものだ(8)）。

菌類はその見事な代謝機能によって種々の関係を結ぶことができる。植物はその出現以来、根や芽の栄養や防御を菌類に頼っている。動物も菌類に依存している。ヒトを除けば、この地球上で最大の複雑な社会を形成するのはハキリアリである。コロニーは八〇〇万以上の個体からなり、地下の巣は直径が三〇メートルを超える。ハキリアリの暮らしは菌類を中心に回っている。菌類を洞穴の小部屋で育てて、葉の小片を餌として与える(9)。

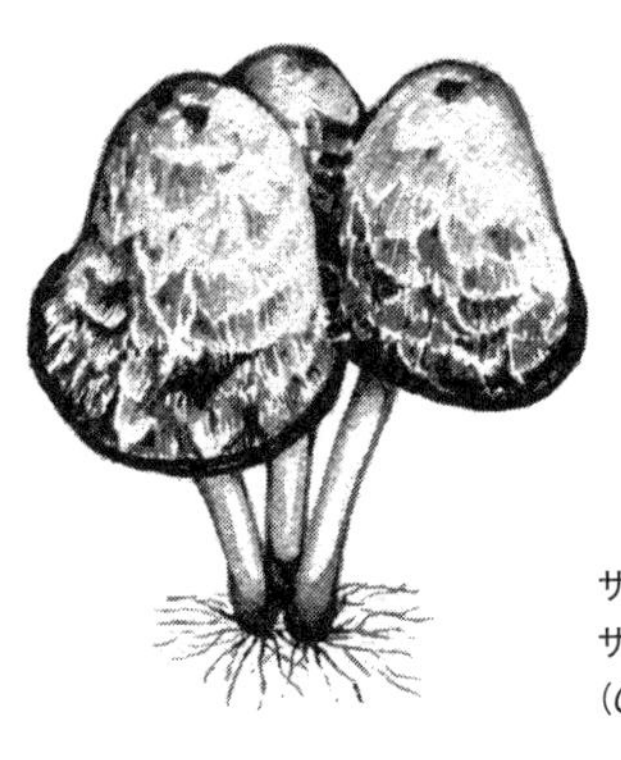

ササクレヒトヨタケのインクで描いた
ササクレヒトヨタケ
（*Coprinus comatus*）

人間社会もハキリアリの社会に負けず劣らず菌類とつながっている。菌類を病原体とする病気は年に数十億ドルの損失を生み出している。たとえば、イネ苗立枯病菌は年に六〇〇〇万人分の米の被害を出している。ニレ立枯病やクリ胴枯病など菌類が原因の樹木の病気は森林や景観をも変える。ローマ人はこうした病気の被害を避けようとカビの神ロービーグスに祈りを捧げたが、飢饉を防ぐことはかなわずローマ帝国の衰退が加速した。病原性菌類の影響は世界中で増加傾向にある。持続不可能な農法の導入によって、植物が依存する菌類との有益な関係が絶たれつつあるのだ。また殺菌剤の使用が広がるにつれ、新型のスーパーバグが過去に例のないほど増加している。ヒトが病原性の菌類を拡散することによって、これらの菌類に進化の機会を与えているのだ。ここ五〇年ほどで、史上もっとも死亡率の高い病原性の菌類――両生類が感染する菌類――が、人間の往来によって世界中に広まってしまった。おかげで、九〇種の両生類が絶滅し、さらに一〇〇種以上を絶滅に追い込もうとしている。世界中のバナナ出荷量の九九％を占めるバナナ種のキャベンディッシュは菌類が原因の病気で個体数が減少しつつあり、あと数十年で絶滅すると考えられている。[10]

しかしハキリアリのように、ヒトもさまざまな問題の解決に菌類を利用してきた。じつは、ヒト属はホモ・サピエンスの誕生以前から菌類の力を借りてきたようだ。二〇一七年、研究者が現生人類のいとこでおよそ五万年前に絶滅したネアンデルタール人の食習慣を調べた。その結果、歯原性腫瘍のあるヒトの個体が特定の菌類――ペニシリンを産生するカビ――を食べていたことを発見した。この発見は、この種の菌類に殺菌効果があると彼らが知っていたことを示唆する。これより時代が下って、氷河から発見されたきわめて保存状態のいい新石器時代(約五〇〇〇年前)の男性のミイラ「アイスマン」の例もある。死亡したその日、アイスマンは少量の干したツリガネタケ(*Fomes fomentarius*)を入れた袋を持っていた。これは火をおこすために持ち歩いていたものにほぼ間違いないだろう。袋には、別にカンバタケ(*Fomitopsis betulina*)を念入りに砕いたものも入っていて、これはおそらく薬として用いられたと思われる[11]。

オーストラリアの先住民は、ユーカリの木の日陰になっている側から採取したカビで傷を治療した。ユダヤ教のタルムードには、「ハムカ」というカビ治療薬の記載がある。この薬はカビの生えたトウモロコシをデーツワインに浸(つ)けたものだ。紀元前一五〇〇年にさかのぼる古代エジプトのパピルスに、カビの治療効果の記載がある。一六四〇年、ロンドンの王室植物学者ジョン・パーキンソンは傷を治すのにカビを使用することができると書いている。しかし、カビがペニシリンという殺菌作用のある物質を生成することがアレクサンダー・フレミングによって発見されたのは一九二八年である。ペニシリンは初の近代的な抗生物質となり、それ以来無数の人命を救っている。フレミングの発見は近代医学の金字塔として広く知られ、第二次世界大戦の趨勢(すうせい)を変えたと考える人もいる[12]。

ペニシリンは菌類を細菌の感染から防御してくれる化合物であるが、ヒトも防御してくれることがわかった。このことは特段変わったことではない。菌類は長きにわたって植物と一緒に分類されていたが、実際はより動物に近い。菌類の生活を理解しようとする過程で研究者が犯しがちな分類ミスだったのだ。分子レベルで見れば、菌類とヒトは多くの同一の生化学的イノベーションの恩恵に浴することが可能な程度には似通っている。菌類が産生する薬効成分を使うとき、私たちは菌類の知恵を借り受けて自分たちの身体に応用しているのだ。菌類は多様な薬効成分を分泌し、今日では私たちはペニシリン以外にも多くの医薬品のために菌類の力を借りる。こうして得られた医薬品には、シクロスポリン（臓器移植を可能にする免疫抑制剤）、コレステロール値を下げるスタチン、種々の強力な抗ウイルス剤や抗がん剤（たとえば、タイヘイヨウイチイの樹皮に見つかる菌類から抽出した成分を含む数十億ドルを稼ぎ出した医薬品タキソール）などがある。もちろん、菌類の他の産生物にはアルコール（酵母による発酵で得られる）や、シロシビン（最近の治験で重いうつ病や不安症に効果があることが示された幻覚性キノコ〔以下、マジックマッシュルーム〕の薬効成分）もある。産業界で使用されている酵素の六〇％、すべてのワクチンの一五％が酵母の育種株によって産出されている。菌類がつくるクエン酸はすべての発泡性飲料に使われている。食用キノコの世界市場はブームを迎えており、その市場価値は二〇一八年の四二〇億ドルから二〇二四年には六九〇億ドルに達すると予測されている。医療用キノコの販売実績は年を追うごとに増加している。[13]

菌類の用途はヒトの健康にとどまらない。ラディカルな菌類テクノロジー〔「ラディカル」の意味については本書二一六ページを参照のこと〕によって、私たちが現在進行中の環境問題の一部に対処することも可能にする。菌類の菌糸が産生する抗ウイルス化合物は、ミツバチの蜂群（ほうぐん）崩壊症候群を抑制する。菌類による除染（マイコレメディエーション）と呼ばれる手法では、菌類の飽くことを知らぬ食欲を原油の漏出事故が起きた際に原油などの汚染物質を分解するために利用できる。菌類による濾過（マイコフィルトレーション）という手法では、汚染水を菌糸体に通すことで重金属が除去され有毒物質が分解される。菌類による製造（マイコファブリケーション）では、多様な用途のためにプラスチックや皮革に代えて使う材料として、菌糸体を建材や繊維にまで成長させる。放射線に対する耐性を持つ菌類の黒色素（メラニン）は、放射線耐性を持つ生体適合材料として有望視されている。[14]

人間社会は、つねに驚異的な菌類の代謝によって維持されてきた。菌類の化学作用をすべて挙げていくには数か月かかるだろう。ところが、これほど有望で、昔の人は大きな魅力を感じたと思われるにもかかわらず、菌類は動植物に比べて注目を集めることが少ない。もっとも正確な推定によれば、世界には二二〇万種から三八〇万種の菌類がいる。この数字は植物の推定種数の六倍から一〇倍にもなる。つまり現状では、菌類全体のわずか六％しか発見されていないのだ。私たちはようやく菌類の生活の複雑さを理解し始めたばかりである。[15]

菌類と植物のネットワーク

記憶にある限り、私はいつも菌類と菌類が成し遂げる変化に魅せられてきた。硬い丸太が土壌になり、パン生地の塊がパンになり、キノコが一夜にして生える。だが、どうやって？　一〇代のころ、なんとかこの問いの答えを知ろうと菌類に親しんだものだ。キノコ狩りをし、自分の寝室でキノコを育てた。やがて酒を醸造し、それが酵母と私に与える影響を知ろうとした。蜂蜜が蜂蜜酒になり、果物がワインになり、この変化の産物が私や友人たちの感覚をも変えることに驚いたものだ。

私は、ケンブリッジ大学植物科学部――菌類科学部は存在しなかった――で正式に菌類について学ぶことになった。それまでに私は、共生――無関係な生物どうしが結ぶ親しい関係――に興味を抱くようになっていた。生命の歴史は親密な協力関係に満ちている。たいていの植物は、光合成――植物が太陽光と大気中の二酸化炭素を吸収するプロセス――によって得られるエネルギー源となる糖や脂質と引き換えに、土壌中の養分（燐〔リン〕や窒素）を菌類から受け取っているということを私は学んだ。植物と菌類の関係によって現在の生物圏が生まれ、陸上の生命体が維持されている。それなのに、私たちはこのことについてほとんど何も知らないように思えた。これらの関係はどのようにして生まれたのだろう。植物と菌類はどのようにして意思を伝えあうのか。これらの生物についてどうすれば学ぶことができるだろうか。

私は、博士号取得のための研究テーマに、パナマの熱帯雨林における菌根共生を選ばないかという申し出に喜んで応じた。まもなく、スミソニアン熱帯研究所が運営するフィールドステーションのある島に赴いた。この島とそれを囲む半島は全体が森林に覆われた自然保護区の一部で、宿舎、食堂、研究室の建物のための空間のみが森の中に切り拓かれていた。植物を育てる温室、葉くずの袋が詰め込まれた乾燥戸棚、顕微鏡がずらりと並んだ部屋、試料で満杯の広い冷凍室があった。その中には、樹液の入った瓶、死んだコウモリ、トゲポケットネズミの背中から採取したダニを入れた試験管、ボアコンストリクターというヘビの標本があった。連絡板の張り紙には、森でネコ科の動物オセロットの新鮮な糞を見つけた人に謝礼を支払います、とあった。

ジャングルは生命に満ちていた。ナマケモノ、ピューマ、ヘビ、クロコダイル……。水の上を沈むことなく走るイグアナ科のバシリスクも。数万平方メートルの土地に、ヨーロッパ全体と同じ種数の植物が生きているのだ。森林の多様性は、この場所で研究しようとやって来るフィールド生物学者の多様性でわかる。木に登ってアリを観察する人、毎朝夜明けに宿舎を出てサルを追いかける人もいる。熱帯性低気圧の襲来で樹木に落ちる雷を追う人、クレーンに吊り下げられて林冠におけるオゾン濃度を測定する人、土壌を電気機器で温め、気候温暖化に細菌がどのような反応をするかを探る人もいる。甲虫がどのようにして星を頼りに移動するかを突き止めようとする人までいる。マルハナバチ、ラン、チョウ。誰も観察していない生命体は森の中にいないと思えるほどだ。

私はこれらの研究者の創造性とユーモアに感動した。実験生物学者は自分がテーマに選んだ生命体にほぼかかりっきりだ。彼らの人としての生活は、観察対象の入ったフラスコの周りを中心に回っている。一方でフィールド生物学者がコントロールできることはまずない。世界がフラスコであり、彼らはその中にいるのだ。力のバランスが違う。嵐が来れば彼らが実験のためにつけた印は洗い流される。実験区画に樹木が倒れ込む。土壌の養分を測定するはずだった場所でナマケモノが死ぬ。サシハリアリのそばを歩くと刺される。森とその住人たちは、科学者が主人公であるという幻想を粉々に打ち砕く。研究者はすぐに謙虚さを学ぶ。

植物と菌根菌の関係は、生態系を理解するカギとなる。私は養分が菌根のネットワークをどのように移動するのかを知りたかったが、地下で起きていることを考えると目まいに襲われそうだった。植物と菌根菌は乱婚だ。たくさんの菌が一本の植物の根の中で生きているかと思うと、たくさんの植物が一種の菌のネットワークにつながっていることもある。つまり、養分からシグナリング化合物まで多様な物質が菌のネットワークを介して植物のあいだを移動することができる。いわば、植物は菌類によって社会的につながっているのだ。これがウッド・ワイド・ウェブの意味である。私が研究した熱帯雨林には数百種の植物と菌類があった。これらの植物と菌類がつくるネットワークは信じ難いほど複雑で、それが意味するところは大きいものの理解はまだあまり進んでいない。地球外からやって来た人類学者が数十年にわたって現生人類を研究したあげく、私たちがインターネットと呼ばれるものを持っていることを発見したと想像してほしい。これが現代の生態学が置かれた状況に少々似ている。

土中に広がる菌根菌のネットワークを調べるため、私は数千もの土壌試料と樹木の根を切ったものを採取し、つぶしてペースト状にし、ペーストから脂質、つまりＤＮＡを抽出した。数百株の植物を異なる菌根菌と一緒に別々の鉢で育てて、葉がどれほど大きく生育するかを測定した。温室の周りに黒コショウを撒(ま)いて、猫が温室に入り込んで野生の菌類を持ち込まないようにした。植物に標識用の化学物質を与え、これらの化学物質が根から土壌に移動する様子を調べた。これらの植物につながっている菌に、どれほどの化学物質が移動したかを突き止めるためだった。土壌と根をつぶしてはペーストをつくり続けた。森林に覆われた半島群を小型のモーターボートで探索したが、ボートはよく壊れた。希少な植物を求めて滝を登り、水分を含んだ土壌の試料を入れたバックパックを背にぬかるんだ小道を何キロメートルも歩き、ジャングルの深い赤土の泥沼にトラックを乗り入れた。

熱帯雨林には多くの生き物が暮らすが、いちばん心を引かれるのは地面から生えて小ぶりな花を咲かせるある植物だ。コーヒーカップぐらいの丈しかなく、細長い乳白色の茎のてっぺんに鮮やかな青い花を一輪咲かせる。ボイリア（*Voyria*）という名のジャングルのリンドウで、ずっと昔に光合成する能力を失ったため、葉緑素を持たない。光合成を可能にし、植物を緑色にするのはこの色素だ。私はボイリアの謎にとりつかれた。光合成は植物を定義する性質の一つである。どうしてこの種は光合成せずに生きられるのだろう。

ボイリアとその共生菌の関係が特別で、この花が土の中で起きていることを教えてくれるのではないかと考えた。何週間もボイリアを探してジャングルをさまよった。森がとぎれた場所に生えている場合はすぐに見つかった。だが樹木の根元に隠れて見えないときもあった。サッカーのピッチの四分の一ほどの面積に、数百株のボイリアが花を咲かせていることもあって、何株あるか数えなくてはならなかった。森が開けているか平坦であることは珍しいので、屈(かが)んで這いずり回ることになる。実際、もう歩いている状態にはほど遠かった。毎夕、私は汚れてくたくたに疲れてフィールドステーションに戻る。夕食時に、オランダ人生態学者の友人たちは私が調べている繊細な茎に可愛い花を咲かせた植物について冗談を飛ばした。彼らは熱帯雨林がどのようにして炭素を蓄積するかを調べていた。私が小さな花を探して地面に目を凝らす一方で、彼らは木の幹の周囲長を測定していた。ボイリアは森林の二酸化炭素収支にはさほど関係がない。オランダ人の友人たちは、私のかかわる小規模な生態系と上品な興味をからかった。お返しに私は、彼らの野蛮な生態系とマッチョさをからかった。翌日、私は空が白むころにまた森に出かけて林床に目を凝らす。奇妙なボイリアが、目に見えぬ地中の多様な世界を知る糸口になりはしまいかという期待を胸に。

粘菌や細菌が教えてくれること

森。実験室。台所。菌類はどこにいても生命にかんする私の理解を変えてきた。これらの生き物は私たちが物事の分類に使う範疇（カテゴリー）に疑問を突きつける。菌類について考えると世界は以前と異なって見える。私は菌類のこのような能力に魅了され続け、この本を書くことにした。菌類の曖昧さを楽しむよう努めたが、答えのない問いがつくり出す空間をいつでも楽しめるわけではない。広場恐怖症に襲われるのだ。安易な答えで自分を騙（だま）すことはやさしい。だが私はできる限りそうしないように努めた。

私の友人で、哲学者、そしてマジシャンのデイヴィッド・アブラムは、以前、マサチューセッツにある「アリスのレストラン」（アーロ・ガスリーの楽曲で有名になった）専属のマジシャンだった。毎夜、彼はテーブルからテーブルへと回る。コインが指を通り抜け、あるはずのない場所に姿を現し、また消えたかと思うと、二つに割れて跡形もなく消えてしまう。ある夜、二人の客がレストランを出てすぐに戻ってきて、困惑した様子でデイヴィッドを隅に呼んだ。レストランを出たとき、空が恐ろしく青く、雲が大きくはっきり見えたという。デイヴィッドは彼らの酒に何か入れたのだろうか。数週間にわたって、同じことが続いた。レストランの客が引き返してきては、以前より車の音が大きくなり、街灯が明るくなり、舗道の模様が面白くなって、雨がずっと新鮮に感じられたと言うのだった。じつはマジックによって、世界をどう経験するかが変わったのだ。

デイヴィッドが、この現象が起きる理由を私に説明してくれた。人の知覚は期待に大きく依存する。新たな知覚を毎回ゼロから形成するより、もとからあったイメージを少量の感覚情報によって更新する方が世界を理解するために必要な認知力は少なくてすむ。マジシャンがトリックを成功させられるのは、私たちの思い込みによって盲点ができるからだ。コインのマジックでは、手とコインの動きにかんする私たちの思い込みが反復によって弱まる。やがて、知覚一般にかんする私たちの期待まで薄れていく。レストランを出ると空が以前と違って見えるのは、客は自分の期待したものではなく、その時その場で見えるままの空を見るからなのだ。期待を失った私たちはふたたび感覚に頼るようになる。驚かされるのは、私たちが見たいと期待するものと、実際に見るものとの落差の大きさである。[16]

菌類も私たちの思い込みを見事にかわす。彼らはその生活においても行動においてもじつに驚くべき存在だ。菌類について知れば知るほど私の思い込みは薄れ、慣れ親しんだ概念がまるで見知らぬ概念に思えてくる。急速な成長を見せつつある生物学の二分野が、この思わぬ難局をうまく打開し、菌類の世界を探究するための枠組みを私に与えてくれた。

最初の分野では、動物界以外の脳を持たない生物が進化させた多くの高度な問題解決行動が続々と発見されている。いちばんよく知られるのが、モジホコリ（*Physarum polycephalum*）などの粘菌（変形菌。ただし、真菌〔いわゆるカビ〕ではなくアメーバだが）である。これから見ていくように、脳を使わずに問題解決をするのは粘菌の専売特許ではない。だが、粘菌は研究が容易であるためポスター発表のテーマとなり、新たなモデル生物となった。モジホコリは触手のような管状の探索ネットワークを形成し、中枢神経系――あるいはそれに類似するもの――を持たない。ところが、いくつかの選択肢がある場合に「意思決定」することができる。たとえば、迷路中の二点間の最短経路を見つけることができるのである。日本の研究者らが、東京圏を模したペトリ皿に粘菌を入れた。迷路中のオート麦フレークは主要都市を、光る部分は山などの障害物を示していた（粘菌は光を嫌う）。一日後、粘菌はオート麦フレークどうしを結ぶ最短経路を見つけた。粘菌が発見した経路網は、東京圏の鉄道網とほぼ同一だった。同様の実験で粘菌は、アメリカの道路網や、ローマ帝国が中央ヨーロッパに築いた道路網を再現している。粘菌に夢中になっているある研究者が、自ら行った実験について私に教えてくれた。彼はイケアの店舗で迷い、出口を探すのに長い時間がかかることがよくあるという。そこで彼は同じ問題を粘菌で試そうと考え、最寄りのイケアの店舗そっくりの迷路をつくった。すると、何の表示もスタッフも必要とせずに、粘菌は出口にいちばん近い経路をすぐに見つけた。彼は笑いながらこう言った。「だから、あいつらはぼくより賢いんだよ[17]」

粘菌、菌類、植物が「知性を持つ」と言うかどうかは、その人の視点による。古くからの知性の科学的定義では、ヒトを基準としてあらゆる種の知性を判断する。この人間中心の定義によれば、ヒトは知性においてかならず頂点にいて、次にヒトに似た動物（チンパンジーやボノボなど）、その他の「高等動物」と下に行くに従って「下等動物」になる一覧表ができ上がる。これは古代のギリシャ人が考え出した壮大な知性の順位リストであり、その影響はさまざまな意味において今日でも残っている。粘菌などの生物は私たちと似ていないし、行動が異なる――脳を持たない――ので、伝統的にはこのリストの最下位近くに甘んじている。動物の注目されることのない背景のようなものと考えられることもままある。しかし、これらの生物は高度な行動をすることができ、「問題を解決する」、「意思疎通を図る」、「意思決定をする」、

「学習する」、「記憶する」ことが生物にとって何を意味するのかについて私たちに考え直すようにうながす。そこで改めて考えてみると、現代的な思考の基盤を成す厳格な階層（ヒエラルキー）がじわりと崩れ始める。このプロセスが進めば、ヒト以外の世界に対する私たちの有害な態度は変化するだろう。[18]

この探究において私に指針を与えてくれた二番目の分野は、地上のありとあらゆる場所にいる微小な生物――微生物――についてどう考えるかにかかわる。ここ四〇年で新たなテクノロジーが出現し、微生物の世界をこれまでにないほど正確に観察できるようになった。その結果は？　あなたの中にいる微生物群集――「マイクロバイオーム（微生物叢（そう））」――にとっては、あなたの身体が惑星であることがわかった。頭皮の温帯林を好む種、前腕の乾燥地帯を好む種、股間や脇の熱帯雨林を好む種がいる。あなたの腸（広げると三二平方メートルもの面積になる）、耳、つま先、口、眼、皮膚、そしてあらゆる表面、通路、空間は、細菌や菌類に満ちあふれている。あなた「自身」の細胞よりも、あなたに棲みついた微生物の方が数が多いのだ。あなたの身体で暮らす細菌の数は、私たちの銀河にある恒星の数を超える。[19]

ヒトは、どこで一つの個体が終わり、どこで別の個体が始まるかについてとくに考えることはない。少なくとも現代の産業社会では、私たちは身体の始まるところで自分が始まり、身体の終わるところで自分が終わることは当たり前と考えている。臓器移植などの医療の発達によってこの区別が曖昧になりつつあるのは確かだ。だが、微生物学の発達はこの区別をその根幹から揺るがす。私たち一人ひとりは一個の生態系であり、微生物の生態によって生成され分解される。この生態が持つ意味が今ようやく明らかになろうとしている。私たちの身体に棲みついた四十数兆個の微生物は、私たちが食物を消化するのを助け、重要なミネラルを生成する。植物の中で生きる菌類と同じく、これらの微生物は私たちを病気から守ってもくれる。私たちの身体と免疫系の発達をうながし、私たちの行動に影響を与える。きちんと抑制しなければ、病気を起こし、死を招くことすらある。ヒトは特殊な例ではない。細菌内にもウイルスがいることがある（ナノバイオームとでも言おうか）。さらにウイルスさえ、より微小なウイルスを含むことがある（これはピコバイオーム？）。共生は生命体にあまねく存在するのである。[20]

パナマで開催された熱帯微生物にかんする会議に参加したとき、私は他の多くの研究者と三日間ともに過ごし、私たちの研究が強く示唆する事実に驚嘆した。一人の研究者が立ち上がり、葉で数種の化合物を産生する植物について話した。そのときまで、これらの化合物はこのグループの植物が持つ性質を定義するものと考えられていた。ところが、化合物をつくっていたのはその植物の葉で生きる菌類だったと判明したのだった。私たちはこの植物にかんする考えを変えなくてはならないのだ。そこで別の研究者が割って入った。彼によれば、化合物をつくっているのは葉に棲む菌類ではなく、菌類の中に棲む細菌かもしれないというのである。会議はずっとこんな調子で進んだ。二日目が終わると、個体という概念はもとの定義がかすむほど深化し拡大した。個体について語ることはもはや無意味だった。生物学——生物の研究——は、生態学——生物どうしの関係性の研究——に変容した。これに加えて、私たちにわかっていることは非常に限られていた。画面に映し出された微生物分布を示すグラフには、「不明」と書かれた大きな領域が複数あった。現代の物理学者が、宇宙の九五％以上はダークマター（暗黒物質）とダークエネルギーでできていると考えていることを思い起こした。ダークマターとダークエネルギーがダーク（暗黒）と言われるのは、それらについて何もわかっていないからだ。だから生物学者が相手にしているのは、生物学的なダークマター、言わばダークライフ（暗黒生物）なのである。[21]

多くの科学的概念——時間から化学結合、遺伝子、種まで——には、安定した定義がなく、それについて考えるときに有用なカテゴリーにとどまる。ある意味、「個体」も同じである。それは人の思考や行動を容易にするもう一つのカテゴリーなのだ。それでも、日常の生活や経験のあまりに多く——哲学的、政治的、経済的体制は言うまでもなく——が個体の概念に依存していて、この概念が意味を失っていくのを黙って見過ごすのは難しい。いったい「私たち」はどうなるのか。「あの人たち」は？「私」は？「私のもの」は？「みんな」は？「誰か」は？会議での議論に対する私の答えは知性だけにかかわるわけではなかった。アリスのレストランで起きたことと同じように、私にとってこれまで馴染み深かったものがまるで見知らぬものになった。マイクロバイオーム研究の大家が、「自己同一性の喪失、自己同一性という妄想、『他者に操られている』という感覚」は、どれも精神疾患の症状である可能性を示唆すると述べた。とりわけ私たちが文化的に重要視してきたアイデンティティ、自律性、独立性の概念など、どれほど多くのアイデアを考慮し直すべきかを考えると目が回りそうだった。微生物学の発展をきわめて刺激的なものにするのは、まさにこうした混乱の感覚である。ヒトと微生物の関係は他の生物どうしの関係と変わらず親密そのものだ。だからこの関係についてより多くを学べば、私たちが自分の身体と環境をどう経験するかも変わってくる。「私たち」は境界を広げ、カテゴリーを超越する生態系なのだ。私たちの自己は、今ようやくその正体がわかりかけてきた複雑に絡みあった関係性から生まれるのである。(22)

菌類が生きる世界を想像する

関係性の研究は混乱を招きがちだ。ほとんどすべてが曖昧なのだ。ハキリアリは自分たちが依存する菌類を飼いならしたのか。あるいは菌類がハキリアリを飼いならしたのだろうか。植物は共生する菌根菌を育てるのか。あるいは菌類が植物を育てるのか。矢印はどっちを向くのだろう。この不確実性は健全だ。

私が指導を受けた生態学者で歴史家のオリヴァー・ラッカム教授は、生態系が何千年にもわたって人類文化をどうかたちづくり、人類文化によってどうかたちづくられてきたかを研究していた。彼は私たちを近くの森に連れていき、その場所やそこに暮らす人びとについて教えてくれた。古いオークの木の枝のねじれや裂け目を観察させ、イラクサが生えている場所を指し示し、どんな植物が生垣に生えるか／生えないかについて語った。ラッカム教授の影響で、私が「自然」と「文化」を隔てる明確な境界線と思っていたものがぼやけ始めた。

後年、パナマでフィールド研究をしていたとき、私は多くのフィールド生物学者と彼らが研究対象とする生物のあいだの多様で複雑な関係を目にした。夜通し起きて日中は寝るコウモリの研究者に、あなた方はコウモリの習慣を学んでいると冗談を言ったこともある。すると彼らは、菌類はどんな影響を君に与えているだろうかと尋ねてきた。私はまだ確信を持っていなかった。しかし私たちは、自然を回復し、廃物をリサイクルし、世界を結ぶネットワークとして働く菌類に多くを依存している。だから、自分では気づかぬ間に彼らに操られているのかもしれなかった。

仮にそうであったにしても、私たちは容易にそのことを忘れる。私などはすぐに菌類のことを忘れ、土を抽象的な場所、数字で示される相互作用が起きる曖昧な場所として見る。私の研究仲間たちや私は、こんなことを言う。「誰それが、乾季と次の雨季のあいだに地中の二酸化炭素が約二五％増加すると報告した」。そうしないでいられようか。私たちは土壌やその中で暮らす無数の生物と同じ経験をすることはできないのだ。

私は可能な限りの手段を駆使して経験しようと試みた。幾千もの試料を高価な機器で調べた。機器は試料を受け取り、光を当て、試験管の中身を示す数字を弾き出した。私は何か月も顕微鏡を覗き込み、植物の根に絡みついてその細胞と生殖行動に耽っているかに見える菌糸の観察に没頭した。だが、私が観察している菌は死んでいて、エンバーミングを施され、不自然な色に染められている。私は自分が不器用なナマケモノであるように感じた。何週間も泥を試験管に採取するあいだ、オオハシが鳴き、ホエザルが吠え、蔓植物が木の枝に絡みつき、アリクイが舌なめずりをした。微生物、とりわけ、地中の微生物は、地上に繁茂する大きな植物のように簡単に観察することはできない。私の知見を明確にし、一般人が理解できるように提示するには想像力が必要になる。それしか方法はない。

学術界では、想像力は臆測と見なされ、疑いの目を向けられる。論文を出したくても、身体検査が強制的に課せられる。研究論文の執筆は、たとえそれが小さな知見のためであっても、想像、根拠のない主張、幾つもの試行錯誤の過程を排除することを含む。論文を読む人がみな空騒ぎに巻き込まれたいとは限らない。それに、科学者は信用第一だ。楽屋裏に忍び込んでも、科学者らしからぬ人を見つけることはないだろう。たとえ楽屋裏でも、私が深夜近くまで過ごした研究仲間は、魚類、アナナス科の植物、蔓植物、菌類、細菌のいずれかは別にして、研究対象の生物にどのようにして――偶然あるいは意図的に――たどり着いたかについて詳細を語ることはなかった。証拠に欠ける仮定、夢想、隠喩（メタファー）の「類（たぐい）」が、自分たちの研究に何らかの寄与をしたと認めるのは居心地の悪いものだ。それでも、想像力は日常的な探究の一部を成している。科学は冷徹な理性の働きではない。科学者は現在も――そして過去もつねに――感情的で、創造的で、直感的な人間らしい人間であり、整然と分類されて系統立てられることのない世界について問いかけているのだ。菌類が何をしているかを問い、菌類の行動を理解しようとするとき、私はつねに彼らを想像している。

ある実験によって、私は自分の科学的想像が開けた深い穴を覗き込むことになった。科学者、エンジニア、数学者の問題解決能力にＬＳＤが与える影響を調べる臨床実験が行われると知り、私はこの実験に参加したのだ。この実験は幻覚剤の未知の潜在能力を調べようという科学と医学の大きな流れの復活によって実現した。研究者たちはＬＳＤによって科学者が無意識の世界で自身の専門にかんするアイデアにアクセスし、昔ながらの問題に新たな視点から答えを出せるかどうかを知りたかった。通常なら見向きもされない想像力がこのショーではスターとなり、この現象が観察され、ことによると測定されるかもしれなかった。さまざまな分野の若い研究者に、国中の科学部門に貼り出されたポスターで募集がかかった（「あなたは答えを必要とする意義ある問題をお持ちですか？」とポスターは問いかけていた）。それは大胆な研究だった。創造的で飛躍的な進歩はどこであれ得難いものだが、まして病院における臨床試験となるとなおさらだ。

実験を手掛けている研究者たちはサイケデリックな布を壁に掛け、音楽を流す音響システムを設置し、部屋を色のついた「ムードのある照明」で照らした。部屋を病院らしからぬ場所にしようという彼らの試みはかえって不自然な雰囲気を醸し出していた。彼ら――実験者たち――はこの雰囲気が被験者に影響を与えかねないのではないかとわかったうえであえてそうしているのだ。それは研究者が日々経験する健康的な不安の多くを可視化するための仕掛けだった。もしあらゆる生物学の実験でこのようなムード漂う照明と心の落ち着く音楽が使用されたなら、被験者はいったいどう振る舞うだろうか。

毎朝、看護師は私がＬＳＤを午前九時きっかりに飲むのを見届けた。私がその液を飲み干すまできちんと確認した。ＬＳＤは小ぶりなワイングラスに一杯ほどの水に溶かされていた。私は病室のベッドに横になり、看護師が前腕にセットされたカニューレを通して採血した。三時間後、「巡航高度」に達したとき、私は「仕事にかんする問題」について考えを巡らせるよう実験助手に優しくうながされた。幻覚体験の前に記入したいくつかの心理測定試験と性格検査の中から、私たちは自分の問題――研究で遭遇する難問

――をできるだけ詳述するよう依頼された。難問はＬＳＤによって解決するかもしれない。私の研究上の問題はどれも菌類にかんするもので、ＬＳＤがもともと穀物の穂に寄生する菌類から生成されることを知っていたため安心感があった。菌類の問題には菌類で答えるのだ。何が起きるだろうか。

そのときの臨床試験で、私は青い花をつけるボイリアの生活と菌類との関係についてより多くの疑問について考えたかった。この植物は光合成しないでどのようにして生きているのか。植物はそのほぼすべてが土中の菌根菌のネットワークからミネラル〔無機栄養素〕をもらい受ける。ボイリアの根に菌類の塊があることから判断して、ボイリアもそうしているはずだ。しかし、光合成をしないのだから、ボイリアには成長に必要な高エネルギーの糖や脂質をつくる手立てがない。いったいどこからエネルギーを得ているのだろう。菌類のネットワークを介して他の緑色植物から与えてもらうのだろうか。もしそうであれば、ボイリアはその代わりに菌類に与える何かを持っているのだろうか。あるいは、ボイリアは単なる寄生種で、ウッド・ワイド・ウェブのハッカーなのか。

私は病院のベッドに眼を閉じて横たわり、菌類であることはどんな心地なのだろうかと考えた。私は地中にいて、互いに向かって伸張する菌糸の先端に囲まれていた。球形の動物の群れが植物の根をむさぼり、空騒ぎを演じる。そこはまさに土壌の大西部で、ありとあらゆる盗人、略奪者、はぐれ者、いかさま師がいる。土壌は言わば果てしない体外の腸である。すべての場所で起きている消化と吸収、電荷の上で波乗りする細菌、化学気象系、地中の高速道路、ぬらぬらした伝染性の抱擁が、あらゆる場所で親密な接触を起こしている。菌糸体を洞穴のある根までたどると、その場所が与える安らぎに心打たれた。そこには他種の菌類はほぼいなかった。もちろん、芋虫も昆虫も。それは静かな場所だった。お金を払ってでも行きたい聖域だ。ことによると、ボイリアが養分をもらう代わりに菌類に与えるのはこの聖域――嵐をしのぐ場所——なのだろうか。

私は、この幻視通りのことが実世界で起きているとは主張していない。それはせいぜい可能性であり、悪くすれば無意味な妄想なのだ。間違っていると言うことすら適切でない。だが、私は貴重な教訓を得た。以前なら菌類について思いを巡らせるときには、先生が黒板に描くイラストのような生物（一九九〇年代初期のゲームボーイのように動く半自動的な実体）どうしの抽象的な相互作用を心に思い描いたものだ。ところが、私はＬＳＤの作用によって自分はただ想像していたのだと認めざるをえなくなり、いまや菌類を以前とは違う目で見るようになった。私は菌類を理解したかったが、それは私たちがとかく思い描きがちな、ちょこちょこ動いては、ぐるぐる回って大騒ぎする代物ではなかった。むしろ私はこの生物にかかわる既成概念から解放され、彼らのさまざまな可能性を想像したかった。自分の理解の限界を押し拡げ、彼らの絡みあった生命に驚嘆し混乱する許しを自身に与えたかった。

菌類は交錯した世界に生きていて、無数の糸がこの迷路を延びているのだ。私はできる限り多くの糸をたどったが、どれほど試みても超えられない限界があった。馴染み深い存在であるにもかかわらず、菌類は謎だらけで、その可能性はあまりにも別世界のものだった。こんなことを言うと、あなたは早々にくじけてしまうだろうか。動物の脳と身体と言語を持つヒトが、これほど異なる生き物を理解することができようか。その試みによって、私たち自身が変化することはないだろうか。楽観的なときには、私はこの本を生物の系統樹の顧みられない枝にかんするものになると考えた。だが、この本はもっと入り組んでいる。これは菌類の生活を理解しようとする私の試みの記録であり、菌類の生活が私自身やこの本の執筆過程で出会った人びとや生物に与えた影響にまつわるものでもある。「この夜と昼を、この生と死をどうしたものか？」と詩人のロバート・ブリングハーストは書いた。「一歩進むごとに、私が吐く息はこの問いの崖っぷちに向かって卵のように転がっていく」。菌類は私たちをさまざまな問いの崖っぷちに向かって転がす。この本はいくつかの崖っぷちの下を覗き込んだ私の経験から生まれた。菌類の世界の探究によって、私は自分の知識の多くを見直すことになった。いまや進化、生態系、個体、知性、生命——どの概念も、これまでの私の理解とは異なっている。この本を読んだことで、あなたも自分の知識をいくらかでも見直すようになってくれれば嬉しい。菌類との出あいによって私がそうしたように。

第1章　魅惑

Who's pimping who

——Prince（一）

トリュフは語る

イタリアのピエモンテ州アルバで一盛りの白トリュフ（*Tuber magnatum*）が、チェック柄の敷物に置かれた計りの上に載せられていた。トリュフは石のように泥で薄汚れていて、ジャガイモのようにゴツゴツとして、頭蓋骨のように穴が開いている。二キログラムで一万二〇〇〇ユーロだという。甘い香りが部屋中を満たしている。この香りこそトリュフが高価である所以だ。トリュフは気後れなどというものを知らず、他の何にも似ていない。その魅力は強烈で、人を混乱に陥れて我を忘れさせる。

それは一一月のはじめで、トリュフの最盛期だった。私はイタリアに出かけ、二人のトリュフハンターと一緒にボローニャ近辺の山々でトリュフを探した。私は幸運だった。友人の友人がトリュフの流通業者を知っていたのだ。業者が二人の優秀なハンターを紹介してくれ、彼らが私の同行を許してくれたのだった。白トリュフのハンターは秘密主義で知られる。これらの菌類は栽培できないので、野生のものを収穫するしかないからだ。

トリュフは数種の菌根菌から地中に生える子実体（キノコ）だ。一年のうち大半を、トリュフ菌は菌糸体ネットワークとして過ごし、土壌の養分と、植物の根からもらい受ける糖によって生命を維持する。しかし、地中という棲息地には根本的な問題がある。トリュフは胞子をつくる器官なので、植物の種子を拡散する果実に似ている。菌類は胞子を放出するように進化したが、地中では胞子は風に乗ることができず、動物の眼には見えない[2]。

そこで、この問題を香りで解決した。それでも、森林に漂う種々の匂いをしのぐことはけっして生易しくはない。森には匂いが充満し、動物の鼻に蠱惑（こわく）的な香りを振りまき、自分に注意を向けさせようとする。トリュフは香りが土壌の層を通り抜けて大気に入るほど強くなくてはならず、動物が周囲の匂いに惑わされずに気づくほど独特で、動物が探して土から掘り出してでも食べるほど美味でなくてはならない。トリュフの視覚上の欠点は、土の中に埋まっていて、土を取り除いても見分けづらく、見分けられたにしても見た目がよくないことだ。そこで、香りで挽回（ばんかい）した。

食べられたところで、トリュフの仕事は終わる。動物はトリュフが欲しくて土を混ぜ返し、菌の胞子を別の場所に移動させ、胞子を含む糞をする。したがって、トリュフの魅力は動物の好みと数十万年にわたって絡みあいながら進化して生まれたのだ。自然選択は胞子をいちばん巧みに拡散してくれる動物の好みに合ったトリュフを選ぶ。動物との「化学反応（ケミストリー）」に優れたトリュフが、そうでないトリュフより動物を引きつけるのだ。オスのハチを受け入れる姿勢のメスのハチに擬態したランの花に似て、トリュフは動物の好みを教えてくれる。動物を引きつける香りの進化を描いて見せてくれるのである。

私がイタリアに行ったのは、菌類が暮らす地中の化学の世界に連れていってもらいたかったからだ。ヒトは菌類の化学的な生活に参加することはできないが、成熟したトリュフはヒトにもわかるほど強烈で簡単な言語を話す。そのとき、菌類は私たちをほんの一瞬だけ彼らの化学的生態学に組み入れる。地中に生きる生物間で起きる相互作用の奔流について、私たちはどう考えるべきなのだろうか。どうすれば、ヒトの能力を超えたコミュニケーションの世界を理解できるだろうか。トリュフの香りに気づいた犬についていき、土に顔をうずめるのが、トリュフが生活の多くの場面で使う化学的な魅惑と約束にいちばんの近道だった。

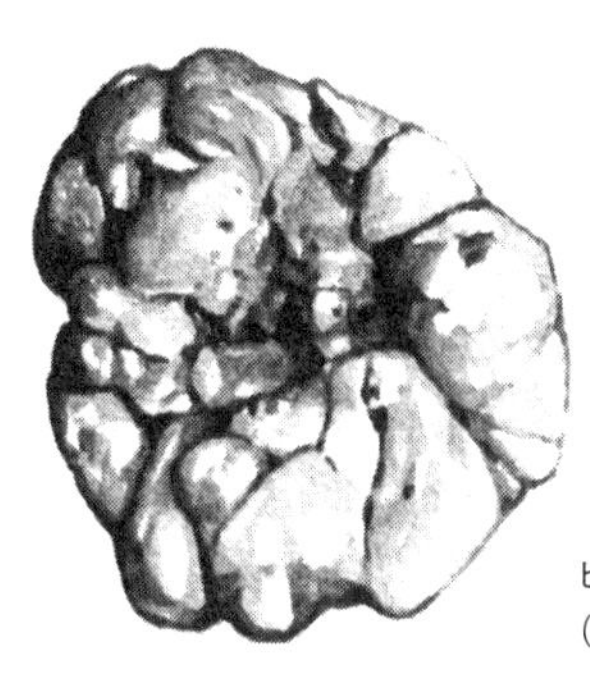
ピエモンテ白トリュフ
(*Tuber magnatum*)

化学情報を使った対話

人の嗅覚は非凡だ。私たちの眼は数百万種の色彩を区別し、耳は五〇万種の音を聞き分けるが、私たちの鼻は数兆種の匂いを嗅ぎ分ける。ヒトはこれまでに試験したほぼすべての揮発性化合物の匂いを嗅ぎ取る。一部の匂いについては齧歯(げっし)類や犬に勝る能力を示し、残り香を追うこともできる。匂いはヒトの恋愛対象の好みに関係していて、他者の恐怖、不安、攻撃性に気づく能力ともかかわっている。匂いは私たちの記憶に刻み込まれてもいる。心的外傷後ストレス障害(PTSD)になった人は、匂いの再現現象(フラッシュバック)に襲われることが多いという(3)。

鼻は鋭敏に調整された器官である。嗅覚は複雑な混合物をその化学成分ごとに嗅ぎ取ることができる。プリズムが白色光を異なる波長成分に分けるのに似ている。これを可能にするには、鼻は分子の中の正確な原子の配置を知る必要がある。マスタードがマスタードらしく匂うのは、窒素、炭素、硫黄の化学結合のためだ。魚が魚臭いのは、窒素と水素の化学結合のせいだ。炭素と窒素の化学結合は金属っぽく油っぽい匂いになる。(4)

化学物質を感知しそれに対処する能力は、始原的で感覚的なものだ。大半の生物は環境を探索し理解するのに化学的な感覚を使う。植物、菌類、動物はみな化学物質を感知するための似通った受容体を持つ。分子が受容体に結合すると、一連のシグナルが出る。一個の分子は細胞を変化させ、それが次々と大きな変化につながる。このようにして、小さな原因から大きな結果が生まれる。ヒトの鼻は、一平方センチメートルあたり三万四〇〇〇個の分子という低濃度の化合物でも嗅ぎ分けられる。この濃度は、二万個のオリンピック用水泳プール中の一滴の水に匹敵する。(5)

動物が匂いを感じるには、分子が嗅上皮(きゅうじょうひ)に舞い降りる必要がある。ヒトでは、この場所は鼻腔(びくう)の上部の奥にある膜だ。分子が受容体に結合すると、神経が発火する。化合物が何であるかがわかると、脳がそれに応じて思考や感情の反応を起こさせる。菌類はヒトとは異なる身体を持つ。鼻や脳がない。代わりに、表面全体が嗅上皮のように働く。菌糸体ネットワークは、化学的な感受性を持つ一枚の大きな膜であると言える。分子は表面に遍在する受容体に結合し、菌の振る舞いを変える一連のシグナルを出す。

菌類は豊かな化学情報を浴びて生活する。トリュフ菌は食用に適するようになるとそのことを化学物質を使って動物に知らせる。植物、動物、他の菌類とのコミュニケーションにも化学物質を使う。これらの感覚的な言葉を知らなければ菌類を理解することはできない。ところが、これらの言葉は私たちには解釈が難しい。ことによると、それは問題ではないのかもしれない。菌類と同じく、私たちも何かに心を引か

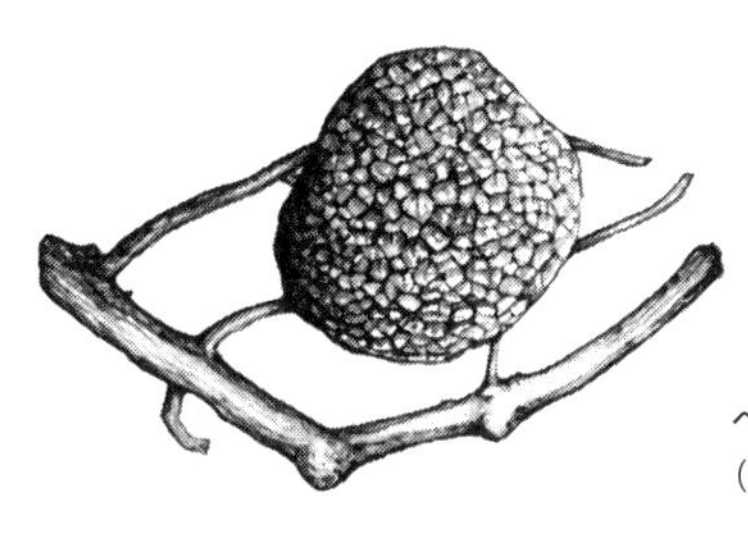

ペリゴール黒トリュフ
(*Tuber melanosporum*)

れて人生の長い時間を過ごす。私たちは何かに引かれたり、嫌悪感を覚えたりする感覚は知っている。匂いを通じて、私たちは菌類が自分たちの生活を組織化するために使う分子を使った対話に参加できるのだ。

ヒトや動物を引きつける香り

人類史を通じて、トリュフはセックスとの関連が取り沙汰されてきた。トリュフを示す語は多くの言語で「睾丸(こうがん)」を意味する。たとえば、カスティーリャ地方に古くから伝わるトリュフの呼び名「大地の睾丸(*turmas de tierra*)」などがある。トリュフ菌は動物を夢中にさせるように進化したが、それは自分の生命がその能力にかかっているからだ。オレゴン州に住むトリュフ研究者でトリュフ栽培者でもあるチャールズ・ルフェーヴルと、ペリゴールの黒トリュフ(*Tuber melanosporum*)について話していたときのことだ。彼がふと話をやめて、こう言った。「おかしなものだ。この話をしていると、私はありもしないペリゴールの黒トリュフの香りに『包まれている』。その香りがオフィスを雲のように満たしていると感じる。だが、いまここにトリュフはない。私の経験では、この匂いの幻覚はよく起きる。幻覚は視覚的な記憶あるいは感情に訴える記憶を伴うこともある[6]」

フランスでは、パドヴァのアントニオ――失せ物の聖人――は、トリュフの聖人とも言われ、彼の偉業をたたえてトリュフミサが行われる。だが、祈りを捧げたところでインチキは防げない。安物のトリュフに色や香りをつけて高級品の近縁種と称して売る輩(やから)はやはりいる。質のいいトリュフが見つかる森はトリュフ泥棒の標的になる。数千ユーロかけて訓練した優秀なトリュフ犬が盗まれ、毒を仕込んだ肉がライバルのトリュフ犬を殺すために森の方々に置かれている。二〇一〇年、フランスのトリュフ生産者ロラン・ランボーは、夜間にトリュフ農園を見回っていたときにトリュフ泥棒に遭遇し、逆上のあまり銃殺してしまった。ランボーが逮捕されると、二五〇〇人の支持者がランボーには農作物を守る権利があると主張してデモ行進をした。彼らはトリュフとトリュフ犬の盗難に怒っていたのだ。トリカスタンのトリュフ生産者組合の副組合長は『ラ・プロヴァンス』紙に取材を受けたとき、農園の巡回時に銃を所持しないように生産者に助言した。なぜなら、「引き金を引きたいという誘惑はあまりに強いからだ」。ルフェーヴルがこんなことを言っている。「トリュフは人の心の闇を引き出す。それは地面にお金が落ちているようなものだが、トリュフは腐る上に毒がある」[7]

動物を引きつける力を持つ菌類はトリュフだけではない。北米の西海岸では、クマが丸太をひっくり返して溝を掘り返し、貴重なマツタケを探すという。オレゴン州のマツタケハンターによると、ヘラジカはマツタケ欲しさに鋭い軽石交じりの土に鼻先を突っ込むので鼻が血だらけになるのだそうだ。熱帯雨林に生息するランには、キノコの香り、形、色を真似る擬態によってハエを引き寄せる種がある。キノコは菌類のいちばん目につく相だが、菌糸体にも魅力がある。私の友人に熱帯の昆虫の研究者がいて、その人が見せてくれた動画では、腐った丸太の穴の周りにランミツバチが群れていた。オスのランミツバチは環境から香料を集め、それを混合物(カクテル)にしてメスへの求愛に使う。彼らはフレグランス(香水)をつくるのだ。交尾は数秒で終わるが、成虫になってからの生涯を香料を集めてブレンドすることに費やす。この友人は、ランミツバチは菌類がつくる化合物も収穫してブレンドし、自分だけの香りのブーケをつくっていると考えている。ただし、この仮説が正しいかどうかは未確認だ。ランミツバチは複雑な香りを好むことで知られ、その多くが木材を分解する菌類によって産生される。[8]

ヒトは他の生物がつくった香りを身につけるが、菌類が生成した香りが私たちのセックスアピールに使われることは珍しくない。インドや東南アジアに分布するアキラリア属（*Aquilaria*）の沈香樹に着生した菌類によってつくられるアガーウッドやウードと呼ばれる香料は、世界でも一、二を争うほど高価である。これらの香料は種々の香り――ダンクナッツ、ダークハニー、リッチウッド――をつくるのに用いられ、少なくとも古代ローマ時代のギリシャの医師ペダニウス・ディオスコリデスが生きた時代から珍重されてきた。最上のウードは金やプラチナより高価で一キログラムあたり一〇万ドルもするので、破壊的な乱獲によって野生の沈香樹は絶滅寸前にある。[9]

一八世紀フランスの医師テオフィール・ド・ボルドゥは、どんな生物も「周囲に呼気、匂い、香気を発散している……これらの香気にはそれぞれの生物の品格と流儀があり、純粋にその生物の一部なのである」。トリュフの香りとランミツバチの香水はこれらの生物の肉体を離れて漂うが、その香りが占める空間はこれらの生物の化学的身体の一部を成し、ディスコで踊る亡霊のように互いに重なりあう。[10]

トリュフの香りの秘密

私はトリュフの計量部屋に数分いただけだが、その香りにすっかり心を奪われてしまった。その白日夢は、私のホストでトリュフ流通業者のトニーが顧客を連れて部屋に入ってきたことで破られた。部屋に入ったトニーは扉を後ろ手に閉め、香りを部屋から逃さないようにした。顧客は計りに載せられたトリュフの山を調べ、薄汚れた台の向こうにあるボウルに入れられた土まみれで未選別のトリュフに眼をやった。

彼がトニーに向かってうなずくと、トニーが敷物の角どうしを結んだ。二人は庭に出ていくと握手し、顧客は黒い高級車で帰っていった。

その年の夏は乾燥していたため、トリュフの収穫量は少なかった。価格は希少さを反映していた。トニーから直接買っても、一キログラムあたり二〇〇〇ユーロはする。同じ量を市場で買うかレストランで食べれば六〇〇〇ユーロは下らない。二〇〇七年、一個で一・五キログラムあるトリュフがオークションで一六万五〇〇〇ポンドを超える値をつけた。ダイアモンドと同じで、トリュフの価格は大きさに比例するのではなく非線形に上がる。[11]

トニーは温和だが、流通業者らしく威勢のいい人物だった。私が彼の下で働くハンターと一緒に出かけたいが、トリュフを見つけたいとは考えていないことに驚いたようだった。「ぼくのハンターと出かけるのはいいが、おそらくトリュフは見つからないよ。それに、疲れる作業だ。登ったり、降りたりするからね。茂みだってある。泥沼や小川も。君が持っている靴はそれだけかい?」私は汚れるのは気にしないと言った。

トリュフハンターには縄張りがある。法的な場合も、そうでない場合もある。私が指定された場所に行くと、どちらのトリュフハンター――ダニエルとパリド――も森に溶け込むような格好をしていた。トリュフを採りに行くときは人の目を避けて行った方がいいのかと尋ねると、二人は本気でこう答えた。こういう姿をしていれば、他のトリュフハンターにあとをつけられないというのだ。トリュフハンターはトリュフのありかを知っている。彼らの知識は貴重で、トリュフそのもののように盗まれることがあるのだ。

パリドはダニエルより気さくで、私と会うときにお気に入りのトリュフ犬のキカを連れていた。年齢と訓練の進み具合の異なる五頭のトリュフ犬を飼っているという。それぞれの犬は白トリュフか黒トリュフのどちらか一方を専門にしている。キカは可愛い犬で、パリドは私に引きあわせるとき誇らしげだった。「ぼくの犬は賢い。だが、ぼくはもっと賢い」。キカはロマーニョ・ウォーター・ドッグで、この犬種はトリュフ狩りにいちばんよく使われる。私の膝ほどの背高で、巻き毛が両眼の上に垂れていた。まるでトリュフのようだ。実際、午前中にトリュフの匂いを嗅ぎ、一頭のトリュフ犬が産んだばかりの子犬たちを見せてもらい、トリュフについて話し、トリュフの売買を見物し、トリュフを食べたあとでは、丸っこい岩場もトリュフに見えた。パリドは自分とキカが意思を伝えあうために使う合図について話した。トリュフ犬は仲間の行動のわずかな変化をも読み取り、音も立てずに行動を協調させることができる。トリュフは自分が十分成熟していると動物に伝えられるように進化している。ヒトと犬は、トリュフの化学的な誘惑を伝えあう方法を見つけたのだ。

トリュフの香りは複雑で、トリュフが周囲の微生物、土壌、気候――総称してテロワール――と結ぶ関係から生まれる。トリュフの子実体は、生きた細菌や酵母――乾燥重量にして一グラムあたり一〇〇万個から一〇億個の微生物――を含む。トリュフのマイクロバイオームを構成する微生物の多くが、トリュフの香りに貢献する独特の揮発性化合物を産生することができる。したがって、あなたの鼻に届く化合物のカクテルは単一の生物に由来するものではない可能性が高い(12)。

トリュフが持つ魅惑の化学はいまだに不明だ。一九八一年、ドイツの研究者らが発表した論文によれば、ピエモンテ白トリュフとペリゴール黒トリュフは、どちらもアンドロステノール――ムスクに似た香りを持つステロイド――をかなりの量産生することがわかったという。ブタでは、アンドロステノールは性ホルモンとして働く。オスのブタが生成するこの物質によって、メスは交尾の姿勢を取る。この知見によって、メスのブタが地中のトリュフを探し出す高い能力はアンドロステノールによって説明できるという説が生まれた。しかし九年後に発表された論文は、この説に疑問を投げかけた。論文の研究者らは黒トリュフ、人工トリュフ香料、アンドロステノールを表土から五センチメートルの地中に埋め、一頭のブタと五頭の犬――地元の郡で行われたトリュフ犬コンテストのチャンピオンも含まれていた――に、これらの試料を発見させた。ブタと犬はすべて本物のトリュフと人工トリュフ香料を発見したが、アンドロステノールは一個も発見されなかった(13)。

一連の追跡実験では、研究者たちはトリュフの魅惑を一種の分子――ジメチルスルフィド――に絞った。これは興味深い実験だが、トリュフが持つ魅惑の全体像をとらえてはいないだろう。トリュフの香りはまとまって移動する異なる種類の分子の集合体から成る。分子の種類は白トリュフで一〇〇種を超え、もっとも人気を集める黒トリュフでは約五〇種と言われる。これほど複雑な香りのブーケはエネルギーを食うので、何らかの目的がなければこのように進化するとは思えない。それに、動物の好みは多様だ。もちろん、あらゆるトリュフの種がヒトにとって魅惑的とも限らないし、なかには弱い毒性を持つものすらある。北米に見られる一〇〇〇種を超える種のうち、食用に供されるのはほんの一握りだ。これらの種も誰もが好むわけでもない。ルフェーヴルが述べたように、珍重される種でもその香りを嫌う人は多い。嫌悪感を抱かせるような匂いの種もある。ゴティエリア属のトリュフは「下水」や「赤ちゃんの下痢」のような悪臭を放つという。ルフェーヴルのトリュフ犬はこの種のトリュフを好むが、彼の妻は家の中に持ち込むことすら嫌う。たとえ、それが分類のためであっても(14)。

詳細はわからないが、トリュフはその魅力的な香りを幾重にも身にまとっている。私たちがトリュフ狩りに犬を使うのは、ブタはトリュフに夢中になり、発見したトリュフを飼い主に渡すより先に自分で食べてしまうからだ。ニューヨークや東京のレストランオーナーは、イタリアまで出かけてトリュフ流通業者

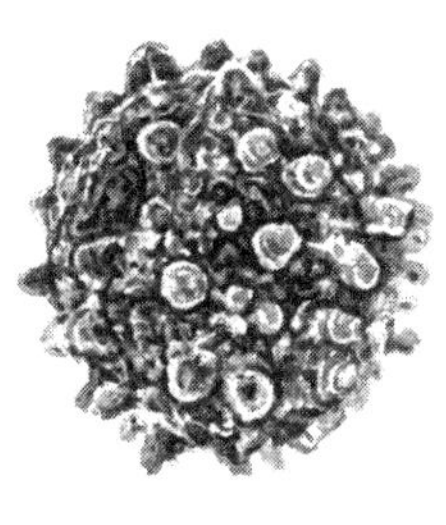
トリュフの胞子

と個人的な関係を築く。輸出業者は高度な包装システムを開発した。トリュフを洗い、パックに詰め、空港に直接届け、関税を通し、世界各地行きの航空便に乗せ、空港で受け取り、関税を通し、別のパックに詰め替え、消費者に届けるという作業を四八時間以内に完了して最適な状態に保つ。マツタケもそうだが、トリュフは収穫から二、三日以内に新鮮なままお客の皿に載せなくてはならない。トリュフの香りは生きて代謝している活性プロセスでしかつくれないのだ。トリュフの香りは胞子の成熟とともに強力になり、細胞が死ぬと失われる。一部のキノコでは可能だが、トリュフは乾燥させて後日食べることはできない。化学的に多弁で、騒々しくしゃべる。代謝ができなくなると、もう匂いは発散しない。だから多くのレストランでは、新鮮なトリュフをあなたの目の前でおろして料理にかけるのだ。これほど真剣に人間に胞子を拡散してもらえる生物は滅多にいない。[15]

香りの音楽を奏でる

私たちはパリドの車に乗り、細い田舎道を走って谷を上った。山々にはオークの木の湿った黄色や茶色の葉が落ちていた。パリドが天気について話し、犬の訓練やダニエルのような「山賊」と仕事をすることの利点と欠点について冗談を飛ばした。数分で、車は下り坂を降りて止まった。キカが車のトランクから飛び出し、私たちは草地に沿って歩いて森に入った。ダニエルがすでに到着していて、彼の犬とこっそり動き回っていた。彼によると、近くに別のトリュフハンターがいるので、静かに行動しなくてはいけないという。ダニエルのトリュフ犬は毛がくしゃくしゃで手入れされておらず、巻き毛に小枝が絡まっていた。名前はないが、パリドは今朝早くダニエルがこの犬をディアヴォロ（悪魔）と呼ぶのを聞いたと言った。愛情豊かで友好的なキカと違って、ディアヴォロは癇癪（かんしゃく）を起こして唸（うな）る傾向があった。パリドがそのわけを教えてくれた。パリドはトリュフ狩りをゲームのように犬に教えるが、ダニエルは犬を空腹によって訓練する。「見てごらん」とパリドがディアヴォロを指差した。「あの犬は死に物狂いだ。どんぐりまで食べている」。二人はしばらくからかいあった。ダニエルは、たらふく食って甘やかされたパリドの「ペット」より、自分の犬の方が優れたトリュフ犬だと言う。パリドは改良されたトリュフ犬訓練を支持する。きっぱりとこう言った。「ダニエルは夜間にトリュフを採る。ぼくは昼間に採る。彼は神経質だが、ぼくはそうじゃない。彼の犬は噛むが、ぼくの犬は友好的だ。彼の犬は痩せ細っているが、ぼくの犬は痩せていない。彼はよくない。ぼくがいいのだ」

突然、ディアヴォロが猛烈にダッシュした。私たちはそのあとを追った。パリドが走りながら説明した。「トリュフがあるのかもしれない。ネズミということもある。どちらにしても、犬は喜んでいる」。ディアヴォロは泥だらけの堤を半分上がったところで土を掘りながら唸っている。ダニエルが追いついて、棘（とげ）のあるバラの木を取り除いた。パリドは、こういうときにはトリュフハンターは犬のボディランゲージをよく読まなくてはいけないと教えてくれた。尾を振っていればトリュフがあり、尾が動いてなければトリュフはない。両方の前足で掘っていれば白トリュフ、片方ならば黒トリュフを示すという。犬の仕草が獲物を示したので、ダニエルは大きなドライバーのような平らな先端の道具で土をほぐし始めた。深く掘っていくにつれて、土の匂いを嗅いだ。ダニエルと犬が交互に掘ったが、彼はディアヴォロがあまり激しく掘らないように気をつけた。パリドが私たちに向かって微笑んだ。「腹を減らした犬はトリュフを食べてしまうからね」

四五センチメートルほど掘ったところで、ダニエルは湿った土の中にそれを見つけた。手の指と小さな金属製のフックで、泥をよけた。トリュフの香りが穴から立ち昇った。香りは計量部屋のときより鮮明で強力だった。ここはトリュフの棲息地であり、その香りは土壌の湿り気と腐葉土と調和を成して漂った。私は遠くからでもトリュフの香りに気づくほど感覚が敏感で、すべてを打ち捨ててもそれを求めてしまう自分を想像した。その香りを胸に吸い込むと、オルダス・ハクスリーの『すばらしい新世界』〔新訳版、大森望訳、早川書房、二〇一七年〕の一節を思い出した。その一節で彼は、芳香オルガンによる演奏について述べる。芳香オルガンは楽器と同じように嗅覚のリサイタルを開催することができるというのだ。それはトリュフにふさわしい概念――別の意味での芳香オルガン――であり、彼らは独自の方法で揮発性化合物の組曲を演奏するのだ。

トリュフは何とすばらしい音楽を奏でたことだろう。私たちは泥にまみれたままトリュフの周りに突っ立っていた。トリュフは次々と信号を送り出して動物たちを魅了した。犬、トリュフハンターの人間、そして足の遅い人間。ダニエルがトリュフをつまむと、周りの土が崩れた。「見てごらん！」と言って、パリドが土を取り除いた。「ネズミの巣だ」。ここに来たのは私たちが最初ではなかったのだ。

トリュフのパートナー関係

トリュフの香りを嗅ぐとき、私たちは外界から来る一方的な信号を受け取る。このプロセスに繊細なニュアンスはあまりない。動物を引きつけるには、香りは独特で美味そうでなくてはならない。だが何より大事なのは、すべてを凌駕（りょうが）するほど強力であることだ。胞子を拡散するのが野生のブタでもモモンガでも変わりはない。ならば、どちらかに決める必要があるだろうか。腹を空かせた動物ならたいてい美味そうな匂いを追うものだ。それに、トリュフはあなたがその存在に気づいても香りを変えることはない。それは人や動物を興奮させるが、自身が興奮することはない。その信号は声高に鮮明に湧き出てきて、いったん出始めたら最後止まるということがない。成熟したトリュフは、化学的なリンガ・フランカ〔母語の異なる集団どうしで意思疎通するための共通語〕を使って相手を強力に自分に引き寄せる。それは誰彼かまわず引きつける香りであり、ダニエル、パリド、二頭の犬、ネズミ、そして私に、イタリアの泥だらけの堤に生える灌木（かんぼく）の下の一箇所に集まるよう仕向けるのだ。

他の珍重される多くの菌類のキノコと同じく、トリュフは菌類のいちばん簡便な意思疎通手段を採っている。菌類の生活全般は、菌糸体の成長と優れた魅惑の仕掛けに依存する。菌糸体ネットワークを形成するとき、菌糸は二つの重要な働きをする。分岐と融合である（菌糸どうしが融合するプロセスは「吻合（ふんごう）」と呼ばれ、この語はギリシャ語で「口をつくること」を意味する）。分岐できなければ、菌糸は増えることができない。また融合できなければ、複雑なネットワークを形成することは不可能だ。だが、融合するためには、菌糸はまず相手を見つけなければならない。このために、菌糸は互いを引き寄せるが、この現象は「ホーミング」と呼ばれる。菌糸の融合は菌糸体を菌糸体たらしめる継ぎ目であり、もっとも基本的なネットワーク形成行動だ。この意味において、どの菌類の菌糸体も自分を自分に引き戻すという能力によって形成されると言える。(16)

しかし、菌糸体ネットワークは自己に遭遇することが可能だが、別のネットワークに遭遇することもまた可能である。菌類は変更すべき部分をどのようにして知るのだろうか。菌糸体は自己の分枝に出あったのか、まるで別の菌糸体に出あったのかを区別できなくてはならない。もし、相手が別の菌糸体である場合には、それが異なる——ことによると敵対する——種か、生殖可能な種の個体か、あるいはそのどちら

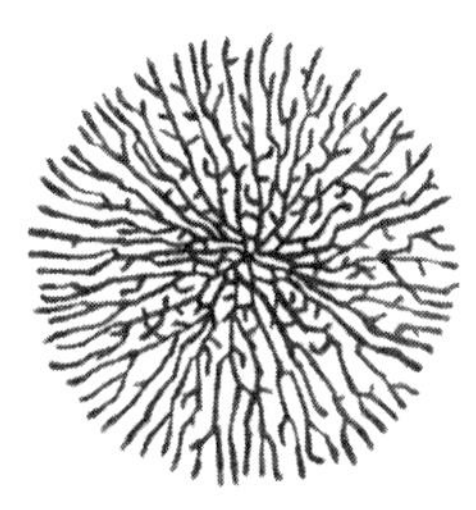

胞子から外側に向かって伸びる菌糸体。Buller（1931）にもとづいて描画

でもないかを判断する必要がある。菌類には数万の交配型があり、交配型はおおむねヒトの性別に相当する。最大数の交配型を持つのはスエヒロタケ（*Schizophyllum commune*）で、この菌は二万三〇〇〇種類以上の交配型を持ち、どの種類も他の種類の交配型の個体と交配可能である。多くの菌類の菌糸体は、生殖的には適合しなくとも、遺伝子が十分似通っていれば他のネットワークと融合することができる。菌類の自己同一性は重要だが、それはかならずしも自己か他者かの二者択一の世界ではない。自己はしだいに他者に埋もれていくのだ[17]。

菌類が持つ多様な交配型は彼らの魅惑によって維持されていて、トリュフ菌もまた例外ではない。黒トリュフのようなトリュフ菌が子実体を形成するには、一つの菌糸体が別の生殖的に適合するネットワークの菌糸体と交配し、遺伝物質を取り込まなくてはならない。トリュフは菌糸体ネットワークとしての生活の大半を通じて、菌類の性別であるプラス株またはマイナス株として生存し、彼らの生殖行動は単純そのものだ。マイナス株の菌糸体がプラス株の菌糸体と引きあい融合することで生殖が成立する。どちらかのパートナーが父親の役割を果たし、遺伝物質のみを提供する。他方のパートナーは母親の役割を果たし、遺伝物質を提供し、トリュフと胞子を成長させる。トリュフ菌はプラス株とマイナス株のいずれも母親あるいは父親になることができる点においてヒトと異なる。ヒトに置き換えて考えると、誰もが男性でもあり女性でもあって、反対の性別のパートナーとセックスすることができれば、母親あるいは父親のどちらの役割でも果たせるというような感じだ。トリュフ菌のあいだで性的誘引(セックスアピール)がどのようにして起きるのかはまだ解明されていない。近縁のトリュフ菌のあいだでは相手を誘引するのにフェロモンを使う。研究者はトリュフもこの目的のために性ホルモンを使うのではないかという強い確信を持っている[18]。

ホーミングがなければ、菌糸体は存在しない。菌糸体がなければ、マイナス株とプラス株のあいだに誘引は起きない。誘引がなければ、生殖は起きない。生殖がなければ、トリュフはないのだ。ところが、トリュフ菌とパートナーの木の関係も同等に重要であり、両者の化学的な相互作用は精確無比に管理されなくてはならない。若いトリュフ菌の菌糸は、パートナーになる植物が見つからなければやがては死ぬ。植物が自らの根に菌類を受け入れると互いに有益な関係を結ぶことができる。もちろん、病気を起こす菌類も多い。菌類の菌糸と植物の根は、どちらも、土という化学的情報の奔流の中で互いを発見しなければならないという試練に直面するが、そこでは、地中の無数の植物の根、菌類、微生物が働きかけてくる[19]。

それは引き寄せと魅惑、つまり化学的な誘引と反応のもう一つの例だ。植物も菌類も揮発性の化学物質を使って自分を魅力的に見せようとする。それはトリュフが森の中で動物に魅力を振りまくのと同じだ。受け入れる側の植物が揮発性化合物を放散し、これが地中を移動する。すると胞子が発芽し菌糸が分岐してどんどん伸びていく。菌類が植物の成長ホルモンを分泌し、これが植物の根を羽毛の塊のように分岐させる。このため根はより大きな表面積を持ち、根の先端と菌類の菌糸が遭遇する機会が増える（多くの菌類は植物および動物ホルモンを産生し、パートナーの生理を変える[20]）。

菌類が植物の根と共生するためには根の構造を変えるだけでは足りない。互いの化学プロファイルに応じて、植物と菌の細胞内を信号が移動し、一群の遺伝子を活性化して、両者とも代謝と成長プログラムを書き換える。菌類は植物の免疫反応を抑制する化学物質を放出する。そうしなければ、共生関係を結ぶほど根に近づけないからだ。ひとたび共生関係が成立すると、菌根のパートナー関係が始まる。菌糸と根の関係は動的で、根の先端と菌の菌糸が老いて死ぬにつれて形成と再形成を繰り返す。もしあなたが嗅覚上皮を地中に入れることができたなら、まるでジャズセッションを聴いているような気分になるだろう。演奏者たちはリアルタイムに互いの演奏に耳を傾け、相互に作用し、反応しあうのだ。[21]

ピエモンテ白トリュフその他の貴重な菌根菌（ポルチーニ、アンズタケ、マツタケなど）の栽培はこれまでのところ成功していないが、それは植物との関係が流動的であり、これらの菌の生殖行動が複雑をきわめるからだ。基本的な意思疎通がどのようにして起きるのかにかかわる私たちの知識にはまだ大きな空白がある。なかにはペリゴール黒トリュフのように栽培化が進んでいるものもある。しかしトリュフの栽培は人間の大半の農業技術に比べて未発達であり、優秀な栽培家の成功率も大きく異なる。ルフェーヴルが創立し所有するニュー・ワールド・トリュフィエール社では、ペリゴール黒トリュフの菌糸体を使ってトリュフを栽培した場合、成功率は約三〇％にとどまる。ところがある年、栽培法を何も変えなかったのに、一〇〇％の成功率を得たことがあったという。「同じ結果を再現することはできなかった」と彼は私に語った。「何が幸いしたのかわからない」

トリュフを効率よく栽培するには、菌類の奇癖や生理的要求——特徴的な生殖行動にもとづいている——のみならず、彼らが共生する樹木や細菌についても理解する必要がある。さらに、周辺の土壌、季節、気候の微妙な変化も知らねばならない。「それは知的好奇心を満たしてくれる分野です。とても学際的ですからね」とケンブリッジ大学の地理学教授ウルフ・ビュントゲンは言う。教授はイギリス諸島ではじめてペリゴール黒トリュフを発見した人物だ。「微生物学、生理学、土地管理、農学、森林学、生態学、経済学、気候変動のすべてと言えます。本当に全体論的な視点が不可欠なのです」。トリュフの問題はすぐに生態系全体にかかわってくる。科学はまだ追いついていない。[22]

獲物を捕食する菌類

菌類の化学的魅惑に取りつかれた者には死が待ち受けている場合がある。

もっとも強い印象を与えるのは、線虫を捕獲して食べる捕食性の菌類の行動だ。世界中には数百種の線虫捕食菌がいる。大半は腐葉土を分解して暮らし、食べるものが不足したときのみ線虫を捕食する。この種の菌類の捕食活動はさして目立たない。トリュフの香りはひとたび漂い始めると途切れることがないが、線虫捕食菌は近くに線虫がいるとわかったときだけ捕獲器を形成し、化学的にこれらの動物を誘引する。腐った食べ物が十分にあれば、線虫がたくさんいても気にもかけない。このような行動をするためには、線虫捕食菌は線虫の存在を正確に察知する必要がある。どの線虫も、自分の成長から交尾相手の誘引まで多様な目的で同じ種類の分子を用いる。一方の菌類は、これらの化学物質を獲物の発見に利用する。[23]

菌類が線虫を捕獲するのに使う様式は気味悪く多様であり、これまでに何度も繰り返して進化した習慣でもある。多くの菌類系統が同様の結論に達したものの詳細は異なる。線虫を捕捉するための粘着性の網または分枝を形成する種がいる。機械的な手段に訴える種もいる。何かが触れると一〇分の一秒で膨らむ菌糸の輪を形成して獲物を拘束するのだ。さらに、一部の菌類──一般に栽培されているヒラタケ(*Pleurotus ostreatus*)を含む──は、線虫を麻痺(まひ)させる毒を一滴つけた捕獲器を形成する。捕獲器は線虫の口から体内へ侵入し、線虫をその内側から消化するのだ。線虫に化学的に引き寄せられて土中を泳ぐように移動し、線虫に粘着する胞子をつくる菌類もいる。線虫に粘着すると、胞子が発芽し、「銃細胞」と呼

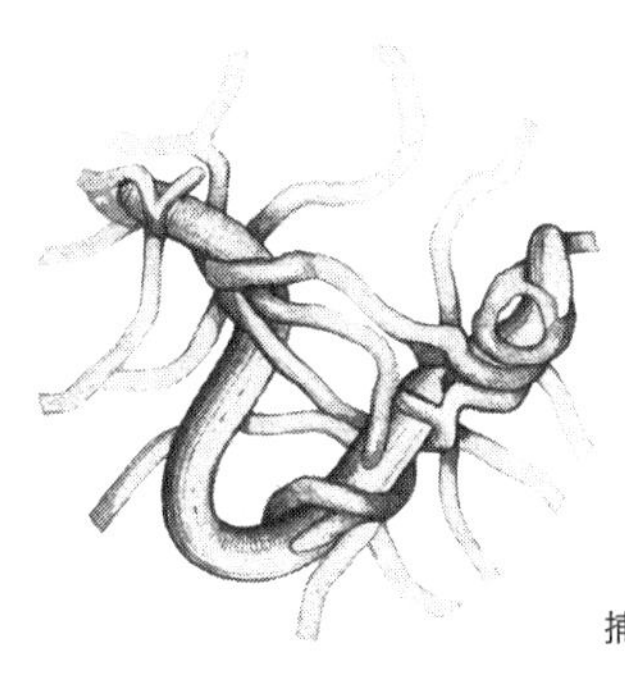

捕食されている線虫

ばれる特殊な菌糸を体に打ち込む[24]。

菌類の線虫捕食行動は多様である。同種の菌でも個体が異なればその個体に特有の反応をし、異なる種類の罠を仕かけたり、罠を仕かける位置が異なったりする。ある種――アルスロボトリス・オリゴスポラ（*Arthrobotrys oligospora*）――は、有機物質が豊富にある状態では「通常の」分解者として働くが、必要に迫られると菌糸体に線虫への罠を形成する。この菌は他種の菌類が形成する菌糸体の周りに絡みつき、養分を得られない状態にしたり、特殊な構造をつくって植物の根に侵入して養分を得たりする。多様な様式からどのようにして一つを選ぶのかはわかっていない[25]。

擬人化について

なぜ菌類の意思疎通について語るべきなのだろうか。イタリアの泥だらけの堤で私たちが穴の周りに集まって中を覗き込んでいたとき、私はトリュフから見た世界を想像してみた。興奮したパリドは、詩人気取りでつぶやいた。「トリュフとバラの木は恋人どうしか夫と妻のようなものなんだ。つながりが断ち切られたら、おしまいだ。絆は取り戻せない。トリュフは木の根から生まれて、野生のバラに守られている」。彼は棘のあるバラの木を指差した。「菌は木の中に横たわり、白雪姫のように棘に守られて、犬にキスされるのを待っている」

科学界で主流の見方によれば、ヒト以外のたいていの生物どうしの相互作用に何らかの意思を見てとるのは誤りとされる。トリュフ菌はものを言わない。言葉を発することはない。彼らが生きるために依存する多くの動植物と同じく、トリュフ菌は生存の可能性を最大限にする自動的なルーティーンにもとづいて自動的に環境に反応している。これと大きく異なるのがヒトの生き生きとした経験であり、ヒトでは外的刺激の量は感覚の質に正確に変換される。刺激があれば、感情が湧いて影響されるのだ。

私は泥だらけの斜面で体のバランスをとり、香りを放つトリュフ菌の上に鼻をかざした。どれほどトリュフが自動的に反応しているだけだと考えようとしても、私には意思のある生き物にしか思えなかった。

ヒト以外の生物の相互作用を理解するときには、二つの見方のあいだを行き来しがちだ。あらかじめプログラムされたロボットのような無生物的な行動と、豊かで生き生きとしたヒトの経験である。菌類は脳がなく、もっとも簡単な「経験」をするための基本的な機構すら持たない生物と見なされているため、彼らの相互作用は一連の生化学的刺激に対する自動的な反応にすぎないと考えられている。それでも、たいていの菌種と同じく、トリュフ菌の菌糸体は、周辺環境を能動的に探索し予測できない形で反応する。彼らの菌糸体は化学的に過敏で、反応し、興奮する。他者が化学物質を放出するとそれを感知するのはこの能力であり、この能力のおかげで菌類は樹木との複雑な交換関係を維持し、土中の養分を摂取し、生殖活動をし、狩りをし、攻撃者から身を守る。

一般に、擬人化は軟弱な人間の心の中にまるで水ぶくれのように湧き出る幻想であり、訓練、統制、強化が足りない証拠と考えられている。それには、もっともな理由がある。世界を人間の観点から見るならば、他の生物の生活を彼らの目線から見ることができなくなる。とはいえ、擬人化によって私たちが何かを失ったり、何かに気づかなかったりすることがあるだろうか。[26]

アメリカ先住民ポタワトミの一員で生物学者のロビン・ウォール・キマラーは、ポタワトミに固有の言語は動詞が豊富で、ヒト以外の世界に生き生きした感覚を与えると言う。たとえば、「山」という語は動詞であり、「山になる」ことを意味する。山はずっと「山になる」プロセスにあり、能動的に山でいるのだ。こうした「有生性の文法」〔有生性は語が示す対象の生物としての性質を表す〕があるので、他の生物の生活を「それ」と形容したり、伝統的に人間に使用される概念を借用したりせずに記述することが可能になる。これに対して英語では、「他の生物の存在という単純な事実」さえ認めることができないと彼女は述べる。もしあなたがヒトでないなら、あなたは自動的に無生物になる。つまり「それ」あるいは「ただの物」になるのだ。ヒト以外の生物の生活を理解するためにヒトにかかわる概念を持ち出すなら、あなたは擬人化の罠に嵌(はま)っている。「それ」という語を使うなら、あなたは生物を客観視することで別の罠に嵌る。[27]

生物学的な現実はきっぱりと白黒をつけられるものではない。ならば、世界を理解するための物語や隠喩——私たちが探究のために使う道具——を、どうしてきっぱりと二つに分けられるだろうか。話すためにかならずしも口を必要とせず、聞くためにかならずしも耳を必要とせず、解釈するのにかならずしも脳を必要としないように、私たちが使う概念の一部なりとも拡張することができるだろうか。私たち以外の生物を先入観や蔑視によって貶(おと)しめることなく、この拡張を実現できるだろうか。

ダニエルがトリュフをしまって穴を慎重に埋め直し、バラの木の枝を掘り返した土の上に戻した。パリドによれば、菌と木の根の関係を壊さないためだという。一方のダニエルは、他のトリュフハンターが私たちの縄張りを荒らさないためだと言った。私たちは草地を引き返した。トリュフの香りは車にたどり着いたときにはやや精彩を欠き、計量部屋に戻ったときにはさらに薄らいでいた。ロサンゼルスのレストランで皿の上におろされるまでにどれほど弱くなるのだろうと思った。

菌類は感知し、解釈する

数か月後、オレゴン州ユージーン市郊外の森に覆われた山で、私はルフェーヴルと彼のロマーニョ・ウォーター・ドッグのダンテとトリュフ探しに出かけた。ルフェーヴルはダンテを多目的犬と呼ぶ。専業犬――キカやディアヴォロ――は、特定の種のトリュフを大量に発見するよう訓練されている。多目的犬は面白い香りのする物なら何でもその源を発見するように訓練されている。だから、これまで匂いを嗅いだこともない種のトリュフを発見できるのだ。したがって、ダンテはトリュフではない物――たとえばヤスデ――を追いかけるが、それまで発見されていなかった四種のトリュフも探し出した。これはさほど驚くにはあたらない。自分にちなんで命名されたトリュフのある著名人マイク・カステラーノは、二つの新しい目、二十数件もの新しい属、そして約二〇〇を数える新種のトリュフを記述した。彼はカリフォルニア州でトリュフを採取する際に新種がよく発見されると報告しており、どれほど多くの種がまだ知られずにいるか考えさせられる。

ダグラスモミ〔ダグラスファーなどとも呼ばれる〕とシダの森を歩いていくと、ルフェーヴルが人間はもう数世紀も前からトリュフを偶然栽培してきたと言う。トリュフは人間が手を加えた環境で生きられるのだ。ヨーロッパでは、トリュフの栽培は二〇世紀に下火になった。人間の管理下にあったトリュフの森が農業のために伐採されたり、ただ放棄されて野生の森林に戻ったりしたからだ。どちらもトリュフの栽培にとっていいことではない。ルフェーヴルにとって、トリュフ栽培がふたたび脚光を浴びているのは嬉しいことだという。なぜならトリュフ栽培は森に覆われた土地で換金作物を栽培し、民間資本を環境修復に投じることを可能にするからだ。トリュフを育てるには、森を育てなくてはならない。土は生命にあふれていると認める必要がある。生態系について考えずにトリュフを育てることは不可能なのだ。

ダンテが左右に方向を変えながら鼻を鳴らしている。ルフェーヴルはマナ――砂漠を旅したイスラエルの民が神に与えられた食物――は、じつは砂漠のトリュフで、中東のほぼ全域で荒野に突如として現れるごちそうだったのではないかと言う。彼はこの不思議な白トリュフを栽培しようと試みたが失敗したと教えてくれた。また、トリュフと宿主の木について私たちはほとんど何も知らないとも言った。私は菌類が変化する環境に反応し、自身が依存する動植物とともに新たな生活を築く多くの例について考えた(28)。

森に戻ってトリュフを探していると、私はまたしてもこれらの驚嘆すべき生物を表現する言語について考えている自分に気づいた。調香師やワインテイスターは香りの違いを表現するのに比喩を使う。化学物質が「刈ったばかりの芝」、「汗臭いマンゴー」、「グレープフルーツと血気盛んなウマ」などと呼ばれる。こうした通り名がなければ、私たちは想像することができない。シス-3-ヘキセノールは刈ったばかりの芝のような匂いがする。テトラヒドロピランは汗臭いマンゴーのようだ。N,2-ジメチル-N-フェニルブタンアミドは、グレープフルーツと血気盛んなウマが混じったような匂いだ。ただし、テトラヒドロピランが実際に汗臭いマンゴーだと言っているわけではない。それでも、この薬品の入った瓶の蓋を開けて手渡したら、あなたはその匂いをなるほどと思うだろう。ヒトの言語が匂いと結びついているとき、そこには判断と先入観が働いている。私たちの記述はその対象を歪めて変形させるが、ときには世界にあるものについて話すとき、そうとしか言いようのない場合がある。つまり、どのようなものであるかは言えるが、それではないと言いたい場合だ。ヒト以外の生物について話すときがいい例ではないだろうか(29)。

よく考えてみれば、もっといい方法がないだけなのだ。菌類は脳を持たないかもしれないが、彼らが直面するさまざまな選択肢は意思決定を必要とする。彼らを取り巻く環境は気まぐれで、生きていくには臨機応変に振る舞うことが要求される。いろいろ試せば失敗することもある。菌糸体ネットワーク中の菌糸によるホーミング反応だろうが、異なる菌糸体ネットワーク中の二本の菌糸間の性的誘引だろうが、菌類菌糸と植物の根のあいだで働く生存に不可欠な魅力だろうが、線虫に毒による死をもたらす菌類の誘引だろうが、菌類は彼らの世界を能動的に感知し解釈する。菌糸にとって感知し解釈することがどういうことなのか私たちに知る術（すべ）がないのだとしても。ことによると、菌類が化学的な語彙を使って何かを伝えようとしていて、その語彙は線虫、木の根、トリュフ犬、ニューヨークのレストランオーナーなど他の生物に理解してもらえるように何度も調整されてきたと考えるのはさほど奇想天外な話ではないのかもしれない。ときには――トリュフの場合のように――これらの分子は私たちなりに理解できる化学的な言語に変換されるのだろう。だが大半は私たちの頭の上か足の下を通り過ぎるのだ。

　ダンテが必死に土を掘り始めた。「どうやら、トリュフが見つかったようだな」とルフェーヴルが言い、ダンテのボディランゲージを読んで「深そうだ」と付け足した。ダンテが半狂乱で土を掘るので、鼻や足を傷めるのを心配したことはないのかと訊（き）いてみた。「もちろん、ダンテは足裏を傷つけることがある」とルフェーヴルは認めた。「ブーツのようなものを買ってやろうといつも思っている」。ダンテが鼻を鳴らして土を引っかくが何も出てこない。「ダンテがトリュフを見つけられなかったときは、一生懸命掘ったのにそれに報いてやれなくてすまないと思う」。ルフェーヴルが背を屈めて、ダンテの巻き毛をなでた。「でも、ダンテにとってトリュフ以上のお宝はない。トリュフは何より嬉しいものなんだ」。彼は私に微笑んだ。「ダンテにとって、神様は土のすぐ下にいる」

第2章　生きた迷路

絹のようにすべすべした迷路の湿った闇の中、糸が一本もない場所にいると私はとても幸せだ。

——エレーヌ・シクスー[1]

迷路の中の菌糸

二枚の扉を同時に通り抜けられると想像してみてほしい。ありえない話だが、菌類はこの離れ業を日常的にこなしている。進路が二手に分かれた場所に来ても、菌類の菌糸はどちらかを選ぶ必要はない。分岐して両方の経路に伸びることができるのだ。

菌糸に微小な迷路を与え、どう抜けるかを観察することができる。障害物があれば、彼らは分岐する。障害物を避けて分岐したあと、菌糸の先端はもとの進行方向に戻る。やがて、出口への最短距離を見つける。私の友人が粘菌にイケアの店舗出口への最短経路を見つけさせたのと同じだ（本書二五ページ）。菌糸が伸びる先端をたどると、それは奇妙な行動を取る。一つの先端が二つになり、次に四つ、八つと増えていくが、どの先端もずっと菌糸体ネットワークにつながったままだ。この生物は一つの個体なのか、あ

るいは複数の個体なのか。そう考えてしまうが、最後には信じ難いことにその両方だと認めざるをえなくなる。(2)

一本の菌糸が一つの殺風景な迷路を探索するというだけでも困惑するが、ここで数を増やしてみよう。数百万本の菌糸の先端が、それぞれに異なる迷路をスプーン一杯ほどの土の中で同時に探索する様子を想像してみよう。もう一度数を増やしてみよう。今度は数十億本の菌糸の先端がサッカーのピッチほどの面積の森を探索することを想像してみるのだ。

菌糸体は生態学的なつながりを形成し、世界の大部分をつなぐ生きた継ぎ目なのだ。学校の授業では、子どもたちが人体の異なる側面を描いた解剖図を見せられる。骨格、血管系、神経系、筋肉系をそれぞれ描いた解剖図だ。もし私たちが生態系について同様の図を何枚か描いたとしたら、一枚には生態系全体に張りめぐらされた菌糸体が描かれているだろう。菌糸体は、土壌中、海面下数百メートルをサンゴに沿って広がる硫黄を含む堆積層、さらにゴミやカーペット、床板、図書館の古い本、家屋の埃（ほこり）、美術館に飾られた古い年代の名画のキャンバスに見つかる動植物（生死は問わない）の中を伸びて連絡しあうネットワークを形成している。一部の推定によれば、一グラムの土――およそティースプーン一杯分――に含まれる菌糸体を分離して次々に端と端をつないでいけば、一〇〇メートルから一〇キロメートルの範囲の長さになるという。実際には、菌糸体が地球の構造体、系、居住者内にどれほど広がっているかを測定することは不可能だ。継ぎ目があまりに緊密だからだ。菌糸体の生き様は私たち動物には想像もつかない。(3)

カーディフ大学の微生物生態学教授のリン・ボディは、菌糸体の採餌(さいじ)行動を研究して数十年になる。彼女のすばらしい研究は、菌糸体ネットワークが解決できる問題について教えてくれる。ある実験では、ボディは木材のブロックの中で木材腐朽菌(ふきゅうきん)〔大きく分けて白色腐朽菌(はくしょくふきゅうきん)と褐色腐朽菌の二種がある〕を育てた。その後、その木材のブロックを皿の上に載せた。菌糸体は木材のブロックから外側に向かって四方八方に広がり、白い円形に近いパターンを形成した。やがて成長するネットワークは別の木材のブロックに遭遇した。菌のごくわずかな部分が木材のブロックに接触しただけだが、ネットワーク全体の振る舞いが変わった。菌糸体はあらゆる方向を探索するのをやめたのだ。ネットワークの探索を行っている部分を引き揚げ、新たに発見した木材のブロックとのつながりを強化した。数日後、ネットワークはもう認識不能になっていた。完璧な変化を遂げていた。[4]

彼女は同じ実験をふたたび行ったが、一つだけ条件を変えた。最初は前回と同じく、木材腐朽菌を古い木材のブロックから新しい木材のブロックに向かって生育させた。しかし、今回はネットワークが変化する前に、古い木材ブロックを皿から外し、このブロックから伸びていた菌糸を残らず除去してから新しい皿の上に置いた。すると、もとの木材ブロックから菌糸が新しい木材ブロックに向かって伸びた。菌糸体は方向にかかわる記憶を持つように思われた。ただし、この記憶のメカニズムはわかっていない。[5]

ボディは大げさな人ではなく、菌類の能力に驚いたことを落ち着いて話した。菌類の振る舞いは粘菌に似通っていたため、菌類についても同じ実験を行ったという。しかし、東京圏の鉄道網を再現させる（本書二五ページ）のではなく、イギリスの都市間の最短経路を発見させた。土をイギリスの陸地の形に広げ、各都市をニガクリタケ（*Hypholoma fasciculare*）の菌を接種した木材のブロックで示した。ブロックの大きさはそれぞれの都市の人口に比例させた。「菌は『都市』から成長し、道路網を形成しました」とボディは思い返す。「高速道路網のM5、M4、M1、M6が見えました。とても楽しかったですよ」

菌糸体ネットワークを、菌糸の先端の群れとする見方がある。昆虫は群れを形成する。ムクドリもイワシも群れを成す。群れは集合的な行動パターンと言える。リーダーも中央制御室もなく、アリの群れは食物のある場所までの最短距離を見つける。シロアリの群れは複雑な建築様式の巨大な土塚を建設することができる。だが、菌糸体はすぐに群れとは別物と判明した。なぜなら、ネットワーク中の菌糸の先端はいずれも互いにつながっているからだ。シロアリの土塚はシロアリの個体単位でできている。菌糸体の群れの場合は菌糸の先端が単位の定義にいちばん近いだろう。ただし、ひとたび菌糸体の群れが成長すると、これをシロアリの群れと同じように菌糸によって分離することはできない。菌糸体は概念上捉えづらいのだ。ネットワークの視点から見るならば、菌糸体は単一のつながった実体である。だが菌糸の先端の視点から見れば、菌糸体は複数の実体なのだ。[6]

「ヒトは菌糸体から多くを学ぶことができると私は思います」とボディは語った。「実際の道路をいきなり封鎖して、交通の流れがどう変化するかを調べることはできません。でも、菌糸体ネットワークならつながりを切ればいいんです」。研究者は粘菌や菌類のようなネットワークを形成する生物を使って、人間が直面する問題を解決する試みを始めている。東京圏の鉄道網を粘菌で再現した研究者らは、粘菌の行動を都市部の輸送ネットワークのデザインに盛り込むことを研究している。西イングランド大学のアンコンベンショナル・コンピューティング・センターの研究者たちは、火災時に建物から効率よく避難する経路を粘菌の力を借りて計算している。うち一部の研究者は、菌類や粘菌が迷路を抜けるために使う戦略を数学の問題やロボットのプログラミングに応用しようとしている。[7]

迷路や複雑な経路探索問題の解決はけっして些細なことではない。タコ、ハチ、ヒトなど多くの生物の

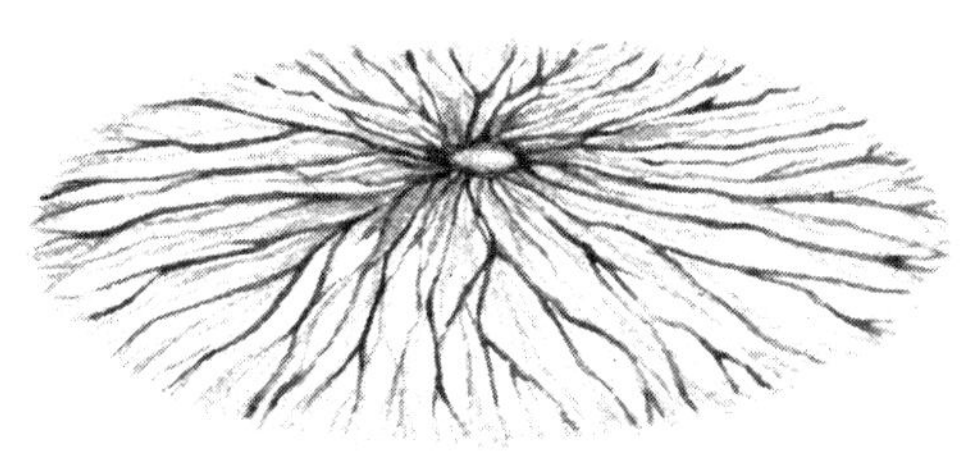

平面を探索する菌糸体

問題解決能力を推量するのに迷路が使われてきたのはこの理由からである。とはいえ、菌糸を形成する菌類は迷路で暮らしており、これらの生物は空間および地理問題を解決するように進化してきた。菌類は、身体をどう分布させれば最善の結果を得られるかという問題とつねに向きあっているのだ。高密度のネットワークを成長させれば、輸送効率は上がるものの長距離の探索には不向きになる。低密度のネットワークは大面積の採餌には向くが、リンクが少ないことから損傷に弱い。菌類はこの問題にどう折りあいをつけつつ、高密度の菌糸体ネットワークの中で腐った食物を探すのだろうか[8]。

二つの木材ブロックを使うボディの実験を見れば、典型的な事象の流れがわかる。菌糸体はまず探索モードであらゆる方向に成長する。砂漠で水を求めて歩くなら、私たちは一つの方向に狙いを定めなくてはならない。だが菌類はひとまず可能な経路をことごとく選択できるのだ。食物が見つかったら、この食物につながるリンクを強化し、つながらないリンクを引き揚げる。これは自然選択と言えるのかもしれない。菌糸体はリンクを過剰に思えるほどつくる。一部が残りのものより有利とわかると、それらのリンクが補強されるのだ。有利でないリンクは放棄され、少数の幹線経路のみ残される。一方向に成長して残りの方向を放棄することで、菌糸体ネットワークは遠い場所に移動することさえできる。「extravagant」〔一般に「法外な」などを意味する〕という語は、「外側に向かって、その先にさまよい出ること」を意味するラテ

ン語の *extravagari* が原義である。これはまさに菌糸体にふさわしい語と言える。菌糸体はつねに外側に限界を超えて成長する。ほとんどの動物と違って、菌糸体にとって限界はあらかじめ決まっているわけではない。菌糸体はデザインのない身体なのである。(9)

なぜ協調行動ができるのか

菌糸体の一部は同じ菌糸体内の遠い場所で起きていることをどのようにして知るのだろう。菌糸体は広く延びているが、全体が何らかの方法でつながっているはずだ。

ステファン・オルソンはスウェーデンの菌類学者で、数十年にわたって菌糸体ネットワークがどのようにして協調し、統合された全体として行動するのか理解しようと努めてきた。数年前、彼は生物発光する数種の菌類の一種に興味を抱いた。この菌類のキノコや菌糸体は暗闇で光を放ち、胞子の拡散を助ける昆虫を引きつける。一九世紀イングランドの炭鉱労働者は、坑内にある木製の支柱に生えた生物発光する菌類の光が「手元が見える」ほど明るかったと報告している。ベンジャミン・フランクリンは、世界初の潜水艇（タートル――アメリカ独立戦争の最中の一七七五年に開発された）の羅針盤や深度計に「燐光(りんこう)」として知られる発光菌類の生物発光を使うことを提案した。オルソンが研究していた菌種はワサビタケ（*Panellus stipticus*）だった。「透明な瓶で育てれば、その光で本を読めますよ」と彼は私に語った。「それは我が家の棚に載っている小さな灯りで、子どもたちに大好評です」(10)

ワサビタケの菌糸体の振る舞いを観察するため、オルソンは実験室の皿の上でワサビタケを培養し、発光している二個のワサビタケを皿ごと真っ暗な箱に入れ、安定した条件で一週間にわたって放置した。生物発光を捉えられる高感度カメラで数秒ごとに写真を撮った。これを低速度撮影(タイムラプス)の動画にすると、二つのつながっていない菌糸体は、別々の皿の上で外側に向かって成長して不規則な円形を描いた。中央部が周縁側より明るかった。数日後——動画にすると二分——突然の変化が起きた。一方のネットワークで、光が一方の縁部から他方へと走った。一日後、もう一つのネットワークでも同じように光の波が走った。菌糸体の時間感覚では、それは激しいドラマだ。菌糸体にとって一瞬のうちに、どちらのネットワークも異なる生理学的状態に変わった。[11]

「いったい何が起きたのでしょう?」オルソンは声を張り上げた。放置されたので、菌類が暇を持て余して遊び始めたか、落ち込んだのだと彼は冗談を飛ばした。ワサビタケはさらに数週間にわたって暗闇に放置されたが、光のパルスは二度と走らなかった。数年経っても、彼はこのとき何が起きたのかまだ説明できない。菌糸体があれほど短時間で行動を協調できる理由もわからなかった。[12]

菌糸体の協調を理解するのが難しいのは、制御を司る中枢というものがないからだ。私たちは頭か心臓が切り取られれば死ぬ。だが菌糸体には頭も心臓もない。菌類は植物と同じく制御分散型の生物だ。中央処理装置も、首都も、政府もない。制御は全体に分散していて、菌糸体の協調はあらゆる場所で一斉に起きるが、どこか特定の場所だけで起きるわけではない。菌糸体の一片からネットワーク全体が再生される。このことは、菌糸体の個体は——もしあなたがこの言葉を使うほど勇気があるならばだが——不死である可能性があることを示す。

オルソンは記録された生物発光の自然発生的な波に興味を覚え、追跡実験のためにさらに二皿のワサビタケを準備した。ワサビタケの菌糸体の片側をピペットの先で刺した。傷ついた場所がすぐに光った。彼を混乱させたのは、光がネットワーク全体の九センチメートルにわたって一〇分で広がったことだった。これは化学信号が菌糸体の片側からもう一方の側に達するには速すぎた。

オルソンはある仮説を思いついた。傷ついた菌糸が揮発性の化学信号を空中に放出し、この信号が気体となってネットワークの反対側まで広がったため、菌糸体内を移動する必要がなかったという考えだ。彼はこの可能性を検証するため、遺伝子的に同一の菌糸体を二つ並べて培養した。二つのネットワーク間に直接のつながりはなかったが、空気中に漂う化学物質なら間隙(かんげき)を越えられるほどには近かった。オルソンが一方のネットワークを刺した。傷ついたネットワークでは前回と同じく光が伝搬したが、信号は隣のネットワークには広がらなかった。つまり、何らかの高速伝達システムがネットワーク内で作用しているはずなのだ。それが何なのかという謎にオルソンはさらに夢中になった。

自分の形を変える能力

菌糸体は菌類の採餌器官だ。生物の一部――光合成する植物など――は自身で食べ物をつくる。別種の生物――大半の動物――は、外界の食物を探し出して体内に取り入れ、食物を体内で消化吸収する。菌類はこれとは異なる戦略を用いる。彼らは食物のある場所でそれを分解し、その後体内で吸収する。菌糸は長く、分岐し、一細胞分の太さしかない――直径が二〜二〇マイクロメートルで、これはヒトの髪の毛の五分の一ほどだ。菌糸が周辺の物に接触する機会が増えれば増えるほど摂食する食物は多くなる。動物と菌類の違いは明確だ。動物は食物を体内に取り入れるが、菌類は身体を食物の中に置くのだ[13]。

とはいえ、世界は予測不可能である。大半の動物は不確実性に対処する手段として移動する。どこか別の場所が食物を見つけやすいなら、そちらに移動するのだ。しかし、菌糸体のように不規則で予測不可能な食物源の中に身を置くためには、自分の形を変える能力が必要となる。菌糸体は生きていて成長する日(ひ)和見(よりみ)主義の探索者――身体を獲得した推測者なのである。この傾向は発達理論における「非決定論」とし

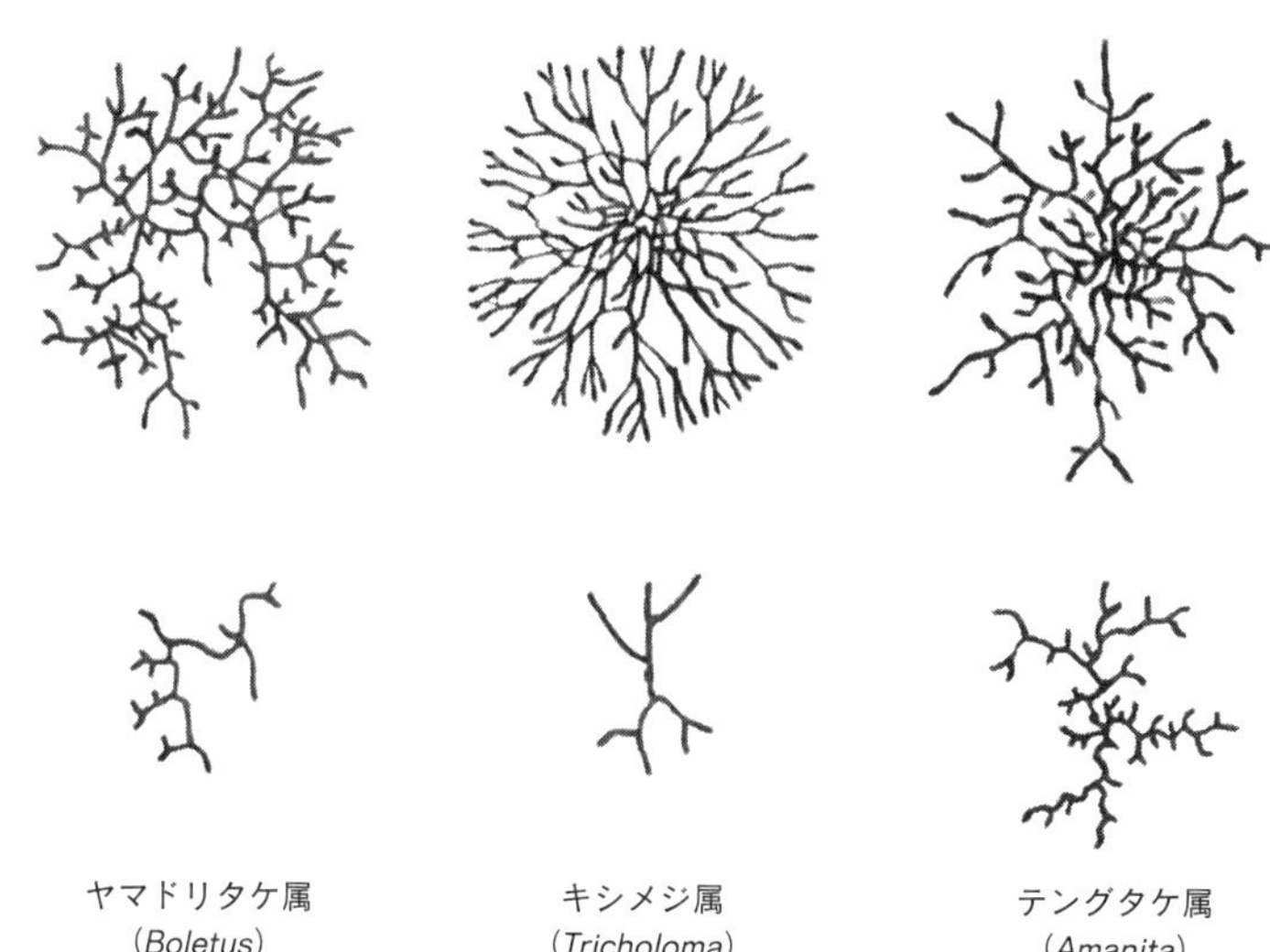

菌糸体の異なる種類。Fries（1943）にもとづいて描画

て知られる。つまり、同じ菌糸体ネットワークは二つとして存在しないのだ。菌糸体はどんな形をしているだろうか。それは水の形を問うようなものだ。菌糸体がたまたま成長している場所を知っていなければ、この問いに答えることはできない。これをヒトと比べてみよう。ヒトはみな身体のデザインを共有し、発達段階も似ている。何らかの邪魔が入らない限り、二本の腕を持って生まれれば、最期のときまで二本の腕を持っている。

ただし菌糸体は自らを周囲に合わせるとはいえ、その成長パターンは無限に変化するわけではない。異なる菌類種は異なる菌糸体ネットワークを形成する。細い菌糸を持つ種も、太い菌糸を持つ種もいる。食物の好みがうるさい種も、そうでもない種もいる。食物源のそばから離れない短命種で、家屋内の埃の粒子にくっつく微小な種もいれば、数キロメートルも延びるネットワークを形成する長命種もいる。熱帯にはまったく採餌行為をしない種もいる。これらの種は食べ物を濾過(ろか)して食べる動物に似た行動をする。太い菌糸の網を形成して落ち葉をキャッチするのだ。[14]

どこに生えようと、菌類は食物源に忍び込まなくてはならない。そのために、彼らは圧力を使う。とくに硬い障害物を破る必要がある場合には、病原性の菌類が植物に寄生するときにするように、特殊な貫通性の菌糸を形成する。この菌糸は五〇～八〇気圧もの圧力をかけることができ、堅牢なプラスチック素材であるマイラーやケブラーでも貫通するほどの力を持つ。ある研究によれば、この菌糸がヒトの手ほど太ければ、八トンあるスクールバスでも持ち上げられるという。[15]

爆発的な成長力

大半の多細胞生物は細胞を何層にも重ねて成長する。細胞は分裂し、生まれた娘細胞がさらに分裂する。肝臓は肝細胞の上に肝細胞を重ねてつくられる。筋肉もニンジンも原理は同じだ。菌糸はそうではない。菌糸は長く伸びることで成長する。条件さえよければ、菌糸は無限に伸びることができる。

分子レベルでは、あらゆる細胞活動は、菌類でも菌類でなくとも、目に留まらないほど高速だ。これを基準に考えても、菌糸の先端は何万個ものバスケットボールが自動的に飛び跳ねているコートぐらいの大騒ぎになる。一部の種では、菌糸の成長が非常に速く、リアルタイムで確認することができる。菌糸の先端は伸びるにつれて新たな材料を必要とする。細胞をつくるための材料を入れた小胞が菌糸体から届き、一秒につき最大で六〇〇個の割合で先端にくっついていく。[16]

一九九五年、アーティストのフランシス・アリスは、底に穴を開けた缶に青いペンキを入れ、それを持ってサンパウロを歩いた。何日も市内を歩くうちに、彼が通ったあとには地面にペンキが流れた筋がついた。青いペンキの線が彼の移動、すなわち時間のポートレートを示す地図になった。アリスのアーティストとしてのパフォーマンスは菌糸の成長を思わせる。すなわち、アリス自身が成長する先端なのだ。彼のあとにできる青い筋は菌糸の身体だ。成長は先端で起きる。ペンキ缶を持って歩くアリスを止めたら、筋はそれ以上伸びない。あなたの命も同じと考えていいだろう。成長する先端は現在――いまあなたが経験していること――であり、未来を侵食していくのだ。あなたの自分史は菌糸の残りの部分、あなたが背後に残す絡みあった青い筋なのだ。菌糸体ネットワークは菌類の最近の歴史であり、あらゆる生命体はじつは物ではなくプロセスなのだと親切にも教えてくれる。五年前の「あなた」は、現在の「あなた」とは違うものでできている。自然とは、どこかで留まるということをしない事象なのだ。「遺伝学」という言葉をつくったウィリアム・ベイトソンが、こんなことを言っている。「私たちはたいてい動植物を物として見るが、動植物はじつは物質がつねに通過しているシステムなのである」。菌類からマツの木まで生物を見るとき、私たちは過程の一瞬を捉えているのだ。[17]

菌糸体は一般に菌糸の先端から伸びるが、かならずしもそうとも限らない。菌糸どうしがキノコをつくるとき、周囲から集めた水を吸収して急速に膨張する。だから、キノコは雨が降ったあとに生えることが多いのである。キノコの成長は爆発的だ。スッポンタケがアスファルトの道路を突き破るときには、一三〇キログラムの物体を持ち上げられるほどの力を出す。一八六〇年代に出版された一般向けの菌類解説書で、モーデカイ・クックがこう述べている。「数年前、［イギリスの］ベイシングストークという町の道路が舗装された。それから数か月と経たないうちに、なぜかデコボコが目立ってきた。しばらくして謎が解けた。あちこちで重い石が下から生えてきたキノコによって完全に持ち上げられていたのだ。うち一つの石は五〇センチメートル四方ほどの大きさで、重さが四〇キログラム弱あった」[18]

菌糸体について一分以上考えると、私は気持ちがほぐれてくる。

菌糸体は身体を獲得した多声音楽である

一九八〇年代なかば、アメリカの音楽学者ルイス・サルノが、中央アフリカ共和国の森林地帯に暮らすアカの人びとの音楽を録音した。その中に、「キノコ採りをする女たち」という楽曲があった。女性たちがキノコを集めて歩くとき、彼女たちの足が地下にある菌糸体ネットワークをなぞり、彼女たちは森の動物が立てる物音の中で歌う。それぞれの女性が異なる旋律を歌い、異なる物語を語る。多数の旋律が絡みあいながら多くの歌声になる。それぞれの声が他の声に混じり、うねったり重なったりする。(19)「キノコ採りをする女たち」は多声音楽（ポリフォニー）の一例である。多声音楽では同時に二つ以上の声部を歌うか、二つ以上の物語を語る。アカペラ合唱の一種のバーバーショップ・カルテット〔男性四重唱団〕の和音と違って、女性たちの声は一つのまとまった旋律になることはない。どの声もその独自性を失わない。どの声も他を圧倒することがない。最前列で歌う女性も、ソリストも、リーダーもいない。録音を一〇人に聴かせて再現してもらったら、それぞれ異なる旋律を再現するだろう。(20)

菌糸体は身体を獲得した多声音楽なのだ。菌糸の先端は各女性の歌声の音の世界を探索している。どの菌糸先端も自由に探索できるが、それぞれの探索は独立してはいない。メインの声はないのだ。主旋律というものがない。全体のプランもない。それでも唄ができ上がる。

「キノコ採りをする女たち」を聴くとき、私の耳は曲全体の中から一つの声を拾い上げ、それを聴いていた。それはまるで自分が森の中にいて、女性たちの一人に歩み寄ってその女性の横に立っているかのような感覚だった。二つ以上の旋律をたどるのは難しい。あちこちで交わされているたくさんの会話に同時に耳を傾けるようなものだ。頭の中でいくつかの意識の流れを合流させなくてはならない。私は注意を集中

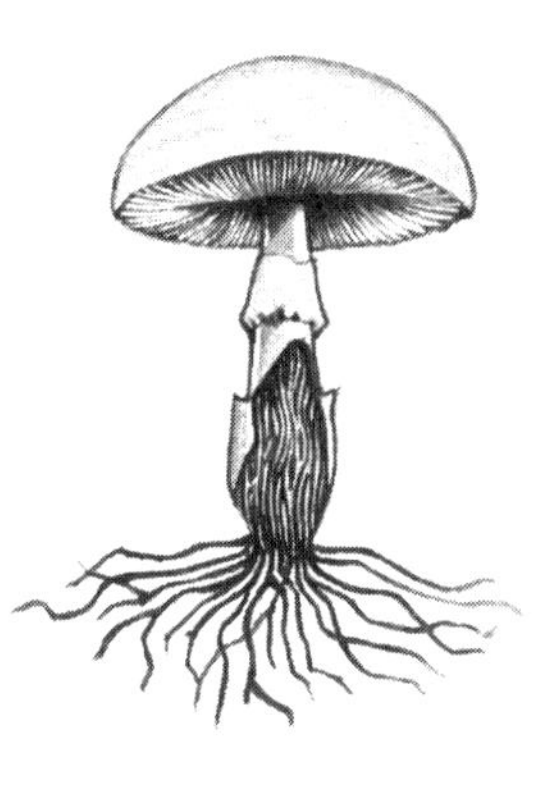

キノコは
菌糸体と同じく
菌糸から成る

せずに分散しなくてはならない。こうして毎回失敗するのだが、聴くという行為をより受動的にすると、別のことが起きる。多くの歌声が一緒になって、どの個別の歌声とも異なる一つの唄になるのだ。それは多声音楽を一つひとつの旋律に分けても見つからない新たな曲である。

菌糸体は、菌類の菌糸――意識の流れではなく身体性の流れ――が合流するときに生まれる。しかし、菌糸体の発達を専門とする菌類学者のアラン・レイナーは、私にこう語った。「菌糸体はただの不定形の綿の塊ではない」。菌糸は集合して複雑な構造を形成することができるのだ。

キノコを目にするとき、あなたは果実を見ている。地面からキノコではなく何房かのブドウが生えていると想像してほしい。次に、これらのブドウを実らせた蔓が土中でねじれたり分岐したりするのを想像してみよう。ブドウとブドウの蔓は異なる種類の細胞から成る。だがキノコを切ると、それは菌糸体と同じ種類の細胞、つまり菌糸でできていることがわかる。

菌糸はキノコ以外の構造も形成する。多くの菌類は菌糸束(そく)と呼ばれる菌糸でできた中空のケーブルをつくる。菌糸束は細いフィラメント状のものから数ミリメートルの太さの管まであり、数百メートルにわたって延びることができる。個々の菌糸は紐状ではなく中空である。だが、菌糸内に液体のたまった空間があることはつい忘れがちだ。菌糸束は多数の細管から成る大きな管なのである。したがって、個々の菌糸の数千倍もの速度――ある報告によれば、毎時一・五メートルの速度――で、菌糸体ネットワークは養分や水を長距離にわたって輸送できる。オルソンはスウェーデンの森の話を私にしてくれた。その森で彼は大きなナラタケのネットワークを観察していたが、このネットワークはサッカーのピッチ二個分はあろうかという面積にキノコを生やしていた。この場を流れる小川に小さな橋がかかっていた。「私は橋をもっとよく見ようと思いました」と彼は思い出す。「すると橋の下に菌類が菌糸束を巻きつけ始めているのを見つけました。菌糸束は橋を使って小川を渡ろうとしていたのです」。菌類がこれらの構造への成長をどう協調して実現しているのかは謎だった。[21]

菌糸束は、菌糸体ネットワークが輸送ネットワークであることを思い出させてくれる。ボディが実験で得た菌糸の道路網がもう一つの事例だ。キノコの成長はまた別格だ。アスファルトを押し上げるには、キノコは水で膨らまなければならない。そのためには、水源からネットワークを介して水を急速に輸送し、成長中のキノコに慎重に調整された速度で流し込む必要がある。

短い距離なら、微小管ネットワーク上の――足場とエスカレーターを組みあわせたもののように働くタンパク質の動的なフィラメント上の――菌糸体ネットワークを介して物質輸送をすることができる。微小管「モーター」を使う輸送はエネルギー的に高くつく。長距離になると、物質は菌糸内を細胞内液の川のように流れる。どちらの方法でも、菌糸体ネットワークによる高速輸送が可能だ。効率的な輸送によって、菌糸体ネットワーク内の各部分はそれぞれの活動に専念できる。イギリス中部の田園地帯にあるマナー・ハウス〔中世イギリスの荘園領主たちが建てた邸宅〕の一つハードン・ホールが改装されたとき、ナミダタケ属

(*Serpula*)の乾腐菌が生やしたキノコが、忘れ去られていた石窯で見つかった。そのキノコの菌糸は長さが八メートルの石組みからホール内の腐った床まで延びていた。菌糸体はそこから養分を得てキノコを石窯で生やしたのだ[22]。

菌糸体中の流れをいちばんよく知るには、その中の内容物がどう行き来するかを見ることだ。二〇一三年、カリフォルニア大学ロサンゼルス校の研究者グループが、菌糸体に食物を与えて細胞構造が菌糸内を移動するのを観察した。彼らが制作した動画では、大量の細胞核が菌糸内を移動した。移動速度が速い菌糸もあれば、移動方向の異なる菌糸もあった。ときには混雑が生じ、核が迂回経路に導かれた。核の流れどうしは合流する。核の律動的なパルス——「核の彗星」——が生じて、合流点で分岐し側枝に運ばれる。ある研究者はそれを「核の無政府状態」と評した[23]。

光も表面も重力も鋭く感知

物質の流れは、菌糸体ネットワーク内の物質の循環を説明するのを助けてくれる。だがそれは菌類がある方向に伸びるが、他の方向には伸びない理由を説明してはくれない。菌糸は刺激に敏感で、いつ無数の可能性に直面するかわからない。菌糸は一定速度でまっすぐ伸びるというより、魅力を感じる方向に近づき、魅力を感じない方向から遠ざかる。だが、どうやって?

一九五〇年代、のちにノーベル賞を受賞した生物物理学者のマックス・デルブリュックが知覚行動に興味を抱いた。彼はモデル生物にヒゲカビ(*Phycomyces blakesleeanus*)を選んだ。デルブリュックはヒゲカビのすばらしい知覚力に魅せられていたのだ。この菌の子実体——いわば垂直に伸びる巨大な菌糸——は、ヒトの眼と同じく光に対する感度を持ち、私たちの眼と同じく明るい光と暗い光に順応する。ヒゲカビは一個の恒星が放つ光ほどの暗い光でも感知し、晴れた日に太陽光を直接浴びたときだけ眩しがる。植物が反応を起こすには、これより数百倍強い光を照射しなくてはならない(24)。

キャリアを終えるにあたって、デルブリュックはヒゲカビが単純な多細胞生物の中で「もっとも知性が高い」といまでも確信していると述べた。ヒゲカビは優れた触覚を持つ。風速が毎秒一センチメートル、つまり毎時〇・〇三六キロメートルという無風に近い状態で成長することを好むからだ。この菌は近くにある物体を感知することができ、この現象は「回避反応」として知られる。数十年にわたるデルブリュックの綿密な研究にもかかわらず、回避反応は謎のままだ。数ミリメートル以下の物体が近くにあると、ヒゲカビの子実体はその物体に接触していなくてもそれから遠ざかるように曲がる。物体の種類――不透明か透明か、滑らかか粗いか――にかかわらず、ヒゲカビは約二分でその物体から離れるように曲がる。静電気、湿度、機械的な手がかり、温度などの要因はみな排除された。ヒゲカビが揮発性の化学的信号を使うことで、障害物から離れるように微かな空気の流れによって曲がると考える研究者もいるが、この説の信憑性は証明されたと言うにはほど遠い(25)。

ヒゲカビは外的刺激に対する感度が図抜けて高いが、他の大半の菌類も光（方向、強度、色）、温度、湿度、養分、毒物、電場を感知し反応することができる。植物と同じく、菌類は色を光のスペクトル全体にわたって「見る」ことができる。この目的のため、菌類は青い光と赤い光に感度を有する受容体を使う。また植物と違って、菌類は動物の眼の桿体細胞や錐体細胞と同じく光受容性色素として働くオプシンを持つ。菌糸は表面の肌理も感知する。ある研究によれば、マメ科植物のさび病菌は人工物の表面にある〇・五マイクロメートルの深さの溝を感知できる。この深さはＣＤの溝の三分の一だ。菌糸が協力して子実体（キノコ）を形成するときには、重力に対するきわめて高い感度を獲得する。これまで見てきたように、

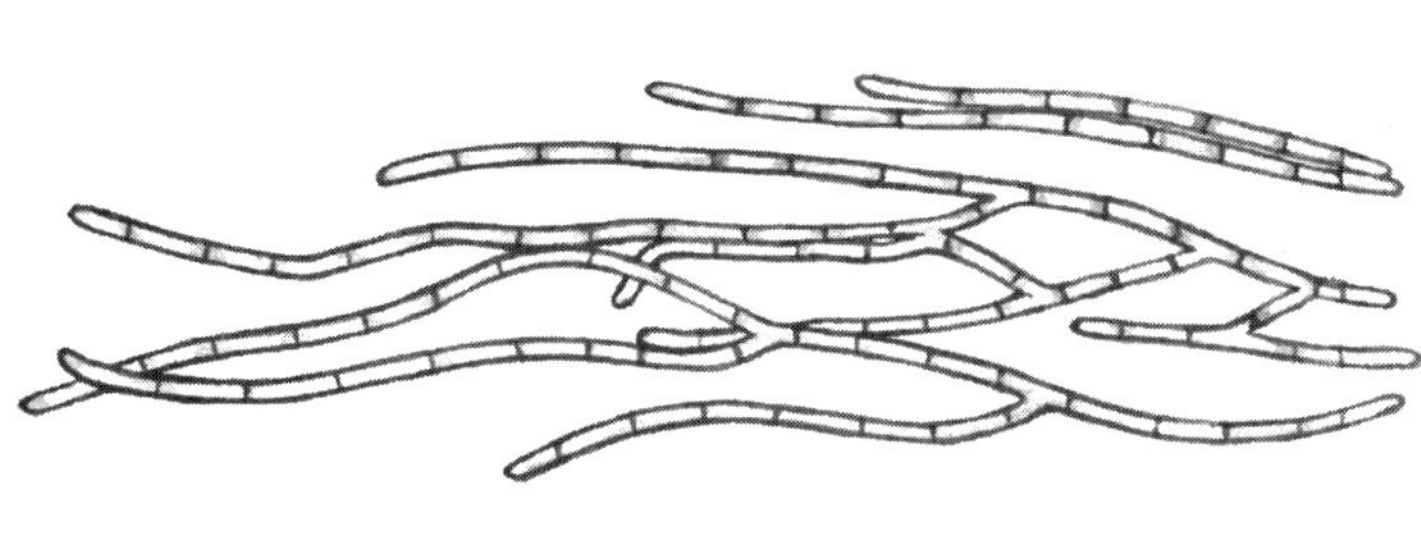

菌類は他の動物と自身との無数の化学的な意思疎通手段を有する。融合あるいは生殖するときには、菌糸は「自己」と「他者」を区別し、異なる種類の「他者」も区別する。[26]

菌類は感覚情報の洪水の中で生きている。詳細はわかっていないが、菌糸は先端からの指令を受け、多様なデータの流れを統合して最適な成長方向を決める。大半の動物と同じく、ヒトは脳を使って感覚データを統合して最適な行動を決定する。したがって、私たちは他の生物の場合でも統合が起きると思われる場所を探しがちだ。私たちは「どこ」に関心を持つが、植物や菌類では「どこ」はあまり意味がない。菌糸体ネットワークや植物ではそれぞれの個体の中にそれぞれ異なるパーツがあるものの、そのどれかが特別であるわけではない。すべてが大量に存在するのだ。では菌糸体ネットワークでは、感覚データの流れはどのようにして統合されるのだろうか。脳のない生物は知覚と行動をどう結びつけるのか。

植物学者はこれらの問題について一世紀以上にわたって頭を悩ませてきた。一八八〇年、チャールズ・ダーウィンと息子のフランシスは『植物の運動力（*The Power of Movement in Plants*）』を出版した。最後の段落で、彼らは根の先端が成長方向を決めるのであるから、植物の異なる部分からの信号が統合されるのは根の先端だと示唆した。ダーウィン父子は、こう述べている。根の先端は「下等動物の脳のように働き……感覚器官から情報を受け取り、次の運動の指令を出している」。ダーウィン父子の仮説は「根 - 脳」仮説として知られるようになったが、控え目に言っても異論が多い。だが、それは彼らの観察に対する異論ではない。根の先端が地上の出芽に指令を出しているのと同じく、根の運動に指令を出しているのは明白である。科学者によって〈脳〉という言葉で意味するものが違うのだ。一部の科学者にとって、それは植物の生活をよりよく理解するための提案だ。だが他の科学者にとって、たとえ脳らしきものであっても植物にそのようなものがあるという主張は非常識もはなはだしい(27)。

ある意味、〈脳〉という言葉が騒ぎのもとと言えよう。ダーウィン父子の主張の主旨は、成長する先端――根や芽に指令を与える――が、情報を集めて知覚と行動をつなげ、成長プランを決める場所だということだ。同じことは菌糸の場合にも当てはまる。菌糸体は菌糸先端で成長し、方向転換し、分岐し、融合する。この部分で菌糸体のほとんどが決まるのだ。そして数も多い。ある菌糸体は数百万から数十億の菌糸先端を持ち、並列分散処理によって大量の情報を統合している(28)。

遠くの情報をどうやって「知る」のか

菌糸の先端はデータの流れが集まり、成長の速度と方向を決める場所かもしれない。とはいえ、ネットワーク内のある菌糸の先端は、どのようにして同じネットワーク内の遠くにある先端が何をしているかを「知る」のだろう。こうして私たちはまたオルソンの疑問に逆戻りする。彼が実験に使った生物発光するワサビタケは、化学物質がネットワーク内のA点からB点に移動して起きるには短すぎる時間で行動を完遂した。菌類の中には菌糸体が「菌輪(きんりん)」と呼ばれるものを形成する種がいる。菌輪は数百メートルもの大きさがあり、数百年の寿命を持つものもあり、何らかの方法でキノコを同時に円形に成長させる。採餌するキノコを使ったボディの実験では、新しい木材のブロックを発見したのはネットワークの一部のみだったが、それでも菌糸体ネットワーク全体の振る舞いが変わり、しかもその速度が速かった。菌糸体ネットワークはいったいどのようにして自身と意思疎通するのだろう。情報はどのようにして菌糸体ネットワーク内をそれほど速く伝搬するのか[29]。

可能性はいくつか考えられる。菌糸体ネットワークは、圧力か流れの変化を成長の合図として送り出すのではないかと考える研究者たちがいる。菌糸体は自動車のブレーキ系統のように連続的な流体ネットワークなので、ある場所で急に圧力が変われば、原理的には他の場所にこれが伝わることが考えられる。別の研究者たちは、代謝活動――菌糸体内における化合物の蓄積または放出など――が一定の周期で起きるため、これによってネットワーク内の振る舞いを同期できるかもしれないと言う。オルソンは、さらに別の可能性に目をつけた。電気だった[30]。

動物が電気インパルス、つまり「活動電位」を体内の異なる部位間における情報伝達に使うことが知られて久しい。ニューロン――動物の行動を協調する電気的に活性化される長い神経細胞――については、それだけで独立した研究分野がある。神経科学である。電気信号による情報伝達は一般に動物に特有の能力と考えられているが、活動電位を発生するのは動物に限られない。植物と藻類もその能力を持つし、一九七〇年代以降には菌類の一部でもその能力が確認されている。細菌も活動電位を発生する。ケーブルバクテリアは、ナノワイヤと呼ばれる導電性の長いフィラメントを形成する。また二〇一五年以降、細菌コロニーが活動電位のような電気活動によって活動を協調することがわかっている。とはいえ、電気が菌類の生活で重要な役割を果たしていると考えた菌類学者は少なかった[31]。

一九九〇年代なかば、スウェーデンにあるルンド大学のオルソンの学部には、昆虫の神経生物学を研究している科学者のグループがあった。彼らは、細いガラスの微小な電極を蛾の脳に挿入してニューロンの活動を測定していた。オルソンはこれらの研究者に連絡し、簡単なことを調べたいので実験装置を使わせてもらえないだろうかと頼んでみた。彼が調べたいのは、蛾の代わりに菌類の菌糸体を使ったら何が起きるかだった。神経科学者たちは興味を示した。原理的には、菌糸体は電気インパルスを伝達できるはずだった。菌糸体は絶縁作用のあるタンパク質に覆われているので、電気活動の波を減衰させることなく長距離にわたって伝達できるだろう。動物の神経細胞も類似の絶縁体として働く髄鞘（ずいしょう）に覆われている。また菌糸体の細胞は互いにつながっているので、ネットワーク内のある箇所で発生したインパルスは途切れることなく別の箇所に伝達される可能性がある。

　オルソンは菌類種を慎重に選んだ。もし菌類に電気伝達システムが備わっているのだとしたら、長距離にわたって意思疎通を必要とする種がいい。慎重に検討した結果、ナラタケを選んだ。何キロメートルの長さ、数千年の寿命という最高記録を誇る種だ。

　オルソンがナラタケの菌糸束に微小な電極を挿入すると、定期的な活動電位のようなインパルスが検出された。インパルスは動物の感覚ニューロンにきわめて近い発火率――およそ毎秒四インパルス――で発生していた。インパルスは菌糸に沿って少なくとも毎秒〇・五ミリメートルの速度で移動した。この速度は菌類の菌糸体でそれまでに測定された流体の最高移動速度の数十倍だった。彼はこの結果に注目したものの、このこと自体はインパルスが高速伝達システムを形成していることを示唆してはいなかった。電気活動が菌糸体の情報伝達に寄与していると言うためには、それが刺激に対する反応でなくてはならない。オルソンは、ナラタケの食物である木材ブロックに対する反応を測定することにした。[32]

　まず実験装置をセットアップし、木材ブロックを菌糸体に挿入された電極から数センチメートル離れた場所に置いた。得られた結果は驚くべきものだった。木材ブロックが菌糸体に触れたとき、インパルスの発火率が二倍になった。木材ブロックを取り去ると、発火率はもとに戻った。ナラタケがブロックの重量に反応しているのではないことを確認するため、木材ブロックと同じ大きさと重量でこの菌類には食べられないプラスチックのブロックを置いた。ナラタケは反応しなかった。

オルソンは他種の菌類でも同じ実験をした。その中に、植物の根に寄生する菌根菌であるヒラタケ属菌（ヒラタケの菌糸体）と、ナミダタケ属菌（ハードン・ホールの石窯で発見された乾腐菌）があった。どの菌類種も活動電位を発生し、さまざまな刺激に反応した。オルソンは、次のような仮説を立てた。自身の異なる場所間でメッセージを電気によって送ることは広範な菌類種にとって現実的な方法であり、これらのメッセージは「菌糸体内の食料源、損傷、各部分の特定の状況や、周辺における同種の個体の有無」にかんする情報を伝える。[33]

菌類コンピュータの夢

オルソンと研究をしていた神経科学者の多くは、菌糸体ネットワークが脳のように振る舞っているように思えることに興奮を隠せなかった。「昆虫学者はたくさんいますが、それが昆虫学者からはじめて得た反応でした」とオルソンは語った。「彼らは森の中でこれらの大きな菌糸体ネットワークが自分に対して電気信号を送っていると思っていました。そこに大きな脳があるのではないかと想像したのです」。私もそこに表面的な類似点があることを否定することはできなかった。オルソンの知見は、菌糸体が電気的に活性化可能な細胞から成る非常に複雑なネットワークを形成するかもしれないことを示唆した。脳もまた電気的に活性化可能な細胞から成る非常に複雑なネットワークだ。

「私は菌糸体が脳だとは考えていません」とオルソンは私に説明した。「脳の概念は取り消さざるをえませんでした。誰かが脳と言い出すと、人は自分たちの持つ脳を頭に浮かべます。言語を有し、思考を処理し、意思決定する脳です」。彼の慎重さは妥当だった。〈脳〉は、ほぼ例外なく動物界の概念を含意する。「私たちが『脳』と言うとき」とオルソンが続けた。「前提はかならず動物の脳です」。しかも、彼が指摘したように、脳が脳らしく機能するのは、そのようにつくられているからだ。動物の脳構造は菌糸体ネットワークとは大きく異なる。動物の脳では、ニューロンはシナプスと呼ばれる接合部位で他のニューロンとつながっている。シナプスで、信号は他の信号と混ざりあう。神経伝達物質の分子がシナプスを通過して、別々のニューロンに相互に異なる行動を起こさせる。他のニューロンを活性化するニューロンもあれば、抑制するニューロンもある。菌糸体ネットワークにそのような機能はない。

しかし、菌類が電気活動を使って信号をネットワークに送るのであれば、私たちは菌糸体を少なくとも脳のような現象だと言えないだろうか。オルソンの考えでは、菌糸体ネットワーク内の電気インパルスを制御して「脳のような回路、ゲート、発振器」をつくり出すには他の方法があるかもしれないという。菌類の一部では、菌糸が管孔(かんこう)によって区画に分かれていて、これらの区画を感覚的に制御できる。管孔を開閉することによって、ある区画から別の区画に伝わる信号の強度を変えることが可能で、信号が化学的、圧力的、電気的のいずれでも変わらない。オルソンの考えでは、菌糸区画内の電荷の突然の変化によって管孔を開閉することができれば、殺到するインパルスによってその後の信号の流れを変えて単純な学習ループを形成することができる。さらに、菌糸は分岐する。二つのインパルスが一箇所で合流すると、双方が管孔の導電率を変えて異なる分枝からの信号を統合する。「コンピュータのことをさほど知らなくとも、このようなシステムによって意思決定ゲートをつくれることはわかります」とオルソンは私に言った。「これらのシステムを柔軟かつ適切に組みあわせれば、学習し記憶することのできる『脳』をつくれるでしょう」。彼は〈脳〉という言葉を軽々しく使うことはしなかった。引用符の中に入れてそれが隠喩であると明確にした。[34]

アンコンベンショナル・コンピューティング・センターのアンドリュー・アダマツキー所長は、菌類が高速データ伝達に電気信号を使えるという事実を忘れてはいない。二〇一八年、彼は菌糸体の各部分からクラスターを形成して生えているヒラタケすべてに電極を挿入し、電気活動の波が同時に起きることを検出した。あるヒラタケの上に火を近づけると、同じクラスター内の他のヒラタケが急峻な電気スパイクでこれに応えた。しばらくして、彼は「菌類コンピュータを目指して（Towards fungal computer）」と題する論文を発表した。論文で彼は、菌糸体ネットワークは電気活動のスパイクに暗号化された情報を「計算」するようにつくられていると提案した。アダマツキーによれば、菌糸体ネットワークが刺激にどう反応するかがわかれば、私たちは菌糸体ネットワークを生きた回路基板のように使うことができるという。菌糸体をたとえば火や化学物質で刺激することで、データを菌類コンピュータに入力できるというのだ。[35]

菌類コンピュータは想像の産物に思えるかもしれないが、バイオコンピューティングは急速に発展中の分野である。アダマツキーは、粘菌を使ったセンサーやコンピュータを実現しようと長年研究してきた。彼は試作品のバイオコンピュータで数々の幾何問題を解くために粘菌を使う。粘菌ネットワークはつながりを断てば変化するので、ネットワークの「論理関数」を変えることができる。アダマツキーの「菌類コンピュータ」のアイデアは、粘菌コンピューティングをネットワークを形成する別種の生物に応用したものだ。[36]

アダマツキーも述べるように、菌類の一部の種が形成する菌糸体ネットワークは粘菌よりコンピュータに向いている。より長寿命のネットワークを形成するし、粘菌ほど速く新しい形に変化しない。またより大規模で、菌糸間の合流部が多い。これらの合流部こそオルソンが「意思決定ゲート」と呼び、アダマツキーが「初歩的なプロセッサ」と呼ぶものだ。これらの合流部は、ネットワークの異なる分枝からの信号が相互作用し混合する場所である。アダマツキーは、一五ヘクタールあるナラタケのネットワークならそのようなプロセッサを約一兆個持つと推測している。

アダマツキーにとって、菌類コンピュータはシリコンコンピュータに取って代わるものではない。菌類の反応はそのためにはあまりに低速だ。むしろ彼は、生態系内の菌糸体を「大規模な環境センサー」として使えるのではないかと考えている。菌類のネットワークは日常的な作業の一環として大量のデータストリームを監視している。私たちが菌糸体ネットワークにアクセスして、ネットワークが情報処理している信号を解釈できれば、生態系で何が起きているかをよりよく知ることができるだろう。菌類は土質、水の純度、汚染状況、その他彼らが感度を持つ環境内の他の変量の変化についても教えてくれる可能性がある。[37]

この分野はまだ生まれて間もない。バイオネットワークをつくるバイオコンピューティングの研究は緒に就いたばかりで問題が山積している。オルソンとアダマツキーは菌糸体が電気に感度を有することを示したものの、電気インパルスが刺激と反応を結びつけられるかどうかを示してはいない。まるでつま先にピンを刺し、体内を神経インパルスが駆け巡るのを感じたが、痛みに対する自分の反応を測定できていないような感じなのだ。[38]

これは未来の試練だ。菌糸体にかんするオルソンの研究とヒラタケにかんするアダマツキーの研究のあいだの二三年間に、菌類の電気信号を巡る研究はなされていない。もしこの研究をするための資金があれば、オルソンは電気活動の変化に対する明確な生理学的反応を証明し、電気インパルスのパターンを発見したいと私に語った。彼の夢は「菌類をコンピュータにつなげて意思疎通を試み」、電気信号によって菌類の行動を変化させることだという。「もし、これが成功したら、あらゆる奇妙ですばらしい実験ができるでしょう[39]」

生命史上初のネットワーク

これまで述べてきたような研究は多くの疑問を呼ぶだろう。ネットワークを形成する菌類や粘菌などの生物は認知力を持つのか。これらの生物の行動を知的と考えてよいのか。他の生物の知性が私たちと違っているとしたら、それはどんなものなのか。私たちはそれに気づけるのか。

生物学者のあいだでは、意見が分かれている。伝統的には、知性と認知力はヒトを念頭に置いて定義されていて、少なくとも脳を必要とするとされる。より一般的には心も必要とされる。認知科学はヒトの研究から生まれたため、当然ながらヒトの心を探究の中心に据えている。心がなければ、認知過程の古典的な事例――言語、論理、推論、鏡を見て自分を認識する――は不可能に思える。いずれの行動も高度な精神機能を必要とするからだ。いずれにしても、知性と認知力をどう定義するかは好みの問題だ。だが多くの人にとって、脳中心の考え方はあまりに狭量に思えるだろう。「真の心」と「真の理解」を持つヒトとヒト以外の生物を明確に分けることは、哲学者のダニエル・デネットによって「古典的な神話」としてはっきりと斥けられている。脳が数々の能力をゼロから進化させたわけではなく、脳の特徴の多くは脳らしきものができ上がるずっと以前から存在していた太古の過程を反映しているのだ[40]。

一八七一年、チャールズ・ダーウィンが実用主義的な考えを述べている。「知性とは、ある種が生存するためにどれほど効率よく物事をやってのけるかにもとづく」。この考えは、当時の生物学者や哲学者の多くから賛同を得た。知性（intelligence）という語のラテン語の語根は「選択肢のどちらかを選ぶこと」

を意味する。脳を持たない生物の多く――植物、菌類、粘菌を含む――は環境に対して柔軟に反応し、問題を解決し、異なる選択肢の中からどれかを選ぶという意思決定をする。複雑な情報処理が脳の働きに限らないのは明らかだ。脳を持たないシステムによる問題解決行動を「群知能」と呼ぶ人がいる。ネットワークを形成する生物の行動は「最小認知」あるいは「基礎認知」〔いずれも個々の細胞の認知〕から生まれるもので、私たちが問うべきは生物に認知力があるか否かではないと主張する人もいる。あるいは、その生物の認知力の程度を知るべきだと考える人もいる。これらすべての考え方によれば、知的な行動は脳がなくても起きる。動的で刺激に反応するネットワークがあれば足りるのだ。[41]

脳は長きにわたって動的なネットワークであると考えられてきた。ノーベル賞受賞者で神経生物学者のチャールズ・シェリントンは、一九四〇年、ヒトの脳を「無数の光る杼が消えゆく模様を紡ぐ魔法の織機」と記述した。今日、互いにつながった無数のニューロンの活動から脳の活動がどのようにして生まれるのかを理解する分野には、「ネットワーク神経科学」という名称が与えられている。ヒトの脳内の単一の神経回路だけでは知的な行動を起こせない。それは一匹のシロアリではシロアリの土塚の複雑な構造をつくれないのと同じだ。どの単一の神経回路も、一匹のシロアリが土塚の構造を「知っている」以上に何が起きているかを「知って」はいない。ところが、多数のニューロンはネットワークを形成することが可能で、そのネットワークから驚くべき現象が生まれるのだ。この考えによれば、複雑な経験――心と過去の意識的な経験の微妙な感触――は、複雑なニューロンのネットワークが自動的かつ柔軟に自らを再モデル化することで生じる。[42]

脳はそのようなネットワークの一例、一つの情報処理法にすぎない。動物においても、脳がなくてもできることはたくさんある。タフツ大学の研究者らが、扁形動物を使った驚嘆すべき実験によってこのことを示した。扁形動物は研究対象になることの多いモデル動物だが、それは彼らが再生能力を持つからである。扁形動物は頭を切り取っても、また頭が新たに生えてくる。脳などの諸器官がきちんとそろった頭だ。またこの動物は訓練できる。研究者らは扁形動物に環境の特徴を覚えさせ、そのあとに頭を切り取ったとすれば、再生した頭と脳は記憶を失っていないのではないかと推測した。驚いたことに、答えはイエスだった。扁形動物の記憶は脳以外の体内のどこかに保存されているらしかった。これらの実験は、脳に依存した動物においても、複雑な行動を可能にする柔軟なネットワークを頭の中の小さな領域に限定する必要はないことを示唆する。他にも例はある。タコの神経はその大半が脳になく、体内全般に分布している。大多数は触手にあり、触手は脳の助けを借りずに周囲を探索し味わう。切り取られても、触手は何かに伸びてそれをつかむ[43]。

ということは、多くの生物種が日常的に起きる問題を解決するために柔軟なネットワークを進化させたのだ。菌糸体を持つ生物が最初にそれをした生物の一種と思われる。二〇一七年、スウェーデン自然史博物館の研究者らがある報告書を発表し、太古に起きた火山爆発によって流れ出た溶岩の割れ目に保存された菌糸体の化石について述べている。化石には分岐するフィラメントが見え、それは「互いに触れあって絡みあっていた」。これらのフィラメントが形成する「絡みあったネットワーク」、菌糸の大きさ、管孔構造の大きさ、成長パターンは、いずれも現代の菌類の菌糸体にきわめて似通っている。これは驚くべき発見である。なぜならその化石は二四億年前、すなわち、菌類が生物の系統樹から分岐する一〇億年以上前にさかのぼるからだ。この生物が何であるかを正確に同定することはできなかったが、本当に菌類であるかどうかは別にして、この生物は明らかに菌糸体様のものを持っていた。この発見によって、菌糸体は複雑な多細胞生物につながる既知のものでは最初期の証拠、原初の絡みあい、最初の生物ネットワークの一つということになる。驚くほどに変化しないまま、菌糸体は地球上で起きた無数の大変動と危機をかいくぐって四〇億年という生命史の半分以上にわたって存続してきたのだ(44)。

「新たな迷路への扉」

トウモロコシの遺伝学の研究でノーベル賞を受賞したバーバラ・マクリントックは、植物を「私たちの途方もない想像でも軽々と超える」特別な存在であると述べた。それは植物がヒトにもできることをする方法を見出したからではなく、一箇所に根を張って生きる植物が、動物ならただ走り去ることで避けられる試練に打ち勝つために無数の「見事なメカニズム」を進化させたからである。同じことは菌類についても言える。菌糸体はそうした優れた解決法の一つであり、生命が遭遇するもっとも基本的な試練に対する比類なき答えだ。菌糸体を形成する菌類は私たちと同じ方法は取らず、絶え間なく自身を再構築する柔軟なネットワークを含む。彼らこそ絶え間なく自身を再構築する柔軟なネットワークなのである(45)。

マクリントックは、「生物に対して愛情を」持つことが「それが言わんとしていることに耳を傾ける」ための忍耐を獲得するためにどれほど大切かを強調する。菌類に対して私たちは愛情を持てるだろうか。菌糸体の生活は私たちとあまりに違いすぎて、そのような生物が存在すること自体が奇妙に思えるほどだ。それでも、きっと彼らも思ったほど私たちと違わないのかもしれない。多くの伝統文化は生命を絡みあった全体として捉える。今日、すべてはつながっているというアイデアはあまりに頻用され、その非凡さを失ってしまった。「生命現象のネットワーク」というアイデアは、現代における自然の科学的概念を下支えしている。二〇世紀に提唱された「システム理論」は、あらゆるシステム――交通の流れから政府や生態系まで――を相互作用の動的なネットワークとして捉える。「人工知能（ＡＩ）」の分野は人工神経（ニューラル）ネ

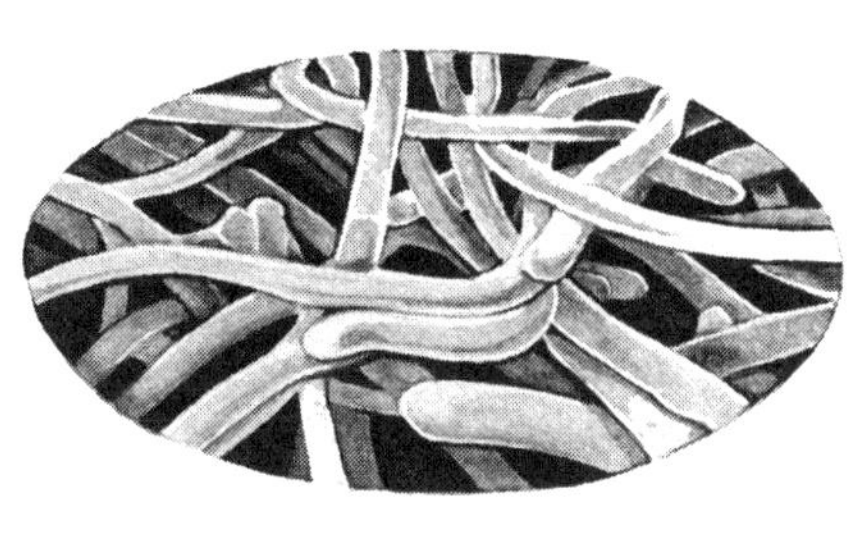

ットワークを用いて問題を解決する。人の暮らしの多くの側面はインターネットのデジタルネットワークとつながっている。ネットワーク神経科学では、私たち自身も動的なネットワークとして見なせると考える。よく鍛えられた筋肉に似て、「ネットワーク」はあまりに肥大化した主要概念になってしまった。理解するためにネットワークを必要としないテーマを見つけるのはもはや難しい[46]。

それでいながら、私たちは菌糸体の理解にいまだに悩んでいる。リン・ボディに菌糸体の生活のどの側面がいちばん謎めいているのか尋ねてみた。「あー……いい質問ですね」と彼女は口ごもった。「わかりません。本当にあまりに謎多き生き物なのです。菌糸体を形成する菌類はどのようにしてネットワークとして機能するのでしょうか。環境をどう感知するのか。自身の他の部分にどのようにしてメッセージを送り返すのか。これらの信号はどのようにして統合されるのか。これらはどれも大きな問いですが、これらの問いについて考えている人はほとんどいないように思います。ところが、こうした問いについて考えることが、菌類の生活を理解するには不可欠なのです。私たちにはそれを調べる技術がありますが、菌類の基本的な生物学を研究している人がいるでしょうか。あまり多くはありません。これはとても憂慮すべきことです。私たちはこれまでに発見したことを一つの大きな枠組みで捉える努力をしていません」。彼女は笑った。「この分野は成果が約束されています！　それなのに成果を得ようという人があまりいないのです」

一八四九年、アレクサンダー・フォン・フンボルトがこう述べた。「自然にかんする詳細な知識を得る一つひとつの過程によって、新たな迷路への扉が開かれる」。「キノコ採りをする女たち」のような多声音楽は大勢の人の声が絡みあって生まれる。菌糸体は菌糸の絡みあいによって形成される。菌糸体の高度な理解はまだ今後の課題だ。私たちはいちばん古い生命の迷路への扉の前に立っているのである。[47]

第3章　見知らぬ者どうしの親密さ

問題は、「私たち」と言うとき誰を指すのか私たちが知らないことにあった。
――アドリエンヌ・リッチ(1)

地衣類と宇宙生物学

二〇一六年六月一八日、ソユーズ宇宙船の着陸船が、カザフスタンの荒涼としたステップ地帯に着陸した。国際宇宙ステーション（ＩＳＳ）での仕事を終えた三人の宇宙飛行士が、焦げたカプセルから安全に引き出された。地上に落下してきたのは宇宙飛行士だけではなかった。彼らの座席の下には数百個の生体試料がきちんと箱詰めされて置かれていた。

これらの試料の中に、数種の地衣類があった。生物学および火星実験（ＢＩＯＭＥＸ）の一環として一年半にわたって宇宙に送られていたのだった。ＢＩＯＭＥＸは宇宙生物学者が組織する国際機関による実験で、彼らは船外に置かれたトレー――ＥＸＰＯＳＥ施設として知られる機器――を使って、生物種を地球外の条件で培養していた。帰還の数日前、ＢＩＯＭＥＸ地衣類チームの一人ナッツーシュカ・リーは、「みなが安全に還ってくることを祈りましょう」と私に言った。そのとき私は「みな」が誰あるいは何を指しているのかわからなかったが、間もなくリーがすべてうまくいったと教えてくれた。ベルリンにあるドイツ航空宇宙センターの首席研究者から電子メールを受け取り、メールのタイトルを読んで安堵したという。「ＥＸＰＯＳＥトレー、地球に帰還……」。「間もなく」と言いながらリーは微笑んだ。「試料が届くでしょう(2)」

今回のミッションでは、過酷な環境に対する耐性を持つ数種の生物がＩＳＳの軌道上に送られていた。細菌の胞子、自由生活性の藻類、岩石に着生する菌類、緩歩動物――歩く姿がクマに似ていることからクマムシの呼び名がある――などの微生物である。これらの生物の一部は太陽放射線さえ遮蔽すれば宇宙で生存できるという。しかし、一握りの地衣類を除けば、ほぼすべてが宇宙線への被曝のため完全な宇宙の条件下では生存できない。これらの地衣類の能力は驚異的であったため、宇宙生物学研究に理想的なモデル生物となった。ある研究者によれば、研究の目的は「地球上の生命体の耐性と限界を探る」ことだった(3)。

生命体の限界を知るために地衣類が使われたのはこれがはじめてではなかった。地衣類は生きた謎なのだ。一九世紀から、自律的な個体とは何かについて激しい論争を呼んだのが地衣類だったのだ。地衣類は知れば知るほど奇妙な生き物に思えてくる。今日に至るまで、地衣類は私たちの個の概念を混乱させ、一個体がどこで始まり終わるのかについて問うことを私たちに強いる。

「共生」の発見

贅沢な画集『生物の驚異的な形』（一九〇四年）で、種々の地衣類を生き生きと描画して見せたのは生物学者でアーティストのエルンスト・ヘッケルであった。彼が描く地衣類は狂乱したかのように発芽し層を成す。筋状の縁は滑らかな気泡になり、茎の上に突起や皿が載っている。入り組んだ海岸は地上のものとも思えぬ天蓋と出あい、穴や裂け目が並んでいる。一八六六年、「生態学」という造語をつくったのもヘッケルだった。生態学は生物とその環境の関係、つまり生物が棲む場所と生物を維持する多様な関係性とを研究する学問である。アレクサンダー・フォン・フンボルトの思想に影響を受け、生態学は自然とは互いにつながった全体、すなわち「活動力の系」であるというアイデアから生まれた。生物は全体からそれのみを取り出して理解することはできないのだ[4]。

三年後の一八六九年、スイスの植物学者ジーモン・シュヴェンデナーが論文で「地衣類の二種複合体説(Die Algentypen der Flechtengonidien)」を提唱した。この論文で彼は、地衣類は長く単一種の生物と考えられてきたが、そうではないという過激な考えを提示した。地衣類は、二種のまったく異なる生物(菌類と藻類)によって成る複合体であるというのだった。シュヴェンデナーは、地衣類を形成する菌類(現在では共生菌として知られる)は物理的な強度を与え、菌類自身と藻類細胞のための養分を提供する。藻類(現在では共生藻として知られ、こちらの役割はときには光合成する細菌によって提供されることもある)は太陽光と二酸化炭素を取り込んでエネルギー源となる糖をつくる。シュヴェンデナーの考えでは、菌類は「寄生体だが、政治家としての知恵を持つ」。一方の藻類は「菌の奴隷であり……菌を求めていたのであって……奴隷となることを強いられた」のである。両者はともに成長して目に見える地衣類という身体を獲得した。両者が関係を維持する限り、どちらも単独では生存できない場所で生きていける[5]。

シュヴェンデナーの提案は地衣類の研究仲間から猛烈な反発を買った。二種の生物がそれぞれのアイデンティティを保ちながらも新たな生物を形成するというアイデアは多くの人にとって衝撃的だった。「有益で元気になる共生関係?」とある同時代人は息巻いた。「そんな話聞いたことがあるかい?」他の人びとは仮説を「センセーショナルなロマンス」、「囚(とら)われの藻類の娘と暴君の菌類の主人」だと斥けた。より穏健な人びともいた。「いいですか」と、児童書でよく知られるイギリスの菌類学者ビアトリクス・ポターは書いた。「私たちはシュヴェンデナーの仮説は信じません」[6]

分類学者――生物種を明確に系統づけようと懸命になっている人びと――にとってもっとも気がかりなのは、単一の生物が二つの異なる系統を持つことになる点だった。チャールズ・ダーウィンの自然選択説がはじめて刊行された一八五九年以降、種は分岐することで生まれると理解されていた。進化の系統は樹木のように枝分かれする。系統樹の幹から大きな枝に、次に小さな枝に、さらなる小枝にと分かれていくのだ。種は生命の系統樹の葉だった。ところが二種複合体説は、地衣類が起源の異なる生物どうしの複合体であることを示唆する。数億年にわたって多様化してきた生命の系統樹の枝どうしが、地衣類の中で予測もできなかったことに合流しているというのである[7]。

その後の数十年で、シュヴェンデナーの仮説に賛同する生物学者は増えていったが、多くはシュヴェンデナーの考えを斥けた。それは感傷的な懸念ではなかった。シュヴェンデナーが選んだ隠喩が、彼の二種複合体説が暗示するより大きな問題に影を落としたのだ。一八七七年、ドイツの植物学者アルベルト・フランクが菌類と藻類の共生を記述するために「symbiosis（共生）」という造語をつくり出した。地衣類の研究によって彼は、新たな用語、それが意味する関係性に先入観を入れない用語が必要になると考えたのだった。ほどなくして、生物学者のハインリヒ・アントン・ド・バリーがフランクの用語を採用し、異なる生物間の寄生から相利共生までのあらゆる関係に一般化した[8]。

その後、科学者は多くの新たな共生関係を発見した。その中には、植物が土壌から養分を得るのを菌類が助けているというフランクの驚くべき主張もあった（一八八五年）。いずれの主張もそのアイデアの根拠として二種複合体説を引用した。サンゴ、海綿動物、ウミウシの一種であるエリシア・クロロティカの

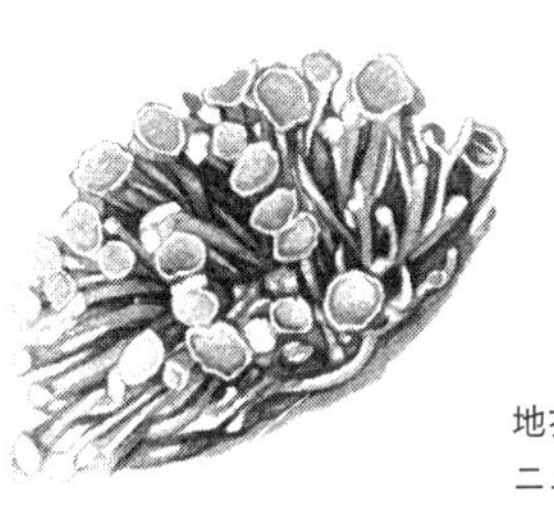

地衣類：
ニエブラ属（*Niebla*）

中で藻類が生きているのが発見されると、ある研究者はこれらを「動物地衣類」と呼んだ。数年後、細菌の中にいるウイルスがはじめて発見されると、発見者はこれを「微小地衣類」と名づけた[9]。

言い換えるなら、地衣類は瞬く間に生物学の原理に変化したのだ。地衣類は共生というアイデアにたどり着く糸口となる生物であり、一九世紀末期から二〇世紀初頭における進化観の主要な流れに対抗するアイデアを生み出した。トマス・ヘンリー・ハクスリーによる次のような生命観とは、一線を画すアイデアだった。「最強で、最速で、もっとも狡猾なものがもう一日長く生きられる……古代ローマのグラディエイターのショーさながらなのだ」。二種複合体説の登場によって、進化はもはや競争と闘争のみでは語れなくなった。地衣類は帝国同盟の生物版になったのである[10]。

地表を覆い、変えていく

地衣類は地表の八％を覆っていて、この面積は熱帯雨林の合計面積を凌ぐ。地衣類は岩石、樹木、屋根、柵、崖、砂漠の表土まで覆う。暗褐色のカムフラージュ柄の種、ライムグリーンや鮮やかな黄色の種。何かの染み、低木、シカの枝角のように見える種。コウモリの翼のように垂れ下がる種がいれば、詩人のブレンダ・ヒルマンが言うところの「ハッシュタグに入れられた」種もいる。甲虫の背で生きる地衣類は、そのカムフラージュ効果に命を預けた甲虫を守る。どこにも何にもつながっていない地衣類――「放浪者」や「漂泊者」として知られる――は風に吹かれるままに、とくに何にも着生せずに生きる。環境の「ありきたりな物語」とは裏腹に、カリフォルニア大学リバーサイド校の植物標本室で地衣類キュレーターをしているケリー・クヌーセンは、「地衣類はおとぎ話の中に出てくる植物のように見える」と言う(11)。

私がいちばん心を引かれたのは、カナダ西岸に位置するブリティッシュ・コロンビア州の沿岸沖にある島々に生える地衣類だった。島を上から見ると、沿岸は大洋に溶け込んでいる。はっきりとした輪郭がないのだ。陸地が途切れて入江や河口になり、やがて川床や水路になる。何百という島が沖に散在している。クジラより小さい島もあるが、最大のヴァンクーヴァー島はイギリスの半分の長さがある。大半の島は硬い花崗岩質の岩石で、海中の山や谷は氷河によって削られてできたものだ。

毎年、私は数人の友人と約八・五メートル長のボートで数日かけてこれらの島々を訪れる。ボートはケイパー号といい、濃緑色の胴体で、キール（竜骨）はなく、一枚の赤い帆があるきりだ。ケイパー号から上陸するのは難しい。オールのついた不安定なディンギー〔錨を下ろした大型ボートから岸に行くための小型ボート〕に乗って上陸しようとするが、漕ぐたびにオールがオール受けから滑る。ディンギーを海岸に寄せるのはもう芸術の域に近い。波がディンギーを岩に打ちつけ、私たちが何とか降りると足元からすくっていってしまう。だがいったん上陸すれば、そこは地衣類の世界だ。私は地衣類がつくる世界――海に浮かぶ岩だらけの生命の島――に何時間も没頭したものだ。地衣類の名称は何か小難しい感じがして、口からすらすらとは出てこない。痂状地衣類、葉状地衣類、鱗状地衣類、粉状地衣類、樹状地衣類など。樹状地衣類は房状に垂れ下がり、痂状地衣類と鱗状地衣類は地を這って広がり、葉状地衣類は重なっていて剝がれる。東側を好む種、西側を好む種。風にさらされる岩棚を好む種、湿った溝を好む種。近くの地衣類を

地衣類：
カラタチゴケ属
(*Ramalina*)

跳ね返したり邪魔したりするなど緩慢な争いを繰り広げる種。他の地衣類が死んで剝がれ落ちてしまった表面で生きる種。見知らぬ地図に載った半島や大陸のように見える種――チズゴケ（*Rhizocarpon geographicum*）。もっとも古い表面は数世紀にわたって地衣類が生きては死んでいったおかげで窪みができている。

地衣類が岩石を好むことで、地表は変わり、いまも変わりつつある。その影響は驚くほど大きいこともある。二〇〇六年、ラシュモア山に刻まれた四人の大統領の顔に加圧水をかけ、六〇年以上繁殖してきた地衣類を除去する措置が取られた。記念像の寿命を長引かせるためだった。大統領たちの顔だけではない。「あらゆる記念碑には」と詩人のドリュー・ミルンは書く。「地衣類が繁茂している」。二〇一九年、イースター島の島民たちが数百体ある石像（モアイ像）から地衣類を洗い落とす運動を始めた。住民に「腐敗の根源」と呼ばれる地衣類が、石像の形を変え、岩石を「粘土のような」材質に変えつつあるという[12]。

地衣類は「風化」として知られる二段階のプロセスで岩石から鉱物を吸収する。まず、自分たちの成長力によって物理的に表面に割れ目を入れる。次に、強力な酸と鉱物に結合する化合物によって岩石を溶かして消化する。地衣類の風化作用は地学的な力だが、彼らはただ物理的にこの世の景観を溶かすだけではない。地衣類が死んで分解すると、新たな生態系の最初の土壌となる。地衣類がいるおかげで、岩石に含まれる無機鉱物が生き物の代謝サイクルに入ってくるのだ。あなたの体内に含まれる生体鉱物の一部はある時点で地衣類の身体を通過しただろう。

墓地にある墓石の上であろうが南極大陸の花崗岩の中であろうが、地衣類は生ける者と死せる者の境界を暮らしの場所と定めたのだ。岩だらけのカナダの海岸でケイパー号から眺めると、このことがよくわかる。潮位線の上では、数メートル分の地衣類とコケの死体が堆積したあとでより大きな木が出現し、潮位線のはるか上の裂け目にできた土壌に根を張っている。(13)

生命は遺伝的に閉じた系ではない

島が何であるか、あるいは何でないかという問題は、生態系と進化の研究の基礎を成す。それはBIOMEXチームのメンバーを含む宇宙生物学者にとっても同じだ。チームの多くのメンバーは「パンスペルミア説」〔宇宙汎種説や胚種広布説とも〕の問題に取り組んでいる。パンスペルミア（panspermia）という言葉は、ギリシャ語で「汎」を意味する *pan* と、「胚種」を意味する *spermia* に由来する。この説は、惑星もまた島であって、生命は天体間の空間を移動できるかという問いを投げかける。この説につながるアイデアは古代から存在していたが、科学的な仮説になったのは二〇世紀初頭だった。生命は他の惑星からやって来たと考える人がいる。いや、生命は地球圏外で進化したもので、地球上で劇的な進化が起きたのは宇宙から生命の一部が到達した時代だという人もいる。「準パンスペルミア説」なるものもあり、この説では生命は地球上で進化したものの、生命に必要とされる化学的な構成物質は宇宙からやって来たとされる。惑星間移動がどのように起きるかについては諸説ある。大半はある基本理論の変形だ。その基本理論によれば、生物が小惑星や隕石（いんせき）の衝突によって惑星から放出された宇宙ゴミに閉じ込められ、宇宙空間を移動して別の惑星と衝突する。生物はその惑星上で存続するかもしれないし、しないかもしれない。(14)

一九五〇年代末期、アメリカがロケットを宇宙に送り込もうと準備していたころ、生物学者のジョシュア・レーダーバーグは天体汚染の可能性について懸念を抱いた（二〇〇一年に「マイクロバイオーム」を造語したのはレーダーバーグだった）。ヒトはいまや地球上の生物を太陽系の他の場所に広める能力を手にした。より大きな危惧は、人が地球圏外から生物を地球に持ち帰り、地球の生態系が破壊されること、さらに危惧されるのは地球に病原体を持ち帰ることだった。レーダーバーグは米国科学アカデミーに緊急の書簡を書き、「宇宙規模の大惨事」が起きる可能性について警告した。アカデミーはこれに注目し、公的に懸念を表明した。当時、「地球外生命体の科学」を表す言葉はなかったため、レーダーバーグは「圏外生物学（exobiology）」を造語した。それが現在では「宇宙生物学（astrobiology）」として知られる分野を指すはじめての名称だった。[15]

レーダーバーグは天才だった。一五歳でコロンビア大学に入学し、二〇代はじめに生命史にかんする私たちの理解を大きく変える発見をした。細菌が互いに遺伝子を交換できることを見出したのだ。一種の細菌が別種の細菌からある遺伝子を「水平に」獲得することができるというのだった。水平伝播によって得られた形質は両親から「垂直」遺伝で得た形質とは異なる。日常生活の中で私たちは水平伝播によって形質を得る。この原理には慣れている。何かを学んだり教えたりするとき、私たちは水平な情報交換の一部を担っている。人間の文化や行動はこの方法で伝達される。しかし、ヒトとヒトのあいだで遺伝子が細菌と同じように水平に伝播するということは、進化史上のずっと昔に実際に起きたことがあるとはいえ驚異的なできごとである。遺伝子の水平伝播は遺伝子――さらにこれらの遺伝子がエンコードする形質――に感染性があることを意味する。道端に誰のものでもない形質があったので試してみると、両頬にえくぼができたというようなものだ。あるいは、町で誰かに出会い、まっすぐな髪の毛を巻き毛と交換したとか。いや、その誰かの眼の色をもらった？　たまたま大型猟犬とすれ違って、毎日数時間速く走りたいと思うようになった？[16]

レーダーバーグはこの発見によって三三歳でノーベル賞を受賞した。遺伝子の水平伝播が発見される以前、細菌は他のあらゆる生物と同じく生物学的な島であると考えられていた。ゲノムは閉じた系とされていたのである。人生の途中で新たなDNAを獲得したり、「別の場所で」進化した遺伝子を獲得したりするなど不可能だったのだ。遺伝子の水平伝播がこの考えを根本から変え、細菌のゲノムはコスモポリタンな場所であり、数百万年にわたって別々に進化してきた遺伝子から成ることを示した。遺伝子の水平伝播は、かつて地衣類がしたように、進化の系統樹から枝分かれして久しい枝どうしが一個の生物の身体で合流できることを暗に示唆した。

細菌の場合には水平遺伝子伝播が標準である。どの細菌でも、遺伝子の大半は進化史を共有することなく個別に獲得される。それは家の中で物が増えていくのに似ている。こうして細菌は「既成の」形質を獲得することで進化の速度を数倍に速めている。DNAの交換によって、一瞬にして無害な細菌が抗生物質に対する耐性を獲得して高病原性のスーパーバグに変わるのだ。ここ数十年で、この能力を有するのは細菌に限られないことがわかってきている。ただし細菌がこの能力においていちばん優れていることは間違いない。遺伝物質は生命のすべてのドメインのあいだで水平に交換されてきたのである。[17]

レーダーバーグのアイデアには冷戦時代のパラノイアが垣間見える。彼によって、パンスペルミア説は宇宙規模の水平遺伝子伝播を示唆するかと考えられるようになった。史上はじめてヒトは――理論上は――地球その他の天体を未知の生物に感染させられるようになったのだ。地球上の生命はもはや遺伝的に閉じた系、航行不可能な海に浮かぶ惑星という島ではないと認識されるようになった。細菌がDNAを水平に獲得することによって進化を速められるように、宇宙からのDNAの地球への到達も「迂遠（うえん）な」進化のプロセスを「短縮」させることができるのだ。[18]

地衣類のなかで生命たちは巡りあう

ＢＩＯＭＥＸの主要な目的の一つは、生命が宇宙の旅に耐えられるのかどうかを突き止めることにある。地球を守っている大気圏外の条件は生命に適していない。悪条件には、太陽その他の恒星からの高レベルの放射線、地衣類を含む生物学的物質をほぼ一瞬で乾燥させる真空、二四時間でマイナス一二〇℃からプラス一二〇℃まで上がり、またもとに戻るという温度変化のサイクルがある。[19]

地衣類をはじめて宇宙に送り込む試みは失敗に終わった。二〇〇二年、無人ソユーズ宇宙船に載せられた試料は、ロシアの発射施設からの打ち上げ直後に爆発によって損傷した。数か月後、雪が解けてから貨物の残骸が回収された。「驚いたことに」と首席研究者は報告した。「地衣類実験の残留物が認識可能な少数の残骸の中にあった。事故の衝撃にもかかわらず、地衣類は……まだある程度の生理活性を保っていた」[20]

その後、宇宙空間で生存可能な地衣類の能力はいくつかの研究で証明され、得られた知見はおおむね同じだった。宇宙の過酷な条件にもっとも強い種は、湿気を与えられて二四時間後には代謝活動を完全に再開し、「宇宙で受けた」損傷をほぼ回復させる。実際、もっとも頑健な種――キルキナリア・ギロサ（*Circinaria gyrosa*）――は生存率が高く、最近行われた三例の研究では試料を宇宙空間より高レベルの放射線に曝露し、この種の「生存限界」を探り出すことにした。すると、ある放射線レベルでこの地衣類は死んだが、細胞破壊に必要な線量は途方もなく高かった。六キログレイ――アメリカで食品の滅菌に使われる標準線量の六倍、ヒトの致死量の一万二〇〇〇倍――のガンマ線を照射された地衣類試料は、いずれも損傷がなかった。線量を二倍の一二キログレイ——緩歩動物の致死量の二・五倍——にすると、この種の繁殖力は低下した。それでも、生存し続けて光合成に支障はなかった。[21]

ブリティッシュ・コロンビア大学で地衣類コレクションのキュレーターをしているトレヴァー・ゴワードにとって、地衣類の極端な耐性は、彼が「地衣類の閃き効果」と呼ぶものの一例だ。地衣類はゴワードに「洞察」あるいは「深い理解」を授けてくれる。地衣類の閃き効果は、地衣類が私たちが慣れ親しんだ既成概念を粉々に砕いて新たな定義を与えるときに起きる。共生というアイデアがいい例だ。宇宙空間での生存も、既存の生物分類に与える脅威にしても同様だ。「地衣類は私たちに生命について教えてくれる」とゴワードは私に言った。「私たちに知識を与えてくれるのだ」[22]

ゴワードは何はさておき地衣類に取り憑かれた人だが（約三万個もの地衣類の試料を大学のコレクションに寄贈している）、それに負けぬぐらい地衣類の分類学者でもある（彼は地衣類の三属を命名し、三六の新種を記述した）。だが彼は神秘主義者の雰囲気を身にまとっている。「ぼくの心の表面にはずいぶん前から地衣類が棲みついている」と彼は私に言いながら含み笑いをした。ゴワードはブリティッシュ・コロンビア州の広大な荒野の一角に暮らし、「Ways of Enlichenment（地衣類になる方法）」というウェブサイトを運営している。彼は、地衣類について深く考えると生命観が変わると言う。地衣類は私たちを新たな問いと答えに導く生物なのだ。「私たちは世界とどう結びついているのか。私たちはいったい何者なのか」。宇宙生物学はこれらの関係を宇宙規模で投げかける。地衣類が——もし大きくないのだとしても間違いなく鮮明に——パンスペルミア論争の最前線と中心に現れるのも不思議なことではないのだ。

いずれにしても、地衣類と彼らが体現する共生の概念は、もっとも深遠で実存的な問いを痛烈に突いてくる。二〇世紀に、界のあいだで協力関係が結ばれているという考えが浸透し、生命の進化の複雑さにかかわる科学的理解は大きく変容した。ゴワードの問いかけは芝居じみて聞こえるかもしれないが、地衣類と共生が私たちに再考をうながしたのはまさに、私たちが世界とどう結びついているのかという問いなのだ。

生物は三ドメインに分かれる。細菌が一つのドメインで、アーキア（古細菌）――細菌に似ているが細胞膜が細菌と異なる単細胞生物だ――がもう一つのドメインだ。真核生物が三番目のドメインである。私たちは動物、植物、藻類、菌類のいずれであるかを問わず、すべての多細胞生物と同じく真核生物である。真核生物の細胞は細菌や古細菌のそれより大きく、数種の特殊な構造を中心に自己組織化する。そうした構造の一つが細胞核であり、これが細胞内のＤＮＡの大半を含む。ミトコンドリア――エネルギーがつくられる場所――がもう一つの構造だ。植物と藻類は、光合成をする葉緑体というさらに別の構造を持つ[23]。

一九六七年、先見の明のあるアメリカの生物学者リン・マーギュリスは、初期の生命進化において共生が重要な役割を果たしたという物議を醸す仮説を提案した。マーギュリスは、進化のいちばん重要な局面は、異なる生物どうしが合体し、そのままになった結果であると論じた。真核生物は単細胞生物が細菌を体内に取り込み、細菌が単細胞生物の中で共生を続けて生まれた。ミトコンドリアはこれらの細菌の子孫なのだ。葉緑体は、初期の真核生物細胞に取り込まれた光合成細菌の子孫だった。その後生まれたあらゆる複雑な生命は、ヒトも含めて、長期にわたる「見知らぬ者どうしの親密さ」を物語る[24]。

真核生物が「融合と合体」によって生まれたというアイデアは、二〇世紀初頭から生物学に現れては消えていった。それでもこのアイデアは「礼儀正しい生物学の学会」の片隅で生き続けていた。一九六七年時点ではほぼ何も変わっておらず、マーギュリスの論文は最終的に発表されるまでに一五回も不採用になった。発表後、彼女のアイデアに対する激しい反論が巻き起こった。以前と同じだった（一九七〇年、微生物学者のロジャー・スタニエは、マーギュリスの「進化にかんする推測……はピーナッツを食べるように比較的無害な習慣と考えていい。ただし妄執になったとしたら害悪だ」と述べた)。ところが、一九七〇年代にマーギュリスが正しかったことが証明された。新たな遺伝学のツールによって、ミトコンドリアと葉緑体がもとは自由生活性の細菌だったことが判明したのだ。その後、内部共生の他の例が発見された。たとえば、一部の昆虫では細胞内に細菌が棲み、またその中に別の細菌が棲んでいる(25)。

マーギュリスの提案は初期の真核生物の二種複合体説にほかならなかった。だから、彼女が自説を証明するために地衣類を持ち出したのは自然な流れだったのだ。二一世紀に変わろうとするとき、彼女の説の初期の支持者たちが地衣類に言及したこともやはりそうだった。彼女は、最初期の真核生物は地衣類に「きわめて類似していた」と考えられると主張していた。その後の数十年にかけて、地衣類が彼女の研究の主要なテーマであり続けた。「地衣類はパートナー関係を結ぶというイノベーションの驚異的な事例である」と彼女はのちに書いている。「二者の関係性は両者の合計よりはるかに大きいのだ(26)」

彼女の見解は生命史を塗り替え、のちに細胞内共生説と呼ばれることになった。それは二〇世紀に生物学に起きたもっとも劇的な変化の一つだった。進化生物学者のリチャード・ドーキンスは、「異端から正統派になるまで自説を曲げなかった」マーギュリスを褒め称えた。「それは二〇世紀の進化生物学が成し遂げた大きな成果の一つである」とドーキンスは語った。「私はリン・マーギュリスの一途な勇気と根気に敬服する」。哲学者のダニエル・デネットはマーギュリスの説について「それまで［自分が］遭遇した中でももっとも美しいアイデアの一つ」、マーギュリスその人については「二〇世紀生物学の英雄の一人」と書いた(27)。

細胞内共生説が第一に暗示するのは、多様な既存の能力が親、種、界、さらにドメインすら異にする生物から進化の上では一瞬のうちに獲得されたということだ。レーダーバーグは細菌が遺伝子を水平に獲得できることを証明した。細胞内共生説は、単細胞生物が細菌を丸ごと水平に獲得できると提案したのである。水平遺伝子伝播は細菌ゲノムをコスモポリタンな場所に変え、細胞内共生は細胞をコスモポリタンな場所に変えた。すべての現生真核生物の祖先は、酸素からエネルギーをつくる既存の能力を持つ細菌を水平に獲得した。同様に、現存の植物の祖先は既存の光合成細菌を水平に獲得した。

じつは、いまの表現は厳密に言えば正しくない。現存の植物の祖先は光合成細菌を獲得したというより、光合成できる生物とできない生物の組み合わせから生まれたのだ。一緒に生きた二〇億年のあいだに、どちらも相手に対する依存度を増し、現在私たちの目に触れるような生物になって、もはやどちらも相手なしでは生きられなくなった。真核生物の細胞の中では、系統樹の遠い枝どうしが絡みあい、新たな不可分の系統に属している。菌類の菌糸のように融合もしくは合流しているのだ。[28]

地衣類は真核生物の細胞起源を正確に再現するわけではないものの、ゴワードも言うように、確かにそれに「呼応」している。地衣類はコスモポリタンな場所であり、そこで生命たちは巡りあう。菌類は光合成できないが、藻類や光合成細菌とパートナーを組めば、この能力を水平に得ることができる。同様に、藻類や光合成細菌も硬い防護組織を成長させたり石を消化したりはできないが、菌類とパートナーを組むことによって突如これらの能力を手にすることができる。合体すれば、分類学上では離れた生物どうしがまったく新しい能力を備えた複合生物になるのだ。植物細胞が葉緑体から切り離せないことに比べると、地衣類の関係性は制約されない。そのために地衣類は柔軟性に富む。一定の条件下では、地衣類は自身が維持している関係を壊すことなく繁殖できる。つまり、あらゆる共生パートナーを備えた地衣類の一部が新たな場所に移動したり、新種の地衣類になったりするのだ。別の条件では、地衣類の菌は独立して移動する胞子を放出する。菌は新たな場所で相性のいい共生藻に出あい、新たな関係を結ぶ[29]。

両者が共生することで、共生菌は共生藻の性質を獲得し、共生藻は共生菌の性質を獲得した。ところが、地衣類はどちらか一方に似るということがない。水素と酸素が結合して水になり、どちらの元素ともまったく性質の異なる化合物になるように、地衣類は創発現象であり、全体はその部分の和より大きいのだ。ゴワードが強調するように、あまりに簡単なことなのでかえって理解が難しいのである。「ぼくはよく言うのだが、地衣類を理解できない唯一の人は地衣類の研究者だ。彼らは科学者として部分を見るように訓練されている。問題は、地衣類の部分を見ても、地衣類自体は見えないことにある」[30]

群を抜いて奇妙な極限環境生物

宇宙生物学の観点から見て興味をかき立てられるのは、地衣類のこの創発的な側面だろう。ある論文は次のように綴っている。「地球上の生命の性質を彼らよりよく見せてくれる生物系は想像しづらい」。地衣類は光合成する生物としない生物の両方を含む小さな生物圏であり、地球上の主要な代謝プロセスを組みあわせているのである。ある意味において、地衣類は微小惑星——小さいとはいえ一つの世界なのだ[31]。

だが、地球を回る軌道上にいるとき、地衣類は何をしているのだろう。生物試料を宇宙空間で監視しないでもいいように、BIOMEXのメンバーは頑健な種キルキナリア・ギロサの試料をスペイン中部の乾燥した高地で採取し、火星シミュレーション施設に持ち込んだ。地球上だが宇宙によく似た条件に地衣類を曝露することで、地衣類の活性をリアルタイムで測定したいと考えたのだ。だが、ほとんど測定にいたらなかった。火星の条件にして一時間もしないうちに、地衣類の光合成活動はほぼゼロになったのだ。その後はシミュレーターの中で最後まで休眠し、三〇日後に水を与えられると正常な活動を開始した[32]。

極限状態で生存できる地衣類の能力が休眠のおかげであることはよく知られている。いくつかの研究では、一〇年間乾燥したあとでも再生に成功したという。組織が乾燥していれば、凍結、解凍、加温はさして損傷を与えない。乾燥はさらに宇宙線のもっとも有害な影響――放射線が水分子を二つに分解し、DNA構造に損傷を与える――から地衣類を守る。

休眠は地衣類にとっていちばん重要な生存戦略のようだが、地衣類には他にも生存戦略がある。もっとも頑丈な地衣類は、危険な放射線を遮蔽する厚い層を持つ。さらに地衣類は他の生物には見られない一〇〇〇種類ほどの化学物質を産生し、その一部に太陽光を遮る効果を有する物質がある。彼らのイノベーションとも言える代謝産物であるこれらの化学物質のおかげで、地衣類はヒトとあらゆる関係――医薬品(抗生物質)、香水(オークモス)、染料(ツイード、タータンチェック、pH測定用のリトマス試験紙)、食糧――を維持してきた。ちなみに、地衣類は混合スパイスのガラムマサラの主要な材料だ。ヒトにとって重要な化合物を産生する菌類の多く――ペニシリンをつくるカビを含む――は、進化史上の初期には地衣類だったが、ある時点でそうでなくなったものだ。研究者には、ペニシリンを含むこれらの化合物の一部は、祖先の地衣類において防護戦略として進化したもので、今日に至るまで過去の関係の代謝上の遺産として残っていると考える人がいる[33]。

地衣類は「極限環境生物」である。私たちから見れば別世界でも生きられる生物なのだ。この種の生物の耐性は想像の域を超えている。南極大陸の氷の下一キロメートルにある熱水噴出孔から湧き出る火山性の熱い温泉水の試料を採取すると、極限環境微生物が平気で生きていることに気づくだろう。深部炭素観測所が発表した最近の報告書によれば、地球上のあらゆる細菌と古細菌の半分以上――いわゆる「infra-terrestrials(地球内生命体)」――が、地表の数キロメートル下で激烈な圧力と熱にさらされて生きているという。これらの地下の世界にはアマゾンの熱帯雨林ほど多様な種が棲んでいて、これらの種には数十億トンの微生物が含まれ、その重量は地表に住む全人類の数百倍になる。一部の試料は年齢が数千年にもなる。[34]

地衣類も負けてはいない。実際、多くの異なる極限状態で生存できる彼らの能力は「多極限環境生物」の条件を満たしている。世界の砂漠でもいちばん暑く乾燥した土地に行くと、焼けた地面の上でかさぶたのように繁殖する地衣類を見ることができるだろう。こうした環境では、地衣類は生態学的に不可欠な役割を果たす。砂漠の表面を安定させ、砂嵐を減らし、さらなる砂漠化を防ぐ。硬い岩石にできた割れ目や穴の中で成長する地衣類もいる。ある論文の執筆者は、花崗岩の塊の中で生きていた地衣類を確認し、これらの地衣類がそもそもどうやってここにやって来たのかわからないと述べた。数種の地衣類は南極大陸のマクマードドライバレー〔南極のロス海沿いに広がる乾燥地帯〕で大繁殖することができる。この地の生態系はあまりに過酷で、火星の条件のシミュレーションに使われるほどだ。長期間の凍結、高レベルの紫外線照射、ほぼゼロと言っていいほどの水分の欠如にも、これらの地衣類は動じない。マイナス一九五℃の液体窒素に浸しても、地衣類はすぐに復活する。またおおかたの生物より長生きでもある。最高齢の地衣類はスウェーデンのラップランドに棲んでいて、九〇〇〇年以上生きてきている。[35]

非凡な種の多い極限環境生物の世界でも、地衣類は二つの理由から群を抜いて奇妙だ。まず複雑な多細胞生物であること、そして共生生物であることだ。たいていの極限環境生物はそれほど手の込んだ形態を取らないし、それほど長期の関係を結ばない。宇宙生物学者にとって地衣類が興味深い理由の一つはまさにこの点にある。宇宙空間を移動する地衣類は整然とまとまった生命の集合体で、一個の生態系として移動する。惑星間航行するのにこれより適した生物がいるだろうか。[36]

多くの研究によって地衣類が宇宙空間で生存でき、惑星間を移動できると考えられているものの、あと二つの試練に打ち勝つ必要がある。まず、隕石の衝突によって惑星から飛散するときの衝撃がある。次に、別の惑星の大気圏への再突入がある。どちらも相当な損傷を伴うはずだ。それでも、飛散の衝撃は地衣類にとってさほど問題になりそうではない。二〇〇七年、研究者らが地衣類は一〇～五〇ギガパスカルの圧力の衝撃波に耐えられることを証明した。この圧力は地球上でもっとも深い場所であるマリアナ海溝の底の圧力の一〇〇～五〇〇倍になる。この数字は、隕石によって火星の表面から脱出速度を超える速度で跳ね飛ばされた岩石が受ける衝撃波の圧力の範囲内に十分に収まる。惑星の大気圏への再突入はより重大な問題をはらむ。二〇〇七年、細菌と石に棲む地衣類が再突入カプセルの熱遮蔽板に貼りつけられた。カプセルが地球の大気圏で焼けるとき、試料は二〇〇〇℃以上の温度に三〇秒間さらされる。このとき石は部分的に溶融して新たな形に結晶化する。残骸を調べると、生きた細胞の痕跡は一つもなかった[37]。

この知見が得られたあとでも、宇宙生物学者は希望を失わなかった。生命は大きな隕石の奥深くに逃げ込んで極限環境から守られると論じた宇宙生物学者たちがいた。あるいは、宇宙から地球にやって来る物質の大半は、微小な隕石、つまり一種の宇宙塵として地上に舞い降りると考える宇宙生物学者もいる。これらの小さな粒子は大気圏に入ったときの摩擦が少なくさほど高温にならないので、ロケットのカプセルより安全に生命を地球に届けられるかもしれないと言うのである。多くの研究者が陽気に認めるように、この問題の答えは出ていない[38]。

共生の条件

地衣類がいつ出現したのかはまだわからない。最初期の化石の年代はわずか四億年余り前だが、地衣類様の生物がこれより前に発生した可能性はある。その後、地衣類は九〜一二回にわたって独立して進化した。今日、すべての既知の菌類の五種に一種は地衣類を形成する。つまり、「地衣化する」。一部の菌類（ペニシリンを産生するカビ）はかつて地衣化したが、すでに地衣化しなくなっている。脱地衣化したのだ。一部の菌類は、進化の過程で異なる光合成パートナーに切り替えた（再地衣化した）。さらに別種の菌類では、地衣化はライフスタイル上の選択肢であり、状況によって地衣類として生きることもあれば、そうできないこともある。[39]

菌類と藻類はごく些細なきっかけで共生する。自由生活性の多様な菌類と藻類を一緒に成長させると、数日で相利共生の関係を結ぶ。異種の菌類でも異種の藻類でも問題にならないようだ。かさぶたが取れるより早いぐらいに、まったく新しい共生関係ができ上がる。この驚くべき知見、稀（まれ）に見る新たな共生関係は、ハーヴァード大学の研究者らによって二〇一四年に発表された。彼らが菌類と藻類を一緒に成長させると、両者は柔らかい緑のボールのような目に見える塊を形成した。それはエルンスト・ヘッケルやビアトリクス・ポターが描いたような美しい地衣類ではなかった。とは言うものの、両者は何百万年という時間をともに過ごしてきたわけではないのだ。[40]

とはいえ、どの菌類がどの藻類とでもパートナーになるわけではない。共生するためにはある一つの重要な条件を満たさなくてはならない。両者ともに相手が持ちあわせていない機能を備えていることである。パートナーの種は、生態学的な相性ほど問題にならなかった。進化学者のW・フォード・ドゥーリトルの言葉を借りれば、重要なのは「唄であって、歌手ではない」のである。この知見が地衣類の持つ極限状態で生存できる能力に光を当ててくれる。ゴワードが指摘するように、地衣類はいわば「できちゃった婚」をしているわけで、これはどちらのパートナーにとっても独立して生存することが難しい環境の場合に成立する。地衣類が最初に形成されるときはかならず、どちらのパートナーも独立して生きていくのが難しく、単独ではどちらも歌えない代謝の「唄」を一緒であれば歌えることを暗示する。こう考えてくると、地衣類の極限環境生物としての能力、危機を生き延びる能力の起源は、地衣類の誕生と同じぐらい古く、共生という生活を選んだ直接の結果だとわかる。(41)

地衣類の極限状態で生存できる能力を見るために、南極大陸のマクマードドライバレーや火星のシミュレーション施設に行く必要はない。たいてい沿岸地帯に行けばすむ。私が地衣類の強さに目を向けたのは、ブリティッシュ・コロンビア州の岩だらけの海岸だった。フジツボから三〇センチメートルほど上で、海水がようやく届かなくなる場所に、黒い染みの帯が岩石に延びていて、帯の幅は六〇センチメートルほどだった。よく見ると、それは埠頭(ふとう)にあるヒビの入ったタールのようだった。この海岸線をたどるように延びるリボンは、島々を訪れるときには重要になる。錨を下ろすとき、潮を読むとき、この帯は海水が届く高さを正確に教えてくれるのだ。乾いた陸地を示す印だった。

黒い帯は一種の地衣類だが、これが生きている生物だとは誰も思わないだろう。複雑な構造を持っているわけでもない。それでも、北米西岸の北部では、この種キッコウゴマダラゴケ(*Hydropunctaria maura*)は、海の波が寄せる真上で生きる最初の生物だ。世界中で満ち潮の潮位を見れば、同じような帯を見るはずだ。岩だらけの海岸はたいてい地衣類に縁取られている。地衣類は海藻がいなくなる場所から生え始め、一部は海水中にも伸びる。火山が太平洋の真ん中で新しい島をつくると、はじめて大気にさらされた岩石に最初に生えるのが地衣類だ。これらの地衣類は風や鳥類によって胞子や小片という形で島に運ばれてくる。同じことは氷河が退行するときにも起きる。新たに大気にさらされた岩石の表面に成長する地衣類は、パンスペルミア説の一形態でもある。これらの表面は草も生えない場所であり、大半の生物は生きていけない。不毛で、強烈な放射線が降り注ぎ、強力な嵐や温度変化に見舞われるこの場所は別の惑星と言ってもいいほどだ。[42]

「私たちはみな地衣類」

地衣類は生物が生態系を形成し、生態系が生物になる場所である。「全体」と「部分の和」のあいだを行き来するのだ。二つの見方のあいだを行き来するのは混乱を来す経験だ。「個体（individual）」という語は「不可分」を意味するラテン語に由来する。地衣類全体が個体なのだろうか。あるいはその構成メンバー、部分はどうだろう。いや、そもそも、これは正しい問いなのだろうか。地衣類は、その部分というより、それらの部分の関係性の所産である。地衣類は関係性が安定したネットワークであり、地衣化をやめることはなく、動詞であって名詞でもある。[43]

こうしたカテゴリーの問題に頭を悩ませている一人にモンタナ州の地衣類学者トビー・スプリビルがいる。二〇一六年、スプリビルらは『サイエンス』誌に論文を発表し、地衣類の二種複合体説をその根底から覆した。スプリビルは地衣類の主要な進化系統の一つに新たな菌類パートナーを発見した。一世紀半にわたる入念な調査の陰で完全に見過ごされてきたものだ。[44]

スプリビルの発見は偶然の賜物（たまもの）だった。地衣類をつぶし、そのすべてのパートナーのDNAの塩基配列を解析するようある友人が迫ったのだった。彼は単純明快な結果を期待していた。「教科書では明確そのものでした」と彼は私に語った。「二つのパートナーしかいるはずがないのです」。ところが、スプリビルが調べれば調べるほど、そうでないことがわかってきた。このタイプの地衣類を調べるたびに、期待した通りの菌類と藻類の他にも生物がいた。「私にとってこの種の『汚染』は日常茶飯事でした」と彼は思い返す。「ですから『汚染』のない地衣類など存在しないと確信したのです。その『汚染』は驚くほど一貫していました。調べるほどに、例外というより確かな結果に思えてきました」

研究者は、地衣類には他の共生パートナーがいるのではないかと長きにわたって推測していた。なぜなら、地衣類はマイクロバイオームを持たないからである。彼ら自身がマイクロバイオームであり、二種の共生パートナー以外にも菌類や細菌に満ちている。それでも、二〇一六年に至るまで、新たな安定したパートナーは発見されていなかった。スプリビルが発見した一種の「汚染」——単細胞の酵母菌——は、地衣類の中に一時的に仮住まいしていたわけではなかった。酵母菌は六大陸で地衣類の中に見られるが、地衣類の生理活動に対する寄与が大きいために完璧に別種のような印象を与える。この酵母菌が共生に不可欠な三つ目のパートナーなのだ。スプリビルの大発見は序の口に過ぎなかった。二年後、彼とチームはオオカミゴケ——もっともよく研究されている地衣類の一種——が、四番目の菌類パートナーとして別種の菌を含むことを発見したのだ。地衣類の定義はさらに細分化されてしまった。だが、これはまだ単純化しすぎです、とスプリビルは私に語った。「事実は私たちが発表したよりはるかに混み入っているのです。パートナーの『基本的な組み合わせ』はそれぞれの地衣類のグループで異なります。細菌の多い種や少ない種、酵母菌が一種いる種、二種以上の酵母菌がいる種、あるいは酵母菌がいない種などです。興味深いことに、私たちはまだ菌類一種と藻類一種という従来の定義通りの地衣類を発見していません[45]」

新たな菌類パートナーは地衣類の中でどんな役割を果たしているのですか、と私は訊いた。「まだわかりません」とスプリビルは答えた。「実際に調べて、どの種がどんな機能を持つのかを突き止めようとするたびに混乱が起きるのです。各パートナーの役割を見つけるつもりが、また新たなパートナーが見つかります。調べれば調べるほど、新たな発見があるのです」

スプリビルの発見は一部の研究者にとって厄介だった。なぜならこれらの発見が、地衣類の共生がこれまで考えられていたほど「固定されている」わけではないことを示唆するからだ。「共生をイケアのユニット家具のように考える人がいます」とスプリビルが説明する。「明確に識別された部分と機能を持ち、全体が秩序立っていると思うのです」。ところが、彼の発見は広範囲にわたるパートナーが地衣類を形成することができて、「うまく互いを捕まえるだけですむ」ことを示唆している。地衣類ではそれは歌手が誰かという問題ではなく、どんな機能を果たすか――各パートナーが歌う代謝の「唄」――の問題なのだ。この考え方を選ぶなら、地衣類は相互作用する部分の集合体ではなく動的な系だとわかる。

これは地衣類の二種複合体説とはきわめて異なる見地である。シュヴェンデナーが菌類と藻類を主人と奴隷になぞらえてからというもの、生物学者は両者のうちどちらが他方を支配しているのかについて議論を闘わせてきた。ところが、いまやデュエットはトリオに、トリオはカルテットに、カルテットは合唱団になった。地衣類に安定した一つの定義を与えるのは不可能だが、スプリビルにそのことに動揺している様子はない。ゴワードはそうした事態のばかばかしさを楽しむ。「研究対象を定義できない学術分野があるって?」「どう呼ぶかは関係ない」とヒルマンは地衣類について書く。「これほど変わっているのに平凡そのものならば、それは何であれ立派だ」。もう一〇〇年以上にわたって、地衣類はさまざまな呼ばれ方をしてきたが、今後も生物とは何かにかかわる私たちの理解に試練を与え続けるだろう[46]。

一方のスプリビルは、いくつかの有望な手がかりを追っている。「地衣類には細菌がパンパンに詰まっています」と彼は私に言った。実際、地衣類は多くの細菌を含むので、一部の研究者は――パンスペルミア説にもう一つひねりを加えて――地衣類は微生物の貯蔵庫であり、不毛な土地に重要な細菌株を植えつけると考えている。地衣類の中では、一部の細菌が防御を担い、他の細菌がビタミンやホルモンを産生する。スプリビルは、細菌はもっと多くの仕事をしていると推測している。「これらの細菌の一部は地衣類全体を結びつけ、ペトリ皿の上の染み以上のものをつくるように仕向けるのに必要だと思います[47]」

スプリビルは「地衣類のクィア理論（Queer Theory for Lichens）」と題する論文について私に教えてくれた（論文はグーグルの検索エンジンに「queer」と「lichen」を入れれば、いちばん最初に出てくる）。論文の執筆者は地衣類がクィアであり、凝り固まった二分法的な枠組みから離れて考えるようヒトに仕向けると言う。地衣類のアイデンティティは、前もってわかっている答えではなく問いなのだ。スプリビルは地衣類について考えるにあたり、クィア理論が有益な枠組みになると思った。「ヒトはすっかり二分法的な見方に染まってしまい、もはや二分法的でない問いを発することができません」と彼は説明する。「たとえば、セクシュアリティについて大っぴらに話せないなら、セクシュアリティについて問うことはできません。私たちは文化という文脈の中で問いを発します。そして、地衣類のような複雑な共生について問うことがきわめて難しくなります。私たちは自分が自律的な個体であると考えるから、他とつながることが困難になるのです[48]」

スプリビルは地衣類をあらゆる共生体の中でもっとも「外交型」と考える。それでも、いかなる生物であれ――ヒトを含めて――身体を共有する微生物から切り離して考えることはもはや不可能だ。たいていの生物の生物学的な定義は、これらの生物の微生物共生体の生活から分離することができないのだ。「生態系（ecology）」という語はギリシャ語の *oikos* に由来し、後者は「家」、「家庭」、「住処（すみか）」を意味する。私たちの身体は、その他すべての生物の身体と同じく住処だ。生命とは、幾重にも入れ子状になった生物群系（バイオーム）なのである。

ヒトの身体は解剖学的に定義することができない。私たちは身体を微生物と共有していて、「自分」の細胞より微生物の細胞の方が多いからだ。ウシを例に取ってみよう。ウシは草を食べることはできないが、ウシの体内にいる微生物群集は草を食べることができる。そこでウシは自分の生命を維持してくれる微生物を体内に棲まわせるように進化した。発達の観点から見ても、ヒトは卵子の受精によって発生する生物であると定義することはできない。あらゆる動物と同じように、私たちは発達プログラムの一部を共生体に依存しているからである。遺伝学的にも、ヒトは単一のゲノムを共有する細胞から成る身体を持つと定義することはできない。ヒトに寄生している微生物の多くは、「自身」のＤＮＡと同じく母親から受け継いだものだからだ。ヒトの進化史上のある時点において、微生物は宿主の細胞内に永続的に侵入した。植物が葉緑体を持つように、ヒトのミトコンドリアはそれ自身のゲノムを有する。ヒトゲノムの少なくとも八％はウイルスに由来する（ヒトは他のヒトと細胞を交換することさえある。交換は子宮内の胎児が母親と細胞や遺伝物質を交換して「キメラ」を形成するときに起きる）。それに、ヒトの免疫系を私たちが個体である証拠と考えることはできない。ただし、私たちの免疫細胞は「自己」と「他者」を区別することでこの問いに答えていると考えられがちだ。いずれにしても、免疫系は体内の微生物との関係の管理にかかわる一方で、体外からの攻撃に対する防御にもかかわっている。微生物がヒトの体内に棲むことを防ぐというより、それを可能にするように進化したようなのだ。では、あなたはどういう存在なのだろう。いや、「あなた方」と言うべきだろうか。(49)

研究者の中には、一個のユニットとして振る舞う異種の生物の集合体を指して「ホロビオント（holobiont）」という用語を使う人がいる。この用語は「全体」を意味するギリシャ語の *holos* に由来する。この世界に生きる地衣類はホロビオントであって部分の和より大きい。共生や生態学と同じく、ホロビオントは有用な言葉だ。もし、密接な関係を確立した自律的な個体どうしを意味する言葉さえあれば、それが実際に存在すると考えるのがよりやさしくなるだろう[50]。

ホロビオントはユートピア的な概念ではない。協働はいつでも競争と協力を含む。すべての寄生体の利害が噛みあわない例は山ほどある。ヒトの腸内にいる常在菌は私たちの消化器系にとって重要かもしれないが、血液中に入れば生死にかかわる感染を起こす。私たちはそうした例には慣れている、家族は家族として機能し、ツアー中のジャズグループはすばらしい演奏を披露するかもしれない。それでも、どちらも緊張をはらんでいる[51]。

つまり、私たちにとって地衣類の理解はそう難しくないのではないか。この種の関係構築は進化の最古の原理を実現するのだ。サイボーグ（cyborg）――「サイバネティック・オーガニズム」の略語――は、生物とテクノロジーの融合体を指して使われる。ということは、あらゆる他の生命体と同じく、私たちは共生関係にあるシンビオティック・オーガニズム、つまりシンボーグ（symborg）なのだ。生命を共生の観点から捉えたある独創的な論文の著者らは、この点について明確な立場を取っている。「個体が存在したことはこれまでただの一度もない」と彼らは断言する。「私たちはみな地衣類なのである[52]」

地衣類だらけになって

ケイパー号に乗って航行するとき、私たちは海図を見て長い時間を過ごす。海図では、陸地と海のよく知られる役割が逆転する。陸地はただの空間で、ベージュ色の広い部分だ。海には輪郭や表示がたくさんあって、岩石の周りに集中している。名もなき細い陸地には、分岐したり合流したりする海路が張り巡らされている。海は水路網を通って予測不能な移動をする。一日のうち決まった時間帯しか航行できない水路もある。潮が狭く危険な通路に満ちてくると、流れは一五〇センチメートルほどの高さの波になる。波はそのまま不動の水の壁になる。二つの島のあいだにあるとくに油断のならない海路では、直径一五メートルほどもある渦潮ができて、水面に浮く丸太を飲み込む。

これらの海路の多くには岩石が迫っている。花崗岩の絶壁は海に真っ逆さまに没する。木々は傾き、まるで下向きに生えているかのようだ。水際では、樹木、コケ、地衣類が波に洗われて大岩や岩棚が顔を覗かせ、その多くに氷河に削られた痕跡が見える。陸地の大半が巨大な岩石で、ゆっくりと崩れるプロセスにあることを忘れるのは難しい。不揃い(ふぞろ)いの岩棚は急斜面になって最後は垂直な崖になる。兄と私は夜になると岩棚でよく寝たものだ。どこを向いても地衣類があって、起きると顔は地衣類だらけだった。何日もしてから、地衣類が私のズボンのポケットを縁取りするように付着しているのに気づくことがある。隕石の人間版のような気持ちになりながらポケットを裏返し、この地衣類のうちのどれほどがたまたまたどり着いた場所で生きていくのだろうかと考えた。

第4章　菌糸体の心

私たちを超えた場所に別の世界がある……その世界は話をする。独自の言語があるのだ。私はその声が言うことを伝えよう。聖なるキノコが私の手を取り、すべてが知られている世界に連れていってくれる……私が問えば、答えが返ってくるのだ。
——マリア・サビーナ(1)

人の経験を変える化合物

《あなたは、日頃感じている自分のアイデンティティをどれぐらい喪失したと評価しますか。1から5までのスケールで、1を「まったく感じない」、5を「強く感じる」とします。自分が自律的な存在であるという感覚はどれほどでしたか。より大きな全体に属しているという感覚についてはどうですか》

私は医薬品開発のための臨床試験でベッドに横たわっている。ＬＳＤによる幻覚体験の終了間近で、これらの質問について考えていた。部屋の壁がやさしく呼吸し、画面の質問に集中するのが難しかった。腹のあたりで小声のつぶやきが聞こえ、部屋の外では鮮やかな緑色をしたヤナギの木が揺れている。

シロシビン——多くの「マジックマッシュルーム」の薬効成分——と同じく、ＬＳＤは幻覚剤（「意識の顕現化」を起こす物質）とエンセオジェン（「内なる神」の経験を生じさせる物質）の両方に分類される。聴覚的あるいは視覚的な錯覚、夢の中のような忘我の状態から、認知および感情の強力な変化や時間と空間の概念の瓦解まで種々の効果を持つこれらの化合物は、私たちの日常の知覚を曖昧にし、意識に働きかけ、奥深い場所に触れてくる。これらの化合物を摂取した多くの人が、神秘的な経験や神聖な存在とのつながり、自然との一体感、自己の境界の消失を報告する。[2]

私が書き終えようとしていた心理測定アンケートは、この種の経験を評価するためにデザインされた。ところが、アンケートの5段階評価に集中しようとすればするほど混乱が増してくる。時間の感覚が失われたという経験をどう評価したものだろう。孤高の存在との一体感をどう測定すればいいのか。それは質の問題であって量の問題ではない。だが、科学は量を扱うものだ。

私は身体の向きを変え、何度か深呼吸して質問を別の観点から見直した。**《あなたはどれほどの驚きを感じたと評価しますか》**。ベッドが静かに揺れるように感じ、さまざまな考えが何かに驚かされたウグイの群れのように私の心の中を駆け抜けた。**《無限の経験についてはどうですか》**。不可能に思えるようなタスクのプレッシャーで科学的手法が呻（うめ）くのを感じた。**《あなたは日常感じている時間の感覚をどれほど失ったと思いますか》**。私は笑いたい衝動——試験が始まる前のリスクアセスメントでこのＬＳＤの効果について警告されていた——を抑えきれなかった。**《あなたは自分がどこにいるかという日常の認識がどれほど消えたと評価しますか》**

笑いが収まって天井を見つめた。思えば、私はなぜここに来ることになったのだろうか。菌類は医薬品になる化合物を産生するように進化した。まったくの偶然から、この化合物は人の経験を変えるという薬物（ドラッグ）としての効果を有していた。この七〇年ほどというもの、ＬＳＤが私たちの心に与える奇妙な影響は驚き、混乱、福音、道徳意識のパニック、そして、これらの感情のあらゆる組み合わせをもたらしてきた。二〇世紀が進むにつれて、それは消すに消せない痕跡を文化に残し、私たちはまだその理解に苦しんでいる。私が臨床試験の一環として病院の一室のベッドに横たわっていたのは、ＬＳＤの影響がいまだに私たちを混乱させるからだ。

私が困惑していたのも無理はなかった。ＬＳＤとシロシビンは菌類が分泌する分子であり、私たちの生活と複雑に絡みあっている。これらの分子のせいで、私たちの概念や構造は混乱を来たし、その影響はもっとも基本的な概念、つまり自己の概念にまで及ぶ。シロシビンを産生するマジックマッシュルームが、古代から人間社会で儀式や心霊術などに使われてきたのは、これらの物質が人間の心を思いもよらぬ所に連れていく能力を有するからである。これらの化学物質が重度の依存症、他に治療法のないうつ病、死病を告知された人の深い悲嘆を軽減する強力な薬になるのも、これらの物質に人の硬直した既成概念をほぐす能力があるからだ。自然の性質を現代の科学的な枠組みの中で理解するのを助けてくれるのも、これらの物質に私たちの内的経験を変える能力があるためだ。それでいながら、一部の菌類種がなぜこうした能力を進化させたのか、その問いが当惑と臆測を呼ぶ。

私は眼をこすり、身体の向きを変えて、画面の質問を見る勇気を振り絞った。**《あなたは自分の経験を表す適切な言葉が見つからないという感覚をどう評価しますか》**

行動を支配するゾンビ菌

動物の行動に影響を及ぼし、もっとも繁栄していて発明の才に長けているのは、昆虫の体内に棲むある菌類グループである。これらの「ゾンビ菌」は宿主の行動を変える能力を持ち〔昆虫をゾンビ状態に置く〕、それによって明白な利益を得る。昆虫の身体をハイジャックすることによって、菌類は胞子をばらまき、自分のライフサイクルを完了させることができるのだ。

いちばん研究が進んでいるのが菌類のタイワンアリタケ（*Ophiocordyceps unilateralis*）で、この菌の生活はオオアリ〔おもにチクシトゲアリ（*Polyrhachis moesta*）〕を中心に回っている。この菌に感染したが最後、オオアリは高さに対する本能的な恐怖心を失い、自分の安全な巣を離れて手近にある植物に上る。この症状は「頂上病（summit disease）」と呼ばれる。すると菌は植物に両顎でしっかり嚙みつくようにアリを仕向ける（死の嚙みつき death grip）。やがて菌糸体がアリの脚から伸びて脚を植物の表面に縫いつける。菌はアリの身体を消化し、アリの頭からキノコを生やし、下を歩くアリの上に胞子の雨を降らせる。胞子がアリの上に落ちなくても、粘り気のある胞子に変わって糸を伸ばしてアリを絡めとる。[3]

ゾンビ菌は昆虫である宿主の行動を見事な正確さで支配する。タイワンアリタケは自分がキノコを伸ばすのに適した温度と湿度の場所（林床から二五センチメートル上）でアリを植物に嚙みつかせる。菌は感染したアリたちを太陽の方向に向け、正午にそろって植物に嚙みつかせる。アリは葉の裏側の古い部分には嚙みつかない。九八％の正確さで主葉脈に嚙みつく。[4]

昆虫の心を支配するゾンビ菌の能力は科学者にとってずっと謎だった。二〇一七年、菌類の操作行動を専門にするデイヴィッド・ヒューズ率いるチームは、実験室でアリをタイワンアリタケに感染させた。研究者らは「死の嚙みつき」の状態になった瞬間のアリの身体を保存して薄片にスライスし、アリの組織内に生きる菌の3D画像を構築した。すると、恐ろしいことに菌がアリの身体の新たな器官になることを発見した。感染アリの生体組織の四〇％が菌だったのである。菌糸はアリの体腔内を伸びて頭から脚まで筋肉繊維と絡みあった菌糸体ネットワークを形成し、このネットワークを通してアリの筋肉の動きを協調さ

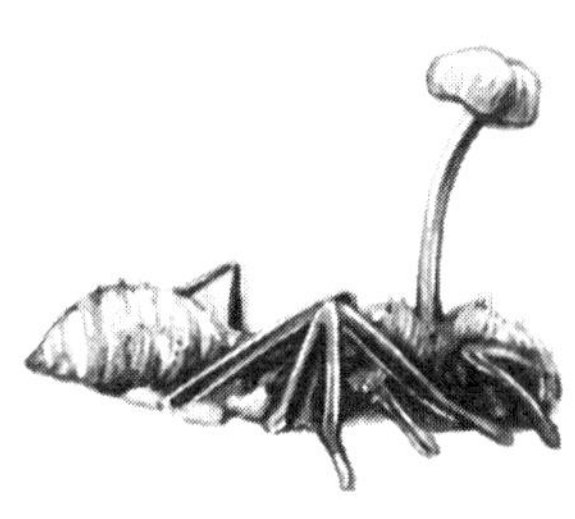

アリからキノコを生やしているオフィオコルディケプス属菌（*Ophiocordyceps*）

せる。しかし、アリの脳内に菌はいなかった。ヒューズとチームにとって、これは予想外だった。彼らは、これほどの正確さでアリの行動を支配するためには、菌は脳内に侵入しているはずだと予想していたのだ[5]。

予想に反して、菌の手法は薬理学的だった。菌は脳内にいなくても、アリの筋肉や中枢神経系に働きかける化学物質を分泌することによってアリの行動を操作できると研究者らは推測した。その化学物質が正確には何であるかはわかっていない。また菌がアリの脳と身体を切り離し、直接筋肉の収縮を制御できるかどうかについてもわからない。だがタイワンアリタケは、スイスの化学者アルベルト・ホフマンがＬＳＤをつくるのに使われる化合物をはじめて抽出した麦角菌に近縁であり、ＬＳＤが誘導される化学物質――「麦角アルカロイド」として知られる化学物質――を産生することができる。感染アリの体内では、これらのアルカロイドの産生にかかわるタイワンアリタケのゲノム部位が活性化していたことから、アルカロイドがアリの行動の支配に関与していることが考えられる[6]。

どう成し遂げるかは別にして、これらの菌類の行動はヒトから見れば驚異的に思える。数十年と数十億ドルを投じた研究を経ても、医薬品を使ってヒトの行動を支配できる精度はきわめて低い。たとえば、抗精神病薬は特定の行動を標的にせず、ただ鎮静させるだけだ。これをタイワンアリタケがアリの支配に成功する確率の九八％と比べてほしい。この菌はアリに植物に上って「死の噛みつき」――かならずこの行動は起きる――をさせるだけでなく、自分がキノコを生やすのに最適な条件にある葉の特定の場所にアリが噛みつくように仕向ける。公平を期すならば、他の多くのゾンビ菌と同じく、タイワンアリタケがこの手法を磨く時間は十分長かった。感染アリの行動はまったく痕跡を残さないわけではない。アリの「死の噛みつき」は葉脈にはっきりと傷を残し、植物化石に残る傷はこの行動の起源が四八〇〇万年前の始新世にさかのぼることを示している。菌類は何者かを支配したいという欲求が生まれたころから動物の心を支配してきたようだ。[7]

変性意識状態をもたらす菌類

七歳のとき、私はヒトが他種の生物を食べることで変性意識状態になることを知った。両親は私と兄を連れてハワイに出かけた。同行したのが両親の友人で、一風変わった著述家にして哲学者であり民族植物学者でもあるテレンス・マッケナだった。彼がとくに興味を抱いていたのが変性意識状態をもたらす植物や菌類だった。彼はボンベイ（現在のムンバイ）ではハッシッシの売人、インドネシアでは蝶のコレクター、北カリフォルニアではシロシビンを含むキノコ〔マジックマッシュルーム〕の栽培者だった。当時の彼はボタニカル・ディメンションズと呼ばれる風変わりな隠遁所で暮らしていた。それはマウナ・ロア火山の斜面を走る穴ぼこだらけの道を数キロメートル登った場所にあった。彼はハワイのこの地に森林庭園と、多くの熱帯地方で収集した珍しい（さして珍しくないものもある）向精神性植物や薬草の生きたコレクションの庭園をつくった。母屋に行くには、水滴が落ちてくる葉や蔓植物を避けながら、森林を抜ける曲がりくねった道路を歩かなくてはならない。道路を数キロメートル下がった場所では、溶岩が海に流れ込み、海水が泡立って煮えたぎっていた。

マッケナは、マジックマッシュルームに対する強い熱意をずっと持ち続けていた。はじめてその種のキノコを食べたのは、一九七〇年代のはじめに兄のデニスと一緒にコロンビアのアマゾン川流域を旅したときだった。その後、マッケナは定期的にこれらのキノコを「危険を顧みず」食べ続け、自分が人前で巧みに話す類稀な能力に恵まれていることを発見した。「夢中になってしゃべるアイルランド人の能力が、マジックマッシュルームを何年も食べ続けたことで強化されたと気づきました」と彼は思い返す。「ぼくは奇妙な超越体験について……その驚くような効果を少人数の聴衆に話すことができるようになったのです」。マッケナの詩情に満ちた話術——能弁で相手を選ばない——は称賛と批判をほぼ同等に集めている。[8]

ボタニカル・ディメンションズに来て数日後、私は熱を出した。蚊帳の中で横になっていたのを記憶している。マッケナが大きな乳棒と乳鉢で何かをすりつぶしていた。きっと私の病気を治す薬だろうと思い、何をしているのかと尋ねた。彼はまるで感情のない物憂げな声で、これは君の薬じゃないよと説明した。この植物は数種のキノコと同じで私たちに夢を見させてくれるんだ。運がよければ、この植物は話しかけてくる。人間が昔から使ってきた強力な薬だが怖くもある。彼は気だるそうに笑った。私がもう少し大人になったらこれを少し試してもいいと彼は言った。植物はセージの近縁種で変性意識状態をもたらす性質があり、サルビア・ディビノラム（*Salvia divinorum*）と呼ばれることがわかった。でも、今はまだ試せないのだ。私はがっかりした。

動物は、陶酔感を与えてくれるさまざまな植物を食べる。鳥はそうした作用のあるベリー類を食べ、キツネザルはヤスデをなめ、蛾は向精神性物質を含んだ花蜜を飲む。そして、人類も誕生のときから変性意識をもたらす物質を使ってきていると思われる。これらの物質が与える影響は「説明のつかないことが多く、神秘的である」と、ハーヴァード大学の生物学教授で、向精神作用を持つ植物や菌類にかんする著名な専門家リチャード・エヴァンズ・シュルテスは述べた。「人類が身の回りの植物で最初に実験したそのときから、〔これらの化合物は〕ヒトに知られるようになって使用されてきたのは間違いない」。その多くは「奇妙で、神秘的で、混乱をもたらす」効果があり、マジックマッシュルームのように人類の文化や心霊術と深く結びついている。[9]

変性意識をもたらす菌類は数種ある。シベリアの一部で祈禱師（シャーマン）が食べる有名なベニテングタケ（*Amanita muscaria*）は、幸福感と幻覚を生じさせる。麦角菌は、幻覚から痙攣（けいれん）、耐えがたい身が焼けるような感覚まで、ぞっとするような効果を与える。不随意の筋肉痙攣は麦角中毒の主要な症状の一つであり、ヒトに筋肉痙攣を起こす麦角アルカロイドの能力は、タイワンアリタケに感染したアリの体内でこの菌が分泌する化合物が果たす役割と同じかもしれない。ルネサンス期の画家ヒエロニムス・ボスが描いた血も凍るような絵の数々は、麦角中毒の症状にインスピレーションを得たと考えられている。一四世紀から一七世紀にかけて、現在では「ダンシング・マニア」と呼ばれる現象が多発した。何百人という町の住人が休みなく踊るのだが、この現象が麦角中毒の痙攣によって起きたという説を唱える人もいる。[10]

変性意識をもたらすキノコの使用がいちばん長く記録されているのはメキシコだ。ドミニコ会のディエゴ・ドゥラン修道士は、一四八六年にアステカ王の戴冠式で向精神性のあるキノコ――「神の肉」として知られる――が振る舞われたと記録している。スペイン王の侍医フランシスコ・エルナンデスは、キノコについてこう書いている。「食べても死なないが狂気に至る。ときにはその状態が続き、症状の一つに笑いを止められないことがある……他にも、笑うことはないが、戦争などあらゆる邪悪な幻覚を見ることがある」。フランシスコ会のベルナルディーノ・デ・サアグン修道士（一四九九～一五九〇年）が、もっとも生き生きとしたキノコ使用の記録を残している。[11]

ミナミシビレタケ
(*Psilocybe cubensis*)

彼らは小さなキノコに蜂蜜をつけて食べた。興奮してくると踊り始めた。踊りながら歌う者や泣く者がいた……歌うのは嫌で、自室で座って瞑想(めいそう)しているらしい人がいるかと思うと、自分が死ぬ幻覚を見て泣く人、野生動物に食べられる幻覚を見る人がいて……小さなキノコがもたらした陶酔感が消え去ると、自分たちが見た幻覚について話しあうのだった。

中米におけるキノコ使用の明確な証拠は一五世紀にさかのぼるが、この地域でマジックマッシュルームがそれ以前から使用されていたであろうことはほぼ間違いない。何百ものキノコの形をした像が発見されているが、いずれも紀元前二世紀のものなのだ。スペインによる征圧以前の処方集には、キノコを食べる場面や翼を持つ神がキノコを高く捧げ持つ姿が描かれている(12)。

マッケナの考えでは、ヒトがマジックマッシュルームを食べ始めたのはさらに古く、ヒトの生物学的、文化的、霊的進化の基盤を成すという。宗教、複雑な社会組織、交易、初期の芸術の証拠は、約七万年前から五万年前の人類史の比較的短い期間に見られる。これらの発展をうながしたのが何であったのかはわかっていない。複雑な言語の発達が理由と見る学者もいれば、遺伝子の変異によって脳構造に変化が起きたと考える学者もいる。マッケナに言わせれば、旧石器時代の原始的な文化の中で人類が自己内省をし、言語を操り、霊性の概念を獲得するきっかけとなったのがマジックマッシュルームだった。キノコが原初の知恵の樹だったのである。

アルジェリア南部のサハラ砂漠で乾燥と炎暑によって保護された壁画を見たとき、マッケナは古代人がキノコを食べたというもっとも印象的な証拠を発見した。紀元前九〇〇〇年から紀元前七〇〇〇年とされるタッシリ・ナジェールの壁画には、動物の頭を持ち、肩と腕からキノコらしきものが生えている神の姿が描かれている。人類の祖先が「熱帯および亜熱帯のキノコが生えた草地をさまよったとき」とマッケナは想像をめぐらす。「マジックマッシュルームを見つけて、食べ、神格化した。ヒトの心の闇に言語、詩、儀式、思考が生まれた[13]」

「ストーンドエイプ」理論〔類人猿が幻覚や妄想を引き起こす物質の摂取によって意識を獲得したという説〕には多くの変形があるが、たいていのオリジンストーリーがそうであるように、その真偽の証明は難しい。マジックマッシュルームを食べる地方では、キノコにかんする伝聞や伝承は多い。だが現在に伝わる文献や人工遺物は少なく、しかもほとんどすべてが曖昧だ。タッシリ・ナジェールの壁画はキノコの神性を示すのだろうか。そうかもしれない。だが、そうでないのかもしれない。ネアンデルタール人の歯垢、アイスマン（本書一七ページ）、その他の保存状態の良好な化石骨格の証拠を見れば、数万年前にはヒトがキノコを食物および薬として使っていたことを証明できる。しかしながら、これらの骨格のどれもマジックマッシュルームの痕跡と一緒に発見されてはいない。霊長類にはキノコを探して食べる種があり、マジックマッシュルームを食物とする霊長類がいるという説もあるが、明確な記録は存在しない。ユーラシア大陸の古代人がこのキノコを宗教的儀式に用いたと考える人もいる。もっともよく知られるのが古代ギリシャにおける秘密の儀式「エレウシスの秘儀」で、この儀式にはプラトンをはじめとする多くの賢人が参加したと考えられている。それでも、やはりその明確な記録はないのだ。とはいえ証拠がないことは、それが起きなかったことの証明にはならない。そこで勢い推測に頼ることになる。シロシビンに魂を奪われたマッケナは推測の達人だった(14)。

宿主支配のさまざまな手法

タイワンアリタケは少なくとも二例の架空の怪物を生み出した。ビデオゲーム『ザ・ラスト・オブ・アス』の感染者(インフェクテッド)、そして小説『パンドラの少女』のゾンビだ。これらの事例は奇妙ではあるが本物の特殊な事例——思いがけぬ進化が起きた結果——にも思える。しかしタイワンアリタケは研究が進んだ一例にすぎない。この種の操作行動はけっして例外的ではない。同じことは菌類界において互いに近縁ではない複数の系統で起きていて、宿主の心を意のままに操ることのできる菌類以外の寄生体も多い(15)。

菌類は、種々の手法によって生化学のダイヤルを回して宿主の行動を支配する。免疫抑制物質を使って昆虫の防御反応を無効にする種が一部にいる。これらの免疫抑制物質のうち二種の化合物が主流の医薬品となった。シクロスポリンは免疫抑制剤として臓器移植を可能にする。マイリオシンは多発性硬化症の薬フィンゴリモドとして大成功を収めた。後者は菌類が寄生したスズメバチから抽出されたもので、中国の一地方では永遠の若さを手に入れられる妙薬として食べられている(16)。

二〇一八年、カリフォルニア大学バークレー校の研究者らが発表した論文に、ハエに感染する向精神性の菌類エントモフトラにかかわる記述があった。この菌はタイワンアリタケとよく似た能力を持つ。感染したハエは植物の上へ登る。ハエが摂食のために口器を伸ばすと、菌が分泌した接着剤によって口器が接触した表面にくっついてしまう。菌がハエの身体を脂質の多い部分から食べ始め、内臓へと進む。ハエの背中からキノコを生やし、胞子を大気中に放出する。

研究者らは、エントモフトラ菌が菌類ではなく昆虫に感染するウイルスを保有していることを発見して驚いた。論文の筆頭著者は、これは彼が科学者として見てきた中で「もっとも奇妙な発見だ」と述べた。奇妙なのはこの発見が暗示するところにある。つまり、菌はウイルスを使って昆虫の心を支配しているのだ。これはまだ仮説でしかないが、ありそうな話だ。このウイルスに近縁の数種のウイルスは昆虫の行動を変えることが知られている。たとえば、あるウイルスは寄生体のハチによってテントウムシに注入される。テントウムシは身体を震わせてその場で動けなくなり、ハチの卵の守護者になる。これに似たウイルスはミツバチを攻撃的に変える。向精神性のウイルスを利用すれば、菌類自身は宿主の昆虫の心を変える能力を持つ必要がなくなる。(17)

ゾンビ菌にかかわるさらに驚く発見は、ウエストヴァージニア大学のマット・カソンと彼のチームによってなされた。カソンはマッソスポラ（ジュウシチネンゼミカビ *Massospora cicadina*）を研究している。セミがこの菌に感染すると、身体の後ろ三分の一ほどが崩壊し、その場所から菌が胞子を放出する。感染したオスのセミ――カソンの言葉を借りれば「空飛ぶ死の塩入れ」――は、異常に活動的になり、すでに生殖器がないのに盛んに交尾しようとして胞子を振りまく。このことは菌がどれほど巧みにセミを侵すかを示している。身体は崩壊しているというのに、中枢神経系は少しも損傷を受けていないのだ。(18)

二〇一八年、カソンと彼のチームはセミの崩壊した身体から生えた菌糸プラグの化学プロファイルを分析した。すると驚いたことに、菌はカチノンを産生していた。カチノンは、快楽を得るためのレクリエーショナルドラッグであるメフェドロンと同じクラスに属するアンフェタミンで、カート（アラビアチャノ

キ *Catha edulis*) の葉に自然にできる。アラビアチャノキはアフリカの角〔アフリカ大陸の東端からインド洋と紅海に突き出た地域。形状がサイの角に似ることからこの名がある〕や中東諸国で栽培される植物で、人類はその刺激を求めて何世紀にもわたってこの木の葉を噛んできた。カチノンが植物以外から発見されたことはそれまで一度もなかった。より驚異的だったのは、シロシビンが発見されたことだった。シロシビンは菌糸プラグでもっとも多量に発見された化学物質の一つだった——ヒトがその効果に気づくには感染したセミを数百匹食べなくてはならないだろう。これが驚異的と言われるのは、マッソスポラが、シロシビンを産生することが知られる種が属する菌類界の門〔界と綱のあいだの分類階級〕とはまったく異なる門に属するからだ。この二つの門のあいだには数億年の隔たりがある。シロシビンが菌類の系統樹のこれほど遠くの枝に見つかり、きわめて異なる行動変化をもたらすと考えた人はほぼいなかっただろう。[19]

マッソスポラは宿主に幻覚剤とアンフェタミンを与えることでいったい何を成し遂げようというのだろうか。研究者らは、これらのドラッグは昆虫の支配に一役買っていると推測している。しかし、正確なメカニズムはわかっていない。[20]

「アリの服を着た菌類」

幻覚剤を摂取した人の経験談には、異種の生物の融合体や種から種への変身などが出てくる。神話やおとぎ話にも狼男やケンタウロス〔半人半馬〕からスフィンクス〔女性の頭とライオンの胴体を持つ〕やキメラなどまで、異なる動物が融合した生き物がたくさん登場する。古代ローマのオウィディウスによる『変身物語』には、ある動物から別の動物への変身が頻出し、「ヒトが雨に流された菌類から生まれる」土地まである。伝統文化の多くでは、異なる生物どうしが融合した生き物がいると信じられ、生物間の境界が明確でない。人類学者のエドゥアルド・ヴィヴェイロス・デ・カストロは、アマゾン川流域のシャーマンは、他の動植物の心と身体に一時的に乗り移ることができると考えている。人類学者レーン・ウィラースレフによれば、シベリア北部のユカギール人はヘラジカを狩るときにはヘラジカの姿と行動を真似るという[21]。

このような話は生物の可能性を広げるように思えるが、現代の科学界で真剣に取りあわれることはない。だが共生の研究によれば、生命は地衣類のように数種の異なる生物から成る複合体（hybrid）に満ちている。実際、あらゆる植物、菌類、動物（ヒトを含む）は程度の違いこそあれ複合体なのである。真核生物の細胞は複合体であり、ヒトも多様な微生物と身体を共有し、これらの微生物なくして成長、行動、繁殖をすることができない。これらの有益な微生物の多くが、タイワンアリタケのような支配能力を一部なりとも共有するのかもしれない。動物の行動と数兆個もの腸内細菌や菌類とのあいだに関連があると報告する研究は増加の一途をたどっている。これらの細菌や菌類の多くは動物の神経系に影響を与える化学物質を産生する。腸内細菌と脳のあいだの相互作用——「マイクロバイオーム－脳－腸」軸——は広範に及び、神経微生物学（neuromicrobiology）という新分野を生み出した。しかし、向精神性を有する菌類は複合体の中でもいちばん劇的な例だ。デイヴィッド・ヒューズは、感染アリは「アリの服を着た菌類である」と言う[22]。

こうした変身は科学の枠組みで理解することが可能かもしれない。著書『延長された表現型』でリチャード・ドーキンスは、遺伝子は生物の身体をつくる指示を出すだけの存在ではないと述べている。鳥の巣は鳥のゲノムの外部環境における発現だ。ビーバーのダムはビーバーのゲノムの外部環境における発現の一部だ。そしてアリの死の噛みつきは、タイワンアリタケのゲノムの外部環境における発現なのだ。ドーキンスによれば、受け継いだ行動を通して、生物の遺伝子の外部環境における発現——「表現型」として知られる――が世界に延長されるのである。

ドーキンスは、延長された表現型というアイデアに「厳密な必要条件を課す」ことを忘れない。それは推測の域を出ない概念であるとはいえ、それでもなお「厳しい条件を満たす考え」なのだ。際限なく延長されるのを防ぐために（もしビーバーのダムがビーバーのゲノムの外部環境における発現であると言うのなら、ダムの上流にある池はどうなのか。その池に棲む魚は、それから……）[23]、表現型は三項目の厳密な条件を満たさなくてはならない。

第一に、延長された形質は子孫に継承されねばならない――たとえばタイワンアリタケならアリに感染し支配する薬理学的な能力を受け継ぐ。第二に、延長された形質は世代ごとに変わらなくてはならない――タイワンアリタケの一部が他のタイワンアリタケより正確にアリの行動を支配できる。第三に、もっとも重要な条件は、この世代を超えた変化はその生物の生存し繁殖する能力――この能力は「適応度」として知られる性質である――に影響を与えるものでなくてはならない。つまり、宿主である昆虫の行動をより正確に制御できるタイワンアリタケが胞子を拡散できる機会をより多く得るのでなくてはならないのだ。形質は受け継がれ、変異し、その変異がその生物の適応度に影響を与えなくてはならない――これらの三条件が満たされれば、延長された特性は自然選択の原理に従い、身体の特性と同じように進化する。優れたダムをつくるビーバーが生き延び、優れたダムをつくる能力を子孫に伝えるようになるだろう。しかし、ヒトのダム――あるいはヒトがつくるものは何であれ――は延長された表現型にはならない。私たちは、自分の適応度に直接影響を与えるような特定の構造をつくる本能を生まれつき持ちあわせていないからだ。

一方で、頂上病や死の噛みつきは、菌類の行動として十分に認められるが、アリの行動としては認められない。菌類は中枢神経系も、歩き、噛み、飛ぶ能力のある落ち着きのない動物の筋肉質の身体も持たない。そこで他者のものを借り受ける。それはきわめて優秀な戦略であったため、菌類はそれなくして生きる能力を失ってしまった。生涯の一時期、タイワンアリタケはアリの身体を借り受ける。一九世紀の心霊主義を奉じる人びとのあいだでは、霊媒師は死者の霊に取りつかれると考えられていた。霊は自分の身体や声を持たないので、他人の身体を借りて話し行動するとされたのだ。これと同様に、心を支配する菌類は昆虫に感染してその身体を乗っとる。感染したアリはアリらしい行動を取らなくなり、菌類の媒体となる。ヒューズがタイワンアリタケに感染したアリを「アリの服を着た菌類である」と言ったのはそういう意味だったのだ。菌類の命ずるままに、アリはそれ自身の進化の道——自身の行動、そして世界と他のアリとの関係の指針となる道——を外れ、タイワンアリタケの進化の道に移る。生理学的にも、行動学的にも、心理学的にも、アリは菌類になるのである。

神秘的な経験の科学

タイワンアリタケ、その他の昆虫を支配する菌類は、彼らが影響を与える動物に害をなすという注目すべき能力を進化させた。マジックマッシュルームは、ヒトのさまざまな問題を解決する驚くべき能力を進化させたと報告する論文が増えている。ある意味において、これは朗報と言える。二〇〇〇年代以降、厳密にコントロールされた治験や最新の脳スキャン技術によって、研究者はヒトが幻覚剤を摂取した経験を現代科学の言葉で解釈できるようになった。この幻覚剤研究の新たな波によって、私は病院でＬＳＤ研究に参加することになったのだ。最近の知見は一九五〇年代から六〇年代に多くの科学者が明らかにした見解を大筋において追認している。つまり、ＬＳＤやシロシビンは多くの精神疾患に対する奇跡的な薬だということである。別の見方をすれば、現代科学の文脈で行われる研究の多くは、向精神性植物や菌類を使用した伝統文化には長きにわたってよく知られていたことの多くを追認しているのみなのだ。その意味において、現代科学はようやく古来知られていたことに追いつこうとしているのである。[24]

最近得られた多くの知見は、以前の医療介入の基準から見ると優れている。二〇一六年、ニューヨーク大学（ＮＹＵ）とジョンズ・ホプキンス大学で行われた二つの姉妹研究〔姉妹研究は遺伝性乳がんなどの患者を対象にした長期にわたる追跡研究〕では、不安、うつ症状、末期がん告知後の「死の恐怖」に悩む患者に精神療法に加えてシロシビンが投与された。シロシビンを一度投与後、八〇％の患者で心理学的な症状が大きく減少した。この効果は投与後少なくとも六か月持続した。シロシビンは「混乱と絶望感を和らげ、精神を安定させ、人生の質（ＱＯＬ）を改善」した。参加者は「歓喜、至福、愛の高揚感」と「孤独感から連帯感への変化」を報告した。参加者の七〇％以上が、生涯でもっとも有意義な五つの経験のうちの一つだったと評価した。「これが何を意味するのかと問う人がいるかもしれません」と、この研究の上級研究員のローランド・グリフィスがインタビューで語った。「最初、私は彼らの経験はかなり退屈だろうと思っていました。でも、そうではありませんでした」。参加者は自分の経験をはじめての子の誕生や親の死に匹敵すると感じた。こうした研究は、現代医学史上もっとも効果的な医療介入と見なされている。[25]

人の心や個性が大きく変化することは珍しい。したがって、そのような変化がそれだけ短い時間で起きることは驚嘆に値する。しかも、それは例外的な知見ではない。いくつかの研究が、シロシビンによって人の心、展望、物の見方が劇的に変わると報告している。私が答えるのに苦労した心理測定アンケートを使って、これらの研究の多くはシロシビンが「神秘的」と呼んで差し支えない経験を誘発する可能性が高いことを見出した。神秘的な経験には畏怖心、すべてが関連しているという感覚、時空を超越する感覚、現実の本質にかんする深遠で直感的な理解、深い愛情、安心感、歓喜が含まれる。自己というものの明確な概念の消失も珍しくはない[26]。

シロシビンは人の心に持続的な影響を与える。それは『不思議の国のアリス』に出てくるチェシャ猫のようなもので、「消えたあともしばらく心に残るのだ」。ある研究では、研究者はシロシビンを一度でも高用量で摂取すると、健康な被験者の新しい経験に対する受容度、心の健康、人生に対する満足感が増加することを発見した。この変化はたいていの人で一年以上続いた。シロシビンが、ニコチンやアルコールに対する依存症を断ち切る一助になったとする研究も数例ある。自然とのつながりが強化され、その状態が維持されるという報告もある[27]。

近年盛んになったシロシビン研究の中で、いくつかのテーマが見えてきている。もっとも興味深いのが、シロシビン治験の参加者による自身の経験の解釈だ。マイケル・ポーランが著書『幻覚剤は役に立つのか』で報告するように、シロシビンを摂取した人の大半は自身の経験を、分子が脳内を移動しているというような現代生物学のメカニズムを通して解釈する。ポーランによれば、インタビューした人の多くは「最初は冷徹な物質主義者だったり無神論者だったりします……ところが『神秘的な経験』をした人のうち何人かは自分が知るより大きな存在――物理的な宇宙を超越した何らかの『存在』――があるという揺るぎない信念を持つようになるのです」。この効果は謎である。化学物質が深い神秘的な経験を誘発するということは、私たちの主観的な世界が脳の化学的活動にもとづいていて、霊的な存在を信じる気持ちと神聖な存在の経験は物質的で生化学的な現象によって生じるという主流の科学的見解を裏づけるかに見える。ところが、ポーランが指摘するように、まさにこれらの経験がきわめて強力であるため、人は物質面以外の現実を信じるようになる――信仰心の芽生え――のである[28]。

脳と心の変化

タイワンアリタケと腸内細菌は動物の体内に棲み、化学物質の分泌をリアルタイムに微調整することによってその心に影響を与える。このことはマジックマッシュルームには当てはまらない。確かに、人に人工シロシビンを注射すると、さまざまな精神的、霊的効果が認められる。これはどのようにして起きるのだろうか。

体内に入ると、シロシビンはシロシンという化学物質に変わる。シロシンは普段は神経伝達物質であるセロトニンによって刺激される受容体を刺激することによって、脳に働きかける。もっとも広範に使われる化学的メッセンジャーの一つを模倣し、シロシビンはLSDと同じく私たちの神経系に入り込み、身体内における電気信号のやり取りに直接介入して、ニューロンの成長や構造までも変えることができるのだ(29)。

シロシビンが実際にどのようにして神経活動のパターンを変えるのかは、二〇〇〇年代後半にベックリー／インペリアル・サイケデリック・リサーチ・プログラムの研究者らが被験者にシロシビンを投与して脳活動を観察するまでわかっていなかった。彼らの知見は驚くべきものだった。脳スキャンによれば、シロシビンは脳活動を活発にしたわけではなかった。人の心や認知に与える劇的な効果を考えれば脳活動が活性化すると考えるのが順当だ。ところが、実際にはシロシビンは一部の脳領域の活動を低調にしたのだ。

シロシビンによって低調になった脳活動は、デフォルト・モード・ネットワーク（DMN）と呼ばれるものの基盤を成している。ぼんやりしているとき、意識が方々に飛んでいるとき、内省しているとき、過去を振り返ったり未来のプランを練ったりしているとき、そんなときに活動しているのがDMNである。このネットワークは研究者から脳の「首都」あるいは「重役」などと言われてきた。処理過程の嵐がいつ起きるともしれない脳内に、ＤＭＮは一種の秩序をもたらすと考えられている。生徒の騒ぎをしずめる学校の先生のようなものだ。

先に触れた研究では、ＤＭＮの活動にひときわ劇的な減少が見られたのは、シロシビンを投与された被験者の中でもっとも強力な「自己の崩壊」つまり自己という感覚の消失を訴えた人だった。ＤＭＮが活動を停止すると、脳は暴走するのだ。脳内の接続が爆発的に増え、多数の新たな神経経路が形成される。それまで関連のなかったネットワークどうしが接続される。オルダス・ハクスリーが独創的な著書『知覚の扉』で幻覚剤の経験について使った隠喩を使うなら、シロシビンは私たちの意識の「減量弁」を閉めるのだ。その結果は？　「終わりのない認知」だ。研究論文の著者たちは、人の心を変えるシロシビンの能力はこうした脳内の変化に関連していると結論づけた。(30)

脳画像を使った研究によって、幻覚剤が身体に与える影響について重要な知見が得られているが、参加者の感情についてはあまり説明がなされていない。けっきょく、経験するのは人であって脳ではない。そして、シロシビンの治療効果を補強するのが人の経験なのだ。シロシビンのがん末期患者に対する効果を測定した研究では、もっとも神秘的な経験をした人がうつや不安の症状がいちばん軽減した。同様に、シロシビンとニコチン依存症の研究では、最善の結果が得られた人はもっとも強力な神秘的経験をした人だった。シロシビンは、ただ生化学的なボタンをいくつか押すのではなく、患者の目を人生や行動にかんする新たな考え方に開かせることによって効果をもたらすらしいのだ。

このことは、二〇世紀なかばの幻覚剤研究の第一波で行われたＬＳＤとシロシビン研究の結果に合致する。カナダの精神科医で、一九五〇年代にＬＳＤの効果について研究したアブラム・ホッファーがこんなことを述べている。「当初から、私たちは精神療法のカギを握るのは化学物質ではなく経験だと考えていた」。常識の範囲内のように聞こえるかもしれないが、当時の機械的な医療のありように比べれば、これは過激な考えだった。当時そして現在でも多くの場合には、身体を構成する物を治療するために物（医薬品あるいは外科器具）を使う。機械を修理するために道具を使うのと同じ考えだ。医薬品は意識ある心を完全に迂回する薬理学的回路を介して薬効を顕（あらわ）す。受容体に刺激を与え、その結果として症状に変化が起きる。これに対して、シロシビンは――LSDその他の幻覚剤のように――心を介して精神病の症状に働きかけるようだ。標準的な回路が拡張される、つまり、医薬品が受容体に働きかけ、それが心に変化をもたらすことで病状が改善に向かう。[31] 患者の幻覚経験そのものが治療になるのだ。

精神科医でジョンズ・ホプキンス大学の研究者マシュー・ジョンソンの言葉を借りれば、シロシビンのような幻覚剤は「人の後頭部を軽く小突くことでその人を目覚めさせる。システムをリブートするようなものだ……幻覚剤が精神に柔軟性を与える窓を開いてくれるので、人はそれまで現実を見るのに使っていた精神モデルをその窓から捨て去るのだ」。これによって、依存症やうつ状態の「硬直しきった悲観主義」などの頑固な性質の傾向が修正しやすくなる。人の経験を組織化するカテゴリーをより柔軟にすることにより、シロシビンその他の幻覚剤は新たな認知の可能性の窓を開けてくれるのだ。[32]

もっとも頑固な精神モデルの一つは「自己」である。シロシビンなどの幻覚剤が粉砕するのがこの自己という感覚だ。それを自己の崩壊と呼ぶ人がいる。あるいは、どこで自己が終わって、周囲が始まるのかがわからなくなると言う人もいる。十分に定義されていて、人がその存在を疑いもしない「私」が完全に消え去ったと言う人、ただ弱まっていってしだいに他者に溶け込んだと言う人もいる。その結果は？　何か自分を超える大きな存在と一体化する感覚、そして自分と世界の関係が新たなものになったという感覚だ。[33] 多くの場合――地衣類から境界を広げる菌糸の行動まで――菌類は私たちが慣れ親しんできたアイデンティティと個性の概念に疑問を突きつける。マジックマッシュルームもＬＳＤと同じような働きをするが、可能な限りいちばん親密な状況と言える心の中でそれをやってのける。

菌類はヒトの心を身にまとうのか

タイワンアリタケの場合には、感染したアリの行動——死の噛みつき、サミット病——は菌類の行動と考えることができる。これらの行動は菌類の延長された特性であり、菌類の延長された表現型の一部なのだ。ではマジックマッシュルームによって引き起こされた人の意識と行動の変化は、菌類の延長された表現型の一部と考えてよいのだろうか。タイワンアリタケの延長された行動は、葉の裏側で化石となった傷として世界にその痕跡を残す。マジックマッシュルームの延長された行動は、私たちの変性意識状態における儀式、儀礼、詠唱、その他の文化的あるいは技術的所産として世界にその痕跡を残すと考えてよいのだろうか。タイワンアリタケやマッソスポラが昆虫の身体を身にまとうように、シロシビンを産生する菌類は私たちの心を身にまとうのだろうか。

テレンス・マッケナはこの考えの熱心な提唱者だった。彼によれば、十分な量を摂取すると、マジックマッシュルームは平易な言葉で明瞭に話しかけてきて、「自分について落ち着いて能弁に語る」。菌類は世界に働きかけるための手段を持たないが、シロシビンを化学メッセンジャーとして送り込むことでヒトの身体を借り受け、その脳と感覚を使ったり話したりする。マッケナは、菌類はヒトの心を身にまとい、私たちの感覚を占有すると考えた。もっとも重要なのは、外界にかんする知識を与える点にある。なかでも菌類はシロシビンを使ってヒトに影響を与え、私たちの種としての破壊的な習慣を改めさせるという。これはマッケナにとって、ヒトか菌類だけの場合より「豊かでかつ奇異にも思える」可能性を与えてくれる共生関係なのである。[34]

ドーキンスが指摘するように、私たちがどこまでたどり着けるかは、私たちがどれだけ推測するかにかかっている。そして私たちがどう推測するかは、私たちが先入観をどう整理するかにかかっている。哲学者のアルフレッド・ノース・ホワイトヘッドが、彼の教え子だったバートランド・ラッセルにこう言った。「君は、世界は天気のよい日の正午に見たままのものだと思うだろう。だが私は、世界は深い眠りから早朝に目覚めたばかりのときに感じるものだと思う」。ホワイトヘッドのこの言葉に従うなら、ドーキンスは天気のよい日の正午に考えるのだ。彼は延長された表現型にまつわる自分の推測が「統制が取れ」、「厳しい条件を満たした考え」であることを確かなものにしようと並々ならぬ注意を払う。しかも、表現型は身体を超えるが過度に延長してはならないと念を押す。一方のマッケナは、夜明けに考える。彼の条件はさほど厳しくなく、説明はさほど統制が取れていない。この二つの極論のあいだに種々雑多な考えがある。[35]

シロシビンはドーキンスの三項目の「厳密な条件」を満たすだろうか。

キノコがシロシビンを産生する能力は確かに世代を超えて受け継がれる。この能力はキノコの種あるいは個体によって異なる。しかし、ヒトがすっかりキノコ化した状態――幻覚、神秘的な経験、自己の崩壊、自己という感覚の消失――が菌類の延長された表現型の一部として認められるためには、最後のカギとなる条件が満たされなくてはならない。「良好な」変性意識状態――それが何を意味するかは別にして――を可能にする菌類は、自分の遺伝子をより高い成功率で子孫に受け継がせなくてはならない。したがって、菌類がヒトに与える能力は互いに異なっていなくてはならず、豊かで好ましい経験を与える菌類が、より好ましくない経験を与える菌類より利益を被らなくてはならない。

一見すると、三番目の条件がすべてを決めるかに思える。シロシビンを産生する菌類はヒトの行動に影響を与えるかもしれないが、タイワンアリタケと違って、菌類は人体の中で生き続けるわけではない。さらに、マッケナの推測はヒトの出現がシロシビンの物語より遅いという事実と相容れない。シロシビンはヒト属が進化する数千万年前から菌類によって分泌されている。現在もっとも信頼の置ける推定によれば、最初のマジックマッシュルームの起源は約七五〇〇万年前とされている。彼らの進化史の九〇%以上を、菌類はヒトがまだ出現していない惑星で生き、それで問題はなかったのだ。菌類が本当に変性意識状態によって利益を被るのであれば、あまりに長い時間にわたってそうできなかったということになる。[36]

では、シロシビンはそれを産生する能力を進化させた菌類に何をしてくれたのだろうか。いずれにしても、なぜ菌類はそもそもシロシビンを分泌するようになったのか。この問いは菌類学者やマジックマッシュルームの愛好家によって数十年以上にわたって投げかけられてきた。

シロシビンは、ヒトが出現するまでそれを産生する菌類にほぼ何の恩恵も与えなかった可能性はある。菌類や植物の多くの地味な代謝副産物が蓄積して生化学的な溜水（たまりみず）となる。ときには、この「副次的な化合物」が動物を引きつけ、混乱させ、殺すことがある。そのとき、これらの化合物が菌類に利益を与え始めて進化的適応が起きる。だが、これらの化合物は生化学的な意味で多様であるだけで、いつか何かに役立つかもしれないが、役立たないかもしれない。

二〇一八年に発表された二本の論文によると、シロシビンはそれをつくる菌類に利益を提供するという。シロシビンを産生する菌類のDNA解析によって、シロシビンの分泌能力は二度以上にわたって進化したことがわかった。より驚かされるのは、シロシビン産生に必要とされる遺伝子クラスターが進化史で数度にわたって菌類の系統間で水平伝播していたことである。これまで見てきたように、遺伝子の水平伝播とは、遺伝子とそれに対応する特性が生殖や子孫の誕生を経ることなく異種の生物間で移動することである

(本書九七ページ)。この過程は細菌においては日常的なできごとである——細菌群集における抗生物質に対する耐性が急速に広がるメカニズムでもある——が、子実体(キノコ)を生やす菌類では珍しい。代謝産物にかかわる複雑な遺伝子クラスターが種の壁を越えて伝播するときに変化しないことはさらに珍しい。シロシビン産生にかかわる遺伝子クラスターが種間伝播の際に変化しなかったということは、この遺伝子がそれを発現するどの菌類にとっても大きな利益であることを示唆する。そうでなければ、その形質はすぐに消失しただろう。[37]

それにしても、その利益とは何だったのだろう。シロシビン産生に必要な遺伝子クラスターは、腐った木材や動物の糞に棲み、同じようなライフスタイルを持つ菌類種間で伝播した。これらの棲息地には菌類を「食べたり互いに競合したりする」多様な昆虫がいて、それらはすべてシロシビンの強力な働きに感受性を持っていたはずだ。つまり、シロシビンの進化上の価値が動物の行動に影響を与えることであるのはまず確実だ。しかし、どのようにして影響を与えるのかはわからない。菌類と昆虫は長く複雑な歴史を共有している。タイワンアリタケやマッソスポラのような菌類は昆虫を殺す。ハキリアリやシロアリと同居するなど、進化的に長い時間をかけて協力する菌類もいる。いずれにしても、菌類は化学物質を使って昆虫の行動を変える。マッソスポラは自分の目的を果たすためにシロシビンを使う。シロシビンの作用はどちらに転んだのだろう。専門家の意見は分かれている。シロシビンが生物に与える影響を観察するのはたとえ対象がヒトであってもうまくいかない(ヒトは少なくとも自分の経験について話し、心理測定アンケートに答えを書くことができる)。シロシビンが昆虫の心に与える影響を私たちに知ることはできるのだろうか。この問いにまつわる動物研究は少なく、そのことが事態をさらに悪化させている。[38]

シロシビンは虫除けなのだろうか。もしそうなら、あまり効果的ではないようだ。羽虫やハエには日常的にマジックマッシュルームに巣をつくる種がある。カタツムリやナメクジはこれらのキノコを食べてもびくともしない。ハキリアリはシロシビンを含む特定のキノコを好んで食物とし、そのまま巣に持ち帰ることが観察されている。こうした知見から、シロシビンは虫除けにはほど遠く、むしろ虫の誘引剤ではないかと言う人もいる。虫を集めて自分の利益になるようにその行動を変えると言うのだ[39]。

答えはおそらくこの二極の中間あたりにあるのだろう。一部の動物には有毒でも、他種の動物は耐性を発達させて好んで食べるマジックマッシュルームがある。ハエには、タマゴテングタケの毒に耐性を有し、このキノコをほぼ独占する種がある。シロシビンに対する耐性を獲得したこれらの昆虫は、胞子を拡散することで菌類のために働いているのだろうか。他の病害虫から守るとか？　またしても、私たちは答えのない問いに頭を悩ませることになる。

二〇世紀のセンセーション

私たちには、シロシビンが菌類の出現から最初の数百万年にわたって菌類の利益をどう確保してきたのかわからないかもしれない。しかし、現在わかっていることから推測すれば、シロシビンとヒトの心の相互作用がこの物質を産生するキノコの進化上の運命を変えたことは明白だ。シロシビンを産生する菌類はヒトと親密な関係を築く。忌避剤にはほど遠く――過剰摂取に至るには、ヒトは平均的な幻覚体験を得られる量の一〇〇〇倍ほどのキノコを食べなくてはならない――シロシビンはヒトにキノコを探させ、ある場所から別の場所に移動させ、その栽培法を開発させる。それによって、私たちは菌類の胞子をばらまく。胞子は空中を遠くまで飛べるほど軽く数が多い。一個のキノコでも、どこかに数時間放っておくと黒い染みができるほどの胞子を放出する。新種の動物に出あうと、それまで病害虫を遠ざけていた化学物質が瞬く間にすばらしい誘引剤となる。二〇世紀最後の数十年で、マジックマッシュルームは地味な存在から国際的なスターへと上り詰めた。その変身物語は、ヒトと菌類の長い関係においてもひときわ劇的である。[40]

一九三〇年代、ハーヴァード大学の植物学者リチャード・エヴァンズ・シュルテスは、スペインの修道士が書いた「神の肉」にかんする一五世紀の文書を読んで興味を抱いた。わずかに残されている資料にあたると、中米の数地域ではシロシビンを産生するマジックマッシュルームが文化と心霊術の中心的存在になっていることが明らかだった。地元の神がこれらのキノコを手に入れて食べたことから、キノコは重要で神聖な存在であるという概念が広まった。

これらのキノコはメキシコにまだ生えているだろうか。シュルテスはメキシコの植物学者から情報を得て、一九三八年にメキシコの都市オアハカ北東部の奥地にある谷を目指して出発した（この年は、アルベルト・ホフマンがスイスの薬理実験室で麦角菌からLSDを合成した年でもあった）。シュルテスはマサテコの人びとが健康のためにキノコを使用していることを突き止めた。現地でクランデロと呼ばれる男性の治療師（ヒーラー）は定期的にキノコ祭を執り行って病人を癒し、失せ物の場所を探し当て、さまざまな助言を与えた。村々の周辺の牧草地にはキノコがよく見られた。シュルテスは試料を採取し、得られた知見を発表した。これらのキノコを食べると「気持ちが高ぶって、辻褄（つじつま）のあわない話をし、鮮明な色あいの幻視を見る」と彼は報告した。[41]

一九五二年、アマチュアの菌類学者でJPモルガン銀行の副頭取ゴードン・ワッソンが、詩人で学者のロバート・グレイヴスからシュルテスの報告について触れた手紙を受け取った。ワッソンはグレイヴスが記した変性意識をもたらす「神の肉」の話に興味を覚え、そのキノコを探すべくオアハカに出発した。ワッソンはマリア・サビーナという名のクランデラ〔女性のヒーラー〕に出会い、キノコ祭に招待された。ワッソンはその時の経験を「魂が粉々に砕けた」と評した。一九五七年、彼はその経験を『ライフ』誌に発表した。記事のタイトルはこうだった。「マジックマッシュルームを探して——ニューヨークの銀行家、メキシコの山岳地帯で奇妙な植物を嚙んで幻視を見る先住民の古い儀式に参加(42)」

ワッソンの記事はセンセーションを巻き起こし、多くの読者が『ライフ』誌を手に取った。そのときまでには、ＬＳＤがもたらす変性意識状態が知られてからすでに一四年が経過し、研究を活発に行っている研究者の団体があった。それでも、ワッソンの記事は一般人がはじめて目にすることのできた変性意識にかんする報告だった。「マジックマッシュルーム」はほぼ一夜にして誰もが知る——幻覚剤などに人がはじめて親しむ——概念になった。デニス・マッケナは自伝で、当時まだ一〇歳だった早熟の弟テレンスについてこう追憶している。「母親が家事をしているところに行き、雑誌を振りかざしながらもっと教えてくれと要求した。だが、もちろん母親はそれ以上のことは何も知らなかった(43)」

事態は急展開した。ホフマンにワッソンの遠征隊の一人からマジックマッシュルームの試料が届くと、彼はすぐに活性成分を同定し、合成し、シロシビンと命名した。一九六〇年、ハーヴァード大学の高名な学者ティモシー・リアリーが友人を通してマジックマッシュルームについて聞き及び、試してみようとメキシコに行った。そこでの経験、「幻視の旅」は、彼に大きな影響を与え、彼は「別人」になって戻ってきた。キノコを食べた経験によってインスパイアされた彼は、ハーヴァード大学に戻るとそれまでの研究プログラムを放棄し、ハーヴァード・シロシビン・プロジェクトを立ち上げた。後日、「メキシコの庭で七個のキノコを食べてからというもの」と自分の初体験について書いている。「私はこれらの奇妙で深い世界について探求し記述するのに自分の時間とエネルギーのすべてをつぎ込んできた(44)」

リアリーの手法は論議を呼んだ。彼はハーヴァード大学を去り、幻覚剤の摂取によって文化の革命と霊的な啓蒙が達せられるという展望を熱心に語り、すぐに悪名高き人物となった。多くのテレビ番組やラジオ番組に出演し、LSDとその多くの恩恵について説いた。『プレイボーイ』誌のインタビューでは、平均的なLSDの体験で、女性は一〇〇〇回のオーガズムを得られると語った。カリフォルニア知事の座をロナルド・レーガンと争って敗れた。リアリーの転向に影響を受けてか、一九六〇年代のカウンターカルチャー運動が勢いを増した。一九六七年、すでに幻覚体験の「権威」となったリアリーは、サンフランシスコで数万人が参加した「ヒューマン・ビーイン(Human Be-In)」〔人間性の復権を希求する人びとの集会〕で演説した。間もなく、反発とスキャンダルのせいで、LSDとシロシビンは違法になった。六〇年代が終わるまでには、幻覚剤の効果にかんする研究のほぼすべてが停止されるか地下に潜った。(45)

胞子拡散のために熱心に働かされるヒト

シロシビンとLSDの違法化は、シロシビンを産生するマジックマッシュルームの進化史の新たな一ページの始まりだった。一九五〇年代および六〇年代の幻覚剤研究の大半は、錠剤のLSDか合成シロシビンで行われ、その多くがスイスのホフマンによって製造されていた。しかし一九七〇年代の初期までには、純粋なシロシビンやLSDにかかわる法的リスクや、これらの物質が入手困難なことも手伝って、マジックマッシュルームに対する世間の関心は高まっていった。一九七〇年代なかばまでには、マジックマッシュルーム種がアメリカからオーストラリアまで世界の多くの場所に分布していることが確認された。ところが、野生キノコの供給は季節や場所によって限られている。テレンスとデニス・マッケナ兄弟は一九七〇年代初期にコロンビアから帰国し、安定した供給元を探した。彼らの問題解決法は過激だった。一九七六年、マッケナ兄弟は短い一冊の本『シロシビン：マジックマッシュルーム栽培法ガイド(*Psilocybin:*

Magic Mushroom Grower's Guide）』を出版した。この薄い本を利用して兄弟は、水差しと圧力鍋があれば、誰でも自宅の庭にある小屋で強力な幻覚剤を無限に製造できると宣伝した。方法はジャムをつくるよりほんの少し複雑なだけで、初心者でもすぐに、テレンスの言葉を借りれば、「たくさんの『金のキノコ』を栽培できる」〔テレンスがこう言ったのは、大量のミナミシビレタケが育った幻覚を見たときのことだった〕というのだった。(46)

マジックマッシュルームを栽培したのはマッケナ兄弟がはじめてではなかったものの、専門の実験室用の機器を必要とせずに大量のシロシビンを育てられる確実な方法を公開したのは彼らがはじめてだった。二人のガイド本は大成功を収め、刊行から五年で一〇万部以上が売れた。この本によってＤＩＹの菌類学にはずみがつき、ポール・スタメッツという名の若き菌類学者に影響を与えた。スタメッツは新しい四種のマジックマッシュルームを発見し、マジックマッシュルームを同定するためのガイド本を著した。

スタメッツはすでに種々の「食用および医療用」キノコの新しい栽培法を研究していた。一九八三年に、より簡便な栽培法を紹介する『キノコ栽培者（*The Mushroom Cultivator*）』を出版した。一九九〇年代には、マジックマッシュルームのオンライン・フォーラムが多数立ち上げられ、オランダの起業家らが法の抜け道を発見した。彼らはマジックマッシュルームを大っぴらに販売し、オランダのスーパーマーケットに食用キノコを供給する栽培者の多くが幻覚キノコの栽培に切り替えた。二〇〇〇年代のはじめまでには、流行の波はイギリスに伝わり、生のマジックマッシュルームがロンドンの目抜き通りで売られるようになった。二〇〇四年までには、カムデン・マッシュルーム・カンパニー社のみで週に一〇〇キログラムの生のキノコを取り扱っていた。この量は約二万五〇〇〇回の幻覚体験に匹敵する。間もなく生のマジックマッシュルームの販売は違法になったものの、すでに栽培法は誰もが知るところとなっていた。現在では、ただ水をやるだけの栽培キットをオンラインで購入可能だ。菌類株どうしの交配によって、それぞれ微妙に異なる効果のある「ゴールデンティーチャー（Golden Teacher）」から「マッケナイ（Mc Kennaii）」までの新たな変種が生産されている[47]。

ヒトがマジックマッシュルームを求める――結果として熱心に胞子を拡散する――限り、菌類は私たちの意識に影響を与える能力によって利益を得る。一九三〇年代以降、この利益は何倍にも膨れ上がっている。ワッソンがメキシコに行く前には、中米の先住民以外にマジックマッシュルームの存在を知る人さえ皆無に近かった。ところが北米に伝わって二〇年足らずで、新たな形態の栽培が始まった。戸棚、寝室、倉庫など、本来は生きられない温度の土地で数種の熱帯菌類種が新たな生活を始めたのだ[48]。

一九三〇年代後半にシュルテスが最初の論文を発表して以来、シロシビンを産生する菌類の新種は二〇〇種以上記述され、その中にはエクアドルの熱帯雨林に生えるシロシビンを分泌する地衣類もあった。けっきょくのところ、十分な降雨さえあれば、これらのキノコが育たない環境はほとんどないのだ。ある研究者が述べるように、マジックマッシュルームは「菌類学者がいる場所ならたくさん生える」ということになる。ガイド本があるおかげで、ヒトはマジックマッシュルームを発見し、同定し、収穫する――その結果として胞子を拡散する。数十年前には、この種のキノコは人に知られていなかったのだが。これらの種のうち数種は乱れた生態系を好み、人が荒らした場所でも平気で生きる。スタメッツが皮肉を込めて言うように、多くの種が公的な場所を好む。公園、団地、学校、教会、ゴルフコース、工業地帯、保育園、庭園、高速道路の休憩地、公共の建物（郡や州などの法廷や刑務所を含む）などである[49]。

精神と身体の限界を超える

ここ数十年のできごとによって、私たちはドーキンスが掲げた三番目の条件をいくらかでも満たしているだろうか。これらの菌類はヒトの脳で考え、ヒトの意識で経験すると考えていいのだろうか。キノコの影響下にあると考えられているヒトは、本当にその影響下にあるのだろうか。アリがタイワンアリタケの影響下にあるように。

私たちの変性意識状態を菌類の延長された表現型と見なすためには、キノコの支配下にあるヒトが、食べたキノコの繁殖に寄与することが条件になる。だが、私たちがそのような行動をしているとは思えない。栽培されている種数は少なく、どの菌類株を栽培するかは栽培の容易さと収量の多さにもとづいている。変性意識をもたらす能力の「高い」種が「低い」種より選ばれているかどうかは明らかではない。より問題なのは、人類が一瞬で絶滅したとしても、シロシビンをつくるキノコはかまわず生き続けるだろうということだ。タイワンアリタケは完璧にアリの変性行動に依存しているが、これらのキノコは私たちの変性意識に完璧に依存しているわけではない。数千年にわたって、ヒトがいようがいまいが完璧に成長し繁殖してきたし、今後もそうすることだろう。

これは問題なのだろうか。「シロシビンとシロシン……を分離したことで、メキシコのキノコはその魔力を失ってしまった」とシュルテスとホフマンは一九九二年に述べている。シロシビンを含む菌類の栽培が始まり、数百キログラムのキノコがアムステルダムの倉庫で育てられた。シロシビンの分離によって、DMNは脳スキャナーの指示によって停止できるようになった。神秘的経験、畏怖心、自己という感覚の消失は病院のベッドでも起こすことができるのだ。では、私たちはシロシビンが人間の心に影響を及ぼすメカニズムの理解に近づいているだろうか。

この問いに対するシュルテスとホフマンの答えは「否定的」だ。神秘的な経験は本来合理的な説明と相容れないものである。心理測定アンケートの数字で容易に言い表すことはできないのだ。それは人を混乱

シビレタケ（*Psilocybe semilanceata*）通称「リバティキャップ（liberty cap）」

させるが魅了もする。しかも、それが実際に起きるのは間違いない。シュルテスとホフマンが述べるように、シロシビンとシロシンの同定と構造にかかわる研究は、「キノコが持つ魔力が二種の結晶性化合物の魔力であると示しただけだ」ということなのである。この知見はまたしても答えを先延ばしにしただけだ。「キノコが人の心に与える影響は、キノコそのものと同等に説明のつかない魔法のようだ(50)」

マジックマッシュルームは厳密に言えば延長された表現型とは言えないかもしれないが、そのことはテレンス・マッケナの推測を無視してもいいことを意味するだろうか。おそらく、結論を急いではならないだろう。「私たちが目覚めているあいだの正常な意識は」と心理学者のウィリアム・ジェイムズが一九〇二年に述べている。「ある特定の意識であり、これと完璧に異なるあらゆる形態の意識がごく薄い衝立を隔てた向こう側にある」。あまり理解されていない理由によって、一部の菌類はヒトをまったく異なる意識に誘導して新たな問いを突きつける。「宇宙全体にかかわるいかなる理解も、こうした意識の異なる形態を考慮しないなら完全とは言えない」とジェイムズは結論づけた(51)。

研究者、患者、あるいはただ興味を持っただけの第三者にとっても、菌類がつくる化学物質の奇妙な側面はそれが誘発する経験にある。キノコにかぶれたマッケナの推測は精神と身体の可能性の限界を超えているかもしれない。

しかし、そのことがまさに重要な点なのだ。つまり、シロシビンがヒトの心に与える影響は可能に思えることの限界を超えているのである。マサテコ文化では、キノコが話すのは自明なことである。この種のキノコを食べた人なら誰もがその経験をする。儀式でエンセオジェンや菌類を使う伝統文化の多くに共通する経験がある。それは伝統文化ではない環境で現代人がキノコを使った場合にも共通する。多くの人が「自己」と「他者」のあいだの境界が薄れ、他の生物と「一体化する」経験を報告するのだ。

世界は晴れた日の正午に感じるようなものだろうか。あるいは、それは眠りから目覚めたばかりの夜明けに感じるようなものだろうか。きっと、誰もが同意できることがあるはずだ。菌類が実際に私たちを通して話し、私たちの感覚を支配するかどうかはともかく、マジックマッシュルームが私たちの思考や信念に与える影響は十分に現実だ。菌類が私たちの心を身にまとい、私たちの意識の中で遊んで楽しむのを想像すれば、私たちは何を見るのだろう。キノコの唄、キノコの像、キノコの絵、キノコが主人公の神話や物語、キノコを祀(まつ)る祭礼、家庭でキノコを栽培する新たな方法を開発するＤＩＹ菌類学者の国際的な団体、キノコが世界を救うと大衆に向かって話すポール・スタメッツのような運動家だろうか。そして、菌類と英語で話すことができると主張するテレンス・マッケナのような人びとなのだろうか。

第5章　根ができる前

You'll never be free of me
He'll make a tree from me
Don't say good bye to me
Describe the sky to me

——Tom Waits/Kathleen Brennan[1]

植物の陸上進出は菌類のおかげ

約五億年前のこと、緑色の藻類が浅い淡水を出て陸に上がった。これらの藻類があらゆる陸生植物の祖先である。植物の進化によって惑星とその大気は変容し、これが生命史の重要な変化の一つ——生物が秘めるさまざまな可能性を実現する画期的なできごと——だった。今日、植物は地球上の生物量の八〇％を占め、ほぼすべての陸生生物を維持する食物連鎖の基盤にいる[2]。

植物が出現する前、陸地は焦げて荒れ果てていた。条件は極端だった。温度は大幅に変動し、地形は岩だらけで埃っぽかった。土と言えるようなものは何もなかった。養分は硬い岩石や鉱物の中に閉じ込められ、気候は乾燥していた。ただし、まったく生命がいなかったわけではない。光合成細菌、極限環境藻類、菌類は開けた土地でも生きていくことができた。しかし、厳しい条件のために地球上の生命はほぼ水生生物だった。温かく浅い海や沼は藻類や動物に満ちていた。数メートルもあるウミサソリが海底をうろついた。三葉虫は鍬(くわ)のような口吻(こうふん)で海底の沈積土をすいた。サンゴ虫がサンゴ礁を形成し始めた。軟体動物もたくさん棲んでいた。(3)

生物にはあまり適さない条件でありながら、陸地は光合成できる生物には大きな可能性を秘めていた。光は水のフィルターがかかっていないし、二酸化炭素が水中より多かった――光と二酸化炭素を食べて生きる生物にとってこれは大きな贈り物だった。ところが、陸生植物の祖先の藻類は根を持たなかったので、水の保存や輸送はできなかったし、硬い地面から養分を抽出することもできなかった。これらの植物はどのようにして乾燥した陸地に危険を冒して上がったのだろう。

こと生命の起源にかんする限り、専門家のあいだでも意見の統一を図るのは難しい。たいてい証拠は少ないし、その少ない証拠は別々の見解を裏づけるように使われることが多い。それでも、初期の生命史を巡り見解の相違が激しさを増していくなかで、一つだけ学者たちが同意することがある。それは、藻類は菌類と新たな関係を築くことによって陸に上がったということである。(4)

この初期の同盟関係によって、私たちが現在「菌根」と呼ぶ関係が進化した。今日では、あらゆる植物種の九〇%以上が菌根菌〔植物の根と菌根を形成する菌類〕に依存している。菌根は例外というより通例で、果実、葉、木材、そして根よりも植物の基盤を成している。この親密な関係――協力、葛藤、競争――から、植物と菌根菌は私たちの過去、現在、未来を支える集合的な繁栄を実現する。私たちは彼らがいなければ何ほどのものでもないというのに、彼らに思いを馳(は)せることは滅多にない。この怠慢の代償が現在ほど明白だったことはない。もうこのまま何もしないでいることはできない[5]。

根と菌糸の親密な交わり

これまで見てきたように、藻類と菌類は共生する傾向にある。共生関係は多くの形態を取る。地衣類がその一例である。海藻——これも藻類の一種——もそうだ。海岸に打ち寄せられた多くの海藻は、菌類から養分を受け取り乾燥も防いでもらう。ハーヴァード大学の研究者らが自由生活をする菌類と藻類を一緒の水槽に入れたら、数日で柔らかな緑のボール状のものができた。菌類と藻類は生態学的な相性さえよければ——片方だけでは歌えないが、両方でならうたえる代謝の「唄」を歌う限りにおいて——、合体してまったく新しい共生関係を結ぶ。この意味において、植物を生み出す菌類と藻類の一体化はより大きな物語、進化のリフレーンの一部である[6]。

地衣類のパートナーどうしが合体してそれぞれと異なる一つの身体をつくるのに対して、菌根を構成するパートナーのあり方はそうではない。植物は植物のままで、菌根菌も菌類のままだ。この関係は地衣類と大きく異なり、より乱婚的な共生関係を可能にする。一種の植物が多くの菌類と関係を持ったり、一種の菌類が多くの植物と関係を持ったりするのだ。

関係を維持するためには、植物と菌類は代謝の相性がよくなくてはならない。よくある同盟関係だ。植物は光合成によって大気から炭素を抽出し、エネルギー源となる炭素化合物——糖と脂質——をつくり、共生体のもう一方のパートナーである菌類はこれらの炭素化合物に依存する。植物の根の中で成長することで、菌根菌はこれらのエネルギー源をもらい受けることができる。食物にありつくのだ。ところが、生命を維持するには光合成だけでは足りない。植物と菌類はエネルギー源の他にも必要とするものがある。

水分とミネラルを土壌から抽出せねばならない。ところが、土壌はテクスチャー、微小な孔（あな）、電荷を持つ空洞、腐植物質の迷路に満ちている。菌類はこの混沌（こんとん）とした場所から必要な物質を抽出するのに長けていて、植物にはできない方法で摂食する。こうして根の中に菌類を受け入れることで、植物はこれらの養分をとても容易に手に入れられる。植物も食物にありつくのだ。お互いにパートナーとなることによって、植物は新たな器官を手に入れ、菌類もまた新たな器官を手に入れる。双方とも相手を使ってリーチを長くする。リン・マーギュリスが言うところの「長期にわたる見知らぬ者どうしの親密さ」の一例だ。ただし、両者ともすでに見知らぬ者どうしではない。根の中を見れば、そのことは明らかだ。

　根を顕微鏡で観察すれば、そこには一つの世界が広がる。私はその世界に何週間も浸り、ときには魅了され、ときには不満をため込む。細根をそのまま水を張ったペトリ皿の上に置くと、菌類の菌糸が延びているのが見える。色素を溶かした水に根を入れて沸かし、スライドガラスに押しつけると、根が絡まっているのが見えるだろう。菌類の菌糸は枝分かれし、融合し、植物の細胞内で爆発的に糸状に分かれる。植物と菌類は互いを抱きあう。これより親密な関係を想像するのは難しい。

　顕微鏡で見たいちばん奇妙なものは、埃のように微細な種子が発芽する様子だ。これらの微細な種子は世界で最小の種子である。一個の種子は肉眼でようやく見分けられるほどの大きさで、細い髪の毛かまつ毛の先ほどしかない。代表的なのがラン類の種子だが、他の植物にも例はある。これらの種子は重さがないに等しく、風や雨で容易に飛散する。それに、菌類に出あわなければ発芽しない。私は発芽の瞬間を捉えようと長い時間を費やした。何千個もの微細な種子を小さな袋に入れて土に埋め、数か月後に掘り出して出芽しているかどうか確かめた。顕微鏡を覗き込みながら、ガラスのペトリ皿に載った種子を針で突ついた。数日後、待ち望んでいたものが目に入った。一部の種子が膨らんで菌類の菌糸に絡まり、粘り気のある小枝がペトリ皿の上に延びていた。成長している根の中で、菌糸がもつれて結び目やコイルを形成している。これは生殖ではない。菌類と植物の細胞は融合していないし、遺伝子情報も交換していない。それでも、セクシーだった。二種の生物の細胞が巡りあい、互いに相手を受け入れるか、ともに新たな生命を生み出そうとしている。未来の植物が菌類から離れて暮らすようになるとは到底思えない。

根は菌類のあとに生まれた

菌根がどのようにして最初に生まれたのかは明らかになっていない。最初期の出あいはびしょ濡れでプランも何もなかった。菌類が食物を探しあぐね、湖や川の泥だらけの岸に打ち上げられた藻類の中に逃げ込んだのだ。いや、藻類が陸に上がったときにはすでに菌類のパートナーがいたと考える人もいる。いずれにしても、リーズ大学のケイティ・フィールド教授は、「両者はすぐに互いに依存するようになりました」と語る。

フィールドは有能な実験者で、現生植物につながる最古の系統について長年にわたって研究してきた。放射性標識を使って、彼女は太古の気候を再現した栽培室で菌類と植物のあいだに起きる物質交換を測定する。菌類と植物の共生生活は、陸に上がるときに両者が最初にどう行動したかにかんする手がかりを与えてくれる。化石も、両者の同盟関係について有用なヒントをくれる。最高の状態で保存された標本は約四億年前にさかのぼり、その中には間違いなく菌根菌の痕跡がある。今日と寸分違わぬ羽毛のような裂片だ。「菌類が植物細胞の中で実際に生きていた姿を見られるのです」とフィールドは驚きを隠せない様子で言った。(7)

最初期の植物は緑色の組織の塊のようなもので、根など植物らしい構造はなかった。やがて、一緒に暮らす菌類のために初期の肉厚の器官を進化させ、菌類が土壌から養分と水分を抽出した。最初の根が進化するころには、菌根はすでに五〇〇〇万年の歴史を刻んでいた。菌根菌がその後進化したすべての陸生植物の根なのだ。菌根（*mycorrhiza*）はじつに正確な用語と言える。根（*rhiza*）が菌類（*mykes*）のあとに生まれたからだ。[8]

数億年後の今日、植物は細く、速く成長し、日和見主義で菌類のように行動する根を持つ。とはいえ、これらの根ですら、土壌の探索にかけては菌類に遠く及ばない。菌糸を形成する菌類はもっとも細い根の五〇分の一と細く、その長さは植物の根の一〇〇倍ほどにもなる。菌類が根より先に出現したのであり、したがって根より遠くに達するのだ。研究者の中には、もっと過激な考えの人もいる。「植物に根はない」と私が学部生だったときの教授は、驚いた学生たちを前に言ったものだ。「植物が持っているのは菌類の根、すなわち菌‐根なのだ[9]」

菌根菌は遍在し、その菌糸体は土壌中の生物量の三分の一から半分を占める。数字は天文学的になる。地球全体で見れば、土壌の表面から一〇センチメートル以内の表土層に存在する菌糸の総長は、私たちの銀河系の直径の半分ほどになる（銀河系が九・五×10^{17}キロメートル、菌糸は四・五×10^{17}キロメートル）。これらの菌糸を平面に広げれば、総面積は地球上の陸地を二回半覆い尽くす。しかし、菌類はじっとしてはいない。菌糸は死んではすぐに再成長する――一年に一〇回から六〇回――ので、一〇〇万年あれば菌糸の累積長は私たちが知る宇宙の直径を上回る（宇宙が九・一×10^{9}光年、菌糸は四・八×10^{10}光年）。菌根菌が約五億年存続してきたこと、その分布が深さ一〇センチメートルの表土に限られないことを考えるなら、いま挙げた数字はもちろん控え目と言える。[10]

植物と菌根菌はその共生関係において、まったく異なる行動をする。植物の芽や枝が光と大気を求め、

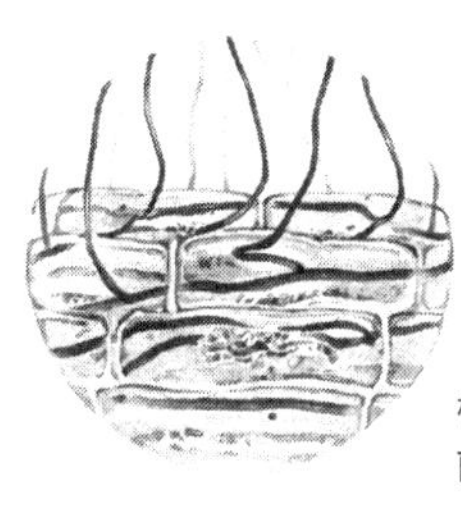

植物の根の中にいる
菌根菌

菌類と植物の根は土壌を求める。植物は光と二酸化炭素を糖と脂質に変える。菌根菌は岩石や腐植物質に含まれる養分を抽出する。つまり、菌類は二種のニッチ（生物学的地位）を占める。彼らの生活の半分は植物内で起き、もう半分は土壌内で起きるのだ。菌類は炭素が地上の生活環に入る場所に陣取り、大気と地面を結びつける。今日まで、菌根菌は植物がその出現時から旱魃（かんばつ）、炎暑、その他の地上のストレスに対処できるよう手助けしてきた。植物の葉や茎で生きる共生菌類にしても同様だ。私たちが「植物」と呼ぶものは、じつは藻類を育てるように進化した菌類、そして菌類を育てるように進化した藻類なのである。

寄生ではなく相利共生

「mycorrhiza」という言葉は、一八八五年にドイツの生物学者アルベルト・フランクによって造語された。その八年前に「symbiosis（共生）」という言葉を造語したのと同一人物である。その後プロイセン王国の農業・領地・林業省に、「トリュフ栽培を促進するために」雇用された。この職に就いたおかげで、彼は土壌に目を向けるようになったのだった。先人や後人と同じく、トリュフは彼を菌類がいる地中に引きずり込んだ。

フランクはトリュフ栽培にはさほど成功していないが、研究の過程で木の根とトリュフ菌の菌糸体間の絡みあいについて生き生きとした詳細な記録を残した。彼のイラストでは根の先端が菌糸体の管と絡み、菌糸が外側に延びる。フランクはこの関係の親密さに心打たれ、植物の根とパートナーの菌類の関係は寄生というより双方にとって有益なのかもしれないと示唆した。共生を研究する科学者の例に漏れず、フランクは菌根を理解するのに地衣類の類比（アナロジー）を使った。彼の考えでは、植物と菌根菌は「親密で互恵的な依存関係にある」。菌糸はいわば「乳母（うば）」で、「木が土壌から養分を得る全過程」を可能にする。[11]

フランクの考えは、ジーモン・シュヴェンデナーが提唱した地衣類の二種複合体説と同じく猛烈な批判を浴びた。フランクを批判する人びとにとって、共生が互いに利益をもたらすというアイデア――「相利共生」――は感傷的な錯覚なのだ。どちらかのパートナーが利益を得るなら、それには代償が伴う。相利的に思えるいかなる共生も、ただの見せかけで実際には葛藤と寄生なのだ。[12]

こうした批判にも負けず、フランクは一〇年かけて植物と菌類という「乳母」の関係を理解しようと研究を続けた。彼はエレガントな実験をマツの苗で行った。苗の一部を滅菌した土で育てる一方で、残りを近くの松林で採取してきた土で育てた。滅菌した土で育てた苗に比べて、松林の土に植えた苗は菌類と関係を結び、大きく健康な若木に成長した。[13]

フランクの知見にJ・R・R・トールキンが目を留めた。トールキンは植物、とくに樹木を好むことで知られる。菌根菌はまもなく『指輪物語』に登場することになる。[14]

「樹木と庭を愛する……小さな君に」とエルフのガラドリエルがホビットのサムワイズ・ギャムジーに言った。「小さな贈り物を持ってきた……この箱には私の果樹園の土が入っている……これを取っておいてくれたら、いつか君がやっと故郷に戻ったときにきっと役に立つ。不毛でゴミだらけの土地でもこの土を撒けば、君の庭では中つ国（なかつくに）のどんな庭よりも花々が咲き乱れるだろう」

ようやく故郷に戻ると、そこには荒れ果てたホビット庄(しょう)があった。

サムワイズ・ギャムジーは、とても美しい場所、愛する木々が倒された場所に苗木を植え、どの苗木の根の周りにもガラドリエルからもらった貴重な土の一粒を撒いた……冬のあいだ、彼はできるだけじっと我慢し、何か起きていないかしょっちゅう見に行かないようにした。春になると想像もしなかったようなことが起きた。種は芽吹いて成長した。まるで時を惜しむかのように、一年で二〇年分育った。

菌根菌が地球の気候を変える

トールキンは、四億年前〜三億年前までのデヴォン紀における植物の成長について書いたのかもしれない。その頃には、植物は陸上の生活にすっかり馴染み、光と二酸化炭素が十分にあったためそれまでになく繁茂した。数百万年のあいだに、数メートルの高さの木々が三〇メートルに届くほどに進化した。この時期には、植物が繁殖して大気中の二酸化炭素の量が九〇％減少した。これによって地球の寒冷化が進んだ。植物とその共生菌は、この大規模な大気の変化に寄与したのだろうか。フィールドを含む研究者らは、それはまず確実だろうと考えている[15]。

「陸生植物がしだいに複雑な構造を進化させ、大気中の二酸化炭素レベルが劇的に減少しました」とフィールドは説明した。植物の繁殖は菌類パートナーに依存していた。植物の成長を制限する最大の因子にリンがある。何が起きたかは容易に想像がつく。菌根菌の特技と言えば——彼らがもっとも得意とする代謝の「唄」――土からリンを抽出し、パートナーの植物に与えることだ。リンを与えられると、植物はどんどん成長する。植物が成長すれば大気中の二酸化炭素をより多く吸収する。こうして多くの植物が生き、多くの植物が死に、多くの炭素が土壌と堆積物に蓄積される。より多くの炭素が蓄積されると、大気中の二酸化炭素が減る。

だがリンは全体の構図の一部にすぎない。菌根菌は酸と機械的な力によって硬い岩石に穴を穿つ。彼らのおかげで、デヴォン紀の植物はカルシウムやシリカのような鉱物も得ることができた。岩石から抽出されたこれらの鉱物は二酸化炭素と反応し、大気中の二酸化炭素レベルを下げる。こうして得られた化合物――炭酸塩とケイ酸塩――は海に流れていき、それを使って海洋生物が貝殻をつくる。海洋生物が死ぬと、貝殻が海底に沈んで何百メートルも堆積する。これが巨大な炭素の埋葬地になる。すべてのできごとが相まって、気候が変動し始める。(16)

菌根菌が太古の地球の気候に与えた影響を測定する方法はあるだろうか。私が尋ねると、フィールドは、「あるとも言えますし、ないとも言えます」と答えた。「じつは、私は最近そのことを試したのです」。彼女は、リーズ大学の研究仲間で生物地球化学者のベンジャミン・ミルズの協力を得た。ミルズはコンピュータを使って気候と大気組成について予測を試みている。(17)

多くの研究者が気候モデルを構築する。天気予報官や気候科学者などは、デジタル・シミュレーションによって未来のシナリオを予測する。過去に地球に起きた主要な変化を再構築する研究者も同じような手法を用いる。モデルに入れる数値を変えると、地球の気候の歴史にかんする異なる仮説を検証することができる。二酸化炭素レベルが上がると、どうなるだろうか。植物が入手できるリンが減少すると、どうなるのだろう。モデルは実際に何が起きたかは教えてくれないが、どの因子がどのような結果につながるかは教えてくれる。

フィールドが相談する前、ミルズは菌根菌をモデルに組み込んでいなかった。彼のモデルでは、植物が得られるリンの量を変えることはできた。しかし、菌根菌を考慮しない限り、植物が実際に得られるリンの量を推測することはできない。フィールドなら手を貸すことができた。一連の実験で、菌根共生は成長室の気候条件によって変化することが確かめられた。ときには植物が二者の関係からより大きな利益を得るが、そうでないときもある。彼女はこの形質を「共生効率」と名づけた。植物が効率のよい菌類パートナーと組めば、植物はより多くのリンを得てより大きく成長する。フィールドは四億五〇〇〇万年ほど前に菌根の物質交換の効率がどれほど高かったかを推測することができた。その頃、大気中の二酸化炭素レベルは今日の数倍あった。

ミルズがフィールドの観測値を使って菌根菌をモデルに組み込むと、共生効率を調整するだけで地球全体の気候を変えることができた。大気中の二酸化炭素と酸素の量、地球の温度――これらすべてが菌根共生によって変わった。フィールドのデータにもとづけば、菌根菌はデヴォン紀における植物の大繁殖に続く大気中の二酸化炭素の劇的な減少に大きく貢献したのだろう。「それは、こう考えたくなるような瞬間でした。まあ、びっくり。そのままでいて！」とフィールドは語気を強めた。「私たちが得た結果は、菌根共生が地球上の生命の進化に役割を果たしたことを示唆するのです[18]」

菌根菌が植物の味わいを変える

菌根は現在でも同じ仕事を続けている。旧約聖書のイザヤ書には、「すべて肉なる者は草」〔40章6節、聖書協会共同訳〕と書かれている。それは私たちがいまだに生態系を記述するのに使う理論だ。動物の身体では、植物が肉になる。でも、なぜそこで止まる必要があるだろうか。植物が植物でいられるのはその根に菌類がいるからだ。このことはあらゆる植物が菌類であることを意味するのだろうか。すべての植物が菌類で、あらゆる肉が植物なら、肉はみな菌類になるのだろうか。

すべてではないにしても、一部はそうだろう。菌根菌は植物が必要とする窒素の八〇%、リンにいたっては一〇〇%を与えることができる。菌類は、その他にも亜鉛や銅など重要な栄養を植物に提供する。陸に上がった最初期からそうであったように、水分を与えて植物が旱魃を生き延びられるようにする。お返しに、植物は大気中から得た炭素の最高で三〇%を菌類パートナーに与える。ある瞬間に植物と菌根菌のあいだに何が起きるかは、両者の種類によって変わる。植物にはいろいろあり、菌類にもいろいろある。そして、菌根関係を結ぶにもさまざまなやり方がある。それは藻類がはじめて陸に上がってから、異なる菌類系統に六〇回以上起きた生命のありようだ。一度以上進化する可能性を無視してきた多くの形質と同じく――線虫を狩る能力、地衣類を形成する能力、動物の行動を操作する能力のどれにしろ――これらの菌類が成功戦略を見つけたことを否定することは難しい[19]。

植物の菌類パートナーは、植物の成長――そして肉――に目に見える影響を与える。数年前、菌根共生にかんする会議で、イチゴをいくつかの異なる菌根菌と一緒に育てている研究者に会った。実験は簡単だった。同一種のイチゴと育てる菌類の種が変わると、イチゴの香りは変わるだろうか。彼は盲検の要領で味見をし、異種の菌類と育てると、イチゴの味が確かに変わることを見出した。香りの違うイチゴ、よりジューシーなイチゴ、より甘いイチゴができた。

同じ実験を二年目にも行うと、予想できなかった天候によって菌類がイチゴの味を変える影響は幾分薄れたが、他の驚くべき効果がいくつか確認された。マルハナバチは特定の菌種と一緒に育つイチゴの花に

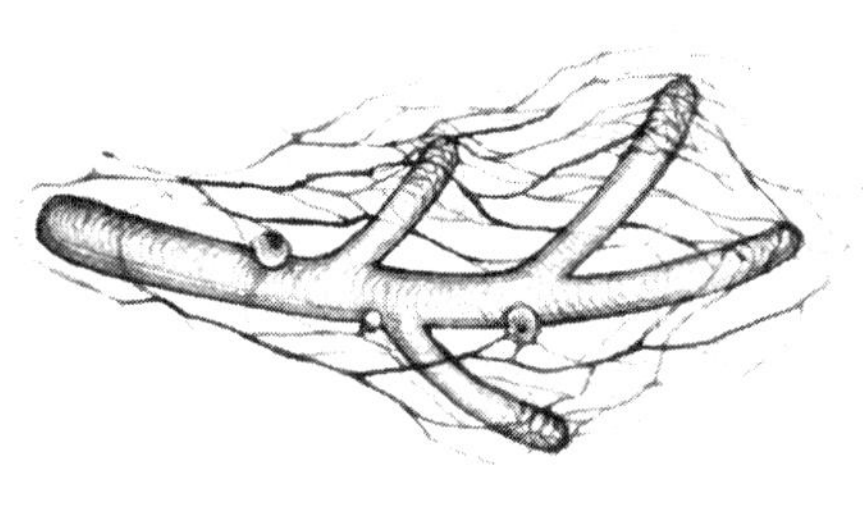

菌根の根の先端

引き寄せられ、他のイチゴにはさほど興味を示さなかった。ある菌類と一緒に育てられたイチゴは他のイチゴより収量が多かった。さらに、イチゴの果実の形が菌類によって変化した。一部の菌根菌はイチゴをおいしそうに見せ、その他の菌根菌はそうでもなかった[20]。

菌類の種類に敏感なのはイチゴだけではなかった。たいていの植物——キンギョソウからセコイアオスギまで——は、一緒に育てる菌根菌の種が変わると生育状況が変わる。たとえば、バジルは一緒に育てる菌根菌の種が変わると、香りの異なるアロマオイル（化学成分が違う）をつくる。トマトを甘くする菌類、フェンネル、コリアンダー、ミントのエッセンシャルオイル成分を変える菌類、レタスの葉の鉄分とカロチノイドを増やす菌類、アーティチョークのつぼみの抗酸化作用を増強する菌類、オトギリソウとエキナセアの有効成分濃度を増やす菌類がある。二〇一三年、イタリアの研究チームが、一緒に育てる菌根菌を変えたコムギの粉でパンを焼いた。焼き上がったパンは、イタリアのブラにある食科学大学の一〇人の「訓練されたテイスター」から成るテイスティングパネルと、エレクトロニックノーズ〔人工電子鼻またはEノーズと呼ばれる匂いの化学成分を検知する装置〕の試験にかけられた（どのテイスターも「感覚評価について二年以上の経験を有していた」と論文の著者たちは注記した）。驚いたことに、収穫からテイスティングまで多くの工程——酵母の添加以外にも製粉、こね、ベーキングがある——を経るにもかかわらず、パネルもエレクトロニックノーズもそれぞれのパンに違いを認めた。機能を強化された菌類を加えて育てたコムギを使ったパンは、「香り」が濃い上に「もちもちした食感とパリッとした食感」もあった。花の香りをかぐ、小枝、葉、樹皮を噛む、ワインを飲むなどの方法で、植物と共生する菌類が持つどれほど多くの他の側面を知ることができるだろうか。私はよくこのことについて考える。[21]

植物と菌類の「為替レート」

「土壌に暮らす生物の力の均衡を維持するメカニズムはどれくらい繊細なのだろう」。菌類学者のメーブル・レイナーは一九四五年に出版した菌根にかんする著書『樹木とトードストゥール（*Trees and Toadstools*）』〔トードストゥールは毒キノコの一種〕でそう述べた。菌根菌の種が変わるとバジルの葉の味を変え、おいしそうに見えるイチゴをつくる。だが、どのようにして？　菌類のパートナーにはよし悪しがあるのだろうか。いや、植物のパートナーにもよし悪しがあるのだろうか。植物と菌類は異なるパートナーを見分けられるのか。レイナーが先のように述べて数十年が経過しているが、私たちは植物と菌根菌の力の均衡を維持する繊細な行動をようやく理解し始めたばかりだ。[22]

社会的な相互作用は多くを要求する。一部の進化心理学者によれば、ヒトの大きな脳と柔軟な知性は複雑な社会的状況に対処するために生まれたという。もっとも小さな相互作用さえも変化する社会的行動に含まれる。チェンバーズ語源辞典（*Chambers Dictionary of Etymology*）によれば、「絡ませる（entangle）」という語は、もともと人間の社会的な相互作用あるいは「複雑な状況」への介入を意味していた。だが、その後他の意味合いを獲得した。進化心理学者によれば、人類が現在ほどの知性を獲得したのは、私たちが過酷な相互作用に「巻き込まれた（entangled）」からだという。[23]

植物と菌根菌はそれとわかる脳も知性も持たないが、彼らは間違いなく「込み入った（entangled）」生活を送っていて、彼らなりの複雑な状況に対処するための方法を進化させねばならなかった。植物の行動は菌類パートナーの感覚の世界で起きていることに対応して起きる。同様に、菌類の行動は植物パートナーの感覚の世界で起きていることに対応して起きる。一五〜二〇の異なる感覚を用いて、植物の枝や葉は空気中を探り、周辺で連続して起きる微かな変化にもとづいて行動を調整する。数千〜数十億個の根の先端が土壌内を探り、どの根の先端も異なる菌類種と複数のつながりを形成する。一方で、菌根菌は養分のある場所を突き止め、その中で繁殖し、他の微生物群集——菌類、細菌、その他を問わない——と交流し、養分を吸収し、分散したネットワーク全体に供給しなくてはならない。情報を膨大な数の菌糸の先端に行き渡らせなくてはならないが、どの先端もいつ異なる数種の植物につながって数十メートル以上伸びるか知れないのだ。

アムステルダム自由大学のトビー・キアーズ教授は、植物と菌類がどのようにして「力の均衡」を維持するかを熱心に研究している。放射性標識を使うか発光タグを分子につけることで、彼女とそのチームは植物の根から菌類の菌糸へ移動する炭素、菌類から植物の根に移動するリンを追跡することができる。これらの物質の流れを慎重に測定することで、彼女は両者が物質のやり取りをどう維持するかを記述した。植物と菌根菌はどのようにして過酷な社会的状況に対処する**の**だろうか。私はキアーズに尋ねてみた。彼女は笑った。「私たちは起きていることの複雑さをぜひ捉えたいと考えています。物質交換が起きていることはわかっています。問題は、戦略がどう変わるかの予測が私たちにできるかどうかです。それは大仕事です。でも、やってみるのも悪くありません」

キアーズの知見が驚嘆すべきであるのは、植物と菌類のどちらかが完全な主導権を持つわけではない点にある。両者は譲りあい、歩み寄り、高度な交換戦略を繰り広げるのだ。ある一連の実験では、植物の根は、リンをより多く供給した菌類株に優先的に炭素を供給することが突き止められた。植物から多くの炭素を受け取った菌類は、さらに多くのリンをこの植物に与えた。ある意味、両者間の物質交換は資源の量に応じて実行されるのだ。キアーズは、この「互恵的な報酬」によって植物と菌類の関係は進化史を通じて安定して維持されたという仮説を立てた。パートナーどうしは交換を共同で管理しているので、どちらかが自分だけの利益のために相互の関係を乗っ取ることができないのだ[24]。

植物と菌類はどちらも基本的には両者間の関係から利益を得るが、植物と菌類の種が異なれば共生の形態も異なってくる。菌類には協力的なものがいる一方で、そうでもなく植物パートナーと交換するよりリンをため込むものもいる。とはいえ、そのような種がいつでもリンをため込むわけでもない。彼らの行動は柔軟で、周辺で起きていることや自分の体内の別の場所で起きていることに依存して変わる。こうした行動の仕組みはあまりわかっていないが、植物と菌類にはつねにいくつかの選択肢があることは明らかだ。そして選択肢には選択がついて回り、選択が意識を持つヒトの心の中、意識を持たないコンピュータのアルゴリズム、あるいはその両極のあいだにあるどんなもので起きるかにはかかわりない[25]。

植物と菌類は脳を持たないのに意思決定するのだろうか。私はいぶかった。「私は〈意思決定〉という言葉をよく使います」とキアーズは言った。「いくつかの選択肢があります。ですから、何らかの方法で情報を統合し、選択肢のうちの一つを選ばなくてはなりません。私たちが研究していることの多くはミクロな世界での意思決定だと私は思っています」。選択肢から一つを選ぶにはたくさんの方法がある。「どの菌糸の先端でも**絶対的**な意思決定がなされているのでしょうか」。キアーズは考え込んだ。「あるいは、それはみな**相対的**なのでしょうか。その場合には、何が起きるかはネットワーク内の他の場所で何が起きているのかに依存します」
これらの問いに興味を抱き、人間社会における富の不平等にかかわるトマ・ピケティの著作を読んだキアーズは、菌類ネットワーク内で不平等が果たす役割について考え始めた。彼女とそのチームは一種の菌根菌に不平等な量のリンを供給した。菌糸体の一部に大量のリンを与える一方で、別の部分には少量のリンを与えた。これでネットワークの異なる部分で菌類の物質交換にかんする意思決定に影響が出るかどうかを見たかった。観察者に認識可能なパターンが生まれた。ネットワーク内のリンが少ない部分では、植物が高い「代価」を払った。受け取ったリンの単位量ごとに菌類により多くの炭素を供給したのだ。リンが潤沢に与えられた部分では、菌類はより低い「為替レート」に甘んじた。リンの「代価」はよく知られた需要と供給の関係に支配されるようだった。[26]
いちばん驚かされたのは、菌類が交換行動をネットワーク全体で調整したことだった。キアーズは「安く買い、高く売る」の戦略を見て取った。菌類は――その動的な微小管「モーター」を使って――リンが足りず代価が高い部分に活発にリンを輸送した。これによって、菌類はより多いリンを有利な為替レートで植物に供給した。その結果、より多くの炭素をもらい受けた。[27]
これらの行動はどのようにして制御されているのだろうか。菌類はネットワーク内の為替レートの違いを感知し、能動的にリンを供給することでシステムの裏をかくのだろうか。あるいは、かならずネットワーク内の資源の多い場所から少ない場所に移すことで、ときには植物からより多くの報酬を得るが、得られないときもあるのか。私たちにはまだわかっていない。それでも、キアーズの研究は植物と菌類間の交換の複雑さに光を当て、複雑な問題にどのようにして解決法が得られるのかを示した。これらの行動には一定のパターンが認められた。ある植物または菌類がどう行動するかのすべては、パートナーが誰であるか、そして両者がそのときどこにいるかに依存する。菌類の関係性は、一端に寄生体、他端に協力的な相利共生生物がいる連続体と考えることができる。ある条件下では菌類はパートナーから利益を得るが、他の条件下では利益を得られない植物がある。植物に十分な量のリンを与えて育てれば、どの菌類種とパートナーを組むかについてあまり好みを言わないかもしれない。協力的な菌類を他の協力的な菌類のそばで育てれば、これらの菌類はあまり協力的でなくなるかもしれない。同じ菌類と植物でも、条件が異なれば結果も異なる。(28)

菌根研究では何が問題になるのか

私の共同研究者の一人であるフィリップ大学マールブルク校の教授が、幼いころに見たアート作品について話してくれたことがある。「ヴァーティカル・アース・キロメーター」〔ウォルター・デ・マリア作、一九七七年〕と名づけられたその作品は、地中に一キロメートル埋められた真鍮（しんちゅう）の棒だった。棒の見える部分はその先端だけだ。真鍮の円は床の上に平らに広がり、まるでコインのように見える。彼はそれを見て目まいを起こし、広大な陸地の表面から地中の深淵（しんえん）を覗き込んでいるような感覚に囚われた。この経験によって、彼は根と菌根菌に対する生涯消えることのない興味を抱くことになった。私も、菌根共生の複雑さ――何キロメートルも絡みあった生命――が私の足のすぐ下にいると思うと同じような感覚に陥る。

真の目まいに見舞われるのは、極小から極大へとスケールを変えるときだ。細胞レベルで起きる小規模な交換の意思決定から、地球全体、大気、地上に生える三兆本を超える樹木、これらの樹木を土壌とつなぐ一〇〇〇兆マイル長の菌根菌のそれへと尺度を変える。私たちの心はこれほど大きな数字を前にすると平衡感覚を失いそうになる。ところが、菌根共生について考えると、このような目まいのしそうな極小から極大への移動、そしてまた反対方向の移動に何度も付きあわされる。[29]

スケールは菌根研究の分野では問題になる。菌根共生は目に見えない場所にある。それを経験し、見て、触れることは難しい。アクセスできないということは、菌根の行動にかんする知識の大半は実験室か温室という人工的な環境で得られたものだ。これらの知見を複雑な現実の生態系のスケールに合わせることはかならずしも可能ではない。多くの場合、私たちが見るのは全体のほんの一部だ。その結果、研究者は菌根菌が実際にしていることというよりは、彼らができるであろうことについて多くを知ることになる。[30]

人工的な環境ですら、菌根菌がある瞬間から次の瞬間に実際にどう動くのかを知ることは困難だ。キアーズの研究と違って、植物と菌類間の物質交換は私たちが合理的な交換戦略と思えるような規則には従わないようだ。私たちの理解には何か欠けているのだろうか。誰にも確かなことはわからない。植物と菌類間の化学的交換が実際にどのようにして起きるのか、それが細胞レベルでどうコントロールされるのかについて私たちはほとんど何も知らない。「私たちは物質がネットワーク内をどう移動するのかを調べようとしています」とキアーズが私に語った。「動画を撮ろうとしているんです。そこで起きているのは途方もないことなのです。でも、こういう研究は困難ですから、違う生物を研究したいという他の研究者の気持ちもわからなくはありません」。多くの菌類学者はみなこの興奮と不満の混じりあったものを共有している。[31]

この関係性について考える他の方法、目まいを防ぐ方法はあるだろうか。私の研究仲間の一部は、菌根に対する熱意をもっと現実的な目的に向けている。幾人かはキノコ狩りに精を出す。キノコ――トリュフからポルチーニ、アンズタケ、マツタケまで――を探して食べれば、菌根共生をより身近に感じられる。また菌根菌を顕微鏡で何時間も観察する人もいる。これは海洋生物学者が潜水するのに似ている。土を何時間もふるいにかけて菌根菌の胞子を取り出す人もいる。胞子は色彩豊かな球体で、魚の卵のように光って見える。私がパナマで研究していた時代のある同僚は胞子を集める名人だった。ときどき夕方になると、私たちは胞子、砕いたクラッカー、サワークリームでスナックをつくった。この小さな菌根キャビアは、顕微鏡で見ながら調理しピンセットで口に運ばなくてはならない。こうした活動で菌根について多くを学んだわけではないが、それが目的ではなかった。それは極小から極大へ移動するときにバランスを崩さないようにするための練習だったのだ。ときには実験対象に直接触れることもあり、そういうヘマをすると菌根菌が機械的なものではなく——機械や概念を食べることはできない——自分たちが理解しようと苦労している生きた生物だと思い知らされる。

生命は「巻き込む」

菌根の世界へのいちばん手近な入り口は植物である。地中にいる菌根の驚くべき実態が人間の日常に入ってくるとき、それはたいてい植物を介して起きる。菌類と根のあいだに起きる無数の微小な相互作用は、植物の形態、成長、味、匂いで表現される。サムワイズ・ギャムジーはアルベルト・フランクと同じく、若木の菌類との関係の結果を自分の目で見ることができた。木は「種子から発芽して成長する。まるで時を惜しむかのように」。植物を食べるとき、私たちは菌根共生の副産物を味わっている。植物を栽培するとき——植木鉢、花壇、庭、市の公園を問わず——私たちは菌根共生をうながしている。スケールをさらに上げると、植物と菌類間の小規模な交換の意思決定が大陸全体の森林を形づくるのがわかる。

最終氷期は約一万一〇〇〇年前に終わった。北米のローレンタイド氷床が退行し、数百万平方キロメートルの地面が大気にさらされた。数千年かけて、森林が北へ広がった。花粉記録を使うと、異なる樹木種の移動年表を再構築することができる。一部の樹木種——ブナ、ハンノキ、マツ、ダグラスモミ、カエデ——は、一年で一〇〇メートル以上と速く移動した。他の樹木種——スズカケノキ、オーク、アメリカシラカバ、ヒッコリー——は、一年で約一〇メートルとゆっくり移動した。[32]

気候の変化に対するこれらの異なる樹木種の反応を決めたのは何だったのだろうか。植物の祖先と菌類の関係性ができ上がって植物は陸に上がった。菌根共生は数億年後に植物が地球上を移動したことにかかわっているのだろうか。そう考えることは可能だ。植物も菌類も互いの形質を受け継いではいない。両者とも相手と関係を結ぶ傾向は受け継いでいるが、多くの他の共生関係と同じく開かれた関係性を保つ。陸上に上がった最初期と同じように、植物は周辺に誰がいるかにもとづいて関係を構築する。菌類にしてもそれは同じだ。これは一種の制約とも言えるが——植物の種子は相性のいい菌類を見つけられなければ生存する可能性は低い——関係を再構築したり真新しい関係を築いたりする能力によって、パートナーどうしは変化する状況に対処する。ブリティッシュ・コロンビア大学の研究者らが二〇一八年に発表した論文によると、樹木の移動速度は菌根の性質に依存するという。一部の樹木種は他種より乱婚性で、多くの異なる菌類種と共生することができる。ローレンタイド氷床が退行すると、より速く移動した樹木種はもっとも乱婚で、新天地で相性のいい菌類に出あう可能性の高い種だった。[33]

同様に、植物の葉や枝に生きる菌類——「内生菌」として知られる——も、樹木が新たな土地で生存する能力に大きな影響を及ぼす。塩分のある沿岸部の野草を採取し、もともといた内生菌なしで育てようとすると、もとの塩分のある土壌では生きられない。同じことは地熱のある土壌に生きる野草についても言える。研究者がそれぞれのタイプの野草の中で生活する内生菌を交換した。沿岸の野草を地熱のある土壌に生きる菌類と一緒に育てて、その逆の実験も行った。すると、野草のそれぞれの生息地における生存能力が入れ替わった。沿岸の野草は塩分のある土地では育たず、地熱のある土地で育った。地熱のある土地の野草はもはや熱い土地では育たず、塩分のある土地で育った。[34]

つまり、菌類がどの植物がどこで育つかを決めているのだ。さらに、植物群落を互いに分離することによって、菌類は新種の出現を可能にする。ロードハウ島は長さが九キロメートル、幅が約一キロメートルあり、オーストラリアとニュージーランドのあいだに位置する。この島に同じ種から分化した二系統の新種のヤシが生えている。一方のケンチャヤシ（*Howea belmoreana*）は酸性の火山性土壌に生え、姉妹種のヒロハケンチャヤシ（*Howea forsteriana*）はアルカリ性のチョーク土壌に生える。ヒロハケンチャヤシがどのような経緯で大きく異なる生息地を選んだのかについて、生物学者は長いあいだ頭を悩ませてきた。二〇一七年にインペリアル・カレッジ・ロンドンの研究者らが発表した論文によると、菌根菌がカギを握っているという。研究者らによれば、二種のヤシは異なる菌類種と関係がある。ヒロハケンチャヤシはある菌類と共生したために、アルカリ性のチョーク土壌で生きていけるようになったのだ。しかし、この能力を獲得したのと引き換えに、祖先が生えていた火山性土壌では生きていけなくなった。つまり、ヒロハケンチャヤシはチョーク土壌にいる菌類からしか利益を得ることができず、ケンチャヤシは火山性土壌にいる菌類からしか利益を得られない。時を経て、異なる菌根の「島」に生きるヤシは、同じ小さな島に生えているのに一種から二種へ分化した。[35]

植物と菌類が有する関係性を変える能力は深い意味を持つ。私たちがよく知る物語がある。人類史を通して、ヒトはヒトとヒトではない生物の双方とパートナーになってきた。ヒトとトウモロコシとの関係によって新たな文化が生まれ、ウマとの関係によって新たな輸送手段が生まれた。酵母との関係は、新たな酒類の醸造と流通を可能にした。どの場合も、ヒトとそのパートナーは自分たちの可能性を再定義した。

ウマとヒトは関係を結んだあとも異なる生物のままであり、この点は植物と菌類の関係と同じである。だがどちらの場合も、他の生物と関係を形成するという太古からの傾向を継承している。人類学者のナターシャ・マイヤーズとカーラ・ハスタクは、「evolution」という言葉は「外に進む」を意味するが、生物が自分の生活に他者を「巻き込む（involution）」性質を持つという意味合いを伝えきれていないと主張する。両者は、「involution」という言葉――「involve（かかわる）」に由来する――がこの性質、つまり「内に進み、丸まり、巻く」ことをよりよく伝えると示唆する。彼女たちは、「巻き込む」という概念が「生物がたえずともに暮らす新たな方法を見つける」という絡みあった関係をより正確に捉えているという。植物が他の生物の中に自身を巻き込む性質を持っていたからこそ、彼らは自分の根を進化させるとともに、五〇〇〇万年にわたって根系を借り受けることができたのである。今日では自分の根系を持つとはいえ、ほぼすべての植物はいまだに地下での暮らしを管理するために菌根菌に依存している。「巻き込む」性質のおかげで、菌類は大気の問題を解決するために光合成藻類の力を借りた。この点はいまだに変わらない。菌根菌は植物の種子に巻き込まれているわけではない。したがって、植物と菌根菌はつねに関係を形成し再形成しなくてはならない。巻き込みはたえず起きていて境界を越える。互いに関係することで、あらゆる参加メンバーはそれまでの限界の外へ、向こう側へさまよい出るのだ[36]。

災害級の環境変化に直面した場合には、植物と菌類の生死は新たな条件に対する適応能力にかかってくる。それは、汚染されたり伐採されたりした土地かもしれないし、都市部の建物の屋根に植えられた植物の場合のようにそれまでに例のない環境かもしれない。大気中の二酸化炭素レベルの上昇、気候変動、公害は、いずれも植物の根と菌類パートナーの小規模な交換にかかわる意思決定に影響を与える。それまでと同じように、これらの交換にかかわる意思決定は、スケールが上がって生態系全体あるいは陸塊の外へ漏出する。二〇一八年に発表されたある大規模な研究は、ヨーロッパ中で見られる「樹木がひどく損傷を受けている」現象が、窒素公害によって菌類との関係が断ち切られたために起きたと示唆した。人新世（じんしんせい）という時代においては菌根共生が悪化する一方の気候危機に適応する人間の能力のほぼすべてを決めるだろう。可能性——そして陥穽（かんせい）——が農業より明らかな分野はない[37]。

農業と菌根共生

「人類の安寧と健康は菌根の関係性に依存している」。こう書いたのはアルバート・ハワードで、彼は近代の有機農法運動の父であって菌根菌の熱心な代弁者だ。一九四〇年代にハワードは、「肥沃な土壌と樹木の結婚を……可能にする」この菌根の関係性を、化学肥料の広範な使用が断ち切ると提唱した。このような関係性の崩壊がもたらす悪影響は計り知れない。「生きた菌類の菌糸」を断ち切ることは、土壌の健康を損ねる。これによって、農作物の健康と生産性が悪化し、それを食べる動物もヒトも悪影響を受ける。「人類はその生き方を変え、主要な所有物——肥沃な土壌——を守ることができるだろうか」とハワードは問いかけた。「この問いに対する答えに文明の未来がかかっている[38]」

ハワードの口調はやや芝居じみているが、彼の問いからの八〇年で傷は深くなった。近代の工業型農業は効率的ではある。農作物の生産は二〇世紀後半に倍増した。だが収量にのみ目を向けることは大きな代償を伴った。農業は広範な環境破壊を招き、地球全体の温室効果ガス排出量の四分の一を占めるまでになった。大量の殺虫剤が使用されているにもかかわらず、農作物の二〇～四〇％が毎年害虫や病害によって失われている。二〇世紀後半に肥料の使用が七〇〇倍になったにもかかわらず、世界全体の農業生産高に変化はない。世界全体で、毎分サッカーのピッチ三〇個分に相当する表土が侵食によって失われている。

ところが、食糧の三分の一が廃棄され、農作物の需要は二〇五〇年までに倍増すると考えられている。この危機の緊急性はどれほど誇張してもしすぎることはない[39]。

菌根菌が解決の糸口となってくれるだろうか。これは、きっと愚かな問いだろう。菌根は植物と同等に古く、地球の未来を何億年にもわたってかたちづくってきた。私たちが菌根菌について考えるかどうかに関係なく、彼らはずっと私たちが食物を見つけるのを助けてきた。世界の多くの土地では、何千年にもわたって伝統的な農業手法によって土壌の健全性が守られ、植物が菌類と結ぶ関係も間接的に守られてきた。しかし、二〇世紀に入ると、私たちの怠慢が私たち自身に跳ね返ってきた。一九四〇年、ハワードがいちばん懸念していたのは、工業型農業が「土壌の生命」を考慮することなく発展することだった。彼の懸念ももっともだった。土壌をどちらかと言えば生命を持たぬものと見なすことで、農業の手法は私たちが食物とする動植物を維持する地中の微生物群集を破滅させてきた。同様のことは二〇世紀の医学にも起きている。当時の医学では「ばい菌」と「微生物」は同じものと考えられていた。もちろん、あなたの体内にいる微生物の一部のように、土壌中の生物には病気を起こすものもいる。だが大半はこれとは正反対だ。あなたの腸内に棲む微生物の生態系が崩壊すると、あなたの健康が損なわれる。私たちが身体の内外から「ばい菌」を排除しようとするため、多くの病気が起きることは周知の事実だ。土壌――地球の腸と言える――に棲む微生物の豊かな生態系が崩壊すると、植物の健康もまた損なわれる[40]。

スイスのチューリッヒにあるアグロスコープ〔農業、栄養、環境にかんする研究機関であり、スイス連邦農業局と連携している〕が二〇一九年に発表した論文によると、執筆者らは生態系崩壊の程度を測定するのに、有機農業と従来の集約農業が農作物の根にいる菌類群集に与える影響を比較した。菌類ＤＮＡの塩基配列解析によって、執筆者らはネットワークを形成している菌類種を調べた。有機農業と集約農業の畑地では

「驚くべき相違」が見られた。有機農業の畑地では菌類が多かっただけでなく菌類群集の構成がはるかに複雑で、二七種の菌類が高度につながって「中枢種」〔生物量は少ないが生態系に大きな影響を与える生物種〕となっていた。これに対して、従来の集約農業の畑地ではそうした中枢種がいなかった。多くの研究によって同様の知見が得られている。集約農業――土を耕して化学肥料や殺菌剤を撒く――では菌根菌が減少し、菌類群集の構成が変わる。有機農業などといったより持続可能な農法では、より多様な菌類群集が形成され、土壌中の菌糸体も多くなる。[41]

それは重要なのだろうか。農業によって生態系はこれまで多くの犠牲を払ってきている。森林が伐採されて畑地になる。生垣が撤去されて広大な畑地がつくられる。土壌中の微生物群集にも同じことが起きているはずだ。人が畑地に肥料を撒いて農作物に栄養を与えると、私たちは菌根菌から仕事を取り上げることになるのではないか。もし菌類を用無しにしてしまったとして、それは懸念材料になるのだろうか。

菌根菌は植物に食物を与える以上の仕事をしている。アグロスコープの研究者らは、菌根菌を中枢種と呼ぶが、「生態系エンジニア」と呼ぶ人もいる。菌糸体は土壌をまとめる粘り気のある生きた継ぎ目だ。菌類を除去すると、土壌は洗い流されてしまう。菌根菌は土壌が吸収する水分を増やし、雨によって土から流れ出る養分を五〇%ほども減少させる。土壌に含まれる二酸化炭素――驚いたことに植物と大気中の量を合わせた量より多い――のうち、かなりの部分が菌根菌がつくり出す硬い有機化合物に閉じ込められる。菌根経路を通して土壌に流れ込む炭素は、複雑な食物網を維持する。ティースプーン一杯の健康な土壌には、何百、何千メートルに及ぶ菌類の菌糸体の他にも、地球上に生きてきた全人類の数より多くの細菌、原生生物、節足動物が棲んでいる。[42]

菌根菌は収穫物の質を向上させる。このことは、バジル、イチゴ、トマト、コムギなどを対象とした実験によってわかっている。また菌根菌は雑草と闘う農作物の能力を強化し、農作物の免疫系を強化して病気に対する耐性を改善する。旱魃や炎暑に強くし、塩害や重金属に対する農作物の耐性を強化する。また植物に防御性の化学成分の産生をうながすことで、病害虫にも強くする。まだまだリストは続く。文献には、菌根共生が植物に与える利益の例が豊富に見られる。しかし、この知識を実施に移すのはかならずしもやさしくはない。まず、菌根共生は収量の増加につながるとは限らない。ときには、収量減となることもあるのだ[43]。

ケイティ・フィールドは、農業問題に対して菌根を使った解決法を開発するために研究助成金を与えられた多くの研究者のうちの一人である。「菌根の関係全体は私たちが考えていたよりはるかに柔軟で、環境の影響を受けます」と彼女は私に語った。「多くの場合、菌は農作物が養分を吸収するのを助けていません。結果は場合によって大きく異なります。菌類種、植物種、そしてその環境によってまったく違うのです」。いくつかの論文が、同様に予測不能だった結果を報告している。現在の農作物の多くでは、よく機能する菌根を形成する能力は考慮されていない。肥料を多く与えれば速く成長するコムギを育ててきた結果、私たちは菌類と協力する能力をほとんど失った「問題のある」コムギ種をつくってしまった。「わずかな菌類がこれらの穀物にコロニーをつくっているのはほとんど奇跡です」とフィールドは話した[44]。

菌根共生は繊細であるため、もっとも単純な介入――植物に菌根菌その他の微生物を与える――が二つの異なる結果に結びつく可能性がある。ときには、サムワイズ・ギャムジーが発見したように、農作物や樹木と土壌中の微生物を一緒にすると農作物や樹木の成長が促進され、荒れ果てた土地に生命が復活する。それでも、この手法の成功は生態系との相性にかかっている。与えられた菌種と生態系の相性が悪ければ、植物にはかえって悪い結果になる場合もある。さらに、新しい環境に日和見主義の菌種を導入した場合には、もともといた菌類を追い出してしまって予想もしなかった結果を招く恐れがある。急速に市場を拡大しつつある菌根製品の生産では、こうした事情はあまり考慮されず、一種の製品をすべての用途に供することが多い。一大産業と化したヒト用のプロバイオティクス市場と同じく、市場に出回っている微生物株の多くは、その性質の優秀さというより、製造が容易であるという理由で選ばれている。仮に慎重に生産されたとしても、ある環境に微生物株が安定して定着する可能性はあまり高くない。生物がみなそうであるように、菌根菌の生存には一定の条件がある。土壌内の微生物は仮の集合体を形成するが、悪条件が改善されなければずっとそのままではいない。効果的な微生物介入をするためには、より大規模な農法の変化が必要となる。私たちが、乱れた腸内細菌環境をもとに戻すために食事やライフスタイルを変えるのと同じだ[45]。

他の研究者は異なる視点からこの問題に迫る。もしヒトがあまり深く考えずに、菌類と機能不全の共生関係を結ぶ農作物の変種をつくり出してきたのだとすれば、もう一度はじめに戻って高い機能性をもつ共生パートナーになる農作物を育てればいい。フィールドはこのアプローチを取っていて、より協力的な植物変種を開発したいと考えている。つまり、「菌類と驚異的な関係を結ぶことのできる新たな世代のスーパー農作物」をつくろうとしているのだ。キアーズも同じ可能性を追求しているが、問題を菌類の側から見ている。より協力的な植物を育てる代わりに、利他的に行動する菌類を育てようとしているのだ。あまり欲張らず、自分より植物の欲求を優先するような株だ[46]。

植物への認識を改める

一九四〇年、ハワードは私たちが菌根共生にかんする「完璧に科学的な説明」を得られていないと述べた。科学的説明は完璧にはほど遠いものの、環境危機が悪化の一途をたどるなか、菌根菌を使って農業や林業を変革し、不毛な環境を修復する必要性は高まるばかりだ。菌根が進化したのは、最初期の陸上生活に際して荒れ果てた不毛の世界が与える試練に立ち向かうためだった。菌類と植物は協力してある種の農業を進化させた。ただし、植物が菌類との共生を学んだのか、あるいは菌類が植物との共生を学んだのかについて定かなことは言えない。いずれにしても私たちは、植物と菌類が互いをよりうまく飼いならすように行動を改める必要に迫られている。[47]

私たちが持つカテゴリーの一部について疑念を持たないならば、私たちは問題の解決には近づけないだろう。植物が明確な境界を持つ自律的な個体であるという認識が問題を大きくしている。「杖をついた盲いた男性を考えてみよう」とグレゴリー・ベイトソンは提案する。「この男性の自己はどこで始まるのか。杖の先？　杖の柄？　あるいは柄の真ん中あたりだろうか」。ベイトソンに先立つこと約三〇年、哲学者のモーリス・メルロ＝ポンティが同じような思考実験をして、人が使う杖はすでに物ではなくなっていると結論づけた。杖はそれを持つ人の感覚を延長し、感覚器官の一部となり、身体の人工器官になる。人の自己がどこで始まりどこで終わるかという問いの答えは反射的に思いつくほど一律ではない。菌根共生も同じような問いを私たちに突きつける。植物の周りを根から土の中までずっと覆い尽くす菌根ネットワークについて考えることなく、私たちは植物について考えることができるだろうか。その根から延びる絡みあった菌糸体をたどっていくとすれば、いったいどこで止まればいいのだろう。根と菌類の菌糸を覆う粘り気のある層に沿って土の中を行き来する細菌について、私たちは考えることがあるだろうか。ある植物の菌類ネットワークと融合した隣の菌類ネットワークならどうだろう。そして、いちばん混乱を招く問いは、私たちはその植物と同じ菌類ネットワークを共有する他の植物について考えているか、である。[48]

第6章　ウッド・ワイド・ウェブ

やがて観察者は、これらの生物が互いにつながっていることに気づく。連続的というより絡んだ網状の構造を形成している、と。

――アレクサンダー・フォン・フンボルト(1)

共有菌根ネットワークの世界

大西洋岸北西部では、森林は緑一色に染まっている。だから、ダグラスモミの茶色くなった細長い葉の吹き溜まりから、乳白色の植物がかたまって生えていると驚かされる。この幽霊のように見える植物には葉がない。まるでクレイパイプ〔白粘土の素焼きのパイプ〕が逆立ちしたように生えている。本来、葉のある場所を小さな鱗状のものが取り囲んでいる。この植物は他の植物なら嫌がる林床の日陰を好み、キノコのように密生している。実際、明らかにそれとわかる花がなければキノコに間違われるだろう。名前はギンリョウソウモドキ(*Monotropa uniflora*)。植物ではないふりをしている植物だ。

ギンリョウソウモドキ――ゴーストパイプ――は、はるか昔に光合成の能力を捨て去った。そのときに葉と緑の色も失った。だが、どのようにして？　光合成は植物にとってもっとも古くからある習性だ。たいていの場合、植物の特徴として選択しないわけにはいかない。あるサルの種が食べることをやめ、その代わりに光合成細菌を毛皮に持ち、細菌に太陽光からエネルギーをつくってもらうことを想像してほしい。それは大きな変化だ。

　解決法は菌類だった。ギンリョウソウモドキは――緑色植物の大半と同じく――生きていくために菌根菌に依存している。ところが、この植物の共生は通常の植物とは異なる。「普通」の緑色植物はエネルギーを豊富に含む炭素化合物（糖または脂質）を菌類パートナーに供給し、菌類は土壌中の鉱物を植物に与える。ギンリョウソウモドキはこの交換過程を回避する方法を見つけた。この植物は炭素と養分をどちらも菌根菌から受け取るが、何もお返しに与えないようなのだ。

　では、ギンリョウソウモドキの炭素はそもそもどこから来るのか。菌根菌はすべての炭素を緑色植物から得る。このことが意味するのは、この植物の生命を維持する炭素――身体を構成している物質――は、共有菌根ネットワークを介して他の植物から得るしかないということだ。もし炭素が緑色植物からギンリョウソウモドキに供給されなければ、この植物は生存できない。

　ギンリョウソウモドキは昔から生物学者の頭を悩ませてきている。一九世紀末期、あるロシアの植物学者がこの奇妙な植物がどのようにして生きていられるのかについて悩み、物質が菌類ネットワークを介して植物間を移動できると提起した最初の人になった。このアイデアはあまり賛同を得られなかった。知る人の少ない論文で述べられただけの仮説で、ほぼ誰にも気づかれずに姿を消した。約八〇年後の一九六〇年にスウェーデンの植物学者エリック・ビョークマンに認められるまで、ギンリョウソウモドキの謎は打ち捨てられていた。ビョークマンは炭素の放射性同位体で標識された糖を木に注入し、放射線が近くのギンリョウソウモドキに蓄積されることを示した。それは菌類ネットワークを通して植物間で物質が輸送さ

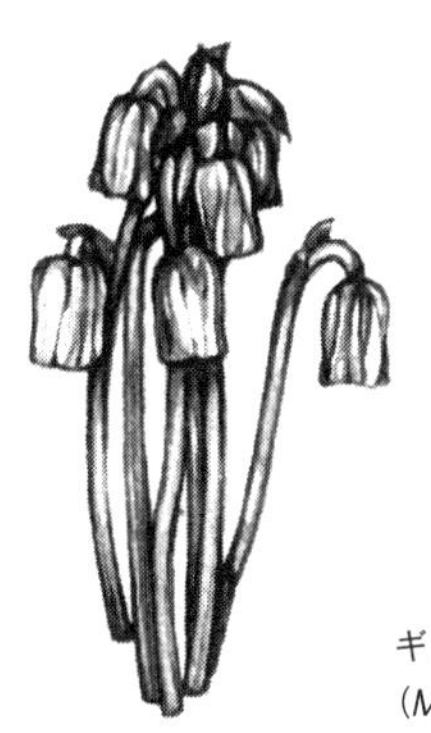
ギンリョウソウモドキ
(*Monotropa uniflora*)

れることを実証した初の事例だった。[2]

ギンリョウソウモドキは、まったく新たな生物学を発見するように植物学者を誘(いざな)った。一九八〇年代以降、ギンリョウソウモドキがとくに変わった植物ではないことがわかってきた。大半の植物は乱婚性で、多くの菌類パートナーと関係を持つ。菌根菌もまた植物との乱婚性を示す。異なる菌類ネットワークが互いに融合することもある。その結果は？ 潜在的に広大で、複雑で、協力的な、共有菌根ネットワーク系だ。

植物間を直接結ぶ菌類経路

「私たちが歩いている地面の下でつながっているなんて驚きます」とトビー・キアーズは熱を込めて言う。「それは巨大なんですから。みんなが研究していないなんて信じられません」。私もそう思う。生物の多くは相互作用する。誰かがどの生物がどの生物と相互作用をするか地図を作製したら、ネットワークが見えてくるだろう。ところが、菌類ネットワークは植物どうしを物理的につないでいる。それは、二〇人の知人がいることと、循環器系を共有する二〇人の知人がいることとの違いだ。これらの共有菌根ネットワーク――この分野の研究者には「コモン菌根ネットワーク」として知られる――は、生態系のいちばん基本的な原理を実体化する。「絡んだ網状の構造」——生物が離れられないようにつながった複雑な関係——は、フンボルトが自然界の「あらゆる生物」を記述するのに使った隠喩だ。菌根ネットワークが現実の網状構造を形成している(3)。

その後、ギンリョウソウモドキの問題に取り組み、それを解き明かそうとした一人がイギリスの研究者デイヴィッド・リードである。リードは菌類の生物学史におけるもっとも著名な研究者の一人で、このテーマでいちばん権威ある本の共著者でもある。菌根共生にかんする業績に対して爵位を与えられ、王立協会の会員となった。アメリカの同僚には「サー・デュード」（気取リード卿）と呼ばれるリードは、魅力と才気にあふれていることで知られるが、研究仲間には「変わり者」と呼ばれることが多い。

一九八四年、リードと同僚は通常の緑色植物のあいだで菌類ネットワークを通して炭素が輸送されることをはじめて決定的に示した。一九六〇年代のギンリョウソウモドキにかんする研究以降、研究者はそのような物質移動が起きていることは想像していた。だが、糖がある植物の根から漏れ出て、土壌中に浸み込み、他の植物の根に吸収されることを実証した人は一人もいなかった。言い換えるなら、植物間を直接結ぶ菌類経路を炭素が移動することを示した人は誰一人いなかったのである。

リードは植物のあいだで実際に炭素が移動することを確認できる方法を見出した。「供与体植物」と「受容体植物」を並べて育て、菌根菌がある場合とない場合について試した。植えてから六週間後、供与体植物に炭素の放射性同位体で標識した二酸化炭素を与えた。その後、双方の植物を土から抜き、根系をX線写真フィルムで撮影した。菌根菌のない場合、放射線は供与体植物の根系のみに写っていた。一方で、菌類ネットワークが形成された場合には、放射線は供与体植物の根、菌類の菌糸体、受容体植物の根に見られた。リードの成果が大きな前進となった。彼は植物間の炭素輸送が、ギンリョウソウモドキのような特殊な植物に限られていないことを示したのだ。ところが、より大きな問題が残っていた。リードは実験を実験室という条件下で行ったため、植物のあいだで起きる炭素輸送が野外の自然環境でも起きることを証明したわけではなかったのだ。[4]

一三年後の一九九七年、カナダ出身の博士課程の学生だったスザンヌ・シマールが、自然な条件下で炭素が植物間でやり取りされることを示す初の論文を発表した。シマールは森の中で育っている樹木のペアをリードと同じく炭素の放射性同位体で標識した二酸化炭素に曝露した。二年後、菌根ネットワークを共有するアメリカシラカバとダグラスモミのあいだでは炭素が移動するが、菌根ネットワークを共有しないアメリカシラカバとベイスギのあいだでは炭素移動は起こらないことを発見した。ダグラスモミが受け取る炭素の量――アメリカシラカバが吸収した標識をつけた炭素の平均で六％――は、シマールによれば有意な輸送量だった。長期的に見ると、この量で樹木の寿命に違いが出てくるのだ。さらに、ダグラスモミの苗木を日陰で育てると――光合成が制限されて炭素の供給量が減る――これらの苗木は日向で育てられたときより多くの炭素をアメリカシラカバから融通してもらった。炭素は植物間で下り坂を移動するようだった。つまり、多い方から少ない方に移動するのだ。[5]

シマールの発見は注目を浴びた。彼女の論文は科学誌『ネイチャー』に掲載を認められ、編集者がリードに論評の執筆を依頼した。「絆はつなぐ（The Ties That Bind）」と題する論評でリードは、シマールの論文から私たちは「森林の生態系を新たな視点から見ることを学ぶ」べきだと述べた。『ネイチャー』誌の表紙には、リードが同誌の編集者との会話でつくり出した「ウッド・ワイド・ウェブ」という造語〔略語が後述のワールド・ワイド・ウェブ（WWW）と同じ〕が大きな文字で書かれていた。[6]

ネットワーク・サイエンスの時代

一九八〇年代から九〇年代におけるリードやシマールらの研究以前には、植物はどちらかと言えば、それぞれ別々の個体と考えられていた。一部の樹木種は、以前から「根つらなり」を形成することが知られてはいた。つまり、ある木の根が別の木の根と融合する場合が見受けられるのだ。ところが、根つらなりは稀な現象と見なされ、大半の植物の群落は互いに資源を奪いあう個体から成ると考えられていた。シマールとリードの知見は、植物の個体をそれほどきっぱりと分かれたものとして考える見方は適切でないことを示唆していた。リードが『ネイチャー』誌の論評で述べたように、植物間において資源が移動できるということは、「植物間の競争ではなく、植物の群落内における資源の配分に目を向けるべきである」ことを意味していた[7]。

シマールは、近代のネットワーク・サイエンスの発展の重要な時期に自らの知見を発表したことになる。インターネットを形成するケーブルやルーターのネットワークという概念は、一九七〇年代から広まってきていた。ワールド・ワイド・ウェブ（ＷＷＷ）――ウェブページとそれをつなぐリンクから構築される情報システムで、インターネットのハードウェアによって実装されている――が一九八九年に発明され、二年後には一般人も使えるようになった。アメリカ国立科学財団が一九九五年にインターネットの管理から撤退してからというもの、インターネットは管理者のいない分散システムとして拡張し続けてきた。理論物理学者のアルバート＝ラズロ・バラバシが私に説明したように、「インターネットが公衆の意識に入り込み始めたのは一九九〇年代なかばだった[8]」。

一九九八年、バラバシと同僚たちはワールド・ワイド・ウェブの地図を描くプロジェクトに着手した。複雑なネットワークは人間社会にたくさん存在するというのに、そのときまで科学者がそうした複雑なネットワークの構造と特性を分析するためのツールはなかった。ネットワークモデルを構築する数学分野——グラフ理論——は実世界に存在する大半のネットワークの振る舞いを記述できず、多くの問いに対する答えは得られていなかった。伝染病やコンピュータのウイルスは、どのようにしてそれほど速く広がるのだろうか。大きな障害が起きても機能し続けるネットワークがあるのはなぜか。バラバシによるワールド・ワイド・ウェブの研究から新たな数学ツールが生まれた。いくつかの重要な原理が、人間の性的関係から生物の体内で起きる生化学的相互作用まで、広範なネットワークの振る舞いを支配しているようだった。ワールド・ワイド・ウェブは、バラバシによれば、「スイス製の時計〔精密機器の比喩〕より細胞や生態系との共通点が多い」。今日、ネットワーク・サイエンスなくしてはほとんど何も語れない。神経科学から生化学、経済システム、疫病の流行、ウェブ上の検索エンジン、人工知能（ＡＩ）の基盤である機械学習アルゴリズム、天文学と宇宙そのものの構造、すなわち銀河間のガス構造や銀河団がつながって構成される宇宙網（コズミック・ウェブ）まで、どのような分野でも対象となる現象はネットワークモデルによって解明される。(9)

リードが私に説明したように、シマールの論文に刺激を受け、ウッド・ワイド・ウェブという語呂のいい名称に後押しされ、「共有菌根ネットワークという概念は急速に広まった」。やがてジェームズ・キャメロン監督の映画『アバター』（二〇〇九年製作／アメリカ）に、地下の植物どうしをつなぐ、光り輝く生命を持つネットワークが登場した。リードとシマールの研究はいくつかの新たな問いを投げかけた。炭素以外に、何がこのネットワークを流れているのだろう。この現象は自然界でどれほど普遍的なことなのだろうか。これらのネットワークの影響は森林あるいは生態系全体に及ぶのか。また、どのような違いを生むのだろうか。

菌従属栄養植物の生活

菌類ネットワークが自然界に遍在することを否定する人は誰一人いない。植物と菌類の乱婚性、菌糸体ネットワークの融合性を考えるなら当然と思われる。ところが、科学者がみな菌糸体ネットワークに何らかの重要な働きがあると確信しているわけではない。

一九九七年にシマールの論文が『ネイチャー』誌に発表されて以来、多くの科学者が植物間の物質輸送を測定してきた。炭素のみならず、有意な量の窒素、リン、水分も菌類ネットワークを介して植物間で移動することを示した人もいた。二〇一六年に発表されたある論文は、森林一ヘクタールあたり二八〇キログラムの炭素が菌類ネットワークを介して樹木間で移動することを示した。この数字はなかなか大きい。一年につき一ヘクタール当たりの森林が大気から吸収する炭素の四%になり、これだけあれば平均的な家庭の一週間分の電気をまかなえる。これらの知見は共有菌根ネットワークが生態系にとって重要な役割を果たすことを示唆する。[10]

一方で、植物間の物質移動が認められなかった研究もあった。このこと自体は、共有菌根ネットワークが何らかの機能を果たしていないことを意味するわけではない。芽を吹いた苗木が既存の大規模な菌根ネットワークにつながることができれば、自前の菌根ネットワークを最初から形成するための炭素は必要でなくなる。とはいえ、これらの知見は一つの生態系から別の生態系へ、あるいは一種の菌類から別種の菌類へ一般化できることを示すわけではない。単一の──「私的な」──菌類パートナーに比べて、共有菌根ネットワークがより多くの物質を植物パートナーに与えるわけでもないことが多いらしいのだ。[11]

共有菌根ネットワークの振る舞いは変化すると考えがちだ。菌根共生にも多くの種類があり、異なる菌類群はその振る舞いが大きく異なる。一種の植物と一種の菌類の共生行動ですら状況に応じて変化する。しかし、実験によって異なる結果が得られることから研究者のあいだにもさまざまな見解がある。一部の研究者は、得られた証拠は共有菌根ネットワークがそれなくしては不可能な相互作用を可能にし、生態系に大きな影響を及ぼすことを示すと考える。他の研究者は証拠の解釈がこれとは異なり、共有菌根ネットワークが固有の生態学的可能性を秘めているわけではなく、植物が根を伸ばす空間や地面の上の空間を共有するという事実以外の重要性はないと結論づける。(12)

ギンリョウソウモドキがこの議論に一石を投じてくれるかもしれない。実際のところ、けりをつけてくれるように思える。この植物は全面的に共有菌根ネットワークに依存している。この問題について確固とした態度を取るリードに、私は自分の考えを持ち出してみた。「菌類ネットワークを介した植物間の物質輸送が重要ではないというアイデアはあまりに不合理ではないでしょうか」。ギンリョウソウモドキは完璧な受容体植物であり、共有菌根ネットワークが独特な生命形態を維持できることを鮮やかに証明する生きた証拠なのだ。

ギンリョウソウモドキは「菌従属栄養植物(mycoheterotroph)」として知られる。「myco」は栄養を菌類に依存していることを、「heterotroph」(「hetero」は「他の」、「troph」は「受容体」を意味する)は太陽光から自分でエネルギーを得るのではなく、どこか別の供給源から得ることを示す。これほどカリスマ性に満ちた植物に使うにはあまり感心しない呼び方だ。青い花を咲かせる菌従属栄養植物のボイリアを研究したパナマで私は、この種の植物をつづめて「mycohet」と呼び習わすようになった。ただ、短くはなったがさほどわかりやすくないのは認める。

この種の植物はギンリョウソウモドキとボイリアだけではない。植物種の約一〇%が同じ生き方をしている。地衣類や菌根の共生に似て、菌従属栄養は進化史上繰り返されてきた現象であり、少なくとも四六の異なる植物系統で独立して出現した。ギンリョウソウモドキやボイリアなど一部の菌従属栄養植物はまったく光合成しない。なかには発芽後しばらくは菌従属栄養植物のように振る舞い、成長して光合成するようになると供与体になる植物もある。ケイティ・フィールドはこの生き方を「今は与えてもらい、あとで借りを返す(Take now, pay later)」と呼んでいる。リードが私に指摘したように、ランの二万五〇〇〇種すべて——異論があるかもしれないが、この地球上で最大でもっとも繁殖に成功した植物科——は発達のどこかの時期に菌従属栄養植物である。「今は与えてもらい、あとで借りを返す」植物もあれば、「今もあとも与えてもらい続ける」植物もある。菌従属栄養植物が何度も自己に有利なようにウェブを利用した事実に照らせば、それはあまり難しいことではないとわかる。実際、リードその他多くの科学者にとって、菌従属栄養植物はけっして孤立したカテゴリーではない。これらの植物は共生連続体の一端にいる。つまりあとで供与する能力を失った永遠の受容体植物だ。今は与えてもらってあとで借りを返すランは連続体の中央辺りにいて、シマールのダグラスモミの苗木もそうだ。(13)

菌従属栄養植物は人目につく。他の植物となじまないので、周囲の植生から目立って見える。緑色であることも葉を持つことも必要でないため、進化によって新たな美を求める。ボイリアには全体が黄色の種もある。スノープラント(*Sarcodes sanguinea*)は鮮紅色だ。アメリカの博物学者ジョン・ミューアが一九一二年に、「まるで輝く火の柱のようだ」と書き記している。この植物はカリフォルニアでは「どの植物よりも観光客に好まれる……。その色が人びとの血を燃え立たせるのだ」(ミューアは自然を束ねる「無数の目に見えぬ紐」について書き残しているが、それがスノープラントだとは述べていない)。私が顕微鏡で束になって発芽しているのを見て驚いたものはボイリアの埃種子だ。パリの国立自然史博物館のマルク

＝アンドレ・セロスは、一五歳のときに見た乳白色の菌従属栄養ランが、共生への生涯消えない興味を彼の心に植えつけたと私に語った。ランは植物と菌類の生活がどれほど分かち難いかを思い出させてくれる。「その植物の記憶は、これまでのキャリアを通して私の頭を離れることはありませんでした」と楽しげに言った。[14]

私が菌従属栄養植物に興味を抱くのは、地下で暮らす菌類の生活について教えてくれるからだ。ジャングルの種々雑多な植物の中で、ボイリアは共有菌根ネットワークが機能していることの証しだった。菌従属栄養植物はウッド・ワイド・ウェブに侵入しているから生きていられるのだ。面倒な実験を行うまでもなく、ボイリアは有意な量の炭素が植物間で移動していることを教えてくれた。オレゴン州でのマツタケ狩りで友人に話したとき、私の頭の中にはこのアイデアがすでにあった。マツタケは菌根菌のキノコで、ときには林床から頭をのぞかせる前に収穫されることもある。どこを探せばいいかはわかっていることが多い。マツタケは、ギンリョウソウモドキに近縁のある菌従属栄養植物とパートナー関係にある。この植物は赤と白の縞模様の茎を持ち、シュガースティック（*Allotropa virgata*）と呼ばれる。シュガースティックはマツタケとしかパートナーを組まないため、この植物があればマツタケ菌とそのキノコがあることがわかる。多くの菌従属栄養植物と同じく、シュガースティックは地下に菌根があることを知らせてくれる。[15]

その誘引力に鑑みて、菌従属栄養植物は何かを示すものであると長年にわたって理解されてきた。シュガースティックがマツタケ狩りをする人に地下にマツタケ菌のネットワークがあることを教えてくれるのだとすれば、ギンリョウソウモドキは生物学者にその概念を教えてくれる。地衣類が共生全般を知るための入り口となる生物だったとすれば、ギンリョウソウモドキは共有菌根ネットワークへの入り口となる生物なのだ。その奇妙な外見は、共有菌根ネットワークを介して植物間で大量の物質が輸送され、まったく新しい生命の形態が維持されていることを暗示するのかもしれない。

植物はなぜ菌類に利益を与えるのか

あらゆる物理系では、エネルギーは高い位置から低い位置へ下り坂を流れる。熱はエネルギーとして熱い太陽から寒い空間に移動する。トリュフの香りは濃度の高い場所から低い場所へ広がる。どちらも輸送の要はない。エネルギーの勾配がある限り、エネルギーは供給源（高い位置）から吸収源（低い位置）へ流れる。いちばん大事なのは両者間の勾配がどれほど大きいかである。

多くの場合、菌根ネットワークを介した資源の移動は大きな植物から小さな植物への下り坂で起きる。大きな植物はより多くの資源、より発達した根系、より広い太陽光の照射面積を持つ。あまり発達していない根系を持つ日陰で育つ小さな植物に比べて、これらの大きな植物は供給源となる。小さな植物が吸収源だ。今は与えてもらい、あとで借りを返すランは吸収源として出発し、成長するにつれて供給源となる。ギンリョウソウモドキやボイリアのような菌従属栄養植物はずっと吸収源のままだ[16]。

サイズがすべてというわけではない。供給源－吸収源の動態はパートナーの植物の活動によって変わることもある。シマールがダグラスモミの苗木を日陰に置くと——光合成能力が減り、より大きな炭素吸収源となる——供与体植物のアメリカシラカバからより多くの炭素を吸収した。別の例では、研究者らは枯れ始めた植物の根から近くの健康な植物の根にリンが共有菌根ネットワークを介して流れるのを観察した。枯れ始めた植物が栄養の供給源で、生きている植物が吸収源だった[17]。

カナダの森林で行われたアメリカシラカバとダグラスモミの研究では、炭素輸送の方向が一年を通して二度入れ替わった。春には、ダグラスモミ——常緑樹——が光合成を行い、葉のなかったアメリカシラカバから若葉が芽吹くとき、アメリカシラカバは吸収源となり、炭素はダグラスモミからアメリカシラカバに流れた。夏になってアメリカシラカバの葉が成長し、ダグラスモミがその日陰に入ると、炭素の流れる方向が入れ替わって、アメリカシラカバからダグラスモミへと下り坂を流れた。秋になり、アメリカシラカバが葉を落とし始めると、両者はふたたび役割を入れ替え、炭素はダグラスモミからアメリカシラカバへ下り坂を流れた。資源は豊かな方から少ない方へ移動するのだ。(18)

こうした行動は謎である。もっとも基本的なことから考えると、問題はなぜ植物は資源を菌類に与え、菌類はその資源を近辺の植物——潜在的な競争者——に与えるかにある。一見すると、それは利他主義に思える。進化論が利他主義と相性が悪いのは、利他的な行動では供与体植物が代価を払って受容体植物が利益を被るからだ。供与体植物が代価を払って競争者に利益を与えるのだとすれば、その遺伝子は次世代に受け継がれる可能性が低い。利他主義者の遺伝子が次世代に継承されないなら、利他的行動はやがて起きなくなるだろう。(19)

この難題を解決する方法はたくさんある。まず、供与体が払った代価はじつは代価ではないと考えることができる。多くの植物が太陽光に恵まれている。そのような植物にとって、炭素は有限の資源ではない。余剰の炭素が菌根ネットワークに流れて「公共の財」として多くの植物のためになれば、利他主義のレッテルがついてまわることはない。なぜならば、誰も——供与体あるいは受容体を問わず——代価を払っていないからだ。別の考え方では、供与体と受容体の両方が利益を被り、ただその時期が異なるだけだと考える。ランは「今は与えてもらう」かもしれないが、「あとで借りを返す」のであれば、誰も代価を払っていないことになる。アメリカシラカバは春にダグラスモミから炭素をもらうかもしれないが、ダグラスモミも盛夏に日陰に入ってしまったときにはアメリカシラカバから炭素をもらうのだ。(20)

他にも解決法がある。進化論では、植物が代価を払っても近縁種に利益を与えることは遺伝子の継承に役立つかもしれない。この考えは「血縁選択説」として知られる。一部の研究者らが、近縁なダグラスモミの苗木のペアと近縁でないダグラスモミの苗木のペアのあいだで移動する炭素量を測定し、この説を検証した。当然、炭素は大きな植物から小さな植物へと下り坂を移動する。ところが、近縁種のペアの方がそうでないペアより移動する炭素量が多かった。近縁種のペアはそうでないペアより多くの菌類とのつながりを共有し、より多くの炭素がペアの苗木のあいだで移動する経路を提供するらしい(21)。

菌類中心の視点へ

謎を解くいちばん手っ取り早い方法は視点を変えることだ。共有菌根ネットワークにかかわるすべての物語では、植物が主人公だったことにお気づきだろう。菌類は植物どうしをつなぐ管路として描写される。そのため菌類は植物が互いに物質を輸送するただの管路になる。

これが植物中心の視点である。

だが、植物を物語の中心に据えては事実を曲げることになる。植物より動物に注目することは植物の本質を捉え損ねることになる。同様に、菌類より植物に注目することは菌類の本質を捉え損ねることを意味する。「私は多くの人がこれらのネットワークに過剰に注目していると考えています」とセロスが私に語った。「樹木は社会的な保護や他からの隔絶などによって利益を得ると言う人びとがいます。苗床の若木について語り、群生する樹木にとって生きることは楽なものだと主張するのです。私はこうした考えはあまり好みません。なぜなら、菌類をただの管路として考えているからです。それは誤りです。菌類も生命を持つ生き物であり、自身の利益を追求しています。系全体の活動的な一部なのです。多くの人がネットワークにかんしてきわめて植物中心の見方をするのは、菌類より植物の方が研究しやすいからでしょう」

私も同じ考えだ。私たちが植物を中心に考えてしまうのは、樹木が私たちの生活に大きくかかわっているからだ。樹木は手で触れ、舌で味わうことができる。一方の菌根菌は捉えどころがない。ウッド・ワイド・ウェブという言葉を造語しても役に立ってくれない。この言葉は植物がネットワークのウェブページあるいはノード（節点）〔経路の中継地点のルーターやハブ、さらにエンドポイントの端末〕であり、菌類がノードどうしをつなぐハイパーリンクであることを暗示することで、私たちを植物中心の考え方に引き込む隠喩なのだ。インターネットを構成するハードウェアになぞらえて言うなら、植物がルーターで菌類はケーブルというわけだ。

実際には、菌類は受動的なケーブルにはほど遠い。これまで見てきたように、菌糸体ネットワークは複雑な空間問題を解決することができるし、ネットワーク内で物質輸送を精密に調整する能力を有する。物質は菌類ネットワーク内の供給源から吸収源への下り坂を移動することが多いが、受動的な拡散作用が起きることも稀ながらある。だが、拡散は非常に緩慢だ。これに対して、菌糸体内の細胞液の流れは迅速な輸送を可能にする。これらの流れは基本的には供給源－吸収源の動態によって支配されるが、菌類はネットワークの成長、複雑化、一部の刈り込み、別のネットワークとの完全な融合などによって流れを変えることがある。ネットワーク内の流れを調整する能力を失うと、菌類の生活のほとんど――キノコの細やかに制御された成長――が不可能になる。

菌類はネットワーク内の輸送を他の方法でも管理する。キアーズの研究が示唆するように、菌類は交換パターンを制御する能力をある程度有する。より協力的な植物パートナーに「報酬」を与えたり、組織内にミネラルを「溜め込んだり」、「為替レート」を最適化するために資源をネットワーク内で移動したりする。資源の不平等にかんするキアーズの研究によれば、リンは豊富な場所から少ない場所へと勾配を下りていくが、その移動は受動的な拡散よりはるかに速い。おそらく、菌類の微小管「モーター」を使って輸送されているようだ。こうした能動的な輸送システムによって、菌類は供給源と吸収源のあいだの勾配にかかわらず、そのネットワーク内で物質をどの方向にも――同時に双方向にも――移動させることができる。[22]

ウッド・ワイド・ウェブは、他の理由によっても問題のある隠喩だ。ただ一種類のウッド・ワイド・ウェブがあるというアイデアは誤解を生む。菌類は植物がいなくても絡みあったネットワークを形成する。共有菌根ネットワークはただの特殊なケース――植物と一緒に絡んだ菌類のネットワーク――なのである。生態系は生物を結びつける菌根菌の菌糸体のウェブに満ちている。たとえば、リン・ボディが研究する腐朽菌は生態系を広範囲にわたって延び、地面に落ちた小枝についていた腐った葉、分解しつつある根のついた大きな腐りゆく切り株、さらには何キロメートルも延びるナラタケの桁外れのネットワークを結ぶ。これらの菌類は異なる種類のウッド・ワイド・ウェブを形成する。このウェブは植物を維持するのではなく摂食する。

ウッド・ワイド・ウェブ内のあらゆるリンクは、それ自体が生命を持つ菌類である。これは小さな違いだが大きな違いを生む。菌類をネットワーク内の能動的なメンバーと考えるとあらゆることが違って見えてくる。菌類を物語に組み入れることで、より菌類寄りの視点を持つことになる。菌類の視点は、共有菌根ネットワークが誰の利益になっているかという問いに答えるのに役立つ。

さまざまな植物の生命を維持する菌根菌は優位な立場にある。種々の植物パートナーのリストを持つためどれか一つのパートナーが死んでも影響を受けない。もし菌類が数個のランに依存していたとして、うち一つがもっと成長するまで炭素を供給できないのだとしても、菌類は若いランの成長を維持することで——「あとで借りを返してもらう」ため「今は与えて」いる。最終的に利益を得るのは誰だろうか。菌類中心の視点を持つことで利他主義の問題を避けて通ることができる。さらに菌類が物語の前面そして中心に押し出される。菌類は自身の需要に応じて植物間の相互作用を仲介する絡みあいの調停役なのだ。

共有菌根ネットワークは必ずしも利益をもたらすわけではない

菌類と植物のどちらを中心に考えるかはともかく、菌根ネットワークの共有は植物に明らかな利益をもたらす。ネットワークを共有する植物はおおむねより速く成長し、共有ネットワークから除外された近くの植物より長く生きる。こうした知見により、ウッド・ワイド・ウェブは植物にとって資源を巡る熾烈な競争から解放された支援、共有、互助の場所であるという見方が有力になってきた。こうした解釈はインターネットの非現実的な幻想に似ていなくもない。一九九〇年代の熱に浮かされたような状況で、インターネットは二〇世紀のきわめて厳格な権力構造から解放されたデジタルなユートピアへの入り口と騒がれたものだ。[23]

人間社会に似て、生態系が一次元であることは稀だ。リードのような一部の研究者は、土壌のユートピア的な見方は人間の価値観を人間以外に投影しているだけだと考える。一方でキアーズのような研究者は、ユートピア的な見方は協働が多くの意味においてかならず競争および協力を含むことを無視していると論じる。菌類のユートピア的な考えの大きな問題は、インターネットの場合と同じく、共有菌根ネットワークが必ずしも利益をもたらさない点にある。ウッド・ワイド・ウェブは、植物、菌類、細菌間で起きる相互作用の複雑な増幅器なのだ。

植物にとって共有菌根ネットワークにつながることが有益であることを示した大半の研究は、樹木が特定種の菌根菌――「外生菌」――とパートナーを組む温和な気候の地域で行われている。他種の菌根菌の振る舞いは異なっている。自分だけの私的な菌類パートナーを持つか、あるいは他の植物との共有菌根ネットワークを持つかは、植物にとってほとんど違いがないかに思えることもある。ただし、そのような状況でも、菌類はより多数の植物パートナーにアクセスする共有ネットワークによって利益を得る。一方で共有ネットワークに属していることは、植物に大きな不利益をもたらすこともある。植物が土壌から得るミネラルの供給を菌類が支配していて、これらの栄養をより大きく成長した植物に与えることがあるのだ。大きく成長した植物は炭素の豊富な供給源であるとともに、土壌中のミネラルのより強力な吸収源でもある。この不均衡によって、ネットワークを共有する大きな植物が小さな植物より優遇される。こうした状況では、大きな植物のネットワークへのつながりが断たれた場合や、ネットワークを共有する大きな植物――不均衡に多量の栄養を吸収していた植物――の吸収量が削減された場合にのみ、小さな植物はネットワークの恩恵を受ける。[24]

共有菌根ネットワークは、さらに多様な結果をもたらすことがある。植物には、近くに生えている植物の成長を止めたり殺したりする化学物質を産生する種がある。平生なら、これらの化学物質は土壌の中でゆっくり移動し、かならずしも有毒な濃度にはならない。だが菌類ネットワークはこの制約を取り払うのに手を貸し、植物が有毒な抑止剤を広めるための「菌類専用車線」や「スーパーハイウェイ」を提供することがある。ある実験では、クリの木の落ち葉から放出された有毒化合物が菌根ネットワークを介して、トマトの根付近に蓄積して成長を阻害した。[25]

換言すれば、ウッド・ワイド・ウェブには、資源――高エネルギーの炭素化合物、栄養、水分のいずれであろうと――の移動にとどまらないはるかに多くの機能があるのだ。毒物以外にも、植物の成長や発達を調整するホルモンも共有菌根ネットワークを利用して移動する。菌類種の多くでは、DNAを含む細胞核その他の遺伝物質（たとえばウイルスやRNA）が菌糸体を自由に通過する。つまり、遺伝物質は菌類経路を通って植物間を移動できるのだ。ただし、この可能性はほとんど究明されていない[26]。

多くの問いを投げかける実験

ウッド・ワイド・ウェブのもっとも驚くべき性質は、ウェブが植物以外の他の生物の役にも立っていることだ。菌類ネットワークは細菌の高速道路となり、細菌が土壌中の障害物を迂回するのを助ける。ときには、捕食性の細菌が菌糸体ネットワークを使って獲物を追って捕獲する。細菌には菌類の菌糸体内で生活し、菌類の成長を促進し、その代謝を刺激し、重要なビタミン類を産生し、菌類と植物のパートナー関係に影響を及ぼしさえする種もある。菌根菌の一種であるアシブトアミガサタケ（*Morchella crassipes*）は、そのネットワーク内で細菌を育てる。菌類は細菌を「植えつけ」、育て、収穫し、摂食する。ネットワーク内では分業が行われ、菌類の一部分が食べ物の生産を受け持ち、別の部分が摂食する[27]。

さらに途方もない可能性まである。植物はあらゆる種類の化学物質を放出する。たとえば、アリマキに襲われたとき、ソラマメは揮発性物質の霧を放出し、この物質がソラマメの傷から滲出（しんしゅつ）してアリマキを狩る寄生バチを呼び寄せる。これらの「生化学的信号物質」――こう呼ばれるのはこの物質が植物の状況を伝えるからである――は、植物が自身の他の部分や他の生物に情報を伝達する方法の一つである。

生化学的信号物質は、地中の共有菌根ネットワークを通じて植物間を流れるのだろうか。この疑問を抱いたのが、当時スコットランドのアバディーン大学で研究していたルーシー・ギルバートとデイヴィッド・ジョンソンだった。答えを見つけるため、両者は巧みな実験をデザインした。ソラマメの個体を共有菌根ネットワークにつなげたソラマメの株と、細かなナイロン網によってこのネットワークへのアクセスを絶たれたソラマメの株を用意した。網は水と化学物質は通すが、ソラマメの異なる株につながった菌類どうしが直接接触することを防いだ。ソラマメが成長すると、アリマキにネットワーク内のソラマメの葉を襲わせた。ソラマメにプラスチックの袋をかぶせ、生化学的信号物質が空気中で伝わることを防いだ。[28]

ギルバートとジョンソンは、彼らの仮説を明確に確認した。アリマキのついたソラマメに共有菌根ネットワークを介してつながったソラマメは、自分たちはアリマキに遭遇していないにもかかわらず、揮発性の防護化合物の産生を急ピッチで進めた。ソラマメが産生した揮発性化合物の霧は大きく広がったので寄生バチが集まってきた。このことは、菌類経路を通じてソラマメ間で伝わった情報は実際の畑でも機能することを示唆した。ギルバートはこれを「まったく新しい」知見だと私に書いて寄こした。それは共有菌根ネットワークが持つそれまで知られていなかった役割だった。供与体植物は受容体植物に影響を与えるだけでなく、その影響は揮発性化学物質として受容体植物を超えて広がるのだ。共有菌根ネットワークは二本のソラマメ間の関係のみならず、これらのソラマメ、害虫のアリマキ、そしてソラマメの味方のハチの関係にも影響を及ぼしたのである。[29]

二〇一三年以降、ギルバートとジョンソンの知見が稀な現象ではないことが明らかになった。同様の現象がトマトとイモムシ、芽を食う虫のついたダグラスモミとマツの苗木のあいだでも観察された。これらの研究は新しく刺激的な可能性の扉を開ける。私が話を聞いた研究者たちの多くは、菌類ネットワークを介した植物どうしの意思伝達が菌根の行動のもっとも重要な側面だという見方を共有していた。しかし、すばらしい実験は答えより多くの問いを投げかける。「問題は、植物が何に反応しているのか、また菌類が実際にしている、、、ことは何か、だ」とジョンソンは考え込んだ。[30]

一つの仮説は、生化学的信号物質は共有菌根ネットワークを介して植物間を移動するというものだ。これがいちばん正しいように思える。植物は地面の上で生化学的信号物質を使って意思伝達するからである。菌類の菌糸体を流れる電気インパルスも興味深いもう一つの可能性だ。ステファン・オルソンと彼の神経科学者仲間が発見したように、一部の菌類の菌糸体――菌根菌のそれを含む――は刺激に感受性のある電気活動のスパイクを使う（本書七八-七九ページ）。植物は自分自身の異なる部分間での意思伝達に電気信号も使う。電気信号が植物から菌類へ、そしてさらに植物へ移動するかどうかを調べた人はいないが、それが可能だというのはさほど突拍子もない話ではないだろう。ところが、ギルバートはきっぱり断言した。「私たちにはわかりません。そのような信号が存在するということ自体が新たな知見なのです。現状は、せいぜい新たな研究分野の誕生に立ち会っているぐらいのものです」。彼女にしてみれば、信号の特性を知ることが先決だった。「植物が何に反応しているのかを知らなくては、信号がどう制御されるか、実際にどのようにして送られるのかという問いには答えられません」[31]

知るべきことはあまりに多い。もし情報が温室の中の鉢に植えられた少数のマメ科植物どうしをつなぐ菌類ネットワークに入ることができるのなら、自然の生態系では何が起きているのだろうか。空中を飛び交う化学的手がかりや植物間を行き来する信号の喧騒（けんそう）に比べて、菌類経路はどれほど大きな役割を果たすのか。情報は菌類ネットワークを介して土壌をどれほど遠くまで伝わるのだろう。ジョンソンとギルバートは数本の植物を「デイジーチェーン」〔次々と順番につながったさま〕につなげ、情報が一本の植物から次の植物へ順次伝えられるかどうかを調べる実験を行った。実験結果の生態学上の意義は大きいが、ジョンソンは慎重だった。「実験室の知見を、互いに対話し意思伝達する森林全体に拡張するのは飛躍というものです」と彼は私に語った。「私たちはともすると一個の鉢から生態系全体に話を広げがちです」

誰が利益を得ているか

菌類ネットワークを流れているものが正確には何なのかは、ウッド・ワイド・ウェブの研究者すべてにとって厄介な問題である。概念上の袋小路にはまってしまうのは知識不足のためだ。たとえば、植物間で情報がどう伝わるのかを知らなくては、供与体植物が警告メッセージを能動的に「送る」かどうか、あるいは受容体植物が隣の植物のストレスを盗み聞きするのかを知るのは不可能だ。盗み聞きのシナリオでは、私たちが送り手による意図的な行動と考えるものは存在しない。キアーズが説明するように、「もし樹木が害虫に襲われたら、もちろんその樹木の言語で叫ぶのでしょう。他の樹木が襲撃に備えられるように何らかの化学物質を産生するのです」。これらの化学物質は一本の植物から次の植物へとネットワークを通じて容易に伝わるのかもしれない。だが、何かが能動的に送られているわけではない。受容体植物がたまたま気づくだけなのだ。ジョンソンは次のようなアナロジーを用いる。誰かが叫び声を上げるのが聞こえても、その人が私たちに何かを警告する目的で叫んでいるとは限らない。叫び声は私たちの行動を変えるかもしれないが、それは叫んでいる人に何らかの意図があることを意味しない。「私たちはある特定の状況に対する植物の反応を盗み聞きしているだけなのです」

些末（さまつ）なことに思えるかもしれないが、相互作用をどう読み解くかは種々の条件によって変わってくる。いずれにしても、刺激が植物のある個体から別の個体に伝わり、受容体植物が攻撃に備えることができるのだ。だが、もし植物がメッセージを実際に送っているのだとすれば、それは信号であると考えるべきである。また周辺の植物が盗み聞きをしているなら、それは単なる手がかりだ。共有菌根ネットワークの振る舞いをどう解釈するのがベストかは微妙な問題だ。研究者の中には、ウッド・ワイド・ウェブの一般的な考え方に懸念を抱く人もいる。「植物が隣の植物に反応するのを観察したからと言って」とジョンソンは私に言った。「それが何らかの利他的なネットワークが働いていることの証しにはなりません」。樹木が互いに話をしていて、襲撃があると互いに警告しあうというアイデアは擬人化の幻想だ。「つい、そう考えたくなりますが」と彼は認めた。所詮は「無意味なのです」[32]。

叫び声の隠喩もあまり助けにはならない。叫び声には二通りある。人は悲しいとき、衝撃を受けたとき、興奮したとき、痛みを感じたときに叫ぶ。また、他者に災いが降りかかると警告する際にも叫ぶ。悲しみで叫んだ人にわけを尋ねても、原因と結果を読み解くのはかならずしも容易ではない。植物が相手ならなおさらだ。ことによると、植物が互いに警告する、あるいは近くの仲間の化学的な叫びを聞くなどという問いは、それ自体が誤りなのかもしれない。キアーズが指摘したように、「私たちが語る物語を考え直す必要があるのです。私は言語の枠を越えて現象を理解したいと思います」。もう一度、この行動がそもそもなぜ進化したのかを問うのがいいのかもしれない。誰が利益を被るのかが問題なのだ。

受容体植物であるマメ科植物が警告によって利益を被ることは間違いない。アリマキがやって来たときには、すでに防御システムが作動しているだろう。しかし、供与体植物は周辺の植物に警告することによってどのような利益を得るのだろう。またしても、利他主義の問題に突き当たるのだ。やはり、迷路を抜け出すいちばん手っ取り早い方法は視点を変えることだ。共生する複数の植物に警告をすることが菌類にとってなぜ有益なのだろうか。

菌類が何本かの植物につながっていて、植物の一個体がアリマキに襲われたとすると、菌類も植物も傷つく。一群の植物が警告を受けると、これらの植物は植物の一個体の場合に比べてハチを呼び寄せるためにより多くの化学物質の霧を放出する。化学的な警告を強化する菌類はそのために利益を得るだろう。もちろん、植物についても同様だ。そして、代価は払わなくていい。同様に、ストレス信号が病気の植物から健康な植物に伝わると、健康な植物が死なないようにすることで利益を得るのは菌類である。「森の中で、資源を他の樹木に与えていると思われる樹木がいたと想像しましょう」とギルバートが説明した。「菌類が樹木Aは軽い病気にかかっているが、樹木Bは病気にかかっていないと気づき、樹木Aに送る資源を増やすのではないかと思います。菌類中心に考えれば、そう思えるのです」

ネットワークのスケールフリー性

共有菌根ネットワークにかんする研究の大半は、植物のペアを対象に限定する。リードは植物の一個体の根から別個体の根に移動する放射性物質の画像を撮影した。シマールは供与体植物から受容体植物へと放射性物質の標識をたどった。規模を少数の植物に限定しなければ、これらの実験を行うことはできない。ところが、ウッド・ワイド・ウェブはことによると数十~数百メートル、あるいはさらに外側に延びているかもしれない。では実際には何が起きるのだろう。窓の外を見てほしい。高木、低木、草、蔓植物、顕花植物。どの個体がどの個体にどうつながっているのだろう。ウッド・ワイド・ウェブの地図はどんなものだろうか。

共有菌根ネットワークの構造を知らなければ、何が起きているのかを知るのは難しい。資源と生化学的信号物質は、ネットワーク内の資源や情報の豊かな場所から少ない場所へと下り坂を移動する。このことについてはわかっている。とはいえ、供給源と吸収源だけでは説明がつかない。私たちの心臓は血圧の高い部分と低い部分をつくって血液を「下り坂」に沿って流す。供給源‐吸収源の動態によって血液がなぜ循環するかを説明できるが、なぜ各器官に到達するのかは説明できない。そのわけには血管がかかわっているはずだ。血管壁の厚さ、血管の分岐、身体内の血管分布などである。それは菌根ネットワークについても同じだ。そもそもネットワークが存在しなければ、物質は供給源から吸収源に流れることはできない。

二〇〇〇年代末期、共有菌根ネットワークの空間的な構造を示す地図作製を試みた二本の論文が発表され、その筆頭著者がシマールの教え子の一人ケヴィン・ベイラーだった。ベイラーは比較的単純な生態系――ブリティッシュ・コロンビア州にある年齢の異なるダグラスモミの森林――を選んだ。彼はヒトの実父確定検査に使用されるテクニックを援用した。三〇×三〇メートルの調査区画内で、個々の菌類と樹木の遺伝子フィンガープリントを識別し、これを使ってどの個体どうしがつながっているかを正確に把握することができた。この詳細さは他に例を見ないレベルだ。多くの研究ではどの樹木種がどの菌類種と相互作用するかを調べるが、どの個体どうしが実際につながっているかを調べた例はあまり見ない[33]。

ベイラーの地図は驚くべきものだった。菌類ネットワークは数十メートルにわたって延びるが、樹木はさほど均等につながっていない。若い木はつながる相手が少ない反面、老いた木は多くの相手とつながっている。最大数の相手とつながった樹木は四七本の樹木につながっていた。調査区画がもっと大きかったなら二五〇本の樹木につながっていただろう。ネットワーク上のある木から別の木へ地図を指でなぞっていくと――もちろん、これは樹木中心の考え方だ――森林内を均等に移動する結果にはならない。よくつながった少数の老いた樹木を経由すればネットワークを横断することができる。これらの「ハブ」を介して、三ステップ内にどの木にでもたどり着くことができるのだ。

バラバシと同僚たちがワールド・ワイド・ウェブの地図を発表した一九九九年、彼らも同じようなパターンを発見していた。ウェブページは他のウェブページにつながっているが、すべてのページが同じ数のリンクを持っているわけではない。大半のページは数個のリンクしか持たない。一握りのページがきわめて多くのリンクを有する。リンクの最大数と最小数の違いはきわめて大きい。ウェブ上の約八〇％のリンクはページ全体の一五％につながっている。同じことは他種のネットワーク——世界を網羅する航空網から脳内の神経ネットワークまで——にも当てはまる。どの場合にも、リンクの多いハブによってネットワーク内を少数のステップで横断することができる。疾病、ニュース、ファッションが人びとのあいだに急速に広まる一因は、ネットワークのこの性質——スケールフリー性——にある。同様に、幼木が暗い日陰でも生きていくことができ、生化学的信号物質が森林内の立ち木を介して広まるのも、共有菌根ネットワークのスケールフリー性のおかげかもしれない。「幼木はすぐに複雑に絡みあっていて安定したネットワークにつながります」とベイラーが説明した。「これによって幼木の生存が確保され、森林の回復力が改善すると思うかもしれません」。しかし、それもある程度までの話だ。ウッド・ワイド・ウェブが標的を定めた攻撃に弱い理由は先に論じたスケールフリー性にある。一夜にしてグーグル、アマゾン、フェイスブックを排除し、世界の三大空港を閉鎖したら、大混乱が起きるだろう。同じように、ハブの大樹を選択的に伐採すれば（もっとも価値のある木材を得るために商業的な伐採業者の多くはそうする）、深刻な混乱に陥るのだ。[34]

　森林伐採にかかわる基本的な法律は存在しない。スケールフリー性は成長するどのようなネットワークにも発生する。「世界で形成される大半のネットワークは何らかの成長過程の結果である」とバラバシは説明した。新たなノードは、まだリンクの少ないネットワークよりリンクの多いネットワークにつながることが多い。こうして、リンクの多い古いノードはさらに多くのリンクを呼び込む。ベイラーが指摘するように、「これらの菌根ネットワークは感染プロセスなのです。他の樹木とのリンクの多い樹木は、より速くより多くのリンクを獲得します」。

このことは、ウッド・ワイド・ウェブの構造が世界のどこでも同じであることを意味するのだろうか。それは可能性としてありうるが、まだそれを確認できるほど多くのネットワークの地図は得られていない。植木鉢から生態系全体への一般化は問題をはらむ。三〇×三〇メートルの調査区画でも問題が小さくなるわけでもない。植物にもいろいろあり、菌類にしてもそれは同じなのである。数千種もの菌類とパートナーを組む植物もいれば、一〇種以下の菌類としかパートナーを組まず、同種のメンバーでネットワークを形成する排他的な植物もいる。他種の菌類の菌糸体ネットワークに容易に融合する菌糸体を持ち、大規模な複合ネットワークを形成する菌類もいれば、他から孤絶することを好む菌類もいる。パナマで私が出あったボイリアは一種の菌類にのみ依存しているが、この特殊化は制約を伴わなかった。なぜなら、ボイリアのパートナーは森の中でもっとも個体数の多い菌根菌であり、一般的な樹木種すべてとつながっていたからだ。つまり、ボイリアは最大数の樹木とつながっていたのである。同じ森に生えている他の菌従属栄養植物は異なる戦略を発達させ、一定数の菌類種とパートナーを組んでいる。[35]

ベイラーが研究対象とした狭い森林の中ですら——その単純さゆえに——多くの情報が欠落している。彼の地図は樹木と菌類がどう関係を結んでいるかを示していたものの、彼らが実際に何をしているかはわからないのだ。「私は一種の樹木と二種の菌類——森全体から見ればほんの一部を調べたにすぎません」と彼は述べた。「それはほんの一瞥、開かれた巨大な系へのほんの小さな窓なのです。私が記述したすべては、森林で実際に起きていることをかなり過小評価していると言っていいでしょう」

あるがままに見ることはできるか

ボイリアは複雑な根系を形成する能力を失っている。いや、それを必要としていないのだ。彼らの共有菌根ネットワークが根の代わりをしてくれる。自分たちの根があった場所に、ボイリアは肉質の突起のクラスターを持つ。突起を切り開くと、菌糸がボイリアの細胞の中でくねくね曲がったり破裂したりしているのが見える。根が土の中に埋まらずに、地面の上に小さな拳のように載っていることもある。根を拾い上げるのは簡単だ。菌糸はたやすく折れる。植物の生死のかかった部分をこれほど楽に断ち切ることができるのは不思議な感覚だ。ボイリアはネットワークに生死をかけているが、物理的なリンクはあまりに脆い。この植物全体をつくり上げた物質は、どのようにして繊細な通路を通り抜けてきたのだろう。私はよくそう思ったものだ。

菌根ネットワークにかかわる大半の研究と同じく、ボイリアについて問いを発することはこの植物を採集することを意味する。つまり、ボイリアをウェブから切断することになるのだ。昼間の私はそうして何日も時間を過ごす。そして、自分が研究している関係性を自ら断ち切っていることの皮肉について何日も考える。もちろん、生物学者は自分が理解したいと願う生物を殺してしまうことも多い。私はそのことには慣れていた。慣れられる範囲の話ではあるが。だが、ネットワークを研究するためにネットワークを切断するのはあり得ないほど馬鹿げて感じられた。物理学者のイリヤ・プリゴジンとイザベル・スタンジェールが、複雑系を単純な要素に分解する試みは満足のいく答えには至らないことが多いと指摘した。私たちはどうすればそれらの要素をもとに戻せるかを知っていることが稀だからだ。ウッド・ワイド・ウェブはとくに試練となる。菌糸体ネットワークがどう行動を調整し、自分を見失わないか、私たちは明確なことをまだ知らない。まして、自然の土壌中で複数の植物との相互作用をどのようにして管理するのかについてはほぼ何も知らない。それでも、菌糸体ネットワークが物というより現象であると考えるほどには知っている。このネットワークが、互いに融合し、自身を刈り込み、自身の進路を変え、化学物質の霧を放出し――それに反応する――ことを認識している。また植物とのつながりを形成してはまた再形成し、絡まり、その絡まりをほどき、ふたたび絡まることもわかっている。要するに私たちは、ウッド・ワイド・ウェブが絶え間なく代謝回転する動的な系であると考えているのだ。[36]

このような振る舞いをする系は一般に「複雑適応系」と呼ばれる。複雑適応系とは、その行動が構成要素の知識のみからは予測できないという意味で複雑であり、状況に応じて新たな形態に自己組織化し新たな行動をするという意味で適応的な系を指す。あなたは――あらゆる生物と同じく――複雑適応系である。ワールド・ワイド・ウェブもしかりだ。他にいくつか例を挙げるなら、脳、シロアリのコロニー、ハチの群れ、都市、金融市場などである。複雑適応系の中では、わずかな変化でも系全体を観察しなければ把握できないほど大きな影響を及ぼす。原因と結果が明確に結びつけられることは滅多にない。刺激――それ自体はさして注目を集めるものではない――が驚くべき反応を生むことも度々だ。金融危機はこの種の動的な非線形プロセスの好事例である。くしゃみやオーガズムもそうだ。[37]

では、共有菌根ネットワークについてどう考えるのがベストだろうか。超個体と考えるべきか。大都市？　生きたインターネット？　樹木の幼稚園？　土壌中の社会主義？　菌類が森林の株式取引所のトレーディングルームでごった返している後期資本主義の規制緩和市場？　いや、それは菌類の大君主が植物労働者の究極の利益のために彼らの生活を支配する菌類の封建主義か。どれも問題がある。ウッド・ワイド・ウェブの問題は、これらの限られた登場人物などものの数でないほど広範囲にわたる。それでも、私たちには何らかの想像をするためのツールが必要とされている。共有菌根ネットワークが複雑な生態系で実際にどう振る舞うか――ネットワークが何をすることができるかではなく、実際に何をしているか――を理解するには、たぶんより十分に研究されている他の複雑適応系を理解するための条件を参考にすべきなのだろう。

シマールは、森林内の共有菌根ネットワークと動物の脳内の神経ネットワークを等価と考える。菌類ネットワークによってつながった生態系に見られる複雑な行動を理解するツールを、神経科学が提供してくれるというのだ。菌類学に比べて、神経科学は動的で自己組織化するネットワークがどのようにして複雑適応系を生み出すかという問題について長きにわたって取り組んできた。シマールは、菌類ネットワークが脳で**ある**と言いたいわけではない。二つの系には無数の相違点がある。たとえば、脳は異なる種でなく単一の個体に属する細胞で構成されている。脳は解剖学的に居られる場所が限られていて、菌類のように地表をさまようことができない。それでも、アナロジーは魅力的だ。だがウッド・ワイド・ウェブと脳の研究者が直面する問題は似ていないわけではないものの、神経科学が数十年と数千億ドル先んじているのも事実だ。「神経科学者は脳を切り刻んで神経ネットワークの地図をつくる」とバラバシは言う。「あなた方生態学者も森林を切り刻めば、すべての根や菌類がどこにいて、誰が誰とつながっているか知ることができる」。これは冗談だ。[38]

シマールは、二つの系のあいだに何らかの情報を与えてくれる――人工的であるにしても――共通点があるようだと考えている。脳内活動のネットワークはスケールフリー性を持ち、いくつかのつながったモジュールがあって、これらもモジュールが情報を地点Aから地点Bへ少ないステップ数で伝える。菌類ネットワークのように、脳は新たな状況に応じて自身を再構築する。言い換えれば新たな状況に「適応して経路を変える」。あまり使用されていない神経経路は刈り込まれ、あまり使用されていない菌糸部分も同

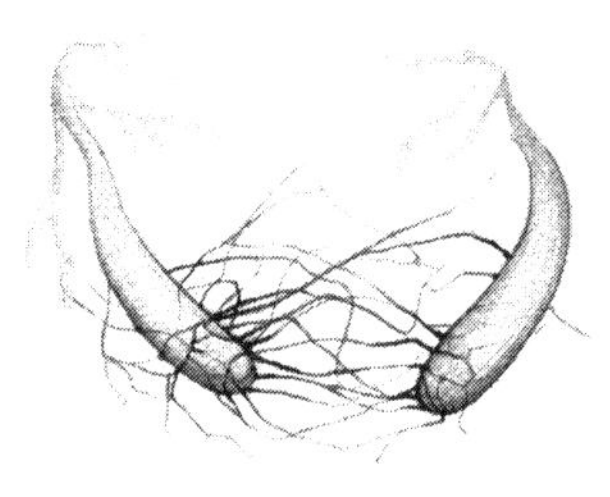

様に刈り込まれる。ニューロン間の新たな接合部――つまりシナプス――も、菌類と植物の根のつながりもまた形成されて増強される。神経伝達物質として知られる化学物質がシナプスを通り、情報を神経から神経に伝えあう。同様に、化学的物質が菌類から植物または植物から菌類へと菌根「シナプス」を通り、ときには両者間で情報を伝える。実際、アミノ酸の一つのグルタミン酸とグリシン――植物における主要な信号分子であり、動物の脳と脊髄においてもっともよく見られる神経伝達物質である――は植物と菌類の結合部も通ることで知られる。[39]

しかし本質的には、ウッド・ワイド・ウェブの振る舞いは多義的であるため、脳のアナロジーは――インターネットや政治のアナロジーと同じく――限定的な話となる。とはいえ、これらのネットワークがどのように自身を調整し、手がかり――いや信号か――をどのように菌類経路を介して植物間でやり取りするかはともかく、ウッド・ワイド・ウェブどうしは重なりあい、出あうものを取り込みながら外側に広がる柔軟な周縁部を持つ。こうして、菌類の菌糸体内をある場所から別の場所に移動する細菌が取り込まれる。ソラマメの植物体が放出する揮発性化合物に誘引されたアリマキや寄生バチも取り込まれる。もっと視点を引くと、ヒトもウェブに引き込まれている。意識しているかどうかにかかわらず、私たちは植物と同じくらい長く菌類ネットワークとも相互作用をしてきているのだ。[40]

私たちはこれらの隠喩から距離を置き、常識に囚われず、自分たちが崇めてきた原理原則にこだわることなくウッド・ワイド・ウェブについて話すことができるだろうか。共有菌根ネットワークをすでにわかっている答えではなく問いとすることができるか。「私はただ系を眺め、地衣類を地衣類として見ます」。ウッド・ワイド・ウェブにかんする議論は、どうかするとトビー・スプリビルのこの言葉に戻ってくる。スプリビルは地衣類共生の新たなパートナーを発見し続けている研究者である。ウッド・ワイド・ウェブは地衣類ではない。だが、地衣類を私たちがその上を歩けるほど大きなものと考えれば、現在ウッド・ワイド・ウェブの隠喩となっているものにさらに多様な隠喩が加わるだろう。とはいえ、スプリビルの忍耐力から私たちが何かを学べるか否かは私にはわからない。私たちは視点を引き、系を眺め、私たちの住処や世界をつくり上げている種々の植物や菌類や細菌の群れをあるがままに、そして他の何者でもないものとして見ることができるだろうか。そのとき私たちの心に何が起きるだろう。

第7章　ラディカル菌類学

世界をうまく利用し、何も無駄にせずに暮らすためには、私たちは世界の中で生きることをもう一度学び直さなくてはならない。

――アーシュラ・ル゠グウィン(1)

厄災を生き延びる

発酵したおがくずの山の中に裸で入ると、鋤（すき）で首までおがくずに埋められた。熱くて、あたりはベイスギとかび臭い古本の匂いがした。私は横になり、湿ったおがくずの下で汗をかきながら目を閉じた。それはカリフォルニア州でのこと。私は日本以外で酵素浴が可能な場所の一つを訪ねていた。おがくずは湿らせてから、こんもりとした山に積まれる。私がそこに行く前に二週間発酵させられ、そのあとで大きな木の浴槽に入れられてさらに一週間熟成させられていた。浴槽の中身は熱を発しているが、その熱はおがくずが激しく分解されて出すエネルギーだった。

私は熱のせいで眠気に襲われ、木材を分解している菌類のことを思った。分解されていく木材の中で温まっていると、すべての有機物質は朽ち果てると認めるのは難しい。私たちは分解が残した空間で息をして生きている。私は無我夢中で冷たい水をストローで飲み、眼に入った汗を瞬きで追い出そうとした。もし有機物質の分解を止めることができるなら、地球上に死体が何キロメートルもの厚さで積み重なるだろう。それは私たちにとって厄災だろうが、菌類から見ればすばらしい時代の到来だ。

私は深い休眠状態に入っていった。その厄災は菌類が地球規模の劇的変化を生き抜いた最初の例ではなかった。菌類は生態系の崩壊を何度もかいくぐってきたのだ。危機的状況を生き延びる——栄えることも多い——菌類の能力は、彼らを定義する特徴でもある。彼らは発明の才に恵まれ、柔軟で、協調する。人間の営為によって地球上の生命の多くが絶滅の脅威にさらされるなか、私たちは菌類とパートナーを組むことで適応できるだろうか。

この問いは発酵するおがくずに首まで埋まった人間のたわごとに聞こえるかもしれないが、まさにこのことを考えているラディカル菌類学者の数は増えつつある。厄災に見舞われると、多くの共生関係が結ばれる。地衣類を構成する藻類は菌類と共生しなければ生きることはできない。菌類と新たな関係を結べなければ、私たちは環境破壊が進む地球上の暮らしに適応できないのではないだろうか。

菌類が食べなかったものの歴史

三億六〇〇〇万年前~二億九〇〇〇万年前の石炭紀には、木材を形成する原初の植物が菌類パートナーの力を借りて熱帯の湿地林に広まった。これらの樹木は成長しては死滅し、大気から大量の二酸化炭素を吸収した。数千万年にわたって、この植物体はさほど分解しなかった。死んでいるが分解されない樹木が折り重なってあまりに多くの炭素を固定化したため、大気中の二酸化炭素濃度が激減した。地球は寒冷期に突入した。植物が気候危機を招き、それによっていちばん手痛い影響を受けたのも植物だった。熱帯雨林が「石炭紀の熱帯雨林の崩壊」と呼ばれる絶滅イベントによって広域にわたって消滅した。いったいなぜ木材が気候変化をもたらす原因になったのだろう。[2]

植物の視点から見れば、木材はすばらしい構造上のイノベーションだったし、現在でもそのことに変わりはない。植物が栄えると、太陽光を巡る争いが激しくなり、植物は光を浴びるためどんどん背丈を伸ばした。高くなればなるほど、植物には支持構造が必要になった。木材はこの問題に対して植物が出した答えだった。現在、約三兆本の樹木の木材――うち一五〇億本を超える樹木が毎年伐採されている――が、地球上のあらゆる生物を合わせた総生物量のおよそ六〇%を占める。この量はおおむね三〇〇〇ギガトンの炭素に匹敵する。[3]

木材はハイブリッドな物質である。セルロース――木材であるか否かにかかわらず、あらゆる植物細胞に含まれる――は、その一成分であり、地球上でもっとも多量に存在する鎖状高分子だ。リグニンがもう一つの成分で、地球上で二番目に多量に存在する。リグニンは木材を木材にする物質である。セルロースより強固で複雑な構造を有する。セルロースがグルコースの連なった直鎖状構造を持つのに対して、リグニンは基本骨格が不定形に酸化重合した樹枝状構造を有する。[4]

今日に至るまで、リグニンを分解できるようになった生物の数は少ない。もっとも栄えているグループは、他を大きく引き離して白色腐朽菌である。名称に「白色」が入っているのは、分解時に木材を漂白するからだ。たいていの酵素――生きた生物が化学反応を起こすときに使う生物学的触媒――は、特定の形の分子に結合する。リグニンに対しては、この方法は使えない。リグニンの化学構造があまりに不規則だからだ。この問題を解決するため、白色腐朽菌は基質特異性の低い酵素ペルオキシダーゼを使う。この酵素はきわめて反応性の高い分子(フリーラジカルまたは遊離基として知られる)を続々と放出する。フリーラジカルはリグニンの強固な結合構造を「酵素による燃焼」と呼ばれるプロセスによって分解する。

菌類は驚異的な分解者だが、彼らの多くの生化学的な業績のうちでももっとも印象的なものの一つが、木材に含まれるリグニンを分解する白色腐朽菌の能力である。フリーラジカルを放出する能力にちなんで、白色腐朽菌がつくるペルオキシダーゼは「ラディカル化学（radical chemistry）」として知られる仕事をする。「ラディカル」（ラディカルには「急進的」、（化学の）「基（き）」などの意味がある）はまさに言い得て妙だ。これらの酵素は地球上における炭素の循環を永遠に変えたのだ。今日、菌類による分解――その多くは木材の分解――が最大の炭素放出源の一つであり、一年につき約八五ギガトンの炭素を大気中に放出している。二〇一八年に人間が化石燃料を燃やして排出した炭素は、約一〇ギガトンだった[5]。

では、石炭紀に何千万年分にも及ぶ量の森林はなぜ分解されなかったのだろうか。見解は人によってまちまちだ。気候を指摘する人びとがいる。熱帯雨林は淀んだ水浸しの場所だ。樹木が枯れると、酸素の欠乏した沼地に沈むので白色腐朽菌には届かない。あるいは石炭紀初期にリグニンが進化したとき、白色腐朽菌はまだそれを分解することができず、分解機能を進化させるのにさらに数百万年かかったからだと言う人もいる[6]。

いずれにしても、分解されなかった広大な森林はどうなったのだろうか。それは堆積するにはあまりに多くの物質量であり、その深さは数キロメートルに及んだだろう。

答えは石炭である。人間の産業革命は菌類による分解を経ていない植物体によって可能になったのだ（機会さえあれば、多くの菌類種は石炭を容易に分解する。「ケロシン菌類」として知られる種は航空機の燃料タンクの中で生きられる）。石炭は菌類史の空白期であり、それは菌類の不在、つまり菌類が食べなかったものの歴史なのだ。以降、これほど多くの有機物質が菌類に注目を浴びなかった例は稀である[7]。

私は白色腐朽菌の中に二〇分埋められ、菌類のラディカル化学によってじわりと温められた。皮膚は熱で溶けそうになり、自分がどこで始まりどこで終わるのかわからなくなっていった。それは複雑な抱擁で、至福の瞬間と耐え難い瞬間が交互に訪れるのだった。石炭があれほどの熱を出すのも当然と言えば当然だ。何しろそれは未燃焼の木材からできているのだ。石炭を燃やすとき、私たちは菌類が酵素によって分解できなかった物質を物理的に燃焼している。言い換えれば、私たちは菌類が化学的に分解できなかったものを熱的に分解しているのである。

草の根からの菌類学

木材が菌類の注目を浴びなかったのは希少な例だが、菌類が私たちの注目を浴びないことはざらにある。二〇〇九年、菌類学者のデイヴィッド・ホークスワースが菌類学を「無視されてきたメガ科学」と呼んだ。動植物の生物学は数十年にわたって大学に専門学部が維持されてきたが、菌類学は植物学と長年にわたって一緒にされ、現在でも独立した分野と見なされることはあまりない。[8]

軽視は相対的なものである。中国では、菌類は数千年にわたって食物や医薬品の主要な供給源だった。今日、世界のキノコ生産量の七五%――約四〇〇〇万トン――は中国で生産されている。中央および東ヨーロッパでも、菌類は重要な文化的役割を担ってきた。キノコの毒による死亡がその国の菌類に対する熱意の指標になるとすれば、二〇〇〇年にアメリカで一、二人、ロシアとウクライナで二〇〇人という数字を比較してほしい。[9]

いずれにしても、世界の大半について言えば、ホークスワースの観測は正しい。二〇一八年にはじめて発表された報告書「世界の菌類」によれば、国際自然保護連合（ＩＵＣＮ）が作成した絶滅危惧種レッドリストで保全状況が確認された菌類はわずか五六種で、これは二万五〇〇〇種の植物と六万八〇〇〇種の動物に比べればあまりに少ない。ホークスワースはこの見落としに対する解決法をいくつか提案している。ある方法がとくに目を引く。「『アマチュア』の菌類研究者が必要とする資源」の提供を増やすというものだ。多くの科学分野には熱心で優秀なアマチュア研究者がいるものだが、とくに菌類学ではその傾向が強い。菌類にかんする探求においてはアマチュアという道しかないことも多々ある。[10]

　草の根科学運動などありそうもないように思えるが、じつは豊かな伝統が存在する。生物にまつわる職業的で学術的な研究が軌道に乗ったのはようやく一九世紀になってからだった。諸科学の歴史における多くの主要な発展は、アマチュアの人びとの熱意によって可能になったのであり、大学の専門学部以外の場所で起きたのだ。今日、長期にわたる専門化と職業化を経て、科学に新たな手法が爆発的に生まれている。「市民科学プロジェクト」や「ハッカースペース」、「メーカースペース」が、一九九〇年代からしだいに人気を博し、熱心な素人に研究プロジェクトを行う機会を与えている。これらの人びとを何と呼べばいいのだろう。一般人だろうか。市民科学者？　在野の研究家？　いや、ただのアマチュア[11]？

　ピーター・マッコイはヒップホップアーティストで、菌類を独学した人物で、ラディカル・マイコロジーという組織の創立者だ。この組織は私たちが遭遇する多くの技術的あるいは生態学的問題に対して菌類による解決法を開発しようというものである。著書『ラディカル・マイコロジー（*Radical Mycology*）』——菌類のマニフェスト、ガイドブック、栽培本を合わせたようなもの——で彼は、自分の目的は「菌類の栽培と菌類学の応用」に精通した「一般人のための菌類学運動」だと説明している。

　草の根菌類学（ラディカル・マイコロジー）は、ＤＩＹ菌類学という、より大きな運動の片翼を担っている。ＤＩＹ菌類学は、一九七〇年代にテレンス・マッケナとポール・スタメッツによって始められた幻覚性キノコ栽培の流行から生まれた。この運動は、ハッカースペース、クラウドソーシング・サイエンス・プロジェクト、オンライン・フォーラムなどとともに発展するに従って近代的な形態を取るようになった。中心地は北米西海岸のままだったが、ラディカル菌類学の組織は他の国々や大陸に急速に広がった。「radical」という語はラテン語で「根」を意味する *radix* に由来する。字義通りに解釈すれば、ラディカル菌類学の関心事は菌類の菌糸体あるいは「草の根」にある[12]。

マッコイがオンラインで菌類学学校「マイコロゴス（Mycologos）」を創立したのは、これらのラディカル菌類学者たちのためだった。菌類にかかわる知識は入手できないことも多く理解が難しい。彼の使命は、情報をわかりやすいように伝えることでヒトと菌類の関係を再構築することにあった。「私の夢は『国境なきラディカル菌類学者』のチームが地球を旅し、技能を共有したり菌類との新たな共生関係を発見したりすることです。一人のラディカル菌類学者が一〇人を訓練し、その一〇人が一〇〇人を訓練し、さらに一〇〇〇人へと、菌糸体が広がるように増えていくのです[13]」

ゴミを宝に変える

二〇一八年秋、私はオレゴン州の片田舎にある農場で隔年開催されるラディカル菌類学会議に参加した。農場の庭は五〇〇人以上の菌類オタク、キノコ栽培者、芸術家、新顔のキノコ愛好家、社会・生態系保護活動家などでごった返していた。大会は、野球帽、よれよれのスニーカー、厚いレンズの眼鏡という格好のマッコイの基調講演「リベレーション菌類学（Liberation Mycology）」で開会した。

規模を別にしてキノコ栽培をするには、栽培者は旺盛な菌類の食欲を満たすために餌に対する鋭敏な鼻になるよう訓練する必要がある。たいていのキノコを生やす菌類はヒトが出すゴミで生きる。換金作物をゴミで栽培するのは錬金術のようなものだ。菌類は無用なものを有用なものに変えてくれるのだ。ゴミを出す人間、栽培者、そして菌類の全員にとって有益な話だ。多くの産業にとって厄介なものが、キノコ栽培者にとっては宝になる。農業ではとくに廃棄物が多く出る。パーム油とココヤシ油プランテーションでは、生産した総生物量の九五％が廃棄される。砂糖プランテーションでは八三％だ。都市部の生活圏でも事情はさして違わない。メキシコシティでは、使用済みのオムツが固体ゴミの五〜一五重量％を占める。何でも食べるヒラタケ属（*Pleurotus*）の菌――食用ヒラタケを生やす白色腐朽菌――の菌糸体は使用済みのオムツでぐんぐん育つ。オムツのプラスチック部分を取り除いた場合、ヒラタケ属菌に与えたオムツの重さは二か月で約八五％減る。これに対して、菌類のいない対照群ではたったの五％だ。さらに、育ったヒラタケは健康で、ヒト病原体を含んでいない。同様のプロジェクトはインドでも進行中である。農業廃棄物でヒラタケ属菌を育てる――廃棄物を酵素作用で燃焼させる――と、燃焼させる生物量が少なくてすむし大気の質も改善する。[14]

ヒトの出すゴミが菌類の視点から宝に見えるのは驚くべきことでもないのかもしれない。菌類は地球上で起きた五度にわたる主要な絶滅イベントを生き延びた。各絶滅イベントでは地球上の七五〜九五％の種が絶滅した。菌類の一部はこれらの危難の時期にも栄えた。恐竜の絶滅と地球上で大規模な森林崩壊が起きた白亜紀－古第三紀の絶滅イベントでは、菌類は分解する枯れた木材が大量にあったことから大繁殖した。放射性栄養菌――放射性粒子が放出するエネルギーを食べる菌類――は、廃墟となったチェルノブイリ発電所で繁栄し、「菌類とヒトの長きにわたる核のプロジェクト」の最新の主役となった。原子爆弾によって広島が破壊されたあと、廃墟に最初に戻ってきた生命はマツタケだったと報告されている。[15]

菌類は多様なものを食べるが、どうしてもその必要がなければ分解しようとしない物質がある。マッコ

農業廃棄物に生えたヒラタケ
(*Pleurotus ostreatus*)

イは作業場で、世界中でポイ捨てされる一年で七五万トンを超える煙草の吸殻を消化するようにヒラタケ属菌の菌糸体を訓練した。ヒラタケは吸われていない煙草なら時間をかければ分解するが、吸殻は分解プロセスを妨げる有害な残渣（ざんさ）を大量に含んでいる。マッコイは段階的に他の食物を減らすことでヒラタケ属菌を煙草の吸殻に慣らしていった。しばらくして、ヒラタケは煙草の吸殻のみを食べることを「学習」した。低速度撮影した映像を見ると、菌糸体がジャムの瓶にいっぱい入っていたクシャクシャでタールだらけの吸殻に着々と挑んでいくのがわかった。たくましいヒラタケは最後には瓶の上まで進んでいた。[16]

じつのところ、それは「記憶」と「学習」の賜物なのだ。菌類はその必要がなければ酵素を出さない。酵素あるいはある一つの代謝経路全体が、菌類のゲノムでは何世代にもわたって休眠していることがある。ヒラタケ属菌の菌糸体が煙草の吸殻を分解するには、未使用の代謝作用を捨て去らねばならないかもしれない。あるいは、平生は別の目的で使っている酵素を、新たな目的のために使うのかもしれない。菌類の酵素の多くは、リグニンのペルオキシダーゼのように目的が特定されていない。だから、一つの酵素をいろいろな目的に供することができるので、類似の構造を持つ異なる化合物を代謝するのに使える。

たまたまだが、多くの有毒な汚染物質――煙草の吸殻に含まれるものもそうだ――は、リグニン分解の副産物に似通っている。その意味において、ヒラタケ属菌の菌糸体にとって煙草の吸殻はありふれた課題なのだ。[17]

ラディカル菌類学は、白色腐朽菌のラディカル化学によって実現することが多い。それでも、どの菌類株が目的の物質を代謝するかを予測するのはかならずしもたやすくはない。マッコイが、皿の上に除草剤のグリホサートを数滴垂らしてヒラタケ属菌の菌糸体を成長させた試みについて私たちに話してくれた。ヒラタケ属の菌株の一部は除草剤を避けた。除草剤を突き抜けて真っ直ぐ伸びた菌株もあった。除草剤が垂れた縁まで伸びて、そこで止まった菌株もあった。「その菌株が除草剤を分解できるようになるには一週間かかりました」とマッコイは語った。彼は菌類を、特定の化学結合の錠前を開けられる酵素の鍵を何本か持つ四人にたとえた。錠前を開けられる鍵を持つ菌株、ゲノムのどこかで鍵が眠っているので、出あったことのない物質はひとまず避けて通る菌株、あるいは何本かの鍵を一週間かけてあれこれ試し、最後に錠前を開けられる菌株といろいろだった。

ＤＩＹ菌類学運動家の多くと同じく、マッコイが菌類にはまったのはスタメッツを通してだった。一九七〇年代にマジックマッシュルームにかんする有名な本を書いて以来、スタメッツは菌類の伝道者でありその世界の大物というあまり見ない組み合わせの人物になっていた。彼のＴＥＤトーク――「キノコが世界を救う6つの方法」――は数百万回も再生されている。ファンガイ・パーフェクタイ（Fungi Perfecti）という菌類関連の巨大企業を経営しているが、同社は抗ウイルス喉スプレーから菌類を材料とする犬用おやつ（Muttrooms）まで取り扱っている。キノコの同定と栽培にかんする彼の著作――『世界のマジックマッシュルーム（*Psilocybin Mushrooms of the World*）』という本もある――は、無数の菌類学者、草の根菌類愛好家、その他菌類に興味のある人びとにとってかけがえのない参考資料になっている。

一〇代のころ、スタメッツは吃音に悩んでいた。ある日、とんでもない量のマジックマッシュルームを食べ、木のてっぺんに登ったが雷雨に遭った。木から降りてきたときには、吃音が治っていた。スタメッツはそれまでとは別人になっていた。ザ・エヴァーグリーン州立大学の学部生として菌類学を学び、以来すべてを菌類に捧げてきている。スタメッツはラディカル菌類学運動には関与していない。しかし、マッコイと同じく、彼は菌類にかんするメッセージをできる限り多くの人に届けようとしている。ファンガイ・パーフェクタイのウェブサイトには、シリアのある栽培者からもらった手紙が掲載されている。この栽培者はスタメッツにインスピレーションを受け、ヒラタケを農業廃棄物によって栽培する方法を開発した。彼は一〇〇〇人を超える人びとに家の地下室でキノコを育てる方法を伝授し、アサド政権による包囲と爆撃下の六年にわたって貴重な食料を提供した。

大学の専門学部を除けば、スタメッツが誰よりも菌類を一般に知らしめたと言っても過言ではないだろう。ところが、彼と学術界との関係はけっして順風満帆ではない。センセーションを巻き起こす主張や確かな裏付けのない推測にもとづく理論など、スタメッツは学者なら許されない手法を採る。ところが、彼の大胆な手法は間違いなく効果的なのだ。それはときに不条理に思えるほどの緊張関係になる。あるときスタメッツが知人のある大学教授から受けた苦情について書いていた。「ポール、君は大きな問題を起こしてしまった。[18] 私たちは酵母について研究したいのだが、学生たちは世界を救いたいと言う。私たちはどうすればいい?」

環境を除染する

菌類が世界を救う一つの方法は、汚染された生態系の回復だろう。菌類による除染(マイコレメディエーション)として知られるこの分野では、菌類が環境をきれいにするための協力者になった。

人類は数千年にわたって物質の分解に菌類の手を借りてきた。ヒトの腸内に棲む多様なマイクロバイオームは、進化史上においてまだ私たち自身に消化できない食べ物があり、これらの微生物に手伝ってもらっていたころの名残りなのだ。それでも消化できなかったとき、私たちはそのプロセスを樽、壺、堆肥の山、発酵槽にアウトソーシングした。ヒトの暮らしは菌類を使ったあらゆる形態の体外消化に依存している。酒、醤油、ワクチン、ペニシリンから、炭酸飲料に入れるクエン酸まで挙げればきりがない。この種のパートナー関係――それぞれの生物が片方だけでは歌えない代謝の「唄」を一緒に歌う――は、最古の進化上の原理の一つを定める。マイコレメディエーションはその一つの特殊なケースにすぎない。

そして、この手法は非常に有望でもある。菌類は有毒な煙草の吸殻やグリホサート系の除草剤以外にも広範囲の汚染物質に対してすばらしい食欲を持つ。スタメッツは著書『菌糸体のネットワーク(*Mycelium Running*)』で、ワシントン州のある研究所に協力したことについて述べている。研究所は、アメリカ国防総省と共同で強力な神経毒を分解する方法を開発中だという。その化学物質――メチルホスホン酸ジメチル(DMMP)――はVXガスの致死性成分の一つだった。VXガスはイラン・イラク戦争中の一九八〇年代後半に、サダム・フセインが製造し使用した。スタメッツは共同研究者に二八種の異なる菌類種を送り、これらの菌類は濃度を段階的に高くしてこの化合物に曝露された。六か月後、それらの菌類のうち二種がDMMPを主要な栄養源として摂取することを「学習した」。カワラタケ属(*Trametes*)とシビレタケ属(*Psilocybe*)の菌だった。後者はシロシビンを含む既知の種ではもっとも強力で、スタメッツが数年前に発見して青い（azure）柄(え)にちなんで命名したものだ（のちに彼は息子をその名称（*Psilocybe azurescens*）にあやかってアズレウス（Azureus）と名づけた）。どちらも白色腐朽菌である。[19]

菌類の文献にはこのような事例が数百も掲載されている。菌類は、土壌や水路に通常含まれ、ヒトその他の生物にとって危険な多くの汚染物質を安全な物質に変換することができる。殺虫剤（クロロフェノールなど）、合成染料、爆薬（TNTやRDX）、原油、一部のプラスチック、下水処理場では除去できないヒトや家畜用の種々の医薬品（抗生物質から人工ホルモンまで）を分解することができるのだ。[20]

基本的に、菌類は環境除染に最適な生物であると言える。菌糸体は数億年という進化の時間を「摂食」というただ一つの目的の微調整に使ってきたのだ。それは身体を持つ「食欲」である。石炭紀に植物が栄えた数億年前、菌類は他の生物の残骸を分解する方法を見つけて生きてきた。菌類は腐敗が起きているアクセスの悪い場所に、菌糸体の高速道路を細菌に提供して送り込み分解を速めることすらできる。とはいえ、分解は菌類の能力のほんの一例だ。菌類は重金属を体内に蓄積し、安全に除去し廃棄することができる。目の細かい菌糸体は汚染水のフィルターにもなる。菌類による濾過(マイコフィルトレーション)は、大腸菌など感染症の病原体を除去し、重金属をスポンジのように吸収する。フィンランドのある企業はこの手法によって電子機器のゴミから金を回収する。[21]

それでも、これだけの有望性を見込まれながらも、マイコレメディエーションはけっして簡単ではない。ある菌類株が実験室で特定の行動をするからといって、その菌類がひどく汚染された環境で同じことができるとは限らない。菌類には生きていくための一定の条件――酸素と付加的な食物――があるので、それも考慮しなくてはならない。さらに分解は一連の菌類と細菌によって段階を踏んで進み、それぞれの段階は前段階が終わってから始まる。したがって、実験室で訓練された菌類株が新たな環境で効率よく働き、その場所を自動的に除染すると考えるのは甘いだろう。マイコレメディエーションが抱える問題は酒類の醸造所と似ている。醸造所では条件が揃わなければ、酵母は樽に入ったブドウジュースの糖をアルコールに変えるのに苦労する。つまり、種々の条件が整わなければ、私たちも汚染された環境の浄化に苦労するのだ。[22]

草の根研究家ならではの経験主義にもとづき、マッコイは思い切った手法を選んだ。私はこれには疑問を抱いていた。マイコレメディエーションには大規模な研究機関の支援が必要だと私は思っていたのだ。在野の研究者の素朴なアイデアもいいが、大規模な研究が必要であるのもまた事実だ。この分野は、旗艦プロジェクト、多額の助成金、研究機関の援助なくして発展できるだろうか。どれほど熱心であろうと、草の根研究家のグループがこの分野を発展させられるとは私には到底思えなかった。

ところが、私はマッコイがこの手法を採っているのは大学などの研究に注目していないからではなく、そうした研究がなされていないからだと気づいた。これには多くの要因がある。生態系は複雑であり、あらゆる場所や条件で能力を発揮する菌類を使った万能な解決法はない。ドラッグストアなどで販売可能なスケールフリーのマイコレメディエーションのプロトコルを開発するには、多額の投資が必要で、この分野にそのような投資をする企業があるとは思えない。見渡したところ、この手法を試しているのは法的な義務の圧力に負けて渋々参加している企業群だ。実験的な解決法あるいは代替法に本気で興味を示している企業はないに等しい。一方で、昔ながらのレメディエーション産業は花盛りだ。彼らは汚染土をトン単位で回収し、別の場所に移して燃やす。そのための費用と生態系に及ぼす危害にもかかわらず、この産業がすぐになくなるとも思えない。

したがって、ラディカル菌類学者は問題を自らの手で解決するしか手がない。二〇〇〇年代のはじめから、スタメッツの熱意にほだされて、菌類による除染プロジェクトがいくつか始まった。コ・リニューアル（CoRenewal）という古い組織は、エクアドルのアマゾン地帯でシェヴロン社が二六年にわたって行った原油採掘によって生じた問題と取り組んでいる。採掘の有毒な副産物を無毒化する菌類の能力に注目したのだ。汚染地域のパートナーと共同で、研究者たちは汚染土に発見された微生物群とその地に固有の「石油を分解する」菌類株を研究している。それは古典的な草の根（ラディカル）菌類学――地元の菌類学者が地元の問題を解決するために、その地に固有の菌類株とどうパートナーシップを結ぶかを学ぶこと――である。他にも例はある。カリフォルニア州のある草の根グループは、麦わらとヒラタケ属菌の菌糸体を中に詰めた管を何マイルにもわたって地面に敷き詰めた。二〇一七年の大火で焼け落ちた家屋から出た有毒物質を除染する試みだった。二〇一八年には、漏れ出た原油を除去するため、ヒラタケ属菌の菌糸体を詰めたオイルフェンスがデンマークの港に設置された。こうした試みの大半はまだ始まったばかりか、進行中である。まだ成果が目に見えて現れたプロジェクトはない(23)。

果たしてマイコレメディエーションは根づくのだろうか。結論を出すのはまだ早計というものだ。しかし、木材を分解する菌類の能力にもとづくラディカル菌類学の手法は、私たち自身がつくり出した有毒物質の問題解決に希望の光を与えてくれる。木材の持つエネルギーを利用する私たち好みの方法は燃焼である。これもまたラディカルな解決法だ。そしてこのエネルギー――石炭紀における樹木の繁栄が残した化石――こそ、私たちが現在直面する問題の原因だった。白色腐朽菌のラディカル化学――樹木の繁栄に対する進化の反応――が、この問題の解決に手を貸してくれるだろうか。

実験室がなくても多くを成し遂げられる

マッコイにとって、ラディカル菌類学は特定の場所における特定の問題の解決以上のことを意味していた。草の根研究者の分散ネットワークも、菌類にまつわる知識をさらに広めることが可能だ。これが起きる一つの方法は、強力な菌類株の発見と分離である。汚染された環境から分離された菌類は、すでにある特定の汚染物質の消化を学習しているかもしれず、その環境の固有種であることから問題を解決するとともに自身も生き延びることができる。これがパキスタンの研究者チームが選んだ方法だった。彼らはイスラマバード市のゴミ埋立地の土壌をスクリーニングし、ポリウレタン樹脂を分解できる新規の菌類株を発見した。(24)

菌類株のクラウドソーシングはあまり成果の見込めない試みに思えるが、実際には大きな発見につながった。抗生物質ペニシリンの工業生産を可能にしたのは、高収量が得られるペニシリウム属（*Penicillium*）の菌〔一般にアオカビと呼ばれる〕の発見だった。一九四三年、この「美しい『金の』カビ」を見つけたのは実験助手のメアリー・ハントで、イリノイ州の市場にあった腐りかけのカンタロープ〔メロンの一種〕から発見した。実験室が一般市民にカビを持ち込むように呼びかけたあとのことだった。この発見以前には、ペニシリンは製造が高くつき、多くの人には買えなかった。(25)

菌類株を見つけるのは比較的たやすい。それを分離し、その活性を検証するのが難しいのだ。ハントはこのカビを発見したかもしれないが、実験室に持ち帰って調べる必要がある。これがマッコイの手法に対する私のおもな疑問だった。ラディカル菌類学者は、設備の整った実験室もないのにどのようにして新株を分離し培養するというのだろう。清浄な空気が供給される無菌の実験台、高純度の化学物質、管理室で微かにうなりを上げる高価な機械――これらすべてが揃ってようやく真の進歩が可能になるのだ。

私はマッコイの手法についてもっと知りたくなり、彼がニューヨークのブルックリンで週末に開講しているキノコの栽培コースに一度参加した。参加者は芸術家、教育者、コミュニティ計画担当者、コンピュータプログラマー、大学講師、起業家、料理人と雑多な人びとだった。マッコイは皿、穀物の入ったプラスチック袋、注射器とメスの入った箱――現代のキノコ栽培者の主要な道具だ――が堆く積まれた台の後ろに立っていた。コンロでは大きな鍋に湯が沸いていて、ゼラチン質のキクラゲが入っていた。私たちはお茶の時間にそれをマグに入れて飲んだ。これが最先端のラディカル菌類学だ。というか、その一つだ。

その週末、アマチュアの人が菌類を栽培する動きが急拡大していることがわかった。互いに連絡を取りあい、活発に実験活動をしている菌類愛好家のネットワークが、すでに菌類にかんする知識をどんどん増やしていた。DNA解析のような技術は大半の人には手が届かなかったものの、ほんの一〇年前ならアマチュアには不可能だったことも最近の進歩によって可能になっていた。大半は台所のシンクでマジックマッシュルームを育てる人びとによって開発されたローテク・ソリューションだった。多くがテレンス・マッケナとポール・スタメッツによって開発され、彼らの栽培ガイド本に載っている手法を改善したものや少し改変したものだ。菌類による分解にかんするマッコイの展望はコミュニティの実験室の設置を含んでいたが、実験室がなくても多くのことは成し遂げられるのだ。

もっとも革新的なイノベーションは二〇〇九年に起きた。マジックマッシュルーム栽培フォーラムmycotopia.netの創立者（ハンドルネームがhippie3としかわかっていない）が、汚染の起きる恐れのない菌類栽培法を確立した。これによってすべてが変わった。汚染はあらゆる菌類栽培者の悪夢だったのだ。滅菌したばかりの物体は生物学的な真空である。大気にさらされれば、生命がここぞとばかりに殺到する。

hippie3の「注入ポート」を使えば、アマチュアのキノコ栽培者はいちばん高価なキットと手間のかかる工程を省くことができる。必要なものは注射器と少々手を加えたジャムの瓶だけだ。知識はすぐに広まった。マッコイの考えでは、これは菌類学史上もっとも重要な進歩――「実験室のいらない実験室レベルの結果」――であり、キノコ栽培法を永遠に変えた。彼はにっこりと笑い、手にした注射器から水を飛ばした。「hippie3に乾杯です」

マッコイのヒラタケ属菌の菌糸体がグリホサートの縁で止まったときのように、在野で活躍する菌類学の研究家チームが問題が解決するまで異なる酵素を試すことを想像して、私は思わず顔をほころばせた。マッコイがラディカル菌類学者を自宅で菌類を栽培できるように訓練し、次に人間がたまたまつくり出した有毒物質を無毒化するように彼らが菌類株を訓練するのだ。利潤は比較的少ないとはいえ、この分野は急拡大するかもしれない。私は大勢の菌類愛好家が集まり、毎年一〇〇万ドルの報奨金をかけて中身の知れない有毒物質のカクテルに自分が育てた菌類株を挑ませるイベントを想像した。[26]

すべてはこれからだ。ラディカルかどうかの別なく、菌類学はまだ生まれたばかりなのだ。人間は一万二〇〇〇年以上植物を育てて栽培してきた。だが、菌類は？ キノコ栽培の最初の記録は約二〇〇〇年前の中国だ。西暦一〇〇〇年ごろの中国で、シイタケ――別種の白色腐朽菌――の栽培に成功したと伝えられる呉三公を祝う行事は現在でも毎年行われ、中国国内の寺院が彼の業績を讃える。一九世紀後期までには、パリの地下を埋め尽くす石灰岩の墓地で、何百人ものキノコ栽培者が年に一〇〇〇トンを超える「パリの」キノコを栽培していた。だが実験室での栽培技術はようやく一〇〇年前ぐらいに生まれたばかりだ。マッコイが教える技術の多くは、hippie3の注入ポートも含めて、わずか一〇年の歴史しかない。[27]

マッコイの講義は、ワクワクするような興奮と生徒たちが交わすアイデアで終わった。「いろいろな方法があるんですよ」と彼は笑った。彼の中で扇動と激励が静かに混ざりあっているようだった。「私たちがまだ知らないことはいっぱいありますからね」

菌類を育てるシロアリ

誕生以来、菌類は「植物の根からまさに根本的な変化」をもたらしてきている。ヒトは遅れてやって来た者なのだ。数億年にわたって、多数の生物が菌類と大胆な関係を形成してきた。それらの関係の多く——植物と菌根菌の関係など——は、生命史上大きな影響を持っていた。世界を大きく変える結果をもたらしたのだ。現在、ヒト以外の多様な生物が菌類を複雑な方法で栽培し、劇的な結果を生み出している。これらの関係はラディカル菌類学の原点と言えるのだろうか。[28]

アフリカのオオキノコシロアリ属（*Macrotermes*）は驚異的なシロアリだ。たいていのシロアリと同じく木材を食べるが、じつは木材を消化することはできず、オオシロアリタケ属（*Termitomyces*）の白色腐朽菌を育てて、自分の代わりに木材を消化してもらう。オオキノコシロアリは木材を嚙んでねばねばした状態にし、ハチのハニカム構造のような「菌類ハニカム構造」に吐き出す。オオシロアリタケはラディカル化学によってねばねばの木材を分解する。そこでオオキノコシロアリが菌類の分解産物を食べるのだ。オオシロアリタケを育てるため、オオキノコシロアリはときには高さ九メートルにも及ぶ土塚を建設することもある。一部の土塚の建設は二〇〇〇年前にさかのぼると言われる。ハキリアリと同じく、オオキノコシロアリの社会は昆虫がつくる社会の中でももっとも複雑である。[29]

オオキノコシロアリの土塚は巨大であり、外部消化器官——オオキノコシロアリ自身が分解できない複雑な物質を分解する代替代謝器官——である。自分たちが育てる菌類に似て、オオキノコシロアリの個体概念ははっきりしない。個々のオオキノコシロアリは社会から離れては生きられない。このシロアリの社会も、彼らに食物を与えてくれる菌類などの微生物の文化から離れては成立しない。パートナー関係は広範に見られる。アフリカの熱帯地方で分解される木材のかなりの部分が、オオキノコシロアリの土塚を経由している。(30)

ヒトはリグニンに貯蔵されたエネルギーを物理的に燃やして取り出すが、オオキノコシロアリは白色腐朽菌に化学的に燃焼させる。ラディカル菌類学者がヒラタケ属菌を使って原油や煙草の吸殻を分解してもらうように、オオキノコシロアリは白色腐朽菌を使う。同じように、ラディカル菌類学者は代謝を樽や壺に入れた菌類に託してワイン、味噌、チーズをつくってもらう。しかし、誰がこのプロセスの先駆者かについて疑問の余地はない。ヒト属が出現するころには、オオキノコシロアリは菌類を二〇〇〇万年以上育ててきていた。また、オオキノコシロアリがオオシロアリタケを栽培する方法は人には真似ができない。オオシロアリタケはじつに美味だ（直径が一メートルもあり、世界最大級である）。しかし、長きにわたって努力が続けられてきたにもかかわらず、ヒトはこのキノコをまだ栽培することができないでいる。この菌類は慎重に調整された条件を必要とし、オオキノコシロアリがそれらの条件を共生細菌や土塚の構造によって提供しているのだ。

シロアリの技術は周辺の住民には知られている。白色腐朽菌のラディカル化学——そしてその驚嘆すべき力——は人びとの暮らしに長く取り入れられてきた。シロアリは、アメリカで年一五〜二〇〇億ドル相当の木材を食い荒らすと報告されている（リサ・マルゴネリは著書『アンダーバグ（*Underbug*）』で、北米のシロアリは「私有財産」を食べ尽くすと述べ、まるで意図的な無政府主義者か反資本主義者のようだと付け加えている）。二〇一一年、シロアリはインドの銀行に忍び込み、一〇〇〇万ルピー——約二二万

オオキノコシロアリ
(*Macrotermes termites*)

五〇〇〇ドル相当——の紙幣を食べた。ラディカル菌類学のパートナー関係にかかわるテーマの変形として、スタメッツの「菌類が世界を救う6つの方法」の一つは、特定の病原性菌類に何らかの改変を加え、これらの菌類がシロアリの防御をかわしてシロアリのコロニーを根絶するというものだ(この菌類——メタリジウム(*Metarhizium*)というカビ——は、マラリア原虫に感染した蚊の退治にも有望視されている)[31]。

人類学者のジェイムズ・フェアヘッドは、西アフリカの多くの地域では農民はオオキノコシロアリを歓迎すると述べている。オオキノコシロアリが土を「目覚めさせる」からだという。人びとはオオキノコシロアリの土塚にある土を食べたり、傷口に塗ったりし、ミネラルサプリメント、解毒剤、抗生物質など他の目的にも使う。シロアリは、抗生物質を産生するストレプトマイセス属(*Streptomyces*)の細菌を土塚の中で育てる。オオキノコシロアリと菌類のパートナー関係は、人間によって政治的な大義のために兵器化されたことすらある。二〇世紀初頭の西アフリカ沿岸地域で、地元民が秘密裏にオオキノコシロアリを植民者フランス陸軍の駐屯地に撒いた。菌類パートナーの凄まじい食欲にうながされ、オオキノコシロアリは駐屯地の建物も官僚の書類も食べてしまった。フランス兵はただちに駐屯地を放棄した[32]。

西アフリカの諸文化では、オオキノコシロアリは格の序列で霊としてヒトに勝っている。一部の文化では、シロアリは人間と神のあいだのメッセンジャーだと考えられている。オオキノコシロアリが持つ力のおかげで、そもそも神はこの宇宙を創造したとする文化もある。これらの神話では、オオキノコシロアリは単に物質を分解してくれるだけの存在ではない。彼らは最大の創造者でもあるのだ。(33)

新素材として利用する

世界中を眺めると、菌類は分解者というだけでなく創造者でもあるという見方が勢いを増している。たとえば、ポートベロマッシュルームの外皮でできた材料は、リチウム電池の黒鉛の代替物として有望と考えられている。菌類の中にはその菌糸体が皮膚の見事な代替物となるため、外科医が傷の治療のために使用できるものもある。アメリカでは、エコヴェイティヴ・デザイン社が菌糸体から建材をつくっている。(34)

私は、ニューヨーク北部の産業地帯にあるエコヴェイティヴ社の研究・製造施設を訪れた。ロビーに入ると、菌糸体を材料とする製品が並べられていた。パネル、レンガ、防音材、ワインボトル用のプレス加工された包装材などがあった。どれも灰白色で表面がざらざらしていて、段ボールのように見えた。菌糸体製のランプシェードとスツールの隣には、菌糸体でできた白く四角い発泡材の入った箱が置いてある。その隣には、菌類でできた皮革があった。私はまるで手の込んだ悪戯を仕かけられたかのような気になった。テレビでよく放映している、菌類が世界を救うという大げさな主張をしてそれを信じる人を笑い者にするあの手の番組だ。

エコヴェイティヴ社の若きCEOエベン・ベイヤーが姿を現したとき、私はある菌糸体の製品に気を取られていた。「デル社はそんな包装材で製品を出荷していますよ。うちから年に五〇万個買っています」。彼がスツールに私の注意を向けさせた。「安全で、体に無害な、持続可能につくられた家具です」。座面は菌糸体の皮革で覆われ、中に菌糸体の発泡材が詰まっている。もしあなたが注文したら、菌糸体の包装材に入って届く。マイコレメディエーションが私たちがつくり出した不都合な物質の分解に特化しているのに対して、菌類による製造（マイコファブリケーション）はそもそも最初にどんな材料を使うかを改めて考え直すものだ。それは分解という「陰」に対する「陽」だ。

オレゴン州やブルックリンで出会ったラディカル菌類学者のように、エコヴェイティヴ社は菌類に農業廃棄物を食物として与えている。おがくずやトウモロコシの軸から価値のある製品ができるのだ。それは廃棄物を出す人、菌類の栽培者、菌類の三者ともに利益を得る方法だ。とはいえ、エコヴェイティヴ社の場合には、さらにいいことがあった。ベイヤーがずっと温めてきた野心に産業汚染を食い止めるという大望があった。同社がつくる包装材はプラスチックの代替物として考え出された。同社の建材はレンガ、コンクリート、建築用合板の代わりだった。皮革に似た材料は動物の皮革に取って代わる。もう廃棄するしかない材料の上に、数十平方メートルもの大きさの菌糸体皮革を成長させるのに一週間とかからない。寿命が尽きたら、菌糸体製品は堆肥になる。エコヴェイティヴ社の製品は軽く、耐水性があり、耐火性にも優れている。曲げる力に対してはコンクリートより強靭（きょうじん）で、圧縮力に対しても木枠に勝る。延伸ポリスチレンに比べて絶縁性が高く、どんな形状にでも数日で成長する（オーストラリアの研究者らはカワラタケの菌糸体に粉砕したガラスを混ぜてシロアリに食われないレンガをつくろうとしている。これができれば、スタメッツが発案したシロアリを殺す菌類は必要でなくなる[35]）。

菌糸体の材料としてのポテンシャルに誰も気づかないはずはなかった。デザイナーのステラ・マッカートニーは、エコヴェイティヴ社の方法でつくった菌類の皮革を使っている。エコヴェイティヴ社はイケアとも緊密な関係を築いている。イケアは、現在使用しているポリスチレンの包装材から菌糸体の代替品に移行しようとしている最中だ。アメリカ航空宇宙局（NASA）は「mycotecture」〔myco+architecture で菌類でつくった構造体を意味する〕に興味を示しており、これで月面上に構造体をつくる可能性を検討している。エコヴェイティヴ社は、アメリカ軍の国防高等研究計画局（DARPA）と一〇〇〇万ドルのR&D契約を結んだばかりだ。DARPAは、ダメージを受けても自己修復可能で使用後は自然分解する兵舎を菌糸体で建設する可能性を探っている。兵舎の建設はベイヤーの当初の計画になかったが、それは技術的には可能だった。「我が社の方法を使えば災害時の避難所もつくれます」とベイヤーは指摘した。「菌糸体なら、大勢の人のためにたくさんの家屋をきわめて低コストで建設できます(36)」

基本的なアイデアは簡単だ。菌糸体は放置しておけば稠密な構造を形成する。その後、構造を形成した生きた菌糸体を乾燥して死んだ菌糸体にする。最終的な製品は成長時の調整によって変えることができる。レンガや包装材の場合は、菌糸体を湿ったおがくずの詰まった金型に「流れ込む」ように導くだけでいい。柔軟な素材は純粋な菌糸体のみでつくられる。茶色に塗れば皮革になる。乾燥すれば発泡体ができるので、それからスポーツシューズの中敷きから浮き桟橋まで何でも製造できる。マッコイやスタメッツが菌類に新たな代謝行動をするよううながすのに対して、ベイヤーは新たな形態に成長するように仕向ける。環境が神経毒の溜まりであろうと、ランプシェードの形をした金型であろうと、菌糸体はかならず環境に従って伸びる(37)。

ベイヤーと私はいくつか扉を通りすぎ、飛行機が入るほど大きな格納庫に入った。おがくずなどの原材料がシュートから混合ドラムに落ちていった。材料はコンピュータでデジタル制御された割合でドラム内で混合される。約六メートルあるらせん揚水機が、おがくずを加熱室と冷却室に一時間に〇・五トンのペースで通す。高く積まれたプラスチック製の金型が、成長室と一〇メートルの高さのある乾燥棚のあいだを運ばれた。成長室内はデジタル制御された微気候——光、湿度、温度、酸素濃度、二酸化炭素濃度——に保たれ、すべて慎重にプログラムされたサイクルで変化した。それはオオキノコシロアリの土塚をヒトが工業的に再現したものだった。

エコヴェイティヴ社の成長施設に似て、オオキノコシロアリの土塚は慎重に調整された微気候を利用しているが、菌類が必要とする条件を満たしている。このシロアリは煙突や通路によってトンネルを開閉し、温度、湿度、酸素濃度と二酸化炭素濃度を調整することができる。サハラ砂漠のど真ん中にありながら、オオキノコシロアリは菌類が生きていける涼しく湿気のある条件をつくり出すことができるのだ。

オオキノコシロアリの土塚の場合と同じく、エコヴェイティヴ社が使用する菌類は白色腐朽菌の一種である。同社の製品はたいていマンネンタケ属（*Ganoderma*）の菌の菌糸体から成長させる。この菌種は霊芝というキノコを生やす。他にもヒラタケ属菌を使う人、カワラタケ属菌を使う人もいる。後者の菌はカワラタケを生やす。マッコイが、グリホサートと煙草の吸殻を消化するように訓練したのはヒラタケ属菌で、スタメッツの共同研究者がＶＸガスの有毒前駆体を消化するように訓練したのはカワラタケ属菌だった。個々の菌類株は有毒な神経毒やグリホサートの分解能力が異なり、成長速度も菌糸体の材質も異なる。[38]

エコヴェイティヴ社は菌糸体成長法の特許権を保有していて、年に四〇〇トンを超える家具や包装材を製造する。しかし、同社のビジネスモデルは菌糸体製品をおもに製造するものではない。エコヴェイティヴ社のグロー・イット・ユアセルフ（ＧＩＹ）キットを使用する許可を得ている人や組織のある国は三一か国に及び、家具からサーフボードまであらゆる商品を製造している。照明器具も人気がある。マッシュルーム・ランプ（MushLume lamp）〔名称に光を意味するラテン語 lumen の一部が入っている〕が最近発売された。オランダのデザイナーは菌糸体のスリッパをつくっている。アメリカ海洋大気庁は、津波検知装置を海面に浮かせるためのプラスチック製の浮き輪を菌糸体の代替物と取り替えた[39]。

菌糸体を使用するもっと野心的な試みはFungal Architectures（ＦＵＮＧＡＲ）である。ＦＵＮＧＡＲは、建物全体を菌糸体で建設しようとする科学者とデザイナーの国際的なグループだ。彼らは菌糸体の複合体と、明るさ、温度、汚染物質を感知して反応する菌糸体の「コンピューティング回路」を組みあわせた建物をつくろうと試みている。このプロジェクトの主導者の一人は、アンコンベンショナル・コンピューティング・センターのアンドリュー・アダマツキーである。彼は菌糸体のネットワークを使えば、菌糸を通る電気インパルスによって情報を処理できると提案する。菌糸体ネットワークは生きていなければ電気インパルスを出さない。そこでアダマツキーは、生きた菌糸体に導電性の粒子を吸収させることでこの問題を解決したいと考えている。死んでから保存されると、これらの菌糸体ネットワークは菌糸体の配線、トランジスタ、キャパシタから構成される電気回路を形成する。つまり、「建物全体がコンピュータネットワークなのです[40]」。

エコヴェイティヴ社の製造設備を見て回ると、一握りの白色腐朽菌がこの環境でとても頑張っていると思う。もちろん、菌糸体を使う前に死ぬわけだけれども、それは好きなだけ食べてからのことだ。しかも、これらの菌糸体はもう一度菌を植えつけられた大量のおがくずと一緒にされる。世界に胞子を文字通り――そして比喩的にも――広めようというマッコイその他のラディカル菌類学者と同じく、エコヴェイティヴ社は数種の菌類を世界規模で拡散する役目を果たしている。菌類は「テクノロジー」であるとともに、ヒトと新たな関係を構築したパートナーなのだ。

現段階で、エコヴェイティヴ社で構築されている関係の未来を占うのは時期尚早だ。植物材料のエネルギーをどう利用するかという問題について言えば、オオキノコシロアリは膨大な数の白色腐朽菌をその目的のために建設した製造設備〔土塚〕ですでに三〇〇〇万年にわたって栽培してきた。オオキノコシロアリとオオシロアリタケはあまりに長く共生してきたため、相手がいなくては生きられない。マイコファブリケーションによってヒトが互いに依存する共生関係を新たに築くかどうかは今後の発展次第と言えるが、地球の危機は菌類にとって幸運を意味するかもしれない。だがヒトの廃棄物を菌類に処理させる案がふたたび俎上に載せられている。ウイルスのように急に広まるトレンドというものがある。つい、菌類はどうするのかと考えた。

さらなるアイデアへ

もし菌類であるとはどういうことを意味するのかを知っている人がいるとしたら、それはポール・スタメッツだろう。ときどき私は、スタメッツが菌類に対する熱意——菌類が人間と新しい奇妙な関係を築きたがっている、と人間を説得する抑えがたい衝動——を植えつける菌類に感染したのではないかと思うことさえある。私はカナダ西海岸にある彼の自宅を訪れた。家は花崗岩の絶壁の上に建っていて、海を望むことができた。屋根はキノコのひだのような梁からぶら下がっていた。一二歳のころからの『スター・トレック』ファンのスタメッツは、この新居をアガリコン号——アガリコンは北米西海岸の北西部に棲息する薬用の木材腐朽菌エブリコ（*Laricifomes officinalis*）の別名でもある——と呼ぶ。

私はティーンエージャーのころからスタメッツを知っていたので、菌類に興味を抱いたのは彼の影響が大きい。彼と会うと、かならず驚くような菌類にかんする新事実を教えてくれる。数分もすると、彼の菌類談は早口になり、話すより速いぐらいのスピードで学会誌から学会誌へと話が飛び、菌類への熱が止めどもなくあふれ出る。彼の世界の中では、菌類による解決法が勢いよくあふれ出てくる。解決法を思いつかない問題について訊いたら、彼は菌類によって分解し、毒を盛り、癒す新しい方法を教えてくれる。彼はほぼいつでも、アマドゥ——白色腐朽菌ツリガネタケ（*Fomes fomentarius*）のキノコからつくられるフェルトのような材料——でできた帽子をかぶっている。アマドゥは数千年にわたってヒトが火口〔火を起こすために使う燃えやすい材料〕として使ってきた。氷河に保存されていた約五〇〇〇年前の「アイスマン」と呼ばれるヒトが所持していたものだ。燃焼——熱エネルギーを得るための——の道具としては、既知のヒトによるラディカル菌類学で最古の事例である。

私が彼を訪ねる少し前、スタメッツにTVシリーズ『スター・トレック：ディスカバリー』の制作チームから連絡があり、彼の研究について知りたいということだった。彼は菌類が世界を救うことについて話をすることに同意した。果たして、次の年に公開された『スター・トレック：ディスカバリー』には菌類テーマがちりばめられていた。新たな登場人物が加わり、この優秀な宇宙菌類学者はポール・スタメッツ大佐と呼ばれた。次々と迫り来る大きな脅威から人類を救うため、大佐は強力なテクノロジーの開発に菌類を使った。『スター・トレック』チームは、その必要がなかったにもかかわらず多くの特許について使用許可を取得したという。銀河をつなぐマイセリウムネットワーク——「ありとあらゆる場所につながる無限の道」——にアクセスすることによって、（作中の）スタメッツ大佐と彼のチームは「マイセリウム空間」〔作中のマイセリウム（mycelium）は菌類の菌糸体（mycelium）からヒントを得たもの〕を光速より速く移動する方法を発見する。マイセリウムのはじめての洗礼を受けて、スタメッツ大佐は覚醒し、幻惑され、変容した。「私はこれまでずっとマイセリウムの本質を理解しようとしてきた。そして、ようやくわかった。私はネットワークをこの目で見た。それは、そのようなものが存在するとは思いもしなかった無限の可能性を秘めた宇宙なのだ」

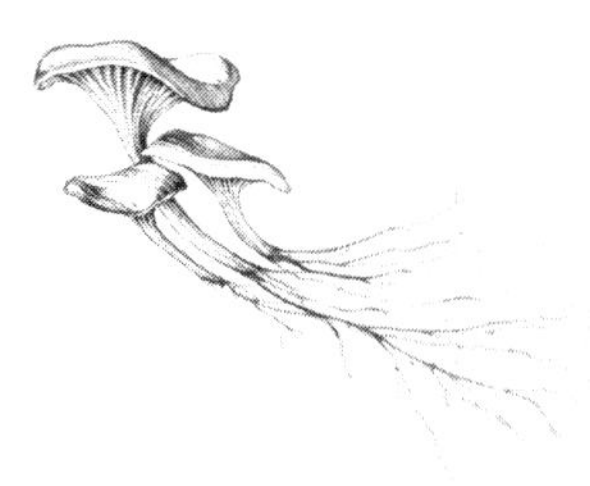

ヒラタケ
(*Pleurotus ostreatus*)

(現実の)スタメッツが『スター・トレック』チームに協力することで訴えたかった問題の一つが、菌類学が疎(おろそ)かにされているという事実だった。芸術は現実を模倣し、現実は芸術を模倣する。架空の宇宙菌類学者のヒーローなら、菌類に対する熱意を持たせることによって、若者たちにけっして架空のものではない菌類の知識を提供することができるかもしれない。(現実の)スタメッツにとって、菌類に対する興味を持つ人が増えれば、菌類を使うテクノロジーの開発に拍車がかかり、「地球を危難から救う」ことができるかもしれないのだ。

私がアガリコン号に姿を現したとき、スタメッツは机の前に座って広口瓶とプラスチックの皿で何かしていた。彼が発明したハチのフィーダー(BeeMushroomed Feeder)だった。瓶から菌類の抽出物を含む砂糖水が皿に垂れ、ハチがシュートを通ってこれを飲みにくる。これが彼の最新の事業で、キノコが世界を救う7つ目の方法だった。スタメッツ自身の基準でも、このプロジェクトは大きな見出しになること請け合いだった。彼の最新の論文はワシントン州立大学の昆虫学者らとの共同執筆で、有名な『ネイチャー・サイエンティフィック・リポーツ』誌に掲載を認められた。彼と彼のチームは、ある白色腐朽菌の抽出物によってハチの死亡率〔後述のヴァロア・デストルクトルの寄生によるハチの死亡率〕を劇的に減らせることを突き止めたのだった。

世界中の農産物の約三分の一が動物、とくにミツバチによる授粉に頼っていて、ハチの個体数の激減は人類を脅かす多くの危機の一つになっている。ハチの蜂群崩壊症候群には要因がいくつかある。まず、殺虫剤の広範な使用。そして、棲息地の消失。しかし最大の問題は、ミツバチヘギイタダニの一種ヴァロア・デストルクトル（*Varroa destructor*）〔種小名が同じ綴りの英語で「破壊者」を意味する〕の寄生だった。「破壊者」とは何とこの生き物にふさわしい名称だろう。ミツバチヘギイタダニはハチの体液を吸う寄生体で、数種の致死性ウイルスの媒介動物でもある。[41]

木材腐朽菌は抗ウイルス化合物の豊かな供給源であり、それらの化合物の多くが長きにわたって医薬品として用いられてきた。中国ではとくにそうだ。9・11後、スタメッツはアメリカ国立衛生研究所（NIH）と国防総省のプロジェクト・バイオシールドと共同で、生物テロのウイルスと闘うための化合物発見に力を尽くしてきた。検査した数千もの化合物のうち、スタメッツの木材腐朽菌の抽出物数種が、天然痘、ヘルペス、インフルエンザなどいくつかの致死性ウイルスに対していちばん強い活性を示した。彼はこれらの抽出物をヒトのために数年にわたって製造している。ファンガイ・パーフェクタイを巨大企業にしたのはおもにこれらの製品だ。だが、これらの抽出物をハチの治療に使うというアイデアが生まれたのは最近の話だ。[42]

菌類の抽出物がハチのウイルス感染に与える治療効果は疑う余地がなかった。アマドゥ（ツリガネタケ *Fomes*）と霊芝（エコヴェイティヴ社で建材を成長させるのに使われるマンネンタケ *Ganoderma*）の抽出物を砂糖水に一％加えるだけで、チヂレバネウイルス〔ミツバチヘギイタダニが媒介してハチにのみ感染するウイルス。ハチの大量死をもたらしている〕が八〇分の一に減った。アマドゥの抽出物はレイクサイナイウイルス〔アメリカのサウスダコタ州にあるシナイ湖周辺の移動養蜂場で発見されたウイルス。LSV1〜LSV7など多くの系統の存在が知られる〕の濃度を九〇分の一近くに、霊芝の抽出物は四万五〇〇〇分の一に減少させた。この研究に携わったワシントン州立大学の昆虫学教授で、スタメッツの共同研究者の一人であるスティーヴ・シェパードは、ハチの寿命をこれほど延長した物質は見たことがないと語った(43)。

スタメッツがどのようにしてこのアイデアを思いついたのかを話してくれた。彼は白日夢を見ていた。突然、関係のない考えがまとまって「雷に」打たれたような感覚に襲われた。もし菌類の抽出物に抗ウイルス性があるのなら、おそらくハチのウイルス負荷も減らしてくれるだろう。そのとき彼は、一九八〇年代後半にハチが巣から彼の庭にあった腐り始めたおがくずの小山に通い、おがくずを除けてその下にある菌糸体を食べていたのを思い出したのだ。「そうだ！」とスタメッツは目覚めた。「ハチを救う方法がわかったぞ」。それは重要な瞬間だった。なかなか解決法が見つからない問題を菌類によって解決しようと数十年かけてきた彼にとっても。

『スター・トレック』がスタメッツのアイデアを借りた理由はよくわかる。彼の物語のスタイルはアメリカの大ヒット映画そのものだったからだ。彼の話の多くには菌類のヒーローが出てきて、地球を壊滅寸前の状態から救ってくれる。**《未曾有のウイルスの嵐によって地球規模の食糧の安全保障が損なわれようとしている。大事な授粉者がウイルスに感染した寄生体の重大な脅威にさらされ、地球規模の飢饉が起きかねない。世界の未来は危うい。だが、待てよ。あれは……？　そうだ！　またしても、菌類が人類の仲間スタメッツの手を借りて世界を救いにやって来た》**

木材腐朽菌がつくる抗ウイルス化合物は本当にハチを救えるのだろうか。スタメッツの知見は有望だが、菌類の抽出物が長期的に見て蜂群崩壊症候群で崩壊するコロニーを減らせるかどうかはまだわからない。ウイルスはハチが直面するたくさんの問題の一つにすぎない。菌類の抗ウイルス化合物が他の国や文脈でも同じような効果を発揮するかはわからないのだ。より重要なのは、ハチを救うには、スタメッツの手法を広範囲で実行しなくてはならないことである。スタメッツは何百万人もの力を借りてそれを実現したいと考えている。

新しくかつ古い解決法

私は、ワシントン州のオリンピック・ペニンシュラにあるスタメッツの製造設備を訪ねた。本部は大きな格納庫のような建物群から成り、周囲は森に囲まれていた。交通量の多い道路から森に数キロメートル入った場所にあった。スタメッツはここで研究に使った菌類を育てて抽出物を用意したのだ。ここから製品が市場に出回って大勢の人の手に渡る。ハチの論文が発表されてからの数か月、彼はキノコ抽出物入りのハチのフィーダーの注文を数万件も受けた。需要に追いつかないので、彼は3Dプリンターのデザインをオープンソース化し、他の人も製造できるようにしたいと考えている。

私はスタメッツの製造管理者の一人で、製造設備内を案内することに同意してくれた人に会った。ここでは厳しい衣服の規則があった。靴は脱ぎ、白衣とヘアネット――ヒゲネットも提供される――を身につけなくてはならない。私たちはこれらを着て、特別な二重扉を通った。外部からの汚染物質を含む空気が入るのを防ぐ扉だ。

私たちはキノコ部屋に入った。中は暖かく湿気があり、空気はムッとする感じで甘ったるかった。棚が何段も設置され、その上に並んだ透明な成長袋は菌糸体で膨れ、光沢のある栗色の表面を持つ霊芝から、繊細なクリーム色のサンゴのように袋から垂れ下がるヤマブシタケまで、人の目を奪うあらゆるキノコが成長していた。霊芝のキノコ部屋では空気中に胞子が満ちていて、その柔らかく湿った苦みが感じられた。二分もその部屋にいると、私の両手はカプチーノのような褐色に染まった。

またしても、人間は大量の食物を菌類ネットワークに与えている。そして今度も、地球規模の危機が菌類の幸運になった。ヒラタケ属菌の菌糸体が有毒な廃棄物の縁で止まるという試練を与えられたときのように、ラディカル菌類学者の解決法は発明というより思い出す行為なのだ。おそらくヒラタケ属菌のゲノムのどこかに、その行為をする酵素があるのだろう。ことによると、その酵素は過去にその行為をしたことがあるかもしれない。いや、その行為をしたことはないが、今回は新たな目的に振り向けられるのかもしれない。同様に、私たちが直面する悲惨な問題に新しくかつ古い解決法を提供できる、菌類の能力または関係性が生命史のどこかにあるかもしれない。私はハチの物語について考えた。スタメッツが「エウレカ!」と叫んだ瞬間は、彼が数十年前に見た光景——ハチたちが菌類を使って自分を治療しているように見えたこと——を思い出したときだった。ハチを菌類で治療するアイデアを思いついたのはスタメッツではない。おそらくは、ウイルスと共有した歴史の湿った片隅で、ウイルスとの生化学的な闘いの最中にハチが思いついたのだ。夢の世界にある心理的で霊的な堆肥の山の深い場所で、スタメッツは古いラディカル菌類学の解決法を代謝によって新たなものに変えたのである。

私は成長室に歩いて入った。棚が三メートルの高さまでびっしり設置されている。これは菌類の巣なのだ。ふさふさとした菌糸体の柔らかなブロックが詰まった袋が棚の上に所狭しと並んでいた。白い菌糸体、くすんだ黄色の菌糸体、淡いオレンジ色の菌糸体。もし空気を濾過するファンが止まったなら、菌糸体が食物の中を何百万キロメートルも伸びる音が私の耳に届くのではないかと思ったくらいだ。収穫時には、菌糸体の袋がアルコールの入った大きな袋に入れられ、ハチの治療薬がつくられる。多くのラディカル菌類学の解決法と同じく、今回もまだ結果はわからない。互いの生存が保証された共生の可能性に向かう最初のささやかな歩みは、まだ始まったばかりだ。

第8章　菌類を理解する

どの物語が物語を語るか、どの概念が概念について考えるか……どのシステムがシステムをシステム化するかが肝心だ。

——ダナ・ハラウェイ[1]

酵母と人類

人類にとっていちばん親しみ深い菌類は酵母である。酵母は私たちの皮膚の上、肺の中、消化管系に棲息し、あらゆる穴の内面にいる。私たちの身体はこれらの酵母群集を調整し、進化史上長きにわたってそうしてきた。人間の文化は数千年かけて複雑に進化し、これらの酵母を樽や瓶など体外で利用するようになった。[2] 今日、酵母は細胞生物学や遺伝学でもっとも広く使用されるモデル生物である。酵母はいちばん単純な真核生物であり、多くの遺伝子をヒトと共有するからだ。一九九六年、酒類などの醸造やパンの製造に使用される出芽酵母（*Saccharomyces cerevisiae*）が、塩基配列を決定された初の真核生物となった。二〇一〇年以降、ノーベル生理学・医学賞の四分の一以上が酵母菌の研究に対して贈られてきている。しかし、酵母が微生物であるとわかったのは一九世紀になってからだった。[3]

私たちが酵母を暮らしに取り入れたのが正確にはいつのことだったかはわかっていない。最初期を示す確かな証拠は約九〇〇〇年前の中国のものだと言われるが、ケニアの石器から発見された微小なデンプン粒は一〇万年前にさかのぼる。デンプン粒の形状は、石器がアフリカのヤシの一種ベジタブル・アイボリー・パーム（*Hyphaene petersiana*）の処理に使われていたことを示唆していた。このヤシは現在でもヤシ酒の製造に使用されている。糖を含む液体はどんなものであれ一日以上放置しておくと、自然に発酵することを考えれば、人類ははるかに古くから酒づくりに発酵を利用してきた可能性が高い(4)。

酵母は糖がアルコールに変わるプロセスにかかわる。文化人類学者のクロード・レヴィ＝ストロースは、酵母は人類の文化史上もっとも劇的な変化——狩猟採集から農耕への変化——にもかかわっていると示唆した。彼は、蜂蜜酒——蜂蜜を発酵させてつくる酒——が人類初の酒であり、「自然な」発酵から木のウロなどを使った文化的な「発酵」への移行があったと考えた。酒は蜂蜜が「放置されて」発酵する限りにおいて自然の産物だが、人間が蜂蜜を木のウロに入れて発酵させたとすればそれは文化であると言う。同じ論理から、オオキノコシロアリとハキリアリも自然から文化への移行をヒトに先んじて数千万年前に達成したことになる(5)。

レヴィ＝ストロースは、蜂蜜酒について正しいのかもしれないし、正しくないのかもしれない。だが、現在の出芽酵母に近い酵母はヤギやヒツジの家畜化と同時期に出現している。約一万二〇〇〇年前のいわゆる新石器革命のときに農耕が始まったのは、少なくともその一因に酵母に対する文化の反応があったのではないだろうか。人類が遊動生活を捨て去って定住社会を形成したのは、パンかビールのためだったのではないか（一九八〇年代以降、パンよりビールだったという説が学者のあいだでは人気がある）。パンとビールどちらの場合も、酵母は人類最初期の農耕によっていちばん利益を得た。どちらの場合でも、人

出芽酵母（*Saccharomyces cerevisiae*）

類は自分より先に菌類に餌をやる。農耕と関連した文化の発展——作物の植わった畑から、都市、富の蓄積、穀物の貯蔵、新種の疾病まで——が、酵母と共有する私たちの歴史の一部をなしているのだ。多くの意味において、酵母が私たちを家畜化したと言えるのかもしれない。(6)

人間の文化の目に見えぬ参加者

私自身の酵母との関係は私が大学生のときに変化した。ある隣人のボーイフレンドが定期的にその隣人を訪ねてきた。彼が訪ねてくると、液体を入れてラップをかけた大きなプラスチックのボウルがきまって台所の窓台に置かれる。それはワインだと彼は私に教えてくれた。彼はフランス領ギニアで刑務所に入っていた友人から酒をつくる方法を伝授してもらったのだそうだ。私は興味を引かれ、自分のためにいくつかボウルを買い込んだ。それはとても簡単だった。酵母が仕事を一手に引き受けてくれるようなものなのだ。酵母は温かいのを好むが、熱すぎてはいけない。暗い場所でいちばんよく繁殖する。発酵は生温かい糖の水溶液に酵母を加えると始まる。酸素がなければ、酵母は糖をアルコールに変えて二酸化炭素を出す。糖がなくなるか、アルコールの毒で酵母が死ぬと発酵が止まる。

私はボウルにアップルジュースを入れ、乾燥したパン酵母をティースプーン二杯加えてから、寝室のヒーターの側に置いた。表面がぶくぶくと泡立ち、プラスチックの蓋に泡がついた。ときどきガスが少し漏れ出て、どんどん酒臭くなっていった。三週間後、私は我慢ができなくなりボウルをパーティーに持っていった。中身は数分もしないうちになくなった。酒は少々甘いが飲むことができた。またその効き目から判断して、強いビールほどの度数があったようだ。

　この趣味はどんどんエスカレートした。二年後、私は数個の醸造用の容器と容量五〇リットルのソースパンを買い込み、古い文献にあるレシピを参照していろいろな種類の酒を醸造し始めた。一六六九年に出版された『サー・ケネルム・ディグビのクローゼット（*The Closet of Sir Kenelm Digby Knight Opened*）』にあったスパイスミード〔蜂蜜酒のこと〕や、近くの湿地で採ってきたセイヨウヤチヤナギとハーブの混合物「グルート」で中世のエールをつくった。すぐにサンザシワイン、イラクサビール、薬用エールも試した。この薬用エールは、一七世紀にイングランド王ジェームズ一世の侍医ウィリアム・バトラー博士が記録に残したもので、「ロンドンの大疫病」〔腺ペストの流行〕、麻疹（ましん）（はしか）、その他さまざまな病気に効くと言われる。私の部屋には泡立つ瓶が並び、私の衣服が瓶に着せられていた。[7]

　私は、同じフルーツジュースに別々の場所で採取した酵母の培養物を加えて酒をつくった。コクのある酒もあれば、風味豊かな酒もあった。濁ったうまい酒もあった。靴下やテレピン油のような匂いのする酒もあった。よい香りと悪い香りは紙一重だったが、それは問題ではなかった。酒の醸造によって私は菌類の見えない世界に浸れたし、リンゴの皮から採取した酵母と、古い図書館の棚に皿に入れて一晩置いておいた砂糖水から採取した酵母によってできた酒の味の違いを味わうことができた。

　物質を変えるという酵母が持つ能力は、昔から神聖なエネルギー、霊性、神になぞらえられてきた。そうしないでいられようか。酒と酩酊（めいてい）はもっとも古くから人が知る魔法なのだ。目に見えぬ力が果物からワインを、穀物からビールを、蜂蜜から蜂蜜酒をつくる。これらの液体は私たちの心を変えるため、霊的な祭礼や政治から、労働に対する報酬に至るまで人の文化にさまざまな形で取り入れられてきた。また、これらの液体には興奮させたり恍惚(こうこつ)感を与えたりするなど私たちの感覚を研ぎ澄ます力がある。酵母は人間社会の秩序を維持するとともに破壊もするのだ。

古代シュメール人——五〇〇〇年前にビールのレシピの記録を文字で残した——は、発酵の女神ニンカシを崇拝した。エジプトの『死者の書』では、祈りを捧げる者は「パンとビールを与える者」と呼ばれている。南米のチョルティ人のあいだでは、発酵の始まりは「善なる霊の誕生」と考えられている。古代ギリシャ人には、ディオニューソスという神がいる。ワイン、ワインづくり、狂気、酩酊、人が栽培する果物の神であり、人間の文化のカテゴリーを創造し破壊する酒の神格化でもある(8)。

今日、酵母はインスリンからワクチンまで医薬品の製造に使用するバイオテクノロジーのツールとなっている。菌糸皮革の製造でエコヴェイティヴ社と提携したボルト・スレッズという企業は、強靭な「クモの糸」をつくる酵母を遺伝子テクノロジーによって生み出した。研究者は酵母の代謝を遺伝子レベルで改変し、この酵母によって木材から糖を抽出してバイオ燃料にすることを目指している。あるチームは、人工酵母菌ゲノム開発プロジェクト（Synthetic Yeast 2.0: Sc2.0）で人工酵母菌の作製に挑んでいる。この人工生命のゲノムを自在にプログラムすることによって、種々の化合物を生成するのが目的だ。これらの事例では、酵母とその改変能力は、自然と文化間の境界線、自身を組織化する生物と人間によって製作された機械の境界線を曖昧にする(9)。

私が実験で学んだのは、酒類の醸造技術における酵母菌の培養物と息を合わせることの大切さだった。発酵は自家分解——腐敗を有益なものに変える行為——である。成功すれば、酒は境界線の正しい側に来る。しかし菌類相手で確かと言えることは一つもない。清浄度、温度、成分——発酵産物を決めるあらゆる条件――に注意を払うことによって、発酵を望む方向に導こうとすることはできるが、威圧的になってはいけない。だから、最終産物にはいつでも驚くのだ。

古い時代のレシピの酒を飲むのは楽しかった。蜂蜜酒は飲むと笑いたくなる。グルート・エールは人を話し好きにする。バトラー博士の薬用エールは奇妙だがすばらしい苦みがある。大混乱を起こす酒もあった。どんな効果があるにせよ、私は古いレシピの酒をつくる過程に魅了されてしまった。昔の醸造酒レシピは、酵母がここ数百年にわたってどのようにして人間の暮らしと心に入り込んできたかの記録なのだ。これらの本のページに記された酵母は、物言わぬ友、人間の文化における目に見えぬ参加者なのだ。突き詰めて言えば、これらのレシピは物質がどのように分解するかを教えてくれる物語であると言える。これらのレシピは、どの物語を使って世界を理解するかが重要であると思い出させてくれた。穀物について聞く物語によって、あなたがパンを焼くかビールをつくるかが決まる。牛乳について聞く物語によって、あなたがヨーグルトをつくるかチーズをつくるかが決まる。リンゴについて聞く物語によって、あなたがソースをつくるかシードルをつくるかが決まるのだ。

「菌類好き」の文化、「菌類嫌い」の文化

酵母は微小であり、酵母の生活にまつわる物語は数限りない。一方で、キノコを生やす菌類はより単純に理解されている。私たちは、おいしいキノコも毒のあるキノコもあることを知っている。キノコは癒しを与え、腹を満たし、幻覚を見せてもくれる。数百年にわたって、東洋の詩人はキノコとその香りについて熱狂的な詩を書いた。「茸狩や見付けぬさきのおもしろさ」と江戸前中期日本の俳人、山口素堂(そどう)は熱を込めて詠む。ヨーロッパの作家はおおむね否定的だった。一三世紀に出版した『植物について(*De*

Vegetabilibus)』でアルベルトゥス・マグヌスは、「湿った体液」を持つキノコは「［それを食べる］生き物の頭の中の神経経路を分断して狂気をもたらす」と警告している。一五九七年、イギリスの植物学者ジョン・ジェラードは、キノコを食べるのは避けたほうがいいと説く。「食べておいしいキノコは少なく、食べた人はたいてい喉を詰まらせて窒息する。したがって、新しく風変わりな食べ物を好む人には、サンザシの蜂蜜をなめておくことをお勧めしよう。そうすれば、蜂蜜の甘さで口にした物の苦さや舌を刺すような刺激が和らぐだろう」。それでも、人はどうしてもキノコを食べずにはいられなかった。[10]

一九五七年、ゴードン・ワッソン――はじめて『ライフ』誌にマジックマッシュルームにかんする記事を書いた――と妻のヴァレンティナは、あらゆる文化を「菌類好き」と「菌類嫌い」に二分するシステムを開発した。キノコに対する現代文化の反応は、古代のマジックマッシュルーム信仰の「当世風バージョン」であると夫妻は考えた。菌類好きの文化はその昔キノコを崇拝した人びとの流れを汲み、菌類嫌いの文化はその昔キノコの持つ力を悪魔的と考えた人びとの流れを汲むのだ。菌類を好む文化では山口素堂がマツタケを讃える句を詠み、テレンス・マッケナがマジックマッシュルームを多量に食べる効果を広く触れて回る。菌類を嫌う文化では、そうしたキノコの違法化につながる倫理的パニックに火がつき、アルベルトゥス・マグヌスやジョン・ジェラードが「新しく風変わりな食べ物」の危険性について厳しい警告を出す。どちらの立場の人もキノコが人に与える影響について承知している。だが双方ともその力に異なる解釈を与えているのだ。[11]

私たちは、生物を正確ではないかもしれないカテゴリーに無理やり押し込めがちだ。それは私たちが生物を理解する一つの方法なのだ。一九世紀には、細菌や菌類は植物に分類されていた。[12] 今日、どちらも別個の生物界に属すると考えられているが、彼らに独立した界が設けられたのは一九六〇年代なかばのことなかった。[13] 記録が残されている人類史の大半において、菌類の分類についてほとんど一致した見解は存在しなかった。[13]

アリストテレスの弟子テオプラストスはトリュフについて書いているが、それが何でないかについて述べるのみだ。彼はトリュフには根、茎、枝、芽、葉、花、実もなければ、樹皮、髄、繊維、葉脈もないと記している。他の古典の著者の中には、キノコは雷が落ちて発生するという人がいた。地球の副産物か「突出物」だという人もいた。一八世紀スウェーデンの植物学者カール・フォン・リンネは近代的な生物の分類法を考え出したが、一七五一年にこう書く。「菌類の目はいまだに混乱していて、植物学のスキャンダルであり、どれが種でどれが変種かを知る植物学者は誰一人としていない」[14]

今日に至るまで、菌類は私たちが編み出した分類法をすり抜けている。リンネの分類法は動植物をカバーするが、菌類、地衣類、細菌にはうまく対応できていない。一種の菌類から似ても似つかない形に成長することもある。多くの種がそれぞれを区別できる特徴を持たない。菌類の遺伝子解析によって進化史を共有するグループに分けることはできても、形状にもとづいてグループに分けることはできない。それに、ある種がどこから始まって別種がどこで終わるかを遺伝学データによって決定することは、多くの問題を解決しても他の新たな問題を突きつける。ある菌類の「個体」の菌糸体内に、複数のゲノムが存在する場合があるのだ。ひとつまみの埃からDNAを抽出すると、何万もの固有の遺伝学的な特徴が見つかり、それらを既知の菌類グループに分類できないこともある。二〇一三年、菌類学者のニコラス・マネーは「菌類の命名が不可能であることについて（Against the naming of fungi）」と題する論文で、菌類については種という概念そのものを放棄するべきだとまで述べている。[15]

分類法は人が世界を理解する一つの方法でしかない。真の判断はまた別の話だ。チャールズ・ダーウィンの孫グウェン・ラヴェラは、伯母のエティ（ヘンリエッタ）――ダーウィンの娘――がスッポンタケ（*Phallus impudicus*）を毛嫌いしていた件について書いている。スッポンタケは男性器に似た形をしていることで有名だ。それに、不快な臭いのする粘液を分泌し、それが胞子を拡散するハエを呼び寄せる。一九五二年、ラヴェラは次のように述懐している。

この地の森に、俗にスッポンタケ（Stinkhorn）と呼ばれる（ラテン語の学名はもっと下卑ていて、「恥知らずな男性器」を意味する）キノコが生える。その名前はこの菌類が臭い（stink）ので見つかることから納得できるが、伯母エティがつけた名前だった。伯母はカゴと先が細くなった棒を持ち、キノコ狩り用のマントと手袋を身につけて、臭いを嗅ぎながら森の中を進んだものだ。そこかしこで目指すキノコの臭いがすると鼻をピクつかせる。恐ろしい勢いで臭いキノコを倒してカゴに入れる。一日の活動の締めくくりに獲物を自宅に持ち帰り、応接室に鍵をかけてこっそり焼いてしまう。下女たちの品性を保つためだ。[16]

殺生あるいは執着？　菌類好き？　いや、隠れ菌類嫌い？　違いを区別するのはかならずしも容易ではない。スッポンタケを忌み嫌う人にしては、伯母エティはあまりに長い時間をこのキノコ探しに費やす。この「活動」によって、彼女は間違いなくハエより多くのスッポンタケの胞子を拡散しているだろう。不快な臭いはおそらくハエには魅力たっぷりなのだろうが、伯母エティにとってもそうだったのだ。ただし、伯母の場合は屈折した嫌悪感だ。不快な思いに導かれ、彼女はスッポンタケをヴィクトリア朝の倫理観で覆い隠し、菌類の目的を熱心に果たしてやったことになる。

私たちが菌類をどう理解するかは、菌類より私たち自身について多くを語る。アガリクス・クサントデルムス（*Agaricus xanthodermus*）は、たいていのキノコ狩りのガイド本には有毒と書かれている。菌類本を大量に所蔵している熱心なキノコ狩り名人が、あるとき蔵書中のあるガイド本について話してくれた。その本にはこのキノコは「炒めるとおいしい」と書かれているが、著者は「虚弱な体質の人は軽い昏倒を起こすことがある」と念のため付け加えていた。アガリクス・クサントデルムスが生理学的な体質によって異なる影響を与えることをどう思うだろうか。たいていの人には有毒だが、人によっては問題なく食べられるのだ。キノコがどのように記述されるかは、記述している人の体質に依存するのである。[17]

共生関係の議論の政治色

この種のバイアスは共生関係の議論でとりわけ明白になる。共生関係はこの言葉が一九世紀末期に造語されてからというもの、人間の世界観から理解されてきた。同様のことはかつて地衣類や菌根菌にも明らかに当てはまった。主人と奴隷、詐欺師と被害者、ヒトと家畜、男と女、国家間の外交関係……。隠喩はその時々で変化するが、ヒト以外の関係をヒトのカテゴリーで語ろうとする試みは現在に至るまで続いている。

生物学者のヤン・サップが私に説明したように、共生関係の概念は私たち自身の社会の価値観をあぶり出すプリズムのように振る舞う。サップは早口で話す人で、皮肉な現象を鋭く見分ける。共生の歴史が彼の専門である。生物が互いにどう作用しあうかという問いに取り組んでいる生物学者たちと——実験室、会議、シンポジウム、ジャングルで——数十年にわたって過ごしてきた。リン・マーギュリスとジョシュア・レーダーバーグの親友であり、現代の微生物学が「重要性を増していく」のを間近で見てきた。共生関係の駆け引きはかならず危険をはらむ。自然とは本質的に競争なのだろうか。あるいは協力なのか。多くがこの問いを投げかける。多くの人にとって、それは自身をどう理解するかを変える。この問題が概念上のものであり、イデオロギー上の対立の種であることは意外ではない[18]。

一九世紀後半に進化論が提唱されて以来、アメリカと西欧間には対立と競争の物語があり、そのことは資本主義体制における人間社会の進歩にかかわる見方を反映していた。相互の利益のために協力する生物の例は、サップの言葉を借りれば「礼儀正しい生物社会の周縁近くに留まったままでした」。地衣類や植物と菌類の関係を生み出したような相利共生関係は、奇妙な例外——実際に存在すると仮定して——なのだった[19]。

この見方に対する反論は東西ヨーロッパの境界線ほどきれいに分かれることはなかった。それでも、進化において相互支援と協力を認める傾向は、西欧よりロシアの進化論者のあいだで顕著だった。食うか食われるかの「歯と爪を血に染めた自然」という見方に対する最強の反撃は、一九〇二年にロシアの無政府主義者ピョートル・クロポトキンが出版したベストセラー『相互扶助論』だった。この本でクロポトキンは、「社会性」は生存競争と同等に自然の一部であると強調した。自然についての自身の解釈にもとづき、彼は明確なメッセージを打ち出した。「競争してはいけない！」「互いに助けあおう！　それが各人そして全員に最大の安全を与える方法であり、身体的、知性的、道徳的な生存と進歩の最高の保証である」[20]

二〇世紀の大半を通して、共生関係の議論は政治の影響下にあった。サップは、冷戦構造の影響で生物学者が世界における共生の問題をより真剣に考えたと指摘している。共生にかんする初の国際会議は、一九六三年にロンドンで開催された。世界がまさに核戦争に突入寸前となったキューバ危機から六か月後のことだった。これは偶然ではない。会議録の編集者たちはこう述べている。「世界における共存という差し迫った課題が、委員会による今年のシンポジウムのテーマの選択に影響を与えたかもしれない[21]」

隠喩が新しい考え方を見出すのに役立つことは科学で証明されている。生化学者のジョゼフ・ニーダムが、形のない情報の集まりを表すのに使う「座標の網」と、彫刻家が粘土を支えるのに使う針金のフレームとのアナロジーについて書いている。進化生物学者のリチャード・レウォンティンは、隠喩を使わずに「科学の仕事」をすることは不可能であって、それは「現代科学全体が人間によって直接に経験することはできない現象を探究の対象としているからだ」と指摘した。その結果、隠喩とアナロジーに人間が語る物語や価値観が織り交ぜられる。科学のアイデア――このアイデアも含めて――の議論は文化のバイアスから逃れられないのだ[22]。

今日、共有菌根ネットワークの研究は政治色のいちばん濃い分野の一つである。これらのネットワークを、森林の富が再分配される社会主義の一形態と見なす人がいる。哺乳動物の家族構成や子育てからインスピレーションを得て、幼木が大きく成長した「母なる木」とつながった菌類によって養分を与えられると考える人もいる。ネットワークを「生物学的な株式市場」になぞらえる人もいる。この市場では、植物と菌類は合理的な経済学的個体であり、生態学のトレーディングルームで「制裁」、「戦略的な金融投資」、「市場獲得」に精を出している[23]。

ウッド・ワイド・ウェブもこれに負けず劣らず擬人化されている。ヒトは機械をつくる唯一の生物であるのみならず、インターネットとワールド・ワイド・ウェブは現代テクノロジーの中でももっとも公然と政治の道具と化している。他の生物を理解するために機械の隠喩を使うことは、人間の社会生活の概念を借用することと同じく問題がある。実際には、生物は成長するものであり、機械はつくられるものだ。生物はたえず自分を変えるが、機械の管理は人によってなされている。生物は自己組織化し、機械は人によって組織化される。機械の隠喩は人の暮らしを変えるほどの重要性を持つ無数の発見を可能にした物語やツールである。だが、それは科学的な事実ではないので、他の無数の種類の物語に優先すれば問題となる。もし生物を機械として理解するのであれば、私たちは生物を機械として扱うことになるのだ[24]。

私たちがどの隠喩がいちばん有益であるかにはじめて気づくのはあとから振り返ってのことだ。今日、あらゆる菌類を一九世紀後半さながらにまとめて「病原体」や「寄生体」と呼ぶのは馬鹿げているだろう。ところが、アルベルト・フランクが地衣類に着想を得て「共生」という言葉を造語する以前には、異なる生物間の関係性を記述する言葉がなかった。最近では、共生関係にまつわる物語はよりニュアンスに満ちたものになってきている。トビー・スプリビル――地衣類が二種以上の生物から成ることを発見した研究者――は、地衣類はシステムとして理解するべきだと主張している。地衣類は長年信じられてきたような固定した関係性の産物ではないようなのだ。むしろ、それは数種の異なる生物の関係性の総体である。スプリビルにとって、地衣類を説明する関係性は、前提となる答えというより問いになった。

同様に、植物と菌根菌ももはや相利共生体か寄生体かのどちらか一方として考えられてはいない。一種の菌根菌と一種の植物間の関係であっても、利害関係は流動的なのだ。厳密な二分法に代えて、研究者は相利共生体 - 寄生体の連続体について記述する。共有菌根ネットワークは協力をうながすが競争もうながす。養分は菌類の経路を介して土壌中を移動するものの、有毒物質もまた同じように土壌中を移動する。物語の可能性に限りはないのだ。私たちは視点を変え、不確かさを受け入れる――または、ただじっと耐える――しかない。

それでもなお、議論に政治を持ち込む人もいる。サップが楽しげに教えてくれたところによると、ある生物学者は「私を生物学的左派、自分を生物学的右派と呼びました」という。二人が生物学上の個体の意味について議論していたときのことだった。サップの考えでは、微生物学の発展によって生物の個体間の境界線を引くのが難しくなった。生物学的右派を自ら任ずる相手にとっては、文句なく明快な個体というものが存在しなくてはならない。近代の資本主義は、合理的な個人は自身の利益のために行動するという前提にもとづいている。個人というものが存在しないなら、すべてが崩壊するのだ。生物学的右派の彼から見れば、サップの議論は集合体に対する愛着とその基盤となる社会主義的傾向を実は示しているというのである。サップは笑った。「何が何でも二分法を成立させたい人がいるということですね[25]」

菌類学者は菌類らしく振る舞う

著書『植物と叡智の守り人』で、生物学者のロビン・ウォール・キマラーがアメリカ先住民ポタワトミの言語の「プポウィー（*puhpowee*）」という語について書いている。プポウィーは「キノコが一晩で土から生える力」を意味する。キマラーはのちにこの言葉がキノコだけでなく、夜になると不思議に長く伸びる別の棒も意味することを知った。キノコの成長を言い表すのに、ヒトの男性器の勃起と同じ言葉を使うのは擬人化だろうか。いや、ヒトの男性器の勃起を言い表すのに、キノコの成長と同じ言葉を使う擬菌類化なのだろうか。矢印はどっちの方向を向いているのだろう。植物が「学ぶ」、「決める」、「意思疎通する」、「思い出す」というとき、あなたは植物をヒトに見立てているのだろうか。あるいは、ヒトにかんする一群の概念を植物化しているのだろうか。ヒトにかんする概念を植物に対して使うと新たな意味合いを持つようになるかもしれない。そして、植物にかんする概念――花、咲く、丈夫、根、樹液の多い、ラディカルなど――をヒトに対して使うことについても同じことが言えるかもしれない[26]。

ナターシャ・マイヤーズ――生物どうしが関連する傾向を指して「involution（巻き込む）」という言葉

を使った人類学者——は、チャールズ・ダーウィンは自ら進んで野菜になり「植物化」することを厭わなかったようだと指摘する。一八六二年、ダーウィンはランの花についてこう書く。「このカタセツム属のランの触角〔蕊柱と呼ばれる二本の突起で、雄しべと雌しべが合着したもの〕の位置は、ヒトが左腕を上げて曲げて左手が胸の前に来るようにし、右腕を身体を横切って伸ばして指を身体の左側から突き出した位置に対応する」[27]

ダーウィンは花を擬人化しているのだろうか。あるいは彼自身が花によって植物化されているのだろうか。彼は植物の特徴をヒトにかんする言葉で記述していることから、これは擬人化の確かな兆候だと言える。しかし、彼はまたヒトの身体——彼自身の身体を含む——に花の形態を見て取っている。このことから、彼には花の解剖学をヒトに使う用語で探究することを避ける気持ちはないとわかる。これは古くからある話だ。何かを理解するには、その何かの一部をあなたの身体になぞらえないと難しい。それはときに意図的なものだ。たとえば、ラディカル菌類学は形態のはっきりしない組織である。これは偶然ではない。創立者のピーター・マッコイは、菌類には私たちがどう考え想像するかを変える能力があると指摘する。樹木（tree）という語は、系統学の記述〔系統樹〕や関係性（ヒト、生物、語族）から、コンピュータサイエンスのデータ構造の決定木、神経系の「樹状突起」（ギリシャ語で「木」を意味する *dendron* に由来する）まで、あらゆる場面に出現する。菌糸体に出現して何が悪いだろうか。ラディカル菌類学は分散菌糸体の理論を使って自己組織化する。部分のネットワークはより大きな動きと緩やかに関連している。ラディカル菌類学ネットワークは定期的に子実体（キノコ）に結実する。ちょうど、私が参加したオレゴン州で開催されたラディカル菌類学会議のように。もし私たちが動植物ではなく菌類を「典型的な」生命体と考えるなら、私たちの社会と組織はどのように変わるだろうか。[28]

私たちはときに無意識に世界を模倣する。犬の飼い主は犬に似るし、生物学者は研究対象に似てくる。「共生」という言葉が一九世紀末期にフランクによって造語されてから、生物どうしの関係性を研究している人びとは稀に見る学際的な協力体制を築き上げた。サップが私に指摘したように、二〇世紀の大半において共生関係が無視されたのは研究機関どうしが協力しないためだ。科学がますます細分化されると、分野間の溝によって遺伝学者は発生学者から、植物学者は動物学者から、微生物学者は生理学者から分断される結果となった。

共生の相互作用は種の壁を越えるので、その研究は分野間の壁を越えなくてはならない。しかし今日の状況を見れば、それが実現しているとは言い難い。二〇一八年、菌根の生物学の国際会議の記事は次のように始まる。「相互利益のための資源の共有、分野間の交流によって、菌根の共生の理解は深まる……」。菌根菌の研究には、菌類学者と植物学者の学術的な共生が求められる。菌類の菌糸体に棲む細菌の研究にも、菌類学者と細菌学者の学術的な共生が欠かせない[29]。

私は菌類を研究しているときほど菌類らしく振る舞うことはない。互いに便宜を図ったりデータを融通したりして、すぐに学術的な相利共生関係を結ぶ。パナマでは、何日も赤土の泥に肘まで浸かって菌根の菌糸体の成長点のように振る舞った。試料の入った大きなクーラーを税関での申告、X線検査、麻薬犬による検査を経て何度も船便で他国に送った。ドイツで顕微鏡を覗き込み、スウェーデンで菌類の脂質プロファイルを検討し、イギリスで菌類DNAの抽出およびシークエンシング〔塩基配列の決定〕を行った。ケンブリッジ大学の検査で得たギガバイト単位のデータを処理してもらうため、スウェーデンの研究仲間に送り、その後にアメリカとベルギーの研究仲間にも送った。私の活動の経路をたどれば、複雑なネットワークを描いただろう。ネットワークには情報と資源の双方向の動きが含まれていた。植物と同じく、スウエーデンとドイツの研究仲間は私との関係のおかげでより多くの土壌を得た。彼らは自分で熱帯に行くことはできないから、私が彼らの代わりを務めたのだ。お返しに、私は菌類のように自分には手の届かない助成金やテクノロジーを手に入れた。パナマにいる私の共同研究者は、イギリスの研究仲間の助成金とテクノロジーの恩恵を受けた。同様に、イギリスの研究仲間は私のパナマの共同研究者の助成金と専門知識の恩恵に与った。柔軟なネットワークを研究するには、柔軟なネットワークを構築する必要がある。これは繰り返して遭遇するテーマだ。あなたがネットワークを見ると、ネットワークはあなたを見返すのだ。

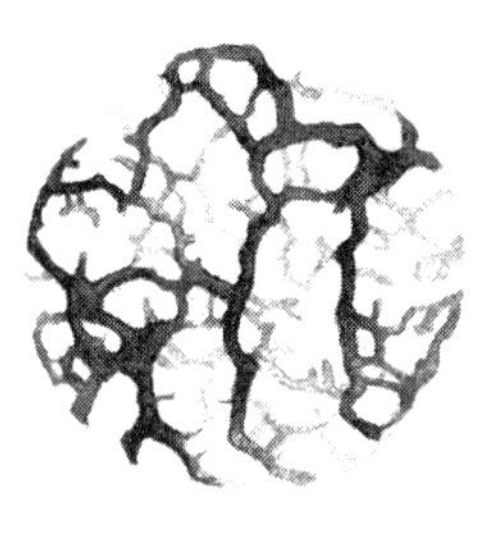

熟れた果実からバイオ燃料まで

フランスの哲学者ジル・ドゥルーズが、「われわれの中に植物が圧倒的に侵入するときの陶酔」ということを言った。それはまた、私たちの中に菌類が圧倒的に侵入するときの陶酔でもある。酔っぱらうと、私たちは菌類の世界で自分たちの一部を再発見できるのだろうか。ヒトであることから少し離れれば、私たちは菌類を理解する方法、あるいは人間であることに何か別のもの、菌類らしきものを見つける方法にたどり着けるだろうか。この何か別のものは、私たちがもっと菌類と緊密につながっていた時代の置き土産かもしれない。それとも、このじつに途方もない生き物との長きにわたる絡みあった歴史から私たちが学んだ何かなのだろうか。[30]

私たちの身体は、アルコールの解毒にアルコール脱水素酵素（ＡＤＨ）を使う。この酵素のクラスⅡの遺伝子*ADH4*が、約一〇〇〇万年前に一つの変異を起こして解毒効率が以前の四〇倍になった。変異はゴリラ、チンパンジー、ボノボとヒトの最後の共通祖先で起きた。変異した*ADH4*を持っていなければ、少量のアルコールでも有毒になる。ところが変異した*ADH4*を持っていれば、アルコールを安全に摂取してエネルギー源に使うことができる。私たちの祖先がヒトになるよりはるかに前、そしてアルコールの文化的及び霊的意味合いを語り継ぐ物語や、アルコールをつくる酵母の文化を語り継ぐ物語を生み出すよりはるかに前、私たちはアルコールの代謝を可能にする酵素を進化させたのである。[31]

なぜ、アルコールの代謝能力はヒトが発酵技術を開発する数千年前に生まれたのだろう。研究者によれば、*ADH4*が変異したのは私たちの霊長類祖先が樹上生活から地上生活に方向転換したときと重なるという。アルコールの代謝能力は、林床で暮らす霊長類にとって欠かすことができなかった。この能力を得たおかげで、木から落ちて熟れて発酵した果実という新たな食物のニッチの世界を拓いたのだ。

*ADH4*の変異は、生物学者のロバート・ダドリーがヒトがアルコールを好む理由を説明するために提唱した「酔った猿の仮説（drunken monkey hypothesis）」を裏づける。この見方によれば、ヒトがアルコールに心を引かれるのは、私たちの霊長類の祖先の性向を受け継いだせいだ。酵母がつくるアルコールの香りは、地面の上で熟れて腐っている果実を見つける確実な方法だった。ヒトのアルコール好きと、発酵と酩酊を管理する神々や女神たちの生態は、はるかに古い時代の誘惑の遺物なのだ。[32]

アルコールに魅せられる動物は霊長類に限らない。マレーシアのピグミーツパイ――ふさふさした毛の生えた尾を持つ小型の哺乳動物――は、ダイオウヤシの花に上って蕾（つぼみ）に入り、（同じ比率だと）ヒトが酩酊するほどの量の発酵した花蜜を飲む。酵母が放出するアルコール蒸気がピグミーツパイをヤシの花に呼び寄せる。ダイオウヤシは受粉をピグミーツパイに頼り、その花の蕾は特別仕様の発酵容器に進化した。容器は酵母を入れ、急速な発酵をうながして花蜜が泡立つ仕掛けになっている。ピグミーツパイもアルコールを解毒するすばらしい能力を進化させたらしく、アルコールの悪影響を受けている様子はない[33]。

*ADH4*の変異によって、私たちの霊長類の祖先はアルコールからエネルギーを抽出できるようになった。「酔った猿の仮説」の予想外の展開として、ヒトはアルコールからエネルギーを抽出する方法を探り続け、今では身体内の代謝流体としてではなく内燃機関のバイオ燃料として燃焼させている。数十億リットルを超えるバイオエタノール燃料が、アメリカではトウモロコシから、ブラジルではサトウキビから毎年生産されている。アメリカでは、イギリス全土を上回る面積がトウモロコシ栽培に供され、収穫したトウモロコシは処理されて酵母の餌になる。草地からバイオ燃料作物の畑地への転換率は、ブラジル、マレーシア、インドネシアで土地占有割合において森林伐採率に匹敵する。バイオ燃料ブームの生態学的影響は計り知れない。バイオ燃料関連の開発は大規模な政府の助成金を必要とし、草地からバイオ燃料作物の畑地への転換が大気中への大量の炭素放出を招く上に、大量の肥料が河川に流れ込み、メキシコ湾に死の海域を生み出している。またしても、酵母とそれがつくり出すアルコールの多様な力が人間による農業がもたらす生態系の変化にかかわっているのだ[34]。

「ニュートンのリンゴ」の物語

「酔った猿の仮説」に刺激を受け、私は熟れすぎた果実を発酵させてみようと思い立った。それは物語を完成させ、そのことによって私の世界にかんする知覚を変え、その影響下に意思決定して酩酊するためだった。酩酊は私たちの中で菌類が爆発している現象なのかもしれない。それは菌類の物語の爆発なのだ。

物語はどれほど頻繁に私たちの知覚を変えているだろうか。私たちはどれほど頻繁にそれに気づきもしないままなのか。

このアイデアを思いついたのは、有名な植物園長の案内でケンブリッジ大学植物園を見学していたときのことだった。この植物園長にかかれば、もっとも目立たない灌木からでもたくさんの物語が紡がれる。ある植物、入り口にあった大きなリンゴの木が私の目を引いた。植物園長によれば、このリンゴの木は、ウールズソープ・マナーに保存されているアイザック・ニュートンの生家の庭に生えている樹齢四〇〇年のリンゴの木からの挿木だという。この植物園内の中で唯一のリンゴの木で、ニュートンが万有引力の法則を確立したときにはすでにここにあったほど古かった。ニュートンに刺激を与えたリンゴが落ちた木があったとすれば、この木のはずだった。

挿木から生えたので、私たちの目の前にある木は有名な木のクローンだと植物園長は強調した。とすれば、少なくとも遺伝学的に言えば、同じ木がニュートンに刺激を与えたのだ。というより、もしそれが本当に起きたのであれば、これがその木なのだ。リンゴの木のエピソードの確実な証拠はないことを考えれば、リンゴが重力の法則に少しでもかかわりがある可能性は低いと植物園長はすぐに付け加えた。それでも、この木には重力の法則にかかわったリンゴを落としてはいない普通のリンゴの木とは雲泥の差があった。

クローンはこの木だけではなかった。植物園長は他にも二本のクローンがあると明かしてくれた。トリニティ・カレッジの正面側にあるニュートンの錬金術実験室のあった場所と、数学の講師たちが使っていた部屋の外にあるという（のちにニュートンのリンゴの木のクローンはもっとあることがわかった。なかには、マサチューセッツ工科大学（ＭＩＴ）の学長の庭にもあるそうだ）。ニュートンのリンゴの神話は強力で、三つの別々の学術委員会――とにかく慎重で優柔不断であることで知られる――が街中のふさわしい場所にリンゴの木を植えることを決定した。いずれにしても、公式の見解は変わっていない。ニュートンのリンゴの話は出所が怪しく、事実にもとづいてはいないというのだ。

植物界の話もこれと似たり寄ったりだ。西洋科学史のもっとも重要な発展に植物がかかわったというエピソードは肯定されると同時に否定された。この両義性から現実の木が成長し、現実のリンゴが地面に落ちて腐敗し、鼻を突くアルコール臭を放った。

ニュートンのリンゴの逸話が信ずるに足るものではないのは、ニュートン自身がそのような記録を残していないからだ。それでも、ニュートンの同時代人が残した話がいくつかある。いちばん詳細なのがウィリアム・ステュークリの手になるものだ。彼は当時、先史時代の遺跡研究に熱心だった王立協会の若きフェローで、現在はイギリスのストーンヘンジの研究でもっともよく知られる。一七二六年、ステュークリは彼自身とニュートンがロンドンで一緒に食事をしたと述懐している。

> 夕食後、暖かな日だったので、私たちは庭に出てリンゴの木の下でお茶を飲んだ。二人きりだった……いろいろ話したが、ニュートンは以前に重力という考えを思いついたときと今まったく同じ状況にいると語った。なぜリンゴはまっすぐ地面に落ちるのだろう。リンゴが落ちたことで彼は思いに耽った。なぜリンゴは横や上に動かないで、かならず地球の中心に向かうのか。もちろん、それは地球がリンゴを引っ張るからだ。物質には引きあう力があるに違いなかった。[35]

現代に伝わるニュートンのリンゴの話は、ニュートンが話したことにかんする物語の物語だ。そのことがリンゴの木の物語をとても豊かにしている。いずれにしても真相はどれとも知れないのだ。この難問に対して、学者たちは物語が真実でもあり虚偽でもあるかのごとく振る舞った。物語は伝説と現実のあいだを行き来した。リンゴの木はありえない物語を押しつけられた。ヒト以外の生物が私たちのカテゴリーの境界線を軽々と越える一例だ。リンゴによってニュートンが万有引力の法則を思いついたか否かはもう問題でなくなって久しい。リンゴの木は成長し、重力の話は盛んに語られる。

私はこの木からリンゴをもいでいいかと植物園長に丁重に尋ねた。その行為が問題かもしれないということは私の頭になかった。このリンゴ——希少種の「ケントの花」——がとてもまずいことは有名だった。それは酸味と苦みの組み合わせに関係していると、植物園長が説明した。その組み合わせを晩年のニュートンの性格になぞらえる人もいる。それはできませんと断られ、私は驚いてその理由を問いただした。「リンゴが木から落ちるのを観光客に見てもらわなくてはなりませんからね」と植物園長は言うと、すまなそうにこう付け足した。「神話に信憑性を与えるためです」

誰が誰を騙そうというのだろう。大勢の良識ある人びとがいったいなぜ物語に酔いしれ、慰められ、圧倒され、魅了され、幻惑させられるのだろうか。だが同時に、そうしないでいられようか。物語は私たちが世界をどう知覚するかを変えるために語られるのだから、そうしたことをしない場合はほぼないのだ。しかし、植物が明らかに道化を演じているという不条理がこれほどまでに明白な例も珍しい。私はすでに地面に落ちて腐りかけているリンゴを一個拾い上げ、アルコールの匂いを嗅ぎ、これが私の腐りかけているリンゴだと決めた。

問題はリンゴをプレスしてジュースにする道具がないことだった。オンラインで調べると、リンゴがケンブリッジ郊外で問題を引き起こしていることを知った。住民のリンゴの木が道路の上に枝を伸ばし、リンゴが道路上に落ちてくる。地元の若い子たちがそのリンゴを投げるのだ。窓ガラスが割られ、自動車に凹(へこ)みができる。政治的戦略の一環で、住民の会が地元の人のためにプレス機を用意して問題を解決し無駄をなくそうとした。戦略はうまくいっているようだ。若者のいたずらはジュースに形を変えた。ジュースは発酵してシードルになった。シードルは飲まれて、人びとのあいだに地元を愛する気運が広まった。全体のプロセスは成功だった。人間社会の危機が菌類によって解消されたのだ。こうしてまた別の形で、ヒトは口を開けて待っている菌類にゴミを与えたのだ。お返しに、菌類の代謝が人の暮らしと文化に役立ってくれている。ビール、ペニシリン、シロシビン、LSD、バイオ燃料……同じことがこれまで何度起きただろう。

私はプレス機の管理人に連絡を取ってその機械を借りられないかと打診した。プレス機を借りたい人は多く、借りる人どうしで直接交渉しなくてはならないという。私は地元の代理人を紹介され、彼が二日後にくたびれたボルボでエレガントな機械を牽引(けんいん)して我が家にやって来た。機械には、恐ろしげな歯のついた歯車（リンゴをドロドロの状態にする）、圧力を加える大きなスクリュー、ジュースがほとばしる出口があった。

私は友人と大きなキャンプ用のバックパックを持ってニュートンのリンゴを夜に収穫した。神話のためにリンゴをいくらか残したが、大半を収穫したことを申し訳なく思っている。後日、私はこの行為が「スクランピング（scrumping）」と言われることを知った。この言葉はウェスト・カントリー〔イングランドの西部地方〕の方言で、もとは風で落ちた果物などを集めることを意味したが、のちに果実を許可なくくすねることを意味するようになった。違いはウェスト・カントリーではリンゴがシードルになり、シードルには価値があることだった。土地所有者はかつて労働者の日当の一部をシードルで支払っていた。酵母の代謝が、彼らに居場所を与えた農業システムにフィードバックした多くの例の一つだ。ところが、ニュートンのリンゴの木の下では、リンゴはゴミなので庭が汚れるのが管理者にとって問題だった。プレス機が魔法のように奇跡を起こしたのだ。ゴミがジュースになり、ジュースが発酵してシードルになった。一石二鳥というわけだ。

リンゴをプレスするのは厳しい仕事だった。二、三人がかりでプレス機を押さえつけ、一人がハンドルを回す。リンゴがドロドロにつぶれていき、別の二人が残りのリンゴを洗って切る。これが生産ラインになった。部屋全体がつぶれたリンゴの鋭くかび臭い匂いに満ちた。どこを見てもあらゆる工程のリンゴがあった。私たちの髪の毛にリンゴのペーストが入り込み、私たちの服はびしょ濡れだった。カーペットはねばねばして湿気を帯び、壁には染みができた。一日の終わりまでに、三〇リットルのジュースができた。

シードルをつくるときには、ある選択を強いられる。一般に売られている酵母菌を入れるか、何も入れずにリンゴの皮にいる酵母菌に発酵を任せるかの選択だ。リンゴはその種に固有の酵母菌を皮に持ち、各々違った速度で発酵する。そのリンゴに特有の香りの成分を保存または変容させる。あらゆる発酵と同じく、それは微妙な違いだ。悪い酵母菌や細菌が大勢を占めると、ジュースは腐る。買い求めた一種の酵母菌でつくったシードルは腐ることが少ないものの、そのリンゴに固有の酵母菌の風味を活かすことはできない。野生の酵母菌が発酵を担うのがいいのは明白だった。ニュートンのリンゴはすでにニュートンの酵母菌を持っている。私にはどの酵母菌株が発酵を取り仕切るのかはわからないが、それが人類史の大半で行われてきたのだ。

ジュースは二週間ほどで発酵し、刺激臭のある濁ったシードルになった。私はこれを瓶詰めした。数日後、シードルを濁らせていた成分が沈んだところでコップにシードルを注いだ。驚いたことにうまかった。

リンゴの苦みと酸味は変化していた。フローラルで繊細な香りを放ち、優しく発泡する辛口のシードルだった。もっとたくさん飲むと、高揚感と軽い陶酔感に包まれた。なかには、はっきりしない感情の混乱が起きるシードルもあるが、私のシードルではそれはなかった。自分が酒に翻弄されているとも感じなかった。ただし、酵母はほぼ間違いなく私を訳のわからない人間に変えていただろう。私は物語に魂を奪われ、慰められ、圧倒され、引き込まれ、分別を剝ぎ取られ、打ちのめされた。シードルを「重力」と呼び、酵母菌の驚異的な代謝の影響で体が重くふらついていた。

エピローグ　この分解者

私たちの手は根のように吸収する、
だから私はこの世の美しいものの上に手を置く。

——アッシジのフランチェスコ(1)

子どものころ、私は秋が好きだった。大きなクリの木が葉を落とし、庭の隅に吹き溜まりをつくった。私は葉を集めて山にし、何週間もかけて両手いっぱいの落ち葉を慎重に足していった。やがてそんな葉っぱの山が大きくなり、浴槽を数個満たせるほどになった。私は何度も木の枝から落ち葉の山に飛び降りたものだ。中に入ると、身体全体が葉にうずまるように身をくねらせ、カサコソと音を立てる葉の中に横たわった。そして不思議な匂いに我を忘れた。

父は世界に親しむように勧めた。私を両肩に乗せ、ハチがするように私の顔を花々にうずめさせたものだ。私たちは無数の花を授粉しただろう。次から次へ花に顔をうずめる私の頬は黄色やオレンジに染まり、顔が花弁のパヴィリオンに入るように新たな形にすぼんでいき、私たち二人は色や匂いや汚れを楽しんだ。

落ち葉の山は、私の秘密の隠れ場所であり探究の場所でもあった。月日が経つにつれて山は小さくなり、中に身をうずめるのが難しくなっていった。私は山の深い所まで調べ、どんどん木の葉とは思えず土らしくなっていくものを手にした。虫が姿を現すようになった。虫は土を山の上に向かって運んでいるのだろうか。あるいは葉を土に向かって運ぶのか。まったくわからなかった。落ち葉の山が沈んでいくのだけはわかった。だがもし沈んでいるのだとすれば、何の中に沈んでいっているのだろう。土壌はどれほど深いのか。何が世界をこの固体の海の上に支えているのだろう。

父に訊いてみた。彼は答えてくれた。私は別の「問い」を投げかけた。何度「なぜ」と尋ねても、父はかならず答えを持っていた。この「なぜ」のゲームは、私の問いがなくなるまで続く。分解について学んだのはこうしたゲームをしていたときだった。私はすべての落ち葉を食べる目に見えない生物を想像しようとして、なぜそれほど小さな生物が途方もない食欲を持っているのかわからなかった。私が落ち葉の山にうずまっているあいだに、これらの生物がどのようにして落ち葉を食べるのかも。なぜ、私に見えないんだろう。この生物の空腹感がそれほど強いなら、私が落ち葉の山に身をうずめて静かに横たわっているときにこれらの生物が葉を食べている姿が見えるはずだった。だが、いつもうまく逃げられた。

父がある実験を提案した。私たちはプラスチックのボトルの上の部分を切り取った。そのボトルに土、砂、落ち葉の層を重ね、最後に数匹のミミズを入れた。それからの数日、私はミミズが層のあいだを行き来するのを見た。三層が混ざりあい、かきまわされた。動かないものは何もなかった。砂が土に入り、落ち葉が砂に入った。葉の硬い縁が互いに溶けあった。虫は見えるかもしれない、と父が言った。でも、君には見えない同じような虫がいっぱいいるんだよ。小さな虫。小さな虫より小さな生き物。そして虫のようには見えないけれど、虫のように何もかも混ぜて溶かすとても小さな生き物。作曲家（composer）は音楽をつくる。これらの生物は分解者（decomposer）であり、生物の遺体を分解する。分解者がいなければ何も起きない。

これはとても有用なアイデアだった。それはまるで物事を反対にして、順序を逆にして考えるということなのだ。作曲家は創造し、分解者は破壊する。分解者が破壊しなければ、創造者がつくるものの素材がない。この考えによって私の世界観が変わった。こうして分解する生物に魅了されたことから、私は菌類の世界に足を踏み入れたのだ。

この本をつくったのはこの問いと魅惑の豊かな山だった。あまりに多くの問いがあるのに、答えがあまりに少ない。曖昧さはさほど問題ではなかった。不確実なものを確実なものに変えようという誘惑に負けない方が私にとってやさしかった。研究者や菌類愛好家との会話では、私は両者のあいだを取り持つような存在になった。誰が菌類学の辺縁の分野で活躍しているかという問いに答えたり、ときには少量の砂を土に入れたり、少量の土を砂に入れたりする。もう幼かったころよりたくさんの花粉を顔につけている。新たな問いが昔ながらの問いの上に落ちる。あのころより飛び込むべき大きな山があり、それはあのときと同じぐらい謎に満ちている。でももっと湿って、もっと広い、身をうずめて探究すべき空間がある。

菌類はキノコをつくるかもしれないが、まず別のものを分解しなければならない。こうして、この本が出来上がったのだから、これを菌類に渡して分解してもらおう。一冊をうんと湿らせてヒラタケ属菌の菌糸体を植えつけよう。菌糸体が言葉、ページ、見返しを食べて表紙からヒラタケを生やしたら、私はそれを食べよう。別の一冊はページを取り外して、ドロドロにして、弱い酸で紙のセルロースを糖に変えてもらおう。その甘い液に酵母を足そう。ビールができたら、私が飲んで一サイクルを終わらせよう。

菌類は世界を創造し、世界を分解する。彼らの行為を目に留める機会はいくつもある。キノコスープを調理するとき、キノコを食べるとき、キノコ狩りに出かけるとき、キノコを買うとき。アルコールを発酵によってつくるとき、植物を植えるとき、両手で土いじりをするとき。だが菌類に心を奪われるとき、誰かが心を奪われるのを見て驚くとき、あなたが菌類によって癒されるとき、誰かが菌類によって癒されるのを見たとき、菌類で家を建てたとき、自宅でキノコを栽培し始めたとき、菌類はあなたのその行為を見逃さないだろう。もしあなたが生きているなら、菌類もまた生きているのだ。

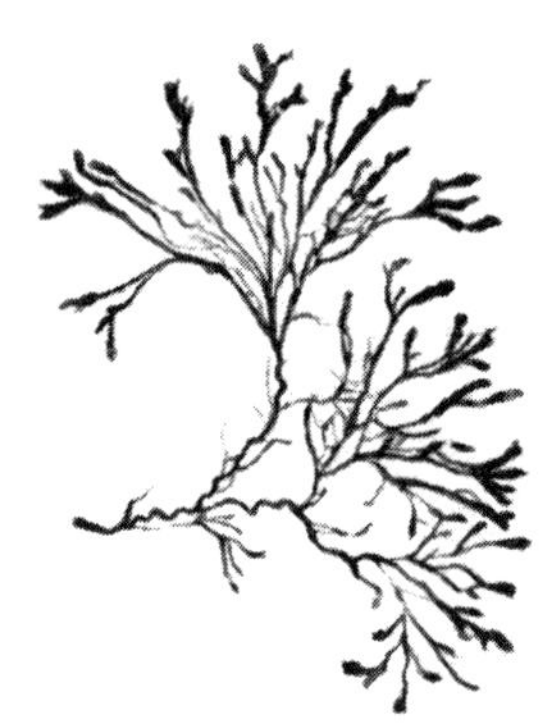

謝辞

多くの専門家、学者、研究者、愛好家の指導、教示、忍耐強い助力がなければ、この本は完成を見なかった。なかでも、以下の諸氏に感謝を捧げる。ラルフ・アブラム、アンドリュー・アダマッキー、フィル・エアーズ、アルバート＝ラズロ・バラバシ、エベン・ベイヤー、ケヴィン・ベイラー、ルイス・ベルトラン、マイケル・ボイグ、マーティン・ビダートンド、リン・ボディ、ウルフ・ビュントゲン、ダンカン・キャメロン、キース・クレイ、イヴ・クーデル、ブリン・デンティンジャー、ジュリー・デリップ、ケイティ・フィールド、イマニュエル・フォート、マーク・フリッカー、マリア・ジオヴァーナ・ガッリアーニ、ルーシー・ギルバート、ルフィーノ・ゴンザレス、トレヴァー・ゴワード、クリスチャン・グローナウ、オマー・エルナンデス、アレン・ヘーレ、デイヴィッド・ヒベット、ステファン・インホフ、デイヴィッド・ジョンソン、トビー・キアーズ、キャラム・キングウェル、ナツーシュカ・リー、チャールズ・ルフェーヴル、エグバート・リー、デイヴィッド・ルーク、スコット・マンガン、マイケル・マーダー、ピーター・マッコイ、デニス・マッケナ、ポル・アクセル・オルソン、ステファン・オルソン、マグヌス・ラス、アラン・レイナー、デイヴィッド・リード、ダン・レヴィリーニ、マーカス・ローパー、ヤン・サップ、カロリーナ・サルミエント、ジャスティン・シェイファー、ジェイソン・スコット、マルク

＝アンドレ・セロス、ジェイソン・スロット、サメハ・ソリマン、トビー・スプリビル、ポール・スタメッツ、マイケル・スタッサー、アナ・チン、ラスカル・ターバヴィル、ベン・ターナー、ミルトン・ウェインライト、ホーカン・ヴァランデル、ジョー・ライト、カミロ・サラメア。

エージェントのジェシカ・ウラード、ボドリーヘッド社のウィル・ハモンド、ランダムハウス社のヒラリー・レドモンは、たえず激励し、明確な展望を与え、賢明な助言をくれた。彼らにはどれだけ感謝してもしきれない。ボドリーヘッド／ヴィンテージではグレアム・コスター、スザンヌ・ディーン、ソフィー・ペインター、そしてジョー・ピカリングと、ランダムハウス社では幸運にもカーラ・エオフ、ルーカス・ハインリヒ、ティム・オブライアン、サイモン・サリヴァン、モリー・ターピン、そしてエイダ・ヨネナカとともに仕事をする機会に恵まれた。コリン・エルダーはササクレヒトヨタケからできたインクで見事な菌類イラストを描いてくれた。種々の資料の翻訳を引き受けてくれたハビエル・バクストン、シミ・フロインド、ジュリア・ハート、ピート・ライリー、アンナ・ウェスターマイヤーに感謝する。パム・スマートは口述内容を書き起こし、クリス・モリスはポッドキャスト「スポアーズ・フォー・ソート(Spores for Thought)」に投稿された胞子の写真を提供してくれた。クリスチャン・ジーグラーはパナマの熱帯雨林に同行し、菌従属栄養植物の不思議な生態を写真に収めてくれた。

さまざまな段階にあるこの本の草稿の一部または全部を読んでくれた以下の方々にもとても感謝している。レオ・アミエル、アンジェリカ・コーダー、ナディア・チェイニー、モニーク・チャールズワース、リビー・デイヴィー、トム・エヴァンス、チャールズ・フォスター、シミ・フロインド、ステファン・ハーディング、イアン・ヘンダーソン、ジョニー・リフシュッツ、ロバート・マクファーレン、バーナビー・マーティン、ウタ・パスコフスキ、ジェレミー・プリン、ジル・パース、ピート・ライリー、エリン・ロビンソング、ニコラス・ローゼンストック、ウィル・サップ、エマ・セイヤー、コスモ・シェルドレイク、ルパート・シェルドレイク、サラ・ショルンド、テディー・セント・オービン、エリック・フェアブリュッゲン、フローラ・ウォレス。彼らの洞察と感性なくしてこのプロジェクトは完成しなかった。

あらゆるユーモア、思いやり、インスピレーションを授けてくれた以下の方々にもお礼を言いたい。デイヴィッド・アブラム、マイリース・アブソン、マシュー・バーリー、フォーン・バロン、フィン・ビームス、ゲリー・ブレイディー、ディーン・ブロデリック、キャロライン・ケーシー、ウダヴィ・クルス＝マルケス、マイク・デ・ダナン・ダチュラ、アンドレア・デ・カイジャー、リンディー・ダファリン、サラ・パール・エゲンドルフ、ザック・エンブリー、アマンダ・フィールディング、ジョニー・フリン、ヴィクトール・フランケル、ダナ・フレデリック、チャーリー・ギルモア、ステファン・ハーディング、ルーシー・ヒントン、リック・イングラシ、ジェイムズ・キー、オリヴァー・ケルハマー、エリカ・コーン、ナタリー・ローレンス、サム・リー、アンディ・レッチャー、ジェーン・ロングマン、ルイス・エドゥアルド・ルナ、ヴァハクン・マトシアン、ショーン・マッテソン、トム・フォーテス・メイヤー、エヴァン・マゴーン、ゼイン・モハメド、マーク・モーリー、ヴィクトリア・ムローヴァ、ミーシャ・ムロフ＝アバド、チャーリー・マーフィー、ダン・ニコルソン、リチャード・パール、ジョン・プレストン、アンソニー・ラムゼイ、ヴィルマ・ラムゼイ、ポール・ラファエル、スティーヴ・ルーク、グリフォン・ローワー＝アップジョン、マット・セガール、ルピンダー・シドゥ、ウェイン・シルビー、パウロ・ロベルト・シルバ・エ・ソウサ、ジョエル・ソロモン、アン・スティルマン、ペギー・テイラー、ロバート・テンプル、ジェレミー・トレス、マーク・ヴォネシュ、フローラ・ウォレス、アンドリュー・ワイル、カリ・ウェンデル＝マクレランド、ケイト・ウィットトレイ、ヘザー・ウルフ、ジョン・ヤング。これまで私を導いてくれた多くの優秀な教師や指導者に謝意を表す。とりわけ、パトリシア・ファラ、ウィリアム・フォスター、ハワード・グリフィス、デイヴィッド・ハンケ、ニック・ジャーディン、マイク・マジェルス、オリヴァー・ラッカム、ファーガス・リード、サイモン・シェイファー、エド・タナー、ルイス・ヴォース。

つねに助力を惜しまなかった以下の各種機関にも感謝している。ケンブリッジ大学クレアカレッジ、数年にわたって刺激的な時間を過ごしたケンブリッジ大学植物科学部と科学史・科学哲学部、私がパナマで研究生活を送っていたときに支援を賜ったばかりか、バロ・コロラド島の自然保護地域を現在も管理してくれているスミソニアン熱帯研究所、冬季の研究拠点として美しい場所を提供してくれたブリティッシュ・コロンビア州ホリホック。

この本について考え手探りするのを助けてくれた音楽の数々にも礼を言いたい。なかでも心に染みたのは、アカの人びと、ヨハン・セバスチャン・バッハ、ウィリアム・バード、マイルス・デイヴィス、ジョアン・ジルベルト、ビリー・ホリデイ、チャールズ・ミンガス、セロニアス・モンク、ムーンドッグ、バド・パウエル、トマス・タリス、ファッツ・ウォーラー、テディ・ウィルソンの作品だった。この本の実現にもっとも貢献した二つの場所はハムスヘッド・ヒースとコーツ島だ。これらの場所と、そこに住み暮らし、守っているすべての人に、言葉では言い尽くせないほど感謝している。最後に、エリン・ロビンソング、コスモ・シェルドレイク、そして両親のジル・パースとルパート・シェルドレイクに感謝の言葉を贈りたい。インスピレーション、愛、才覚、知識、寛容な心、限りない忍耐力をありがとう。

訳者あとがき

人類は、古くからさまざまな場面で菌類に助けられて生きてきた。酒の醸造、パン生地の発酵、食用キノコ、医薬品の開発……。しかし普段から菌類に親しんでいる人はそう多くはないだろう。専門家による研究も最近まではあまり盛んではなかったらしい。どうやら、菌類の研究が本格的になったのはそう古い話ではないようだ。

スミソニアン熱帯研究所の支援を得て、本書の著者は博士号取得のためにパナマの熱帯雨林で菌類の研究に取り組んだ。その研究で得た成果や体験をもとに書いたのがこの本である。本書が臨場感に満ちているのもそのおかげと言えそうだ。読むほどに、生命にかんする常識がその根底から揺さぶられた。「個体」、「脳」、「知性」などについて考えを巡らせるのは楽しかった。

菌類は過去には植物とされた時代もあったが、現在では動植物とも細菌とも異なる独自の菌類界に分類されている。菌類界には、キノコ、カビ、酵母が属す。菌類は単一の特徴によって定義することができないため、複数の特徴を組み合わせて分類するという。また、菌類は細く長い菌糸を伸ばして菌糸体と呼ばれる構造体を形成する。うっとりするほど美しい付属部分のついた菌類（ウドンコカビ）や、一〇平方キロメートルにわたって広がり、推定年齢が二〇〇〇〜八〇〇〇年という巨大な菌類（オニナラタケ）もある。本当に不思議な生き物だ。

　専門家を除けば、カビや酵母に詳しい人はそう多くはないかもしれない。だが、キノコとなれば話は別だ。キノコは、菌類の多くが生やす子実体（しじつたい）と呼ばれる部分であり、胞子を拡散する役目を担う。そこで、「キノコは菌類であって菌類の一部でもある」という少々ややこしいことになる。わかりやすい例を挙げれば、食用になることから私たちにも馴染み深い「シイタケ」、「トリュフ」、「マツタケ」などの呼称は、菌類を指す場合とそのキノコを指す場合があるのだ。

　菌類を語るときに外せないのが菌根（きんこん）である。菌類と植物の根が形成する共生体で、植物はそもそも菌類と菌根を形成したおかげで太古の海から陸に上がることができたのだという。つまり菌類がいなければ、地球上の生命体は現在とはまったく違ったものになっていたかもしれない。現在でも、あらゆる植物の根は地中で菌類と共生していて、おかげで植物は生きていける。私たちが腸内細菌のおかげで生きていられるのと同じだ。地球上のどこでもスプーン一杯の土に無数の菌類がいる。菌類は菌糸体ネットワークを形成するので、この惑星の地上付近には菌類の一大ネットワークが広がっていることだろう。残念ながら、農業、森林の消失、都市の建設などによって、このネットワークに空白が生じつつあるかもしれない。

　では、菌糸体ネットワーク内の物質輸送や成長はどのように制御されているのだろうか。著者によれば、菌類は動物（ヒトを含む）のような中央制御型の脳を持っているわけではなく、無数にある菌糸先端によって並列分散処理をしているという。私たちが「脳」あるいは「知性」と言うとき、それぞれ意味することが違うために混乱が起きると彼は指摘する。菌類はヒトと同じような「脳」や「知性」を持つわけではないというのである。

　生物学において常識とされていた「個体」の概念に最初に一石を投じたのは地衣類（ちいるい）だった。地衣類は長く単一種の生物と考えられていた。しかし一九世紀後半になって、スイスの植物学者ジーモン・シュヴェンデナーが、地衣類は菌類と藻類という二種の生物の複合体であると主張した。この考えは地衣類の二種複合体説（The Dual Hypothesis of Lichens）と呼ばれた。その後、地衣類から二種を超える生物が発見される事例が相次いだ。

また、パナマで開催された「熱帯微生物にかんする会議」（著者も参加していた）で、ある植物がつくる特定の化合物が、その植物の葉の中にいる菌類によって生成されていることが判明したという発表があった。すると別の研究者がやにわに立ち上がり、その化合物をつくっているのは実際にはその菌類の中に棲む細菌であると述べた。その後も同様の発見が続出した。生物はみな共生体だと考える研究者もいる。そろそろ、生物の個体とは何かについて考え直す時機に来ているようだ。

一九九九年、理論物理学者のアルバート＝ラズロ・バラバシと教え子のレカ・アルバートが、ネットワークのスケールフリー性を盛り込んだバラバシ・アルバート・モデルを提唱した。近年、菌類学者のあいだに、菌糸体ネットワークの振る舞いをこのモデルによって理解しようという動きがある。この分野の研究はまだ緒に就いたばかりで、生物相手の研究ではあまりに不確定要素が多いのも事実だ。それでも、菌類ネットワークを感染プロセスと見なす説など成果は得られつつある。

未来を見すえた菌類の応用には、まずバイオコンピュータがあげられる（菌類とは異なるが粘菌コンピュータの研究も盛んに進められている）。従来の逐次処理を並列処理に置き換えられるので処理の高速化が目指せる。次に、生態系の回復や除染、さらに建材、梱包材、皮革などの製造がすでに視野に入っている。バイオコンピュータはコンピュータ専門家の領分だが、残りの分野については菌類学者のポール・スタメッツ、草の根研究家のテレンス・マッケナ、やはり草の根研究家にして起業家のピーター・マッコイらが目覚ましい貢献をしている。著者は彼らの活躍ぶりも本書で詳しく追う。人類が出現するよりはるかに前、菌類は植物を陸に上げて生命史に大変革を起こした。菌類は人類にとっても救世主となってくれるだろうか。

本書は、生物学者マーリン・シェルドレイクのはじめての著書 *Entangled Life: How Fungi Make Our Worlds, Change Our Minds & Shape Our Futures* の全訳である。二〇二一年の王立協会科学図書賞をはじめ、これまでに数多の賞を受賞し、多くのメディアや識者に激賞された。シェルドレイクは、ケンブリッジ大学で熱帯生態学の博士号を取得。現在、オランダのアムステルダム自由大学の研究員、ニューヨーク州の慈善団体ファンガイ・ファウンデーションの顧問などの席にある。

最後になったが、この本を訳す機会を与えてくださった河出書房新社、この本をご紹介くださり、さまざまな有益なご提案をくださった同社の渡辺和貴氏に深謝する。そのほか刊行までにお世話になった数多くの方々にお礼申し上げたい。

二〇二一年一二月

鍛原多惠子

索引

あ行

か行

さ行

た行

な行

は行

ま行

や行

ら行

わ行

アルファベット

原註

序章　菌類であることはどんな心地なのか

(1)　Ladinsky (2010) に引用されたハーフィズ(1315-1390) の言葉。

(2)　Ferguson et al. (2003). 白色腐朽菌の巨大なネットワークについては他にも研究例は多い。Anderson et al. (2018) はミシガン州にある菌糸体を調査した。この菌糸体は年齢が2500歳、重量は少なくとも400トンで、75ヘクタールにわたって広がっていると推測される。この調査によれば、この菌は変異率がきわめて低く、このためにDNAが損傷から守られているらしいという。菌がこれほど安定したゲノムをどのようにして維持できるのかについて正確なところはわかっていないが、そのことが長寿命にかかわっていると思われる。白色腐朽菌以外で最大級の生物はクローン性の海草などである(Arnaud-Haond et al. [2012])。

(3)　Moore et al. (2011), ch. 2.7 および Honegger et al. (2018). プロトタキシーテスの化石は北米、ヨーロッパ、アフリカ、アジア、オーストラリアで発見されている。生物学者は19世紀なかばからプロトタキシーテスについて頭を悩ませてきた。最初は朽ち果てた樹木であると考えられた。間もなく、陸上に生えていたことを示す強力な証拠があるにもかかわらず巨大な海藻に格上げされた。2001年、数十年にわたる議論の末にじつは菌類の子実体（キノコ）であるとされた。それは説得力に富む説だった。何より、プロトタキシーテスが菌類の菌糸に似通った高密度に入り組んだフィラメントから成っていたからである。炭素同位体分析によって、プロトタキシーテスは光合成産物ではなく身近にあるものを食べて生きていたことが示された。その後、Selosse (2002) がプロトタキシーテスは巨大な地衣類に似た構造体であり、菌類および光合成する藻類の複合体だと論じた。植物を分解して生きていると考えるにはあまりに巨大すぎるというのだった。プロトタキシーテスの体の一部が光合成するのであれば、枯れた植物から摂取した栄養を光合成によるエネルギーで補うことができる。したがって、周囲の何より背丈を伸ばす手段と動機双方を持っていたことになる。さらに、プロトタキシーテスは当時の藻類が持つ硬い高分子を含んでいて、このことは藻類の細胞が菌の菌糸体と入り組んで生きていたことを示唆した。地衣類説はプロトタキシーテスが絶滅した理由も説明してくれる。プロトタキシーテスは地上を4000万年にわたって占有したのち、植物が高木や低木に進化するにしたがって不思議にも絶滅したのだ。このことはプロトタキシーテスが地衣類様の生物であることとうまく符合するが、それは植物が増えれば光が少なくなるからだ。

(4)　菌類の多様性と分布にかんする概論についてはPeay (2016) を、海洋菌類についてはBass et al. (2007) を、内生菌についてはMejía et al. (2014), Arnold et al. (2003) およびRodriguez et al. (2009) を参照のこと。醸造所で発見される菌類についてはAlpert (2011) を参照のこと。これらの菌類は、樽に寝かせてあるウィスキーから生じるアルコールの揮発性成分を食べて生きる。

(5)　岩石を食べる菌類についてはBurford et al. (2003) およびQuirk et al. (2014) を、プラスチックやTNTを食べる菌類についてはPeay et al. (2016), Harms et al. (2011), Stamets (2011) およびKhan et al. (2017) を、放射線耐性を有する菌類についてはTkavc et al. (2018) を、X線抵抗性を有する菌類についてはDadachova and Casadevall (2008) および Casadevall et al.

(2017) を参照のこと。

(6) 胞子の放出については、Money (1998), Money (2016) および Dressaire et al. (2016) を参照のこと。胞子の量とそれが天候に与える影響については、Fröhlich-Nowoisky et al. (2009) を参照のこと。胞子の放出という問題に対して菌類が進化させた多くの興味深い解決法については、Roper et al. (2010) および Roper and Seminara (2017) を参照のこと。

(7) 物質の流れについては Roper and Seminara (2017) を、電気インパルスについては Harold et al. (1985) および Olsson and Hansson (1995) を参照のこと。酵母は菌類界の約1%を占め、「出芽」や二分裂によって繁殖する。一部の酵母は一定の条件下で菌糸構造を形成することができる（Sudbery et al. [2004]）。

(8) 菌類がアスファルトを突き抜けて舗道の敷石を持ち上げる事例については、Moore (2013b), ch. 3 を参照のこと。

(9) ハキリアリはこれらの菌類に食べ物と巣だけでなく薬も与える。ハキリアリは菌類を単一栽培し、1種の菌しか育てない。したがってヒトの単一栽培に似て、菌類は弱い状態に置かれる。とりわけ脅威となるのは特殊な寄生性菌類で、この寄生性菌類はハキリアリが育てている菌類を殺してしまう恐れがある。ハキリアリは表皮内の精巧な空間で細菌を飼い、特殊な分泌器官からの分泌物を与えている。個々の巣では固有の細菌株を育て、たとえ近縁株があってもそれとは区別される。これらの細菌が抗生物質を産生し、寄生性菌類を強力に抑制するとともに栽培菌の成長を促進する。この細菌がいなければ、ハキリアリとそのコロニーはそれほど大規模に繁殖できない。Currie et al. (1999), Currie et al. (2006) および Zhang et al. (2007) を参照のこと。

(10) ローマ神ロービーグスについては Money (2007), ch. 6 および Kavaler (1967), ch. 1 を、菌類のスーパーバグについては Fisher et al. (2012 and 2018), Casadevall et al. (2019) および Engelthaler et al. (2019) を、両生類の菌類による病気については Yong (2019) を、バナナの病気については Maxman (2019) を参照のこと。動物では、菌類より細菌による病気の方が脅威となる。これに対して植物では、細菌より菌類による病気の方が脅威だ。このパターンは病気にかかっているときにも健康なときにも見られる。動物のマイクロバイオームはおもに細菌から成るが、植物のマイクロバイオームはおもに菌類から成る。とはいえ、動物が菌類による病気にまったくかからないわけではない。Casadevall (2012) は、恐竜を全滅させた絶滅イベント——白亜紀－古第三紀（K-T）境界における絶滅——後の哺乳類の繁栄と爬虫類の衰退は哺乳類が菌類による病気に対する抵抗力を持っていたことに起因するという仮説を立てている。爬虫類に比べれば、哺乳類にはいくつかの弱点がある。温血動物であることはエネルギー面から見れば代償を伴い、授乳や熱心な子育てが必要となれば代償はさらに大きくなる。ところが、支配的な陸生動物として温血動物が爬虫類に取って代わることができたのは、まさに哺乳類の体温が高かったおかげかもしれないのだ。高い体温が病原性菌類の繁殖を抑制したのである。病原性を持つ菌類は、K-T 境界に樹木が大量に死滅してできた「地球規模の堆肥の山」のおかげで繁殖したと考えられている。今日に至るまで、哺乳類は爬虫類や両生類より一般的な菌類による病気に対する抵抗力が高い。

(11) ネアンデルタール人の研究については Weyrich et al. (2017) を、アイスマンについては Peintner et al. (1998) を参照のこと。アイスマンがカンバタケを何の目的で使っていたのかは定かでないが、カンバタケは苦くて消化できないコルクに似ているため「栄養学的な」理由でなかったのは明らかだ。アイスマンがこの菌類を大切に持ち歩いていた——革紐に鍵輪のようにつけられていた——ことから、彼らはこの菌類の価値とその利用法に精通していたと考えられる。

(12) カビを使った治療については Wainwright (1989a and 1989b) を参照のこと。エジプト、

スーダン、ヨルダンの考古学的遺跡で発見された西暦約400年にさかのぼるヒトの遺体では、骨に抗菌性のテトラサイクリンが高レベルに含まれていた。このことから、彼らがこの物質を長期にわたって用いていたこと、おそらくそれが治療目的だったことがうかがえる。テトラサイクリンを産生するのは菌類ではなく細菌であるが、彼らは多分この物質をカビの生えた穀物に発見したのだろう。カビの生えた穀物は治療目的のビール醸造に用いられたと推測される(Bassett et al. [1980] および Nelson et al. [2010])。フレミングによる初の発見からペニシリンが世界的に使用されるようになるまでの経緯はけっして平坦なものではなく、実験、工業的なノウハウ、投資、政治的な支援など多くの努力を要した。まず、フレミングがペニシリンを発見しても、誰も興味を示さなかった。微生物学者にして科学史家のミルトン・ウェインライトの言葉を借りれば、フレミングは変わり者で「messer abouter(まるで几帳面さに欠けている人)」だったという。「彼は奇矯で向こうみずな振る舞いをする人として知られ、たとえば複数種の細菌の培養物でペトリ皿に女王の絵を描くような人だった」。ペニシリンに劇的な治療効果があることが証明されたのは、フレミングがペニシリンを最初に発見してから12年後のことだった。オックスフォード大学の研究者グループが、1930年代にペニシリンを抽出・精製する方法を開発し、1940年代には治験によってこの物質に感染症を予防する驚異的な能力があることを証明したのだ。しかし、ペニシリンの製造は困難を極めた。大量生産された製品がないままに、カビを生やす方法が医学誌に発表された。「粗製濫造された」抽出物と菌糸体を外科用ガーゼに塗りつけたもの――「菌糸体パッド」――が一部の医師によって感染予防に使用され、この治療がきわめて効果的であることがわかった(Wainwright [1989a and 1989b])。ペニシリンが工業生産されたのはアメリカだった。これは工業用発酵施設で菌類を生育する方法がアメリカで進んでいたからであり、また高収量が得られるアオカビ(*Penicillium*)の株が発見されたことも手伝った。これらの株は幾度も変異を繰り返して効果が増強されていた。ペニシリンの工業生産が始まったことで、新たな抗生物質の発見を目指す大規模な取り組みが行われて数千種の菌類や細菌が調べられた。

(13) 医薬品については、Linnakoski et al. (2018), Aly et al. (2011) および Gond et al. (2014) を参照のこと。シロシビンについては、Carhart-Harris et al. (2016a), Griffiths et al. (2016) および Ross et al. (2016) を参照のこと。ワクチンとクエン酸については、「世界の菌類:2018年版(*State of the World's Fungi 2018*)」〔キュー王立植物園発行〕を参照のこと。食用キノコと医療用キノコの市場については、www.knowledge-sourcing.com/report/global-edible-mushrooms-market〔2019年10月29日にアクセス〕を閲覧のこと。1993年に『サイエンス』誌に発表された論文は、パクリタキセル(タキソールの名称で販売されている)がタイヘイヨウイチイの樹皮から単離された内生菌によって産生されることを報告した(Stierle et al. [1993])。その後、この物質は植物よりはるかに多様な種の菌類によってつくられることがわかった――数科にわたる約200種以上の内生菌が産生する(Kusari et al. [2014])。この物質は、強力な抗菌剤として重要な防御作用を発揮する。パクリタキセルを産生する菌類は、他の菌類の繁殖を抑制する。この目的には、細胞分裂を妨害してがんを防ぐのと同じ方法を用いる。パクリタキセルを産生する菌類は、自身あるいはタイヘイヨウイチイの他の内生菌の影響を受けない(Soliman et al. [2015])。他にも、数種の菌類が抗がん剤として主流の医薬品になっている。シイタケから抽出できる多糖類のレンチナンは免疫系を刺激してがん抑制効果を顕すことが知られ、日本では胃がんや乳がんの治療薬として認定されている(Rogers [2012])。カワラタケから単離される化合物の多糖類PSK(クレスチン)

は、さまざまながん患者の余命を延長することから、中国や日本では通常のがん治療と併せて使用される（Powell [2014]）。

(14) 菌類のメラニンについては、Cordero (2017) を参照のこと。

(15) 菌類の総種数の推定値については、Hawksworth (2001) および Hawksworth and Lücking (2017) を参照のこと。

(16) 神経科学者のあいだでは期待が知覚にトップダウンに作用することが知られ、ベイズ推定（確率論または偶然論を確立した数学者トマス・ベイズにちなむ呼称）であると考えられることもある。Gilbert and Sigman (2007) および Mazzucato et al. (2019) を参照のこと。

(17) Adamatzky (2016), Latty and Beekman (2011), Nakagaki et al. (2000), Bonifaci et al. (2012), Tero et al. (2010) および Oettmeier et al. (2017).『粘菌コンピュータの発展（*Advances in Physarum Machines*）』（Adamatzky [2016]）で研究者らは、粘菌が持つ多くの驚異的な性質を詳述している。粘菌を使って意思決定ゲートや発振器をつくる人、人類史におけるヒトの移動シミュレーションとして将来ヒトが月面上をどう移動するかのパターンをモデル化する人などがいる。粘菌にヒントを得た数理モデルには、ショアの素因数分解の非量子型ソリューション、2 点間における最短距離の計算、物資供給網のデザインなどがある。Oettmeier et al. (2017) は、昭和天皇が粘菌に興味を抱き、1935 年に粘菌にかんする本を出版したと述べている。その後、日本では粘菌研究は名誉ある研究分野となった。

(18) リンネが体系化し、1735 年に著書『自然の体系』で発表した生物分類の枠組みは、今日でもその改良版が使用されていて、生物のヒエラルキーを人類にも広げた。ヒトの最高位は「きわめて賢く、独創的で、全身を衣服で覆い、法を重んじる」ヨーロッパ人だった。次点は「習慣を重んじる」アメリカ人で、その次は「意見を重んじる」アジア人だ。最後に来るのが「ものぐさで……ずるく、鈍重で、不注意で、脂ぎって、むら気な」アフリカ人とされた（Kendi [2017]）。異なる人種を階層的に分類するこの体系は人種差別と言えよう。

(19) 体内の異なる部位における微生物群集については、Costello et al. (2009) および Ross et al. (2018) を参照のこと。銀河にある恒星のたとえについては、Yong (2016), ch. 1 を参照のこと。詩人の W・H・オーデン（W. H. Auden）は「新年の挨拶」で、自分の身体の生態系を体内の微生物に捧げる。「あなた方のような小さな生き物に私は捧げる／棲む場所の選択肢を／だから好きな場所で暮らすといい／いちばん自分に合った穴の／溜まり水、あるいは／脇の下や股間の熱帯雨林／前腕の砂漠／あるいは頭皮の涼やかな森に」

(20) 臓器移植とヒト細胞の培養については、Ball (2019) を参照のこと。私たちのマイクロバイオームの個体数の推定値については、Bordenstein and Theis (2015) を参照のこと。ウイルス内のウイルスについては、Stough et al. (2019) を参照のこと。マイクロバイオームにかんする一般的な知識については、Yong (2016) およびヒトのマイクロバイオームにかんする『ネイチャー』誌の特集号 (May 2019): www.nature.com/collections/fiabfcjbfj［2019 年 10 月 29 日にアクセス］を参照のこと。

(21) ある意味、現代の生物学者はみな生態学者だと言える。しかし、もともと生態学を選んだ人は一歩先んじていて、彼らの手法は新たな分野を形成しつつある。一部の生物学者は生態学の手法を、これまで生物の生態学に属さないとされてきた分野に応用することを提案している。Gilbert and Lynch (2019) および Venner et al. (2009) を参照のこと。菌類内に生きる微生物のドミノ効果についてはいくつか事例がある。2007 年に『サイエンス』誌に発表された論文で Márquez et al. (2007) は「植物内の菌類中に棲むウイルス」に言及している。その植物——暖地型牧草——は高温の土壌に自生す

る。しかし、その葉に棲む菌類がいなければ、牧草は高い気温では生きていけない。また牧草のない状態で菌類単体を育てると、菌類は牧草よりはましな程度で、やはり生きてはいけない。ところが、高い気温で生きていく能力を与えているのは菌類ではないことがわかった。熱に対する耐性を与えているのは、菌類の中にいるウイルスだったのである。ウイルスのいない状態で育てると、菌類も牧草も高い気温では生きられない。つまり、菌類のマイクロバイオームによって菌類が牧草のマイクロバイオームに与える影響が決まるのだ。結果は明確であり、生か死のどちらかだ。微生物内で生きる微生物中でも、もっとも劇的な事例は悪名高きイネ苗立枯病菌（*Rhizopus microsporus*）である。じつは、イネ苗立枯病菌が使う主要な毒素はその菌糸内に暮らす内生菌によって分泌される。菌類とそのパートナーである細菌の運命がどれほど密接に絡みあっているかを劇的に示すのが、この菌類が病気を起こすだけでなく細菌の繁殖をうながす点にある。実験的にイネ苗立枯病菌内の細菌を「駆除する」と、イネ苗立枯病菌は胞子をつくれなくなる。食物から生殖行動に至るまで、イネ苗立枯病菌の生態のもっとも重要な側面を左右しているのは細菌なのだ。Araldi-Brondolo et al. (2017), Mondo et al. (2017) および Deveau et al. (2018) を参照のこと。

(22) アイデンティティの喪失については、Relman (2008) を参照のこと。ヒトが単一の生物か複数の生物の集合体かという問いは新しいものではない。19 世紀の生理学では、多細胞生物の身体は細胞集団から成り、各細胞は国民国家を構成する個々の成員と同じく独立した存在であると考えられていた。この問題は微生物学の進展によって複雑になった。私たちの体細胞は厳密に言えば互いに関連しているわけではないからだ。たとえば、平均的な肝細胞が平均的な腎細胞と関連しているわけではない。Ball (2019), ch. 1 を参照のこと。

第 1 章　魅惑

(1) Prince のアルバム『Musicology』(2004 年) に収録の楽曲「Illusion, Coma, Pimp & Circumstance」より。

(2) アムステルダムで売られている向精神性「トリュフ」は、その名が示すような子実体ではない。それは「菌核」として知られる菌糸体の集合塊である。トリュフに外見が似ていることからそう呼ばれる。

(3) 数兆種の匂いについては Bushdid et al. (2014) を、残り香を追うことについては Jacobs et al. (2015) を、匂いのフラッシュバックと人の嗅覚にかんする概論については McGann (2017) を参照のこと。「スーパースメラー」と呼ばれる嗅覚がとりわけ敏感な人もいる。Trivedi et al. (2019) が発表した論文では、スーパースメラーは匂いだけでパーキンソン病の人がわかるという。

(4) 異なる化学結合の匂いについては Burr (2012), ch. 2 を参照のこと。

(5) これらの受容体は、G タンパク質共役受容体と呼ばれる大きなグループの受容体に属する。ヒトの嗅覚の研究については、Sarrafchi et al. (2013) を参照のこと。この論文によれば、ヒトは 0.001ppt の濃度の匂いを感知できるという。

(6) 「大地の睾丸」については Ott (2002) を参照のこと。アリストテレスによれば、トリュフは「アフロディーテーに捧げられたキノコ」だという。ナポレオンやマルキ・ド・サドはトリュフを媚薬として使ったと伝えられ、ジョルジュ・サンドはトリュフを「黒魔術の愛のリンゴ」と評したという。フランスの食通ジャン・アンテルム・ブリア＝サヴァランは「トリュフは性的快楽を与えてくれる」と述べている。1820 年代に彼は、この俗説の真偽を確かめるべく、女性（「返ってきた答えはみな皮肉っぽいか曖昧だった」）と男性（「職業柄これらの人は信用するに足ると考えられた」）に意見を聞いて回った。彼はこう結論づけている。「トリュフは真の媚薬であるとは言い難いが、

一定の条件下では女性を愛情深い人、男性を思いやりのある人にする」(Hall et al. [2007], p. 33)

(7) ロラン・ランボーについてはChrisafis (2010) を参照のこと。レポーターのライアン・ジェイコブズはトリュフの流通業界に蔓延するあらゆる不正行為について述べている。毒を仕かける人は、ミートボールにストリキニーネをまぶしたり、森の中の水溜まりに毒を入れて口輪をした犬でも毒を口にするように仕向けたり、ガラスの破片を入れたミートボールを使ったり、殺鼠剤や不凍液を使ったりする。獣医によれば、トリュフの季節には何百頭もの犬が治療を受けにくるという。当局は毒を嗅ぎ出す犬を使って一部の森をパトロールする措置を講じている(Jacobs [2019], pp. 130–34)。2003年、『ガーディアン』紙がフランスのトリュフ専門家ミシェル・トゥルネイルのトリュフ犬が盗まれたと報じた。トゥルネイルは盗人は犬を売ったのではなく、他人の縄張りでトリュフを盗むために使っているのだろうと推測した(Hall et al. [2007], p. 209)。盗んだ犬でトリュフを盗むとは何と姑息な人間なのだろう。

(8) 鼻を血だらけにしたヘラジカについてはTsing (2015), “Interlude. Smelling” を、ハエに授粉してもらうランについてはPolicha et al. (2016) を、複雑な香りの化合物を集めるランミツバチについてはVetter and Roberts (2007) を、菌類が産生する化合物に似通った化合物についてはde Jong et al. (1994) を参照のこと。ランミツバチは油分を分泌し、香りを放つものにこの油を塗りつける。油が香りを吸収したら回収し、後肢にある窪みにためる。この方法の原理はアンフルラージュと同じだ。ジャスミンのように熱を使って回収するにはあまりに繊細な香料を集めるときには、ヒトもこのアンフルラージュという方法を何百年にもわたって使ってきた(Eltz et al. [2007])。

(9) Naef (2011).

(10) ボルドゥについてはCorbin (1986), p. 35 を参照のこと。

(11) 記録破りの高額なトリュフについては、news.bbc.co.uk/1/hi/world/europe/7123414.stm を閲覧できる[2019年10月29日にアクセス]。

(12) 香りを放つことにトリュフのマイクロバイオームが果たす役割についてはVahdatzadeh et al. (2015) を参照のこと。ダニエルとパリドとトリュフ狩りに行ったとき、川の近くの沈泥質の土から掘り出したトリュフが、谷をもっと上った場所の粘土質の土から掘り出したものとはかなり違う香りがするのに私は気づいた。この違いは腹を空かせたトガリネズミにとっては大したことではないだろう。だがアルバ産のトリュフはボローニャ近くのものの4倍ほどの値で売れる(ただし、トリュフ業者の中にはボローニャ近辺で採れたトリュフをアルバ産のものだと言う者も多いことから考えると、すべての人に違いがわかるわけではないようだ)。トリュフの揮発性成分が地域によって違うことは公式な研究によって確認されている(Vita et al. [2015])。

(13) トリュフがアンドロステノールを放出するというオリジナルの研究論文についてはClaus et al. (1981) を、9年後の追跡研究についてはTalou et al. (1990) を参照のこと。

(14) 1種のトリュフが出す揮発性成分の発見数は検知方法の感度が向上するにつれて増えてきている。これらの方法はまだヒトの鼻には追いついていないが、これからもトリュフが出す揮発性成分の発見数は増えると思われる。白トリュフについてはPennazza et al. (2013) およびVita et al. (2015) を、他種のトリュフについてはSplivallo et al. (2011) を参照のこと。トリュフの魅力的な香りのもとを単一の化合物と判断するのは危険であるが、その理由はいくつかある。Talou et al. (1990) は、1箇所で、かつ一つの土中深度の条件で、少数の動物と1種のトリュフを使って試験した。場所や深度が異なれば、揮発性成分の組成は異なるかもしれない。また野生下では、野生ブタ、ハタネズミ、昆

虫など種々の動物が引き寄せられる。ことによると、トリュフの揮発性化合物の組み合わせの違いによって異なる動物が引き寄せられるという可能性がある。アンドロステノールは動物に対してより繊細な影響を与えるのかもしれない。研究で調べられたように揮発性の化合物は単一では効果的でないものの、他の化合物と混ざった場合にのみ効果があるという可能性もある。あるいは、それはトリュフの発見のためにはさほど重要ではなく、それを食べる動物の経験にとって重要な要素なのかもしれない。有毒なトリュフのさらなる情報についてはHall et al. (2007) を参照のこと。ゴティエリア属のトリュフ以外にも、コイロマイセス・メアンドリフォルミス（*Choiromyces meandriformis*）〔俗に白トリュフと呼ばれる子嚢（しのう）菌の1種〕というトリュフは「吐き気を催すようなすさまじい匂い」がすると言われ、イタリアでは有毒と考えられている（ただし北ヨーロッパでは人気がある）。もう1種のバルサミア・ヴルガリス（*Balsamia vulgaris*）も弱い毒性があると考えられているが、犬はその「酸化した脂肪」のような匂いを好むようだ。

(15)　トリュフの輸出と梱包についてはHall et al. (2007), pp. 219, 227を参照のこと。

(16)　菌糸体の研究によれば、菌糸は他の菌糸との接触を避けるためそれらから離れるように成長する。菌糸体のより成長した部分では菌糸の成長傾向が変化し、成長点が互いを引き寄せて「ホーミング」する（Hickey et al. [2002]）。菌糸がどう引き寄せあい、互いから離れるかについてはあまり理解が進んでいない。モデル生物のアカパンカビ（*Neurospora crassa*）によって手がかりがいくつか見つかり始めている。菌糸の先端が交互に相手を引き寄せて「興奮させる」フェロモンを放出する。このやり取り――「キャッチボールのような」とある論文の執筆者は評する――を通して、菌糸どうしはリズムに乗って融合とホーミングをすることができる。他の菌糸を刺激することなく互いを引き寄せることができるのは、この行き来――化学的なかけ合い――のおかげだ。自分がサーブをしているときは、フェロモンを感知できない。だが相手がサーブをすると刺激される（Read et al. [2009] およびGoryachev et al. [2012]）。

(17)　スエヒロタケの交配型についてはMcCoy (2016), p. 13を、性的に適合しない菌糸どうしの融合についてはSaupe (2000) およびMoore et al. (2011), ch. 7.5を参照のこと。菌糸が互いに融合する能力は「植物としての適合性」によって決まる。菌糸どうしが融合すると、各菌糸の交配型の別々のシステムがどちらの細胞核が性的組み換えを行うかを決める。これら二つのシステムは異なる調整を行うが、性的組み換えは菌糸どうしが融合し遺伝物質を共有していなければ起きない。異なる菌糸体ネットワーク間の植物的な融合の結果は複雑で予測不能である（Rayner et al. [1995] およびRoper et al. [2013]）。

(18)　トリュフの生殖についての詳細はSelosse et al. (2017), Rubini et al. (2007) およびTaschen et al. (2016) を、動物の世界における間性〔雌雄あるいは男女の中間の形質を示す個体〕についてはRoughgarden (2013) を参照のこと。トリュフ栽培家が栽培に成功するためには、トリュフの生殖について知る必要がある。問題は彼らがその知識を持っていないことにある。トリュフ菌の生殖行為は観察されたことがない。すぐ近くで見られるような生態ではないのだから、それは驚くまでもないだろう。それより不思議なのは、誰も父親役の菌糸を見たためしがないことだ。研究者は懸命に探してはいるが、「プラス」あるいは「マイナス」のどちらにしても木の根や土壌中で成長している母親役の菌糸しか発見できていない。父親役のトリュフ菌は短命で交配後に消えてしまうらしい。「誕生、セックス、あとは無」なのだ（Dance [2018]）。

(19)　一部の菌根菌の菌糸は胞子の中へ戻って、後日ふたたび出芽できる（Wipf et al. [2019]）。

(20)　菌類が植物の根に与える影響についてはDitengou et al. (2015), Li et al. (2016), Splivallo et al. (2009), Schenkel et al. (2018) および Moisan et al. (2019) を参照のこと。

(21)　免疫反応の一時停止を含めた菌根共生におけるコミュニケーションの進化については Martin et al. (2017) を、植物と菌類間の信号のやり取りとその遺伝学的な基盤については Bonfante (2018) を、他種の菌根における植物－菌類間のコミュニケーションについては Lanfranco et al. (2018) を参照のこと。菌類が放出する化学信号はニュアンスに満ちていて、広いダイナミックレンジを有する。植物との連絡に使う揮発性物質は周囲の細菌群集とのコミュニケーションにも利用される（Li et al. [2016] および Deveau et al. [2018]）。菌類はライバル種を近づけないように揮発性成分を使い、植物も好ましくない菌類を近づけないように揮発性成分を使う（Li et al. [2016] および Quintana-Rodriguez et al. [2018]）。同じ揮発性成分でも濃度によって植物に与える影響が異なる。一部の菌類が宿主の生理を操作するために産生する植物ホルモンは、高濃度では植物を殺し、自分の植物パートナーと競合関係になる可能性のある植物に対する武器ともなる（Splivallo et al. [2007 and 2011]）。一部のトリュフ菌は他種の菌に寄生されることがあり、これはおそらく自分が出した信号に引き寄せられた菌類の仕業だろう。タンポタケ（*Tolypocladium capitata*）は昆虫に寄生するオフィオコルディケプス属（*Ophiocordyceps*）菌のいとこであり、ツチダンゴ属（*Elaphomyces*）菌など一部のトリュフに寄生することが知られる（Rayner et al. [1995]. 写真は mushroaming.com/cordyceps-blog で閲覧できる［2019 年 10 月 29 日にアクセス］）。

(22)　イギリス諸島ではじめて黒トリュフが発見された——気候変動のためと思われる——という報告については Thomas and Büntgen (2017) を参照のこと。黒トリュフ栽培の「現代的な」方法は 1969 年にようやく開発され、1974 年に菌の接種によって初の人工栽培トリュフが生み出された。苗木の根を黒トリュフ菌の菌糸体と一緒に培養し、根に菌が十分行き渡ったところで植えつける。数年後、条件さえよければ、菌がトリュフを生やす。トリュフ栽培に使用される土地面積は増える傾向にあり（世界中で 4 万ヘクタールを超える）、ペリゴール黒トリュフの栽培園はアメリカからニュージーランドまでで栽培に成功している（Büntgen et al. [2015]）。ルフェーヴルによれば、仮に彼が栽培法を事細かく書き記しても、それを実際に再現するのは難しいという。伝えきることや維持することが難しい直観的な暗黙知が多すぎるからだそうだ。非常に些細なこと——季節の気まぐれから温室内の条件まで——が大きな違いを生む。秘密主義も問題の一つである。トリュフ栽培家は他人に知られたくない「自分だけの知識」を守る。「それはキノコ狩りに根差した伝統です」とビュントゲンは私に言った。「たくさんの人がキノコ採りに森に出かけますが、みな詳しいことは何も言いません。もしキノコが採れたかなどと尋ねても、こう言われるだけです。『ああ、たくさん採れたよ！』きっとキノコは見つからなかったのでしょう。それはもう何世代にもわたって続いてきた習慣で、そのために研究が遅れるのです」。それでも、ルフェーヴルは謎の多い黒トリュフ菌の菌糸体を木と一緒に毎年育て、何かがうまく行ってキノコが生えてこないか試している。楽観主義に助けられながら、ヨーロッパのトリュフ種とアメリカの木を一緒に育てることも試みている（黒トリュフ菌はポプラと堅実な共生関係を結んだがキノコは生やさなかった）。栽培家の中には、トリュフについた細菌を分離し、それらの細菌によって黒トリュフ菌の菌糸体の成長を促すことができるかもしれないと考える人がいる（なかには効果を見せる細菌グループもある）。あなたの黒トリュフの木を買った栽培家は多いですかとルフェーヴルに尋ねると、「多くはない」という答えが返ってきた。「でも、誰かが試さないと

誰も成功しないから売り続けるんだ」

(23) 化学的な検出については Hsueh et al. (2013) を参照のこと。

(24) Nordbring-Hertz (2004) および Nordbring-Hertz et al. (2011).

(25) Nordbring-Hertz (2004).

(26) 今日、擬人化にかんする議論のもっとも中心にある生物学の分野は、植物とこれらの植物が環境をどう察知しそれに反応するかにかかわる研究だ。2007年、36名の著名な植物学者が「植物の神経生物学」という新たな分野の妥当性を斥ける書簡に署名した（Alpi et al. [2007]）。この名称を提案した人びとは、植物はヒトその他の動物に匹敵する電気的および化学的な信号システムを持つと主張した。書簡に署名した36名はその主張は「表面的な類似性と疑問の残る推測」にもとづいていると述べた。活発な意見交換が行われた（Trewavas [2007]）。人類学の視点から見れば、こうした議論は楽しい。カナダにあるヨーク大学の人類学者ナターシャ・マイヤーズは何人かの植物学者に植物の振る舞いについてインタビューした（Myers [2014]）。彼女は擬人化の厄介な政治的判断と研究者が取るさまざまな対応について述べている。

(27) Kimmerer (2013), "Learning the Grammar of Animacy."

(28) 「宿主の木との関係はほとんどわかっていない」とルフェーヴルは言う。「トリュフが豊富に採れる場所でも、菌類がコロニーをつくった木の根の割合はきわめて低いことが多いんだ。だから、菌類が宿主の木から受け取るエネルギー量によって収量を説明することはできない」

(29) 匂いとその類似性については Burr (2012), ch. 2 を参照のこと。人類学者のアナ・チンは、日本の江戸時代（1603–1868）にはマツタケの香りが俳句のお題になることが多かったと言う。秋のマツタケ狩りは春の花見と同等になり、「秋の香り」と「キノコの香り」は俳句の世界ではお馴染みのお題になった（Tsing [2015]）。

第2章　生きた迷路

(1) Cixous (1991).

(2) 菌類の迷路実験については、Hanson et al. (2006), Held et al. (2009, 2010, 2011 and 2019) を参照のこと。優れた動画については、www.sciencedirect.com/science/article/pii/S1878614611000249［2019年10月29日にアクセス］で閲覧できる Held et al. (2011) および www.pnas.org/content/116/27/13543/tab-figures-data［2019年10月29日にアクセス］で閲覧できる Held et al. (2019) の補足説明を参照のこと。

(3) 海洋菌類については Hyde et al. (1998), Sergeeva and Kopytina (2014) および Peay (2016) を、埃の中にいる菌類については Tanney et al. (2017) を、土中に暮らす菌類の菌糸の長さについては Ritz and Young (2004) を参照のこと。

(4) これはよく聞かれる現象だ。Boddy et al. (2009) および Fukusawa et al. (2019) を参照のこと。

(5) Fukusawa et al. (2019) を参照のこと。新しい木材ブロックが変えたのは、ネットワーク内の化学物質の濃度あるいは遺伝子の発現だろうか。それとも菌糸体がもとの木材ブロック内で自らを再配置し、ある方向へ再成長するよう促したのだろうか。ボディと研究仲間たちには確信が持てなかった。菌類に微小な迷路を課題として与えた研究者らは、菌類の成長端内の構造が体内ジャイロスコープのように働き、菌糸に方向にかかわる記憶を与えることを発見した。この記憶があるため、成長端は障害物を迂回したあとでもとの方向に戻ることができるのだ（Held et al. [2019]）。しかし、ボディらが観察した効果の理由がこのメカニズムであるとは考えづらい。もとの木材ブロックの菌糸——その先端も含む——は新しい皿に置かれる前にすべて取り除かれていたからだ。

(6) 菌類の菌糸は、（たいていは）明確な境界がある動植物の細胞とは異なる。事実、厳

密に言えば、菌糸は細胞と呼ぶべきではない。多くの菌類は「隔壁」と呼ばれる境界を持ち、これらの境界は開閉させることができる。開いているときには、菌糸内の物質は「細胞」間で流れるので、菌糸体ネットワークは「超細胞」状態に置かれる（Read [2018]）。菌糸体ネットワークは多くの同様のネットワークと融合して成長「群」を形成する。この群れの中では、あるネットワーク内の物質は他のネットワークと共有される。では一つの細胞はどこで始まり、どこで終わるのだろうか。一つのネットワークはどこで始まり、どこで終わるのか。これらの問いには答えのないことが多い。群れにかんする最近の研究については、Bain and Bartolo (2019) および Ouellette (2019) の評論を参照のこと。この研究は群れを、局所的な法則に従って振る舞う個々の動因の集合体ではなく一つの実体として扱っている。群れを流体の流れのパターンとして扱うことで、その挙動を効果的にモデル化することができる。群モデルを使うのではなく、局所的な相互作用にもとづいてこのトップダウンの「流体力学」モデルを用いれば菌糸端の成長をモデル化できる可能性がある。

(7) 粘菌については Tero et al. (2010), Watanabe et al. (2011) および Adamatzky (2016) を、菌類については Asenova et al. (2016) および Held et al. (2019) を参照のこと。

(8) 菌糸体の密度と距離の折り合いについては Bebber et al. (2007) を参照のこと。

(9) 菌糸体ネットワークのリンクの自然選択については Bebber et al. (2007) を参照のこと。

(10) 菌類の生物発光が昆虫の胞子拡散に果たす役割については Oliveira et al. (2015) を、燐光と潜水艇タートルについては www.cia.gov/library/publications/intelligence-history/intelligence/intelltech.html［2019 年 10 月 29 日にアクセス］および Diamant (2004), p. 27 を参照のこと。1875 年に発行された菌類ガイドブックにモーデカイ・クック（Mordecai Cooke）は、発光菌類は炭鉱にある木製の掲示板によく見られると書いた。炭鉱労働者は「発光菌類についてよく知っていて、『手元が見えるほど明るい』と言う。タマチョレイタケ属菌の試料はとても明るく、闇の中でも 18 メートル強離れた場所から見えた」

(11) オルソンの動画は doi.org/10.6084/m9.figshare.c.4560923.v1［2019 年 10 月 29 日にアクセス］で閲覧することができる。

(12) Oliveira et al. (2015) によれば、発光性ハラタケ類のネオノトパヌス・ガルドネリ（*Neonothopanus gardneri*）の菌糸体は、温度調節される体内時計によって制御されているという。論文の著者らは、夜間に発光量を増やすことによって胞子を拡散してくれる昆虫を引き寄せるのではないかという仮説を立てている。オルソンが観察した現象は体内時計のリズムでは説明がつかない。その現象は数週間で一度しか起きなかったからだ。

(13) 菌糸体の直径については、Fricker et al. (2017) を参照のこと。生態学者のロバート・ホイタッカーは、動物の進化は「変化と絶滅」の歴史である一方で、菌類の進化は「保存と継続」の歴史であると指摘する。化石証拠に見られる動物の身体の膨大な多様性は、動物が世界の諸側面をさまざまに解釈することを示す。ところが、同じことは菌類には当てはまらない。菌類の菌糸体は多くの生物よりずっと長く進化してきたものの、太古に生きた化石菌類は驚異的なほどに現生菌類に似通っている。ネットワークとして生きる方法には限りがあるのかもしれない。Whittaker (1969) を参照のこと。

(14) 落ち葉を受け止める菌糸体の網については Hedger (1990) を参照のこと。

(15) イネ苗立枯病菌がかける圧力については Howard et al. (1991) を、8 トンのスクールバスという数字および病原性の菌類の成長にかんする概論については Money (2004a) を参照のこと。これほどの高圧をかけるには、植物に侵入した菌糸はしっかりとその表面にへばりついて剝がれ落ちるのを防がなく

てはならない。このためにこれらの菌類は10メガパスカルを超える圧力に耐える接着剤を生成する。このスーパーグルー（強力接着剤）は15〜25メガパスカルの圧力に耐えられるが、植物の葉は表面が蠟質（ろうしつ）なのでおそらくその力は発揮できないだろう（Roper and Seminara [2017]）。

(16)　細胞の「小袋」は「小胞」として知られる。菌類先端の成長は、スピッツェンケルパー（Spitzenkörper）と呼ばれる細胞小器官つまり先端小体によって維持される。おおかたの細胞小器官と異なり、スピッツェンケルパーは明確な境界を持たない。それは細胞核のような単一構造ではないものの、同じような感じで動くようだ。スピッツェンケルパーは「小胞供給センター」のようなものであり、菌糸から届く小胞を受け取って分類したのちに菌糸先端に送り出すと考えられる。スピッツェンケルパーは自身と菌糸双方の成長を制御する。菌糸の分岐はスピッツェンケルパーの分裂時に起きる。成長が止まったスピッツェンケルパーは消滅する。成長端のスピッツェンケルパーを別の場所に移すと、菌糸をその方向に成長させることができる。この器官がつくるものは、この器官が壊すことができる。菌糸体の壁を溶かして菌糸体ネットワークの異なる部分を結合させるのだ。スピッツェンケルパーにかんする概論と「1秒に600個」についてはMoore (2013a), ch. 2を、より詳細な説明についてはSteinberg (2007)を、一部の菌類種の菌糸の成長がリアルタイムで確認できることについてはRoper and Seminara (2017)を参照のこと。

(17)　フランスの哲学者アンリ・ベルクソンは時間の経過について菌類の菌糸を思わせる説明をしている。「持続〔時間の流れ〕は過去から継続して進むものであり、未来を侵食しながら膨張する」（Bergson [1911], p. 7）。生物学者のJ・B・S・ホールデン（J.B.S. Haldane）にとって、人生は物ではなく安定した過程で成り立っている。ホールデンは「『物』または物質的な単位の概念」は生物学的な思考には「役立たない」とまで述べた（Dupré and Nicholson [2018]）。過程の生物学の概論についてはDupré and Nicholson (2018)を、ベイトソンの引用についてはBateson (1928), p. 209を参照のこと。

(18)　アスファルトを突き破って成長するスッポンタケについてはNiksic et al. (2004)を、クックについてはMoore (2013b), ch. 3を参照のこと。先端の成長は菌類以外の生物でも起きるが、それは例外的であって普遍的ではない。動物の神経細胞は先端で伸び、花粉管のような他の一部の植物の細胞にしても同じだ。しかし、どちらも限りなく伸びることはできないが、菌類の菌糸は条件さえ整えばどこまでも伸びる（Riquelme [2012]）。

(19)　フランク・ドゥガン（Frank Dugan）は、ヨーロッパの宗教改革時の「herb wife（ハーブワイフ）」や「wise woman（ワイズウーマン）」〔どちらも医師不在の地方で助産婦、内科医、外科医などを兼ねた〕を現代菌類学の「midwife（助産婦）」と考えている。菌類にかかわる民間伝承を伝えたのがおもに女性であることを多くの証拠が示唆する。そのような女性が、当時の男性の学者によって正式に発表されたキノコの知識の源だった。そうした学者にはカロルス・クルシウス（Carolus Clusius, 1526–1609）およびフランシスクス・ヴァン・ステルベーク（Franciscus van Sterbeeck, 1630–1693）などがいた。多くの絵画——*The Mushroom Seller* (Felice Boselli, 1650–1732), *Women Gathering Mushrooms* (Camille Pissarro, 1830–1903), *The Mushroom Gatherers* (Felix Schlesinger, 1833–1910)——がキノコを取り扱う女性を描いている。19世紀から20世紀にヨーロッパを旅した多くの人の話では、キノコを採集・販売していたのは女性だったという。

(20)　多声音楽の概要とおおまかな定義については、Bringhurst (2009), ch. 2, “Singing with the frogs : the theory and practice of literary polyphony” を参照のこと。

(21)　菌糸体すなわち菌糸束の流速の推定値についてはFricker et al. (2017)を参照のこと。

一般に菌類はその成長を化学物質によって調整すると考えられているが、その化学物質についてはほとんど何もわかっていない(Moore et al. [2011], ch. 12.5 および Moore [2005])。これほど整然とした形状が菌糸束の一様な塊からどのようにして生じるのだろうか。動物の指は複雑な形状をしている。それは血球、骨細胞、神経細胞、その他の異なる細胞が複雑に組み合わさってできている。キノコもまた複雑な形状をしているが、一種の細胞、つまり菌糸の束から成る。菌類がどのようにして子実体(キノコ)を生やすのかは長年にわたって謎だった。1921年、ロシアの発達生物学者アレクサンドル・ギュルヴィッチ(Alexander Gurwitsch)がキノコの発達に首をひねった。キノコの柄、柄を取り囲むつば、そして傘はいずれも菌糸からできていて、「櫛(くし)を入れていないボサボサの髪」のように乱れている。このことが彼には不思議で仕方なかった。無からキノコをつくる菌糸は、まるで筋肉の細胞から顔をつくろうとしているかのようだった。ギュルヴィッチにとって、菌糸が複雑な形状に成長するのが発達生物学におけるもっとも重要な問いの一つだった。動物のデザインは発生の最初期の段階で決まっている。動物の身体はきわめて規則正しいパーツから成り、規則がさらなる規則を呼ぶ。ところがキノコの身体はあまり規則正しくないパーツから成る。規則正しい身体が不規則な材料から生じるのだ(von Bertalanffy [1933], pp. 112–17)。キノコの成長に刺激を受け、ギュルヴィッチは生物の発達は場によって導かれるという仮説を唱えた。鉄粉の配置は磁場によって変えることができる。同じように、生物の細胞や組織の配置も形状を与える場によって変えられるというのである。ギュルヴィッチによる発達の場の理論は当時の生物学者の一部から賛同を得た。ボストンにあるタフツ大学の研究者マイケル・レヴィンは、あらゆる細胞が「豊かな場の情報」に浴するとしている。この情報は物理的、化学的、電気的手がかりのいずれかとされた。これらの情報の場によって複雑な形状ができ上がるわけが説明できるというのだった(Levin [2011 and 2012])。2004年に発表された論文の著者らは、菌類の菌糸の成長をシミュレーションする数理モデル——「サイバーファンガス(Cyberfungus)」——を構築した(Meskkauskas et al. [2004], Money [2004b], および Moore [2005])。モデルでは、各菌糸端は他の菌糸端の振る舞いにも影響を与えることができた。得られた結果によれば、すべての菌糸端が同じ成長法則に従った場合にはキノコに似た形が得られたという。この知見は、動植物のようにトップダウンの発達協調がなくとも、キノコの形状は菌糸の「クラウド」によって得られることを示唆する。しかし、これを可能にするには、何万個もの菌糸端が同時に同じ法則に従って行動し、同時に別の法則に切り替えなくてはならない。これはギュルヴィッチの仮説の現代版と言える。サイバーファンガスのモデルを構築した研究者らは、発達の変更は細胞の「体内時計」によって協調できるかもしれないという仮説を立てた。しかし、そのようなメカニズムは発見されておらず、生きた菌類がどのようにして発達を協調させるのかは謎のままだ。

(22) 微小管「モーター」については Fricker et al. (2017) を、ハードン・ホールの乾腐菌については Moore (2013b), ch. 3 を、菌類の発達に菌糸内の物質の流れが果たす役割については Alberti (2015) および Fricker et al. (2017) を参照のこと。菌類の菌糸内の流速は毎秒3〜70マイクロメートルで、受動的な拡散のみの場合の100倍以上に達することもある(Abadeh and Lew [2013])。アラン・レイナーが川のアナロジーを好むのは、川は「地形によってかたちづくられる一方で、地形をかたちづくるシステムであるからだ」。川は岸の間を流れる。その過程で岸の形を変える。レイナーは菌糸とはそれに沿って流れる先端の丸まった川であると考える。いかなる流動系でもそうであるように、圧力が

すべてだ。菌糸は周辺の水を吸収する。水が内側に流れることでネットワーク内の圧力が増す。だが、圧力そのものが流れにつながるわけではない。物質が媒体内を流れるためには、菌糸は流れ込む空間をつくり出す必要がある。それが菌糸の成長につながるのだ。菌糸内の物質は菌糸の成長端に向かって流れる。水は菌糸体ネットワークを介して急速に膨れるキノコに向かって流れる。圧力の勾配が反対になると、流れの方向が逆転する（Roper et al. [2013]）。ところが、菌糸はもっと正確に流れを調整できるらしい。2019年に発表された論文では、著者らは菌糸内における養分と化学的信号の移動をリアルタイムに追った。一部の大きな菌糸では、細胞流体の流れの方向は数時間ごとに変わり、化学的信号と養分がネットワーク内を双方向に移動できた。物質は約3時間にわたって一つの方向に流れた。次の3時間には反対方向に流れた。菌糸が物質の流れをどう制御するのかはわかっていないものの、定期的に細胞流体が流れの方向を変えることで、物質がネットワーク内により効果的に分配される。著者らは、菌糸の管孔を協調して開閉することが、輸送菌糸内の双方向の流れを協調させる「主要な因子」だと推測している（Schmieder et al. [2019] と Roper and Dressaire [2019] の評論も参照のこと）。菌糸が流れの方向を制御するもう一つの方法に「収縮胞」がある。これは収縮の波動が伝わる菌糸内の管であり、菌糸体ネットワーク内の物質輸送に寄与することが報告されている（Shepherd et al. [1993], Rees et al. [1994], Allaway and Ashford [2001] および Ashford and Allaway [2002]）。

(23)　Roper et al. (2013), Hickey et al. (2016) および Roper and Dressaire (2019). YouTube で見られる動画："Nuclear dynamics in a fungal chimera," www.youtube.com/watch?v=_FSuUQP_BBC［2019年10月29日にアクセス］; "Nuclear traffic in a filamentous fungus," www.youtube.com/watch?v=AtXKcro5o30［2019年10月29日にアクセス］。

(24)　Cerdá-Olmedo (2001) および Ensminger (2001), ch. 9.

(25)　「もっとも知性が高い」については Cerdá-Olmedo (2001) を、回避反応については Johnson and Gamow (1971) および Cohen et al. (1975) を参照のこと。

(26)　キノコの形成から他の生物との関係構築まで、菌糸体の生活は多くの側面で光の影響を受ける。恐ろしいイネ苗立枯病菌が宿主の植物に感染するのは夜間のみだ（Deng et al. [2015]）。菌類による光の感知については Purschwitz et al. (2006), Rodriguez-Romero et al. (2010) および Corrochano and Galland (2016) を、表面トポグラフィーの感知については Hoch et al. (1987) および Brand and Gow (2009) を、重力に対する感度については Moore (1996), Moore et al. (1996), Kern (1999), Bahn et al. (2007) および Galland (2014) を参照のこと。

(27)　Darwin and Darwin (1880), p. 573.「根－脳」仮説に賛同する見解については Trewavas (2016) および Calvo Garzón and Keijzer (2011) を、脳との類似性に否定的な見解については Taiz et al. (2019) を、「植物の知性」にかんする概論については Pollan (2013), "The Intelligent Plant" を参照のこと。

(28)　菌糸先端の振る舞いについては Held et al. (2019) を参照のこと。

(29)　菌輪については Gregory (1982) を参照のこと。

(30)　一部の研究者によれば、菌糸は突然の収縮やねじれによって情報を送るのかもしれないという。しかし、こうした振る舞いは継続して利用するには一貫性に欠ける。McKerracher and Heath (1986a and 1986b), Jackson and Heath (1992) および Reynaga-Peña and Bartnicki-García (2005) を参照のこと。情報は流れのパターンを変えることによってネットワーク内で伝達できると考える人もいる。たとえば流れの方向を一定のリズムに合わせて変えるのだという（Schmieder et al. [2019] および Roper and Dressaire [2019]）。これは有望な提起であり、菌糸体ネットワークを一種の「液体コンピュータ」と見な

すのに役立つかもしれない。液体コンピュータの多くの形態が実際に構築され、戦闘機から原子炉制御システムにまで実装されている（Adamatzky [2019]）。しかし、菌糸内の物質の流れは多くの現象を説明するには遅すぎる。菌糸体ネットワーク全体に達する代謝活動の規則的なパルスは、ネットワークの振る舞いを協調させる可能性を秘めているが、やはり多くの現象を説明するには遅すぎる（Tlalka et al. [2003 and 2007], Fricker et al. [2007a and 2007b および 2008]）。ネットワークを形成するモデル生物はパズルを解く粘菌である。粘菌は菌類ではないものの、大きな面積に成長し形状を変えられる身体を持つため、菌糸を形成する菌類が直面する困難や機会について考える有用なモデルとなる。また菌類の菌糸体より成長が速く研究がはかどる。粘菌は自身の異なる部分間で定期的なパルスを使ってコミュニケーションを図っている。このパルスは収縮が海の波のようにネットワークの分枝を通過することで伝達される。食物を発見した分枝は信号分子をつくって収縮の強度を増幅させる。強い収縮が起きると、より多くの細胞材料がネットワークのその分枝に沿って流れる。ある収縮に呼応して、長い経路より短い経路により多くの物質が流れる。経路に多くの物質が流れると、その経路はさらに補強される。それは生物がさほど「成功しなかった」経路より「成功した」経路に細胞材料を再度流すことを可能にするフィードバックループなのである。ネットワークの異なる部分からのパルスは互いに組み合わさり、互いに干渉し、互いを増幅する。このようにして特別な制御部分がなくとも、粘菌は種々の分枝からの情報を統合して複雑な経路問題を解決することができるのだ（Zhu et al. [2013], Alim et al. [2017] および Alim [2018]）。

(31) ある研究者が 1980 年代なかばにこう述べている。「菌類の電気生物学〔電気生理学とほぼ同義〕は今日の生物学の主流が到達するところまでしか発展しないだろう」（Harold et al. [1985]）。ところがその後、菌類は電気刺激に対して驚異的とも言える反応を示した。菌糸体に電流を流すとキノコの収量がかなり上がるのだ（Takaki et al. [2014]）。貴重なマツタケ――これまで栽培に成功していない菌類種――の収量を宿主周辺の土に 50 ボルトの電気パルスをかけることで 2 倍近くに増やすことができるという。研究者らはマツタケ狩りに行った人の話を聞いて実験をしたという。これらの人びとによると、落雷のあった場所に数日後行ってみたらマツタケが豊作だったというのだった（Islam and Ohga [2012]）。植物の活動電位については Brunet and Arendt (2015) を、菌類の活動電位にかんする初期の報告については Slayman et al. (1976) を、菌類の電気生理学全般については Gow and Morris (2009) を、「ケーブルバクテリア」については Pfeffer et al. (2012) を、細菌における活動電位様の波動については Prindle et al. (2015), Liu et al. (2017), Martinez-Corral et al. (2019) および Popkin (2017) の要約を参照のこと。

(32) オルソンは、刺激と反応の時間差を調べることで伝搬速度を測定した。この推定速度は菌類が刺激を感知する時間、刺激が A 点から B 点に移動する時間、反応が微小電極に検知される時間を含む。実際のインパルスの移動速度はこの推定値よりかなり速いはずだ。菌類の菌糸体で測定された大きな流れの最高速度は毎時約 180 ミリメートルだった（Whiteside et al. [2019]）。オルソンが測った活動電位は毎時約 1800 ミリメートルで伝搬した。

(33) Olsson and Hansson (1995) および Olsson (2009). オルソンが記録した活動電位様の活動の変化については doi.org/10.6084/m9.figshare.c.4560923.v1［2019 年 10 月 29 日にアクセス］を参照のこと。

(34) オネ・パガンは脳にかんする一般的な定義はないと指摘する。脳は解剖学の特定の詳細ではなくそれが何をするかによって定義するほうが理にかなっていると論じる（Pagán [2019]）。菌類ネットワークにおける

管孔の調整についてはJedd and Pieuchot (2012) およびLai et al. (2012) を参照のこと。

(35) Adamatzky (2018a and 2018b).

(36) バイオコンピューティングの事例については van Delft et al. (2018) および Adamatzky (2016) を参照のこと。

(37) Adamatzky (2018a and 2018b).

(38) 本書の第7章「ラディカル菌類学」で述べるように、アンドリュー・アダマツキーはFungal Architectures（FUNGAR）と呼ばれる学際的なグループの一員だ。グループが掲げる目標は、菌類コンピュータ回路を建築物に組み込むことにある。

(39) 私はなぜオルソンが1990年代に行った研究を誰も引き継いでいないのかと彼に尋ねてみた。「会議で自分の研究を発表したとき、聴衆は非常に、非常にですよ、興味を持ちました」とオルソンは語った。「それでも、私の研究はどこか風変わりだと思ったのです」。彼の研究について私が尋ねた研究者はみな興味を持ち、もっと知りたがった。研究はその後頻繁に引用されてもいる。だが、この研究を続けるための助成金が得られなかった。技術的な応用を考えると成果の期待できない研究――リスクが多すぎる――と見なされたのだろう。

(40) 「古典的な神話」についてはPollan (2013) を、脳の挙動を支える古い細胞過程についてはManicka and Levin (2019) を参照のこと。「移動仮説」は脳は動物が移動する原因と結果の双方であると唱える。移動しない生物は動物と同じ困難に直面することはないので、自分たちが直面する困難に対処する異なるネットワークを進化させた（Solé et al. [2019]）。

(41) Trewavas (2014), ch. 2 に引用されたDarwin (1871) の言葉。「最小認知」についてはCalvo Garzón and Keijzer (2011) を、「生物学的に実現された認知」についてはKeijzer (2017) を、植物の認知についてはTrewavas (2016) を、「基礎認知」とその程度についてはManicka and Levin (2019) を、微生物の認知についてはWesterhoff et al. (2014) を、異なるタイプの「脳」についてはSolé et al. (2019) を参照のこと。

(42) 「ネットワーク神経科学」についてはBassett and Sporns (2017) およびBarbey (2018) を参照のこと。ヒトの脳組織をペトリ皿で培養すること――培養産物は脳の「オルガノイド」〔生体外で人工的につくられるミニ臓器〕として知られる――を可能にした科学の進展が知性の理解をさらに複雑にする。こうした技術が問いかける哲学的および倫理的問題――そして明確な答えの不在――は、ヒトの生物学的な自己の境界が明確にはほど遠いことを思い起こさせる。2018年、著名な神経科学者と生命倫理学者数人が『ネイチャー』誌に論文（Farahany et al. [2018]）を発表してこの種の問いをいくつか取り上げた。今後の数十年で、脳組織の培養技術の発展によって人工的な「ミニ脳」を成長させることが可能になると考えられている。この脳はヒトの脳の機能をより正確に模倣するようになる。論文の執筆者たちはこう述べる。「ミニ脳がより大きく複雑になるにつれて、人の意識に近い能力を持つ可能性はどんどん現実味を帯びてくる。そうした能力は快楽、痛み、不安を（ある程度）感じること、記憶を保持し思い出すこと、あるいは自己の主体感あるいは認識にかかわる知覚すら含むかもしれない」。将来、脳オルガノイドの知性が私たちを追い越すことを懸念する人もいる（Thierry [2019]）。

(43) 扁形動物の実験についてはShomrat and Levin (2013) を、タコの神経系についてはHague et al. (2013) およびGodfrey-Smith (2017), ch. 3 を参照のこと。

(44) Bengtson et al. (2017) およびDonoghue and Antcliffe (2010). 慎重を期すため、論文を執筆したベングトソンらは彼らの試料は**実際には**菌類ではなく、あらゆる観察可能な側面において現生の菌類に似通ってはいるが異なる系統の生物かもしれないと指摘する。こうした前置きをするのももっともと言える。彼らは仮にこれらの菌糸体の化石が本当に菌類であれば、菌類が最初にどこでど

う進化したのかにかんする私たちの理解を「覆す」だろうと考えている。菌類は化石として残りにくく、いつ生命の系統樹から分岐したのかは論争の的になっている。DNAにもとづく手法——いわゆる「分子時計」と呼ばれる技法を用いる——による結果は、最初期の菌類が分岐したのはおよそ10億年前であることを示している。2019年、研究者たちが約10億年前にさかのぼる北極の頁岩（けつがん）に菌類の化石を発見した(Loron et al. [2019] および Ledford [2019])。この発見以前には、最初の菌類の化石が4億5000万年前にさかのぼるのは確かだとされていた（Taylor et al. [2007]）。ひだのある最初のキノコの化石は約1億2000万年前にさかのぼる（Heads et al. [2017]）。

(45)　バーバラ・マクリントックについてはKeller (1984) を参照のこと。

(46)　同上。

(47)　Humboldt (1849), vol. 1, p. 20.

第3章　見知らぬ者どうしの親密さ

(1)　Rich (1994).

(2)　BIOMEX はいくつかの宇宙プロジェクトの一つである。BIOMEX については de Vera et al. (2019) を、EXPOSE 施設については Rabbow et al. (2009) を参照のこと。

(3)　「耐性と限界」の引用については Sancho et al. (2008) を、宇宙に送り出された地衣類を含む生物の論評については Cottin et al. (2017) を、宇宙生物学の研究のモデルとしての地衣類については Meeßen et al. (2017) および de la Torre Noetzel et al. (2018) を参照のこと。

(4)　Wulf (2015), ch. 22.

(5)　シュヴェンデナーと二種複合体説については Sapp (1994), ch. 1 を、次の段落の「有益で元気になる」についても Sapp (1994), ch. 1 を参照のこと。

(6)　Sapp (1994), ch. 1.「センセーショナルなロマンス」については Ainsworth (1976), ch. 4 を参照のこと。ビアトリクス・ポターの一部の伝記では、ポターは二種複合体説に賛同しているとされているが、彼女が人生のどこかの時点で意見を変えた可能性がある。それでも1897年に田舎の郵便配達人でアマチュアの博物学研究家チャールズ・マッキントッシュ（Charles MacIntosh）に宛てた手紙で、彼女はこの問題に明確な立場を取っているようだ。「おわかりでしょう、私たちはシュヴェンデナーの仮説なんて信じません。古い本には、地衣類は葉片種になり、やがてゼニゴケになると書いてあります。私は大きくて平べったい地衣類の一種の胞子と真正ゼニゴケの胞子を発芽させ、2種の発芽状態を比較したいと強く思っています。名前はなんでもいいのです。乾燥すれば同じになるでしょうから。季節が変わって地衣類とゼニゴケの胞子をもっと私のために入手してくださるなら、とても嬉しく思います」（Kroken [2007]）

(7)　系統樹は現代の進化説のもととなったイメージの一つであり、ダーウィンの『種の起源』に描かれた唯一のイラストであることは有名な話だ。このイメージを使ったのはけっしてダーウィンがはじめてではない。数世紀にわたって、木の分岐は神学から数学に至るまで人間の思考の体系だった。おそらく、いちばん有名なのが家系図で、それは旧約聖書（エッサイの樹）に起源を有する。

(8)　シュヴェンデナーによる地衣類の説明については Sapp (1994), ch. 1 を、アルベルト・フランクと「共生（symbiosis）」については Sapp (1994), ch. 1, Honegger (2000) および Sapp (2004) を参照のこと。フランクは当初「symbiotismus」（字義通りの意味は共生主義〔symbiote＋ism〕）という語を使用した。

(9)　エリシア・クロロティカの祖先——*Elysia viridis*——が藻類を食べたとき、藻類が祖先の体内組織で生き延びた。エリシア・クロロティカは植物と同じように太陽光からエネルギーを得る。新たな共生関係の発見については Honegger (2000) を、「動物地衣類」については Sapp (1994), ch. 1 を、「微小地衣類」については Sapp (2016) を参照のこと。

(10)　ハクスリーについては Sapp (1994), p. 2

を参照のこと。

(11) 8%という推定値についてはAhmadjian (1995)を、熱帯雨林より大きな面積についてはMoore (2013a), ch. 1を、「ハッシュタグに入れられた」についてはHillman (2018)を、漂泊者や昆虫の上で暮らす種も含めた地衣類の生息地の多様性についてはSeaward (2008)を、クヌーセンのインタビューについてはaeon.co/videos/how-lsd-helped-a-scientist-find-beauty-in-a-peculiar-and-overlooked-form-of-life［2019年10月29日にアクセス］を参照のこと。

(12) 「あらゆる記念碑には」の引用はtwitter.com/GlamFuzz［2019年10月29日にアクセス］を、ラシュモア山についてはPerrottet (2006)を、イースター島の石像についてはwww.theguardian.com/world/2019/mar/01/easter-island-statues-leprosy［2019年10月29日にアクセス］を参照のこと。

(13) 地衣類による風化についてはChen et al. (2000), Seaward (2008)およびPorada et al. (2014)を、地衣類と土壌形成についてはBurford et al. (2003)を参照のこと。

(14) パンスペルミア説と関連するアイデアの歴史についてはTemple (2007)およびSteele et al. (2018)を参照のこと。

(15) 天体間感染にかかわるレーダーバーグの懸念に対して、NASAは地球を出発する前に宇宙船を滅菌する方法を開発した。この措置は完全に成功したわけではない。国際宇宙ステーションには細菌と菌類の相乗り集団がいる（Novikova et al. [2006]）。1969年にアポロ11号が初の月旅行から帰還したとき、宇宙飛行士たちは3週間にわたって改造された移動式隔離施設で厳重に隔離された（Scharf [2016]）。

(16) 1920年代のフレデリック・グリフィスの研究以来、細菌が周囲のDNAを取り込むことは知られていたが、このことは1940年代初期にオズワルド・エイヴリーらによって追認された。レーダーバーグが示したのは細菌が能動的に互いに遺伝物質を交換できるということだった。このプロセスは「接合」として知られる。レーダーバーグによる知見については、Lederberg (1952), Sapp (2009), ch. 10およびGontier (2015b)を参照のこと。ウイルスのDNAは動物の生命史に大きな影響をもたらした。ウイルスの遺伝子は祖先の卵生哺乳類から有胎盤類への進化に重要な役割を果たしたと考えられている（Gontier [2015b]およびSapp [2016]）。

(17) 細菌のDNAは哺乳類のゲノムで見つかっている（概論についてはYong [2016], ch. 8を参照のこと）。細菌と菌類のDNAは植物や藻類のゲノムに見ることができる（Pennisi [2019a]）。菌類のDNAは地衣類を形成する藻類で観察される（Beck et al. [2015]）。遺伝子の水平伝播は菌類で頻繁に見られる（Gluck-Thaler and Slot [2015], Richards et al. [2011]およびMilner et al. [2019]）。ヒトゲノムの少なくとも8%はウイルス由来である（Horie et al. [2010]）。

(18) 宇宙からのDNAが地球上の生命の進化を「速め」た可能性については、Lederberg and Cowie (1958)を参照のこと。

(19) 宇宙空間の厳しい条件についてはde la Torre Noetzel et al. (2018)を参照のこと。

(20) Sancho et al. (2008).

(21) 18キログレイのガンマ線を照射しても、キルキナリア・ギロサの試料は光合成が70%減少したのみだった。24キログレイでは、95%減少したものの、完璧になくなることはなかった（Meeßen et al. [2017]）。これらの結果を総合すると、これまでに調べられた生物の中でもっとも高い放射線耐性を持つのは、深海の熱水噴出孔から分離されたテルモコックス・ガンマトレランス（*Thermococcus gammatolerans*）というそのものずばりの名称〔gammatoleransは「ガンマ線に耐える」という意〕の藻類で、30キログレイまでのガンマ線照射に耐えることができる（Jolivet et al. [2003]）。地衣類の宇宙空間における研究についてはCottin et al. (2017), Sancho et al. (2008)およびBrandt et al. (2015)を、高線量照射が地衣類に与える影響についてはMeeßen et al. (2017), Brandt et al. (2017)および

de la Torre et al. (2017) を、宇宙空間における緩歩動物については Jönsson et al. (2008) を参照のこと。

(22) 地衣類に日常的に「教えてもらっている」学術分野もある。地衣類は一部の工業汚染にとても敏感で、空気の質の目安として使うことができる。「地衣砂漠」が都市部の風下に広がると、その箇所を工業汚染に影響を受けた区域としてマッピングできるのだ。場合によっては、地衣類はより直接的な方法で使うこともできる（地衣計測法として知られる）。またすべての教育機関の科学部門で使われる pH を測定するリトマス試験紙の染料は地衣類から製造されている。

(23) ウプサラ大学のタイス・エッテマ（Thijs Ettema）らによる最近の研究によって、真核生物は始生代に出現したことが示唆された。詳細な経緯についてはまだ議論されているところだ（Eme et al. [2017]）。細菌は、「オルガネラ（細胞小器官）」と呼ばれる器官を細胞内に持たないと長年にわたって考えられてきた。この見方は変わりつつある。多くの細菌がオルガネラ様の構造を持ち、これらの構造が特殊な機能を果たしているらしいのだ。詳細は Cepelewicz (2019) を参照のこと。

(24) Margulis (1999) および Mazur (2009), "Intimacy of Strangers and Natural Selection."

(25) 「融合と合体」については Margulis (1996) を、細胞内共生の起源については Sapp (1994), chs. 4 and 11 を、スタニエの引用については Sapp (1994), p. 179 を、「細胞内共生説」については Sapp (1994), p. 174 を、昆虫内に棲む細菌内の細菌については Bublitz et al. (2019) を、マーギュリス（セーガン名義）のもとの論文については Sagan (1967) を参照のこと。

(26) 「きわめて類似していた」という引用については Sagan (1967) を、「見事な事例」の引用については Margulis (1981), p. 167 を参照のこと。1879 年、ド・バリーにとって共生のもっとも重要な結果は新たな進化だった（Sapp [1994], p. 9）。「シンビオジェネシス（Symbiogenesis：一緒に暮らすことで一つの有機体になる）」は、共生が新たな種を生み出すプロセスをはじめて提唱したコンスタンチン・メレシュコフスキー（Konstantin Mereschkowsky, 1855–1921）およびボリス・ミハイロヴィチ・コゾ゠ポリャンスキー（Boris Mikhaylovich Kozo-Polyansky, 1890–1957）が与えた名称である（Sapp [1994], pp. 47–48)。コゾ゠ポリャンスキーは著書で地衣類に何度か言及している。「地衣類は藻類と菌類がただ合体しただけのものと考えるべきではない。地衣類は藻類と菌類のどちらにもなかった特殊な特徴を……あらゆる面で有する――その化学的性質、形状、構造、生活、分布――複合体の地衣類はこれらの別々の構成種の特徴とは異なる新たな特徴を示すのだ」（Kozo-Polyansky trans. [2010], pp. 55–56）

(27) ドーキンスとデネットの引用については多々あるが、なかでも Margulis (1996) を参照のこと。

(28) 「進化の系統樹は誤った隠喩であるように思える」と進化生物学者のリチャード・レウォンティンは述べた。「どちらかと言えば、それは複雑なマクラメ〔目の粗いレース編み〕と考えるべきだ」というのだ（Lewontin [2001]）。この見方は樹木に対して少々不公平だ。一部の種の枝は確かに融合する。それは「inosculation」と呼ばれる過程であり、ラテン語で「キスをする」ことを意味する「*osculare*」に由来する。しかし、周囲の木を見てほしい。きっと融合より分岐している箇所の方が多いだろう。大半の樹木は、日常的に融合する菌類の菌糸とは異なる。樹木が進化にふさわしい隠喩であるかどうかは数十年にわたって議論されてきた。ダーウィン自身も「生命のサンゴ」の方がイメージ的に近いかもしれないと案じたが、最終的にはそれでは「あまりに複雑になる」と考えた（Gontier [2015a]）。2009 年、樹木にまつわるもっとも辛辣な批判として、『ニュー・サイエンティスト』誌が表紙に「ダーウィンは間違っていた」と書か

れた特別号を刊行した。「ダーウィンの木を引っこ抜け！」と編集記事は叫んだ。当然、激しい反応があった（Gontier [2015a]）。反応の嵐の中で、ダニエル・デネットが送ってきた手紙が際立っていた。「『ダーウィンは間違っていた』などという煽動的な表紙で雑誌を出すとは、いったい何を考えているんだ」。デネットが苛立っている理由はおわかりだろう。ダーウィンは間違ってなどいなかったのだ。DNA、遺伝子、合体による共生、遺伝子の水平伝播などの存在が知られる前に、進化論を提唱しただけなのだ。その後の発見によって私たちの生命史観が変化したのだ。いずれにしても、進化が自然選択によって起きるというダーウィンの最重要テーマは問題ではない。ただ自然選択が進化の主たる動因であることには議論の余地があった（O'Malley [2015]）。共生と遺伝子の水平伝播は新たな可能性の扉を開いた。これらの過程は進化の「共著者」だったのだ。それでも、自然選択は「編集者」として残っている。とはいえ、合体による共生と遺伝子の水平伝播に鑑みて、多くの生物学者が「生命の系統樹」を系統どうしが分岐し、融合し、絡みあってできる網状の構造としてイメージし直し始めていた。それは「ネットワーク」、「ウェブ」、「網」、「根茎」、あるいは「クモの巣」なのだ（Gontier [2015a] および Sapp [2009], ch. 21）。線図の線は結びあっては溶けあい、生命の異なる種、界、ドメインどうしすらつなげる。リンクがウイルスの世界を出入りし、遺伝子の実体は生きているとすら見なされない。もし誰かが進化の新たなモデル生物を探しているなら、遠くに行く必要はない。菌類の菌糸体こそ何より生命の姿を体現している。

(29)　地衣類の一部では、「粉芽（ふんが）」と呼ばれる特殊な胞子拡散構造があり、この構造は菌類と藻類双方の細胞から成る。ときには、新たに出芽した地衣類菌は、菌類が必要とするものを与えることができないフォトビオント（共生藻）と一時的に共生し、真に共生に適した藻類と出あうまで葉状体（ようじょうたい）と呼ばれる小さな「光合成する染み」として生きるかもしれない（Goward [2009c]）。胞子を出さずに共生関係を解消したり再開したりする地衣類もある。ペトリ皿に入れて適切な養分を与えると、パートナーどうしが結びつきを解消して互いから離れていく地衣類もある。いったん分離しても、共生関係をふたたび結ぶことができる（ただし結びつきは不完全になる）。この意味において、地衣類の共生関係は可逆性を持つ。少なくとも一部では、あり得ないことが起きるのである。ところが、現在までのところ、パートナーどうしが関係を解消し、分離し、ふたたび共生生活に戻って地衣類のすべての段階（機能する胞子を含む再共生として知られる「胞子から胞子」への再生）を踏むのはわずか1種――イワウロコゴケ（*Endocarpon pusillum*）――のみである（Ahmadjian and Heikkilä [1970]）。

(30)　地衣類の共生性には興味深い技術的な問題がいくつかある。地衣類は長年にわたって分類学者にとって悪夢以外の何ものでもなかった。現状では、地衣類は菌類パートナーの名称で呼ばれている。たとえば、菌類のキサントリア・パリエティナ（*Xanthoria parietina*）と藻類のトレボウクシア・イレグラリス（*Trebouxia irregularis*）の組み合わせはキサントリア・パリエティナと呼ばれる。同様に、菌類のキサントリア・パリエティナと藻類のトレボウクシア・アルボリコラ（*Trebouxia arboricola*）の組み合わせもキサントリア・パリエティナと呼ばれる。地衣類の名称は提喩〔一部の名称によって全体を指す、または全体の名称によって一部を指す方法〕であり、この場合は一部の名称で全体を指している（Spribille [2018]）。現在の命名法は地衣類を構成する菌類が地衣類であるということを暗示する。ところが、それは正しくはない。地衣類は数種のパートナー間の交渉によって成立するのだ。「地衣類を菌類と見なすことは」とゴワードは嘆

く。「地衣類そのものをまるで見ていないことと同じなのです」(Goward [2009c])。それは化学者が炭素を含む化合物をどれでも——ダイアモンドからメタンやメタンフェタミンまで——〈炭素〉と呼ぶようなものだ。何かが抜け落ちていることは認めざるをえないだろう。これは意味論上の愚痴ではない。何かに名称を与えるということは、その存在を認めることなのだ。どんな新種が発見されても、それは「記述されて」名称が与えられる。そして地衣類にも名称がある。多くの地衣類に名前が与えられているのだ。地衣類学者は分類学に通じていないわけではない。ただ彼らがつける名称が本当に記述したいものからずれている。これは構造的な問題と言える。生物学は、地衣類の共生関係を記述できない分類体系にもとづいている。名前をつけようにもつけようがないのだ。

(31) Sancho et al. (2008).

(32) de la Torre Noetzel et al. (2018).

(33) 独特の地衣類化合物やヒトによるその利用については Shukla et al. (2010) および「世界の菌類：2018 年版 (State of the World's Fungi)」を、地衣類の共生関係が残した代謝の特徴については Lutzoni et al. (2001) を参照のこと。

(34) 深部炭素観測所の報告については Watts (2018) を参照のこと。

(35) 砂漠の地衣類については Lalley and Viles (2005) および「世界の菌類：2018 年版」を、岩石内に棲む菌類については de los Ríos et al. (2005) および Burford et al. (2003) を、南極大陸のマクマードドライバレーについては Sancho et al. (2008) を、液体窒素については Oukarroum et al. (2017) を、地衣類の寿命については Goward (1995) を参照のこと。

(36) Sancho et al. (2008) を参照のこと。

(37) 火星の重力圏脱出の衝撃については Sancho et al. (2008) および Cockell (2008) を参照のこと。数例の研究では、地衣類に比べて細菌のほうが高温や衝撃に対して強いことがわかった。再突入については Sancho et al. (2008) を参照のこと。

(38) Sancho et al. (2008) および Lee et al. (2017) を参照のこと。

(39) 地衣類の起源については Lutzoni et al. (2018) および Honegger et al. (2012) を参照のこと。太古の地衣類様の生物の化石の正体とその現生系統との関係についてはさまざまな見解がある。6 億年前にさかのぼる海洋菌類様の生物も発見されていて (Yuan et al. [2005])、これらの海洋地衣類が地衣類の先祖が陸に上がったことに関係していると考える人もいる (Lipnicki [2015])。地衣類の数度にわたる進化と再地衣化については Goward (2009c) を、脱地衣化については Goward (2010) を、選択肢のある地衣化については Selosse et al. (2018) を参照のこと。

(40) Hom and Murray (2014).

(41) 「唄であって、歌手ではない」については Doolittle and Booth (2017) を参照のこと。

(42) キッコウゴマダラゴケはかつてキッコウウシオイボゴケ (*Verrucaria maura*) と呼ばれた。新たに形成された島への地衣類の定着にかかわる長期にわたる研究については、www.anbg.gov.au/lichen/case-studies/surtsey.html [2019 年 10 月 29 日にアクセス] で閲覧できるスルツェイ島 (アイスランド) の研究を参照のこと。

(43) 「全体」と「部分の和」については Goward (2009a) を参照のこと。

(44) Spribille et al. (2016).

(45) 地衣類を形成する菌類の多様性については Arnold et al. (2009) を、オオカミゴケの他のパートナーについては Tuovinen et al. (2019) および Jenkins and Richards (2019) を参照のこと。

(46) 「どう呼ぶかは関係ない」については Hillman (2018) を参照のこと。ゴワードはこうした最近の知見を盛り込んで地衣類の定義を次のように定めた。「地衣化の長期にわたる物理的な副産物は過程である。それは、不特定多数の菌類、藻類、細菌の分類群から成る非線形システムが、構成要素から得られる創発的性質として観察される葉状体 [地衣類の共有部分] を形成する過程であ

る」(Goward 2009b)

(47) 地衣類を微生物の貯蔵庫として見る考えについては、Grube et al. (2015), Aschenbrenner et al. (2016) および Cernava et al. (2019) を参照のこと。

(48) 「地衣類のクィア理論」については Griffiths (2015) を参照のこと。

(49) 微生物が生物の個体にかかわる種々の定義を混乱させることにかんするより詳細な分析は、Gilbert et al. (2012) を参照のこと。微生物と免疫の詳細については McFall-Ngai (2007) や Lee and Mazmanian (2010) を参照のこと。生物学的な個体を生体システムの「共通運命」によって定義しようと考える人もいる。たとえば、フレデリック・ブシャールはこう提案する。「生物学的な個体とは機能的に統合され、その統合が環境の選択圧にさらされたときに生体システムがたどる共通運命とつながっている実体である」(Bouchard 2018)

(50) Gordon et al. (2013) および Bordenstein and Theis (2015).

(51) 腸内細菌によって引き起こされる感染症については Van Tyne et al. (2019) を参照のこと。

(52) Gilbert et al. (2012).

第4章 菌糸体の心

(1) ゴードン・ワッソンが録音したサビーナの言葉。Schultes et al. (2001), p. 156 の引用より。

(2) 幻覚剤の治験にかんする概論については Winkelman (2017) を、詳細な議論については Pollan (2018) を参照のこと。

(3) Hughes et al. (2016).

(4) アリが死ぬタイミングと高さについては Hughes et al. (2011) および Hughes (2013) を、アリの向きについては Chung et al. (2017) を参照のこと。オフィオコルディケプス属には多くの異なる菌種があり、オオアリにも多様な種がいる。しかし1種のオオアリは1種の菌の宿主にしかならず、1種の菌は1種のオオアリしか制御できない (de Bekker et al. [2014])。菌とアリのそれぞれのペアは固有の死の場所を選ぶ。菌類には昆虫のアバターに小枝、樹皮、葉などに嚙みつかせるものがいる (Andersen et al. [2009] および Chung et al. [2017])。

(5) 感染アリの生物組織に占める菌類の割合については Mangold et al. (2019) を、アリの体内に見える菌類ネットワークについては Fredericksen et al. (2017) を参照のこと。

(6) 菌類による操作が化学的手段にもとづくという仮説については Fredericksen et al. (2017) を、オフィオコルディケプス属菌が産生する化学物質については de Bekker et al. (2014) を、オフィオコルディケプス属菌と麦角アルカロイドについては Mangold et al. (2019) を参照のこと。

(7) 葉に残る傷の化石については Hughes et al. (2011) を参照のこと。

(8) マッケナの引用については Letcher (2006), p. 258 を参照のこと。

(9) Schultes et al. (2001), p. 9. 動物の陶酔感にかんして広く見られる不当な議論については、Siegel (2005) および Samorini (2002) を参照のこと。

(10) ベニテングタケについては Letcher (2006), chs. 7-9 を参照のこと。セイラム〔17世紀末、英植民地時代のアメリカ・セイラム〕で行われた魔女裁判の告発者は痙攣を伴う麦角中毒だったという仮説を立てた人もいるものの (Caporael [1976] および Matossian [1982])、彼らの主張は Spanos and Gottleib (1976) による激しい反論に遭った。中世やルネサンス期に「聖アントニウスの火」として知られた麦角中毒による幻覚や精神的あるいは霊的な苦悩によって、当時の人びとは地獄の幻覚を見たと考えられている。家畜も麦角中毒にかかる。「スリーピーグラス」、「ドランクグラス」、「ライグラススタッガー」はどれもウシ、ウマ、ヒツジがこの中毒にかかったときの症状を指して使われる (Clay [1988])。麦角菌は強力な医療効果も持ち、助産婦は出産後の止血のために数百年にわたって使用してきている。寄付

金によってウェルカム・トラスト財団を設立した起業家のヘンリー・ウェルカムは、麦角菌の治療効果にかんする報告を精査した。その結果、16世紀のスコットランド、ドイツ、フランスの助産婦は、麦角菌が出産後の子宮収縮促進と止血に「驚くほど確かな効果を有する」と考えていると記録した。男性医師が麦角菌の治療効果を知ったのはこれらのハーブワイフ〔第2章の註19を参照〕や助産婦からだった。おかげでエルゴメトリンという医薬品が生まれ、今日でもこの薬は出産後のひどい出血の治療に用いられている（Dugan [2011], pp. 20–21)。産科の薬としての評判を聞きつけ、アルベルト・ホフマンが1930年代にサントス・ラボラトリーズで研究を始め、この研究プログラムによって1938年にLSD合成が成功したのだった。麦角アルカロイドと、その歴史と使用については、Wasson et al. (2009), "A Challenging Question and My Answer" を参照のこと。

(11) メキシコにおけるマジックマッシュルームの歴史については、Letcher (2006), ch. 5, Schultes (1940) および Schultes et al. (2001), "Little Flowers of the Gods" を参照のこと。サアグンの引用については、Schultes (1940) を参照のこと。

(12) Letcher (2006), p. 76.

(13) マッケナの引用とタッシリの壁画についてはMcKenna (1992), ch. 6を、マッケナとタッシリの壁画の議論についてはMetzner (2005), pp. 42–43を、より批判的な議論についてはLetcher (2006), pp. 37–38を参照のこと。

(14) 2019年に発表された論文によれば、ボリビアで出土した儀式用の品々（バンドル）の中にあったキツネの革（口の部分）でできた袋に入っていた残渣は1000年以上前にさかのぼるという。研究者たちはこの物質からいずれも少量のコカイン（コカの葉から採れる)、DMT、ハルミン、ブフォテニンを検出した。分析すると、決定的ではないがシロシン——シロシビンの加水分解により得られる幻覚作用を有する成分——の証拠もあった。もし、この分析結果が正しいのであれば、儀式用の品々にはマジックマッシュルームが含まれていたことになる（Miller et al. [2019])。エレウシスの秘儀——穀物と豊穣の女神デーメーテールとその娘ペルセポネー崇拝のための祭儀——は古代ギリシャにおける主要な宗教的祭祀の一つだった。祭祀で秘伝を受けた人は「キュケオン」と呼ばれる液体を飲んだ。これを飲むと、幻覚や、畏敬の念を起こさせる忘我の幻視を経験する。多くの人がこの経験によって自分は永遠に変わったと言う（Wasson et al. [2009], ch. 3)。キュケオンに何が入っているのかについては慎重に秘密にされていたが、向精神性の酒であったことはほぼ間違いないだろう。アテナイの貴族が夕食時に客人とキュケオンを飲んでいたことが知れ渡るという有名なスキャンダルがあった（Wasson et al. [1986], p. 155)。エレウシスの秘儀の記録はまったく残されていないので、誰が参加したのかは定かでない。それでも、大半のアテナイ人は秘伝を受けた人であり、エウリピデス、ソフォクレス、ピンダロス、アイスキュロスなど著名人の多くが参加したと考えられている。プラトンは著書『饗宴』と『パイドロス』で秘密の祭儀での経験をかなり詳しく述べていて、明らかにエレウシスで行われていた秘儀に言及している箇所がある（Burkett [1987], pp. 91–93)。アリストテレスはエレウシスの秘儀について明確に言及してはいないが、秘密の伝承については述べている。その内容はエレウシスの秘儀と一致しそうに思えるが、それは紀元前4世紀なかばまでにはエレウシスの秘儀は群を抜いて有名だったからだ。ホフマンは、ゴードン・ワッソンやカール・ラック（Carl Ruck）と同じく、キュケオンは穀物についた麦角菌によってつくられたという仮説を立て、恐ろしい中毒症状を避けるために何らかの方法で精製したと考えた（Wasson et al. [2009])。マッケナはエレウシスの祭司がマジックマッシュルームを人びとに与えたと推測している（McKenna [1992],

ch. 8)。アヘンの採れるケシから飲み物をつくったと考える人もいる。古代の宗教的な文脈でキノコを使ったとおぼしい例は他にも多い。中央アジアでは、ガガイモ科の蔓植物ソーマの樹液からつくった聖酒「ソーマ」を使う例が見られる。ソーマは人を恍惚の状態に導き、ソーマに捧げる賛美歌が紀元前約 1500 年の聖典リグ・ヴェーダに載っている。キュケオンと同じく、この飲み物の正体はわかっていない。ワッソンなど一部の人は、赤と白の模様のあるベニテングタケだと言う（Letcher [2008], ch. 8)。マッケナはそれはやはりマジックマッシュルームだろうと主張する。大麻だと言う人もいる。いずれにしても、信ずるに足る証拠はない。

(15) 架空の怪物については Yong (2017) を参照のこと。2018 年、日本の琉球大学の研究者たちが数種のセミがオフィオコルディケプス属菌を体内で飼い慣らしたことを発見した（Matsuura et al. [2018])。樹液を吸って生きる多くの昆虫の例に漏れず、セミは共生細菌によって数種の不可欠な栄養素とビタミンをつくってもらっていて、これらの細菌がいなくては生きられない。しかし日本のセミの数種では、オフィオコルディケプス属菌が細菌にとって代わった。誰にも想像できなかったことだった。オフィオコルディケプス属菌は残酷なほどに効果的な殺し屋で、その腕を数千年にわたって磨いてきた。ところが、なぜか共生史のどこかでオフィオコルディケプス属菌がセミにとってなくてはならない存在になったのだ。しかも、それはセミの異なる系統で少なくとも 3 度も起きている。セミの体内で生きるオフィオコルディケプス属菌は、「相利共生」と「寄生」の区別がかならずしも明確でないことを思い起こさせてくれる。

(16) 免疫抑制剤については、「世界の菌類：2018 年版」の「有用な菌類」の項を、永遠の若さを手に入れられる妙薬については Adachi and Chiba (2007) を参照のこと。

(17) Coyle et al. (2018).「奇妙な発見」については、twitter.com/mbeisen/status/1019655132940627969［2019 年 10 月 29 日にアクセス］を参照のこと。

(18) 感染したセミの挙動については Hughes et al. (2016) および Cooley et al. (2018) を、「空飛ぶ死の塩入れ」については Yong (2018) を参照のこと。

(19) カソンの研究については Boyce et al. (2019) および Yong (2018) の議論を参照のこと。昆虫を操る菌類がヒトの心にも影響を与えうる化学物質を使って宿主を制御しているのかもしれないという報告はこれがはじめてではない。オフィオコルディケプス属菌の近縁種はメキシコの先住民の儀式でマジックマッシュルームと一緒に摂取される（Guzmán et al. [1998])。

(20) カチノンはアリの攻撃性を高めることで知られ、感染したセミの過活動にも関連しているかもしれない（Boyce et al. [2019])。

(21) Ovid (1958), p. 186 を参照のこと。アマゾンのシャーマンについては Viveiros de Castro (2004) を、ユカギール人については Willerslev (2007) を参照のこと。

(22) Hughes et al. (2016) を参照のこと。神経微生物学は比較的新しい分野であり、腸内細菌が動物の行動、認知、心理に与える影響の理解はいまだ不十分である（Hooks et al. [2018])。それでも、いくつかパターンが見え始めている。たとえば、マウスはきちんと機能する神経系を生後に発達させるためには健康的な腸内細菌を必要とする（Bruce-Keller et al. [2018])。機能する神経系が発達する前に若いマウスの腸内細菌を殺してしまうと、認知障害が起きる。障害には記憶や物の認識の困難などがある（de la Fuente-Nunez et al. [2017])。異なるマウス系統のあいだでマイクロバイオームを入れ替えたときにもっとも劇的な結果が生まれる。「小心者」のマウス個体に「正常な」マウス個体の糞を移植すると、神経質な性格が消える。同じように、「正常な」マウス個体に「小心者」のマウス個体の糞を移植すると、マウスは「異常なほどの慎重さと逡巡」の行動

を見せるようになる（Bruce-Keller et al. [2018]）。またマウスの腸内細菌の相違によって痛みの記憶をなくす能力に違いが出るという（Pennisi [2019b] および Chu et al. [2019]）。多くの腸内細菌が神経系に影響を与える化学物質（神経伝達物質や短鎖脂肪酸（SCFAs）など）を産生する。私たちの体内のタンパク質の90％以上――分泌量が多ければ幸福感を抱き、少なければ落ち込む――が腸内に分泌され、その分泌の調整はおもに腸内細菌がしている（Yano et al. 2015）。うつ病のヒトの排泄物から得たマイクロバイオームを無菌マウスや無菌ラットに移植してその影響を探る研究が2例行われた。するとマウス／ラットはうつ病の症状（不安感や楽しい行為に対する興味の喪失など）を見せた。これらの研究は、腸内細菌のバランスがよくないとうつ病に見舞われること、このバランスの崩れがヒトとマウスの双方でうつ病の原因かもしれないことを示す（Zheng et al. [2016] および Kelly et al. [2016]）。ヒトを対象にしたさらなる研究では、一部のプロバイオティクスがうつ病、不安感、ネガティブな考えを軽減することがわかった（Mohajeri et al. [2018] および Valles-Colomer et al. [2019]）。しかし、数十億ドル規模のプロバイオティクス産業が神経微生物学に熱い視線を注いでおり、研究者の中には知見が強調される傾向を指摘する声もある。腸内細菌の機能は複雑であり、それを操作するのは容易ではない。関与する変量があまりに多く、特定の微生物の行動とヒトの特定の行動間の因果関係を明らかにした研究例はあまりない（Hooks et al. [2018]）。

(23)　「延長された表現型」の詳細な解説については Dawkins (1982) を、「厳しい条件を満たす考え」については Dawkins (2004) を、延長された表現型の文脈における菌類による昆虫の行動の操作については Andersen et al. (2009), Hughes (2013 and 2014) および Cooley et al. (2018) を参照のこと。

(24)　1950年代および60年代における幻覚剤研究の第1波については、Dyke (2008) and Pollan (2018), ch. 3 を参照のこと。

(25)　ジョンズ・ホプキンス大学の研究については Griffiths et al. (2016) を、ニューヨーク大学の研究については Ross et al. (2016) を、グリフィスへのインタビューについてはルイ・シュワルツバーグ監督のドキュメンタリー映画『素晴らしき、きのこの世界』（2019年製作／アメリカ）を、もっとも効果的な療法にかんする概論については Pollan (2018), ch. 1 を参照のこと。

(26)　シロシビンによる神秘的な体験にかんする研究については Griffiths et al. (2008) を、幻覚剤を使用する精神療法については Hendricks (2018) を参照のこと。

(27)　ニコチン依存症の治療にシロシビンが果たす役割については Johnson et al. (2014 and 2015) を、シロシビンの作用による新しい経験に対する「受容度」と人生に対する満足感については MacLean et al. (2011) を、依存症の治療に幻覚剤が果たす役割の概論については Pollan (2018), ch. 6, pt. 2 を、自然とつながっているという感覚については Lyons and Carhart-Harris (2018) および Studerus et al. (2011) を参照のこと。アメリカ先住民には幻覚作用のあるウバタマサボテン（ペヨーテ）をアルコール依存症の治療に使う伝統が古くからある。1950年代から1970年代にかけて、シロシビンやLSDが薬物依存症の治療に使えるかどうかを調べる研究が盛んになされた。数例が良好な結果を報告している。2012年には、あるメタ解析の試みによってもっとも厳密にコントロールされた治験データが収集された。それによると、LSDを一度使用しただけでアルコール乱用の改善効果が最長で6か月続いたという（Krebs and Johansen [2012]）。この現象の「自然な生態」を調べるオンライン調査では、マシュー・ジョンソンと彼の研究仲間が300人以上の話を分析した。これらの人びとはシロシビンかLSDを経験した後に喫煙量を減らしたか喫煙しなくなったと語った（Johnson et al. [2017]）。

(28) 「最初は冷徹な物質主義者」については Pollan (2018), ch. 4 を、信仰心の基盤となる物質面以外の現実については Pollan (2018), ch. 2 を参照のこと。ジョンズ・ホプキンス大学における実験の案内をしてボランティアを見守る付添人の中にも世界観が変わったと言う人がいた。ある付添人はシロシビンの実験に数十回臨席し、その経験をこう話した。「私はもとは無神論者でした。でも、付き添いの仕事を続けるうちにその考えに相反するものを毎日目にするようになったのです。シロシビンを摂取した人びとと一緒にいたことで、私の世界はどんどん神秘的になっていきました」(Pollan [2018], ch. 1)

(29) 幻覚剤がニューロンの成長と構造に与える影響については Ly et al. (2018) を参照のこと。

(30) シロシビンと DMN については Carhart-Harrisetal (2012) および Petri et al. (2012) を、LSD が脳内の接続に与える影響については Carhart-Harris et al. (2016b) を参照のこと。

(31) ホッファーの引用については Pollan (2018), ch. 3 を参照のこと。

(32) ジョンソンの引用については Pollan (2018), ch. 6 を、うつ病の「硬直しきった悲観主義」の治療にシロシビンが果たす役割については Carhart-Harris et al. (2012) を参照のこと。

(33) 自己という感覚の消失と他者への溶け込みについては Pollan (2018), prologue and ch. 5 を参照のこと。

(34) 「落ち着いて」と「奇異」については McKenna and McKenna (1976), pp. 8–9 を参照のこと。

(35) ホワイトヘッドの引用については Russell (1956), p. 39 を、「統制が取れ」た考えについては Dawkins (2004) を参照のこと。

(36) キノコがいつ最初の「マジックマッシュルーム」になったのかを推測するのは難しい。いちばん簡単な方法はシロシビンをつくる能力が、シロシビンをつくるすべての菌類の最新の共通祖先に起源を有すると仮定することだ。しかし、この仮定では思うような結果は得られない。なぜなら、①シロシビンは菌類系統間で水平に伝播されたからであり(Reynolds et al. [2018])、②シロシビンの生合成は一度ならず進化したからだ(Awan et al. [2018])。オハイオ大学の研究者ジェイソン・スロット(Jason Slot)は、ある前提の下に 7500 万年前と推測した。その前提とは、シロシビンをつくる遺伝子はチャツムタケ属(*Gymnopilus*)とシビレタケ属(*Psilocybe*)の祖先で最初に遺伝子クラスターを形成したというものだった。スロットがこの推測をしたのは、シロシビンの遺伝子クラスターの他の発生例が遺伝子の水平伝播によって起きたことがわかっていたからだった。

(37) シロシビンの遺伝子クラスターの水平伝播については Reynolds et al. (2018) を、シロシビン生合成の起源が多数あることについては Awan et al. (2018) を参照のこと。

(38) 昆虫と菌類間の関係にはより曖昧な操作が絡むものがある。たとえば、「卵擬態菌核菌(Cuckoo fungi)」は、シロアリの卵に似た卵塊(ターマイトボール)をつくることでシロアリの社会的行動を擬態し、本物のシロアリの卵に見られるフェロモンを分泌する。シロアリは偽の卵を巣に持ち帰って世話をする。この菌類の「卵」からシロアリが生まれないとゴミとして捨てられる。栄養たっぷりの堆肥に囲まれた菌核菌は出芽して、他の菌類と競合することなく自由に生きられる(Matsuura et al. [2009])。

(39) マジックマッシュルームを食べるハキリアリについては Masiulionis et al. (2013) を、マジックマッシュルームを食べる羽虫など他の昆虫と「誘引」仮説については Awan et al. (2018) を参照のこと。純粋な結晶性のシロシビンは高価であり、厳しい規制があるので研究は困難だ。だがシロシビンが昆虫やその他の脊椎動物の行動を妨げるという証拠がわずかながらある。1960 年代に行われた有名な一連の実験で、研究者らはクモに種々のドラッグを与え、クモが張る巣を観察した。大量のシロシビンの場合には、

クモはまったく巣を張らなくなってしまった。小量の場合には、クモは緩い巣を張ったものの、「体が重いかのような動きだった」。これに対して、LSD の場合には、クモは「並外れて規則正しい巣」を張った(Witt [1971])。より最近の研究でメチテピンを与えられたショウジョウバエは食欲を失った。メチテピンとはシロシビンが刺激するセロトニン受容体を抑制する化学物質である。この結果を知った一部の研究者はシロシビンがハエの食欲を増やす可能性があり、その目的はことによると菌類の胞子を拡散するためではないかと示唆した。エヴァーグリーン州立大学の生化学者で菌類学者のマイケル・ボイグ(Michael Beug)は、シロシビン抑制仮説を主張する研究者の一人だ。キノコは果実である。リンゴの木が人や動物の目につく実を結んで種子の拡散を図るように、菌類も子実体(キノコ)を生やして胞子の拡散を促す。ボイグが指摘するように、シロシビンはこの物質を含むキノコでは高濃度で含まれるが、そうした種の大半の菌糸体にはほんの少量しか含まれていない(ただし、すべての場合にそうであるわけではない。シロシベ・カエルレセンス(*Psilocybe caerulescens*)やシロシベ・フーグスハゲニイ/センペルヴィヴァ(*Psilocybe hoogshagenii/semperviva*)は、菌糸体が相当な濃度のシロシビンを含むことが報告されている)。しかし、防御をいちばん必要とするのは菌糸体でありキノコではない。では、なぜマジックマッシュルームはキノコを守るのに菌糸体を守ろうとしないのだろう(Pollan [2018], ch. 2)。

(40) 他の哺乳類がマジックマッシュルームを食べてもとくに健康被害はないことが知られる。北米菌学協会に提出された毒キノコの報告書の管理をしている生化学者で菌類学者のボイグは、多くの毒キノコの事例について報告を受ける。「ウマやウシは偶然食べたのかもしれませんが、そうでないのかもしれません」とボイグは私に語った。動物がわざわざこれらのキノコを探し出して食べたと思われる事例があるという。「犬は飼い主がマジックマッシュルームを採るのを見て興味を持ち、キノコを何度も食べる例がある。やがて、その効果は見ている人にもわかるようになる」。一度だけ、彼は猫にかんする報告を読んだことがある。「その猫は繰り返しキノコを食べ、すっかり『キノコ』に魂を奪われたようだった」

(41) Schultes (1940).

(42) ワッソンが『ライフ』誌に書いた記事とその広がりについては Pollan (2018), ch. 2 および Davis (1996), ch. 4 を参照のこと。

(43) 「母親が家事をしているところに行き」については McKenna (2012) を参照のこと。おそらく、広く読まれた機関誌に綴られた初の幻覚体験を書いたのはシドニー・カッツ(Sidney Katz)で、彼はカナダの雑誌『マクリーンズ(*Maclean's*)』に「ぼくの気がふれた 12 時間(My Twelve Hours as a Madman)」と題する記事を書いた。これにかんする議論については Pollan (2018), ch. 3 を参照のこと。

(44) リアリーの「幻視の旅」とハーヴァード・シロシビン・プロジェクトについては Letcher (2006), pp. 198–201および Pollan (2018), ch. 3 を参照のこと。リアリーの引用については Leary (2005) を参照のこと。

(45) Letcher (2006), pp. 201and 54–55 および Pollan (2018), ch. 3.

(46) マジックマッシュルームに対する関心の高まりについては Letcher (2006), "Underground, Overground" を、栽培法の発達については Letcher (2006), "Muck and Brass" を、栽培本については McKenna and McKenna (1976) を参照のこと。

(47) 『キノコ栽培者』と、オランダおよびイギリスのマジックマッシュルームにかかわる事情については、Letcher (2006), "Muck and Brass" を参照のこと。

(48) 中米の牧草地ではキノコが自生していて、人びとが手をかけて栽培している様子はまったくない。

(49) シロシビンを分泌する地衣類については

Schmull et al. (2014) を、マジックマッシュルームの世界的な分布についてはStamets (1996 and 2005) を、「たくさん生える」についてはAllen and Arthur (2005) を、世界中におけるマジックマッシュルームの発見例についてはLetcher (2006), pp. 221–25 を、「公園、団地」についてはStamets (2005) を参照のこと。

(50) Schultes et al. (2001), p. 23.

(51) James (2002), p. 300 を参照のこと。

第5章　根ができる前

(1) アルバム『Real Gone』(2004) に収録のTom WaitsとKathleen Brennanの楽曲「Green Grass」。

(2) 陸生植物の進化についてはLutzoni et al. (2018), Delwiche and Cooper (2015) およびPirozynski and Malloch (1975) を、植物の生物量についてはBar-On et al. (2018) を参照のこと。

(3) 初期の生物学的土壌クラスト〔乾燥地帯の土壌表面を覆う生物層〕についてはBeerling (2019), p.15 およびWellman and Strother (2015) を、オルドヴィス紀の生命についてはweb.archive.org/web/20071221094614/ http://www.palaeos.com/Paleozoic/Ordovician/Ordovician.htm#Life［2019年10月29日にアクセス］を参照のこと。

(4) 植物の祖先にとって陸上生活に利点があったことについてはBeerling (2019), p. 155 を参照のこと。驚くまでもないが、これについてはつねに見解の一致があったわけではない。このアイデアはクリス・ピロジンスキー（Kris Pirozynski）とデイヴィッド・マロック（David Malloch）が1975年に発表した論文「陸生植物の起源：菌類との共生（The origin of land plants: a matter of mycotrophism)」によってはじめて論じられた。論文で両者はこう主張した。「植物は［菌類からの］独立を一度も果たしたことがない。なぜなら、もし独立したのであれば陸に上がることは不可能だったからだ」。これは当時としては急進的なアイデアだったが、それは生命史におけるもっとも重要な発展を可能にしたのが共生だったと主張したからである。リン・マーギュリスはこの説に賛同し、共生を「生命の潮を深海から乾燥した陸上へそして空中へと引き上げた月」と表現した（Beerling [2019], pp. 126–27)。菌類とそれが陸生植物の進化に果たした役割についてはLutzoni et al. (2018), Hoysted et al. (2018), Selosse et al. (2015) およびStrullu-Derrien et al. (2018) を参照のこと。

(5) 菌根を形成する植物の割合についてはBrundrett and Tedersoo (2018) を参照のこと。菌根を形成しない7%の陸生植物種は寄生や食虫など別の戦略を編み出した。7%という数字は実際にはもっと少ない可能性すらある。最近の研究によれば、伝統的に「菌根を形成しない」と考えられていた植物――たとえばアブラナ科の植物――は、菌根を形成しないが菌根を形成する菌と同様の便宜を図ってくれる菌類との関係を維持するという（van der Heijden et al. [2017], Cosme et al. [2018] およびHiruma et al. [2018])。

(6) 海藻内の菌類――「mycophycobiosis」〔大型海藻と菌類の共生〕――についてはSelosse and Tacon (1998) を、「柔らかな緑のボール」についてはHom and Murray (2014) を参照のこと。

(7) 苔類（コケ）と呼ばれる植物の仲間は陸生植物の中で最初にその系統から分岐し、それは4億年以上前のことだったと考えられている。トロイブゴケ属（*Treubia*）やハプロミトリウム属（*Haplomitrium*）の苔類が初期の植物の姿をいちばんよく伝えてくれるだろう（Beerling [2019], p. 25)。化石以外にもいくつかの証拠がある。植物が菌根菌と意思疎通を図るために使う化学信号を出す遺伝子装置はあらゆるグループの植物で同一であることから、この遺伝子装置はすべての植物の共通祖先にあったと推測される（Wang et al. [2010], Bonfante and Selosse [2010] およびDelaux et al. [2015])。したがって、最初期の陸生植物の現存する祖先――苔類――は最古の菌根菌の系統と関係がある（Pressel et al. [2010])。またタイミングにかん

する最新の推測によると、菌類が現生陸生植物の祖先より先に陸に上がったことが判明していることから、初期の植物が菌類に遭遇しないことはほとんど不可能に近かったことがわかる（Lutzoni et al. [2018]）。

(8) 根の進化については Brundrett (2002) および Brundrett and Tedersoo (2018) を参照のこと。

(9) より細く日和見主義へとなっていく根の進化については Ma et al. (2018) を参照のこと。根の直径はいろいろだが、典型的には 100 〜 500 マイクロメートルである。もっとも古い菌根菌の系統の一つ——アーバスキュラー菌根菌——では、輸送菌糸体の直径は約 20 〜 30 マイクロメートルで、その細かな吸収菌糸体は直径が 2 〜 7 マイクロメートルと細い（Leake et al. [2004]）。

(10) 土壌内の生物量の 3 分の 1 から半分については Johnson et al. (2013) を、表面から 10 センチメートル以内の表土層に含まれる菌根菌の長さの推定値については Leake and Read (2017) を参照のこと。これらの推定値は複数の異なる生態系にある菌根の菌糸体の長さにもとづいていて、菌根の種類と土地利用の形態を考慮に入れている（Leake et al. [2004]）。

(11) 菌根菌にかんするフランクの研究については Frank (2005) を、フランクの研究にかんする議論については Trappe (2005) を参照のこと。

(12) フランクにもっとも批判的な立場を取る一人が植物学者でのちのハーヴァード・ロー・スクール学長のロスコー・パウンド（Roscoe Pound）で、フランクの主張を「間違いなく疑わしい」と非難した。パウンドは、菌根菌は「おそらく本来木に属する栄養素を横取りする有害な生き物である」と論じる「温和な」学者たちに賛同した。「いずれにしても」とパウンドは断言した。共生は「どちらかのパートナーに有利に働くものであるから、不運なパートナーが共生しなかった場合の結果は知りようがない」（Sapp [2004]）。

(13) フランクの実験については、Beerling (2019), p. 129 を参照のこと。

(14) Tolkien (2014) の「樹木と庭を愛する……小さな君に」については、第 2 部「ロリエンとの別れ」を、「サムワイズ・ギャムジーは……育った」については第 3 部「灰色港にて」を参照のこと。

(15) デヴォン紀における急速な進化については Beerling (2019), pp. 152-155 を、二酸化炭素レベルの降下については Johnson et al. (2013) および Mills et al. (2017) を参照のこと。大気中の二酸化炭素レベルの降下の原因については他の仮説もある。たとえば、二酸化炭素などの温室効果ガスは火山活動その他の地殻変動によって発生するという説などだ。だとすると火山活動による二酸化炭素の放出が減れば、大気中の二酸化炭素レベルも減って寒冷期に至った可能性がある（McKenzie et al. [2016]）。

(16) デヴォン紀において植物の繁栄に菌根が寄与したことについては Beerling (2019), p. 162 を、菌根の活動による気候変動については Taylor et al. (2009) を参照のこと。

(17) ミルズは COPSE モデル（Carbon, Oxygen, Phosphorus, Sulphur, Evolution：炭素、酸素、リン、硫黄、進化）を使った。このモデルは、「陸上の生物相、大気、海洋、堆積物の簡易表現」を加味したこれらの要素すべての循環を進化の長期間にわたって調べるものだ（Mills et al. [2017]）。

(18) Mills et al. (2017). 太古の気候に対する菌根の反応を調べるフィールドの実験については Field et al. (2012) を参照のこと。

(19) 菌根の進化にかかわる概論については Brundrett and Tedersoo (2018) を参照のこと。植物が陸に上がるのを助け、草地や熱帯雨林で繁殖する菌類グループ——アーバスキュラー菌根菌——は、一度しか進化していないと考えられている。アーバスキュラー菌根菌は植物細胞の羽のような烈片に侵入する。温帯多雨林で支配的な菌根菌——外生菌根菌——は 60 回以上にわたって出現した（Hibbett et al. [2000]）。フランクは、これらの菌類——トリュフを含む——が植物の

根の先を囲む菌糸体片に侵入することを19世紀末期につかんだ。ランは固有の菌根関係と進化史を有する。ツツジ科の植物も同様だ（Martin et al. [2017]）。フィールドらはケカビ亜門として知られる完全に異なる種類の菌根菌を研究しているが、これらの菌類は2000年代後半に発見されたばかりである。これらの菌類は植物界全体に出現し、最初期の陸生植物に匹敵するほど古い種類であると考えられているが、数十年にわたる研究にもかかわらずまったく注目を浴びなかった。ことによると、これらの菌類は私たちの目の前にあるのにこちらが気づいていないだけかもしれない（van der Heijden et al. [2017], Cosme et al. [2018], Hiruma et al. [2018] および Selosse et al. [2018]）。

（20） イチゴの実験については Orrell (2018) を、菌根菌が植物の授粉者に与える影響については Davis et al. (2019) を参照のこと。

（21） バジルについては Copetta et al. (2006) を、トマトについては Copetta et al. (2011) および Rouphael et al. (2015) を、ミントについては Gupta et al. (2002) を、レタスについては Baslam et al. (2011) を、アーティチョークについては Ceccarelli et al. (2010) を、オトギリソウとエキナセアについては Rouphael et al. (2015) を、パンについては Torri et al. (2013) を参照のこと。

（22） Rayner (1945).

（23） 知性の社会的機能については Humphrey (1976) を参照のこと。

（24） 「互恵的な報酬」については Kiers et al. (2011) を参照のこと。キアーズらが得た結果が正しかったのは人工システムを使ったからだ。彼らが使った植物は通常の植物ではなく「器官培養」された根——茎や葉のない、根だけの部分——だった。しかし、植物と菌類が炭素と栄養素を自分に都合のいいパートナーに送る能力を有することは、植物全体が地面に植えられた状態で証明された（Bever et al. [2009], Fellbaum et al. [2014] および Zheng et al. [2015]）。植物と菌類がどのようにして物質の流れを調整するのかその詳細についてはよく理解されていないが、それが共生関係に一般的な特徴であるようだ（Werner and Kiers [2015]）。

（25） すべての植物種と菌類種が物質交換を同程度に行えるわけではない。炭素を好ましい菌類パートナーに与える能力を受け継いだ植物種はある。この能力を持たない種もある（Grman [2012]）。菌類への依存度が他種より高い種もある。埃種子をつくるような植物種は菌類がいないと出芽しないが、大多数の植物はそうではない。若いときには菌類に養分をもらう代わりに炭素を与えることはしないが、成長すると菌類に炭素を与える種もある。フィールドはこのライフスタイルを「今は与えてもらい、あとで借りを返す」と形容する（Field et al. [2015]）。

（26） 資源の不平等性については Whiteside et al. (2019) を参照のこと。

（27） キアーズらはネットワーク内の物質の輸送速度を測定した。速度は最大で毎秒50マイクロメートルを超えていた。この数字は受動的な拡散の約100倍になる。彼女たちはさらにネットワーク内の流れの方向に沿った周期的な変化あるいは振動も測定した（Whiteside et al. [2019]）。

（28） 菌根の関係性における文脈の役割については Hoeksema et al. (2010) および Alzarhani et al. (2019) を、リンが植物の好みに与える影響については Ji and Bever (2016) を参照のこと。植物種や菌類種の中でも個体によって振る舞いに大きな違いが認められる（Mateus et al. [2019]）。

（29） 地上にある樹木の数の推定値については Crowther et al. (2015) を参照のこと。

（30） 菌根研究における知識のギャップについては Lekberg and Helgason (2018) を参照のこと。

（31） 植物と菌類間の物質のやり取りとその制御については Wipf et al. (2019) を参照のこと。ある研究では、2種の植物——アマ（亜麻）とモロコシ——に同時につながっているある菌種は、モロコシが多くの炭素を与えて

もアマに栄養素を多く与えた。費用便益分析にもとづくなら、菌類は栄養素をモロコシに多く与えると考えるのが普通だ（Walder et al. [2012] および Hortal et al. [2017]）。なかにはこれより極端で、菌類パートナーにまったく炭素を与えない植物もある。このような場合には、パートナー間の物質のやり取りは互恵的な報酬にもとづいていない。もちろん、考慮に入れていない便益や代価があるのかもしれないが、あまりに多くの変量を同時に測定するのは困難だ。したがって、たいていの研究では炭素やリンなど少数の操作可能なパラメータに焦点を合わせる。この方法では詳細なデータが得られるが、得られた知見を複雑な現実世界に拡張することが難しくなる（Walder and van der Heijden [2015] および van der Heijden and Walder [2016]）。

(32) 菌根菌が森林の力学に与える大陸規模の影響については Phillips et al. (2013), Bennett et al. (2017), Averill et al. (2018), Zhu et al. (2018), Steidinger et al. (2019) および Chen et al. (2019) を、ローレンタイド氷床の退行に伴う樹木の移動については Pither et al. (2018) を参照のこと。

(33) ブリティッシュ・コロンビア大学の研究については Pither et al. (2018) および Zobel (2018) の論評を、菌根によって植物が荒地に追いやられた現象の研究については Collier and Bidartondo (2009) を、植物とその菌類パートナーが一緒に移動した現象については Peay (2016) を参照のこと。

(34) Rodriguez et al. (2009).

(35) Osborne et al. (2018) および Geml and Wagner (2018) の論評。

(36) 「involution」については Hustak and Myers (2012) を参照のこと。

(37) 気候変動に対する適応に植物と菌類の関係が果たす役割については Pickles et al. (2012), Giauque and Hawkes (2013), Kivlin et al. (2013), Mohan et al. (2014), Fernandez et al. (2017) および Terrer et al. (2016) を、「樹木がひどい損傷を受けている」現象については Sapsford et al. (2017) および van der Linde et al. (2018) を参照のこと。菌根共生は地上の世界をたとえば土壌の栄養循環に影響を与えることでパターン化することがある。土壌中の養分の循環は化学的な気候システムと見なすことができる。異なる菌類が形成する「化学的」な気候によってどこでどのような植物が成長できるかが決まるのだ。これに対して、異なる植物の影響が菌根菌にフィードバックされる。アーバスキュラー菌根（AM）菌——植物細胞内で成長する古い系統の菌——は、化学的な気候システムを外生菌根（EM）菌——複数回にわたって進化し、菌糸体片内で植物の根を囲んで成長する——とはまったく異なる方向に変える。AM 菌と異なり、EM 菌は自由生活性の分解菌の子孫である。したがって、EM 菌は AM 菌より有機物質の分解に長けている。生態系規模で考えれば、これは大きな違いを生む。EM 菌は分解が緩慢な寒冷な気候で繁栄する。一方の AM 菌は分解が速い温暖で湿潤な気候で繁栄する。EM 菌は自由生活性の分解菌と競合しがちで、炭素循環の速度を減少させる。AM 菌は自由生活性分解者の活動を促進し、炭素循環の速度を上げる傾向にある。EM 菌は多くの炭素が表土層に固定されるように作用する。AM 菌は多くの炭素が深部の土壌層に固定されるように働く（Phillips et al. [2013], Craig et al. [2018], Zhu et al. [2018] および Steidinger et al. [2019]）。さらに菌根菌は植物の相互作用にも影響を与える。場合によっては、植物間の競争を緩和することによって植物の多様性を増やし、少数派の植物も生きていけるように計らう（van der Heijden et al. [2008], Bennett and Cahill [2016], Bachelot et al. [2017] および Chen et al. [2019]）。これとは反対に、植物間の競争を排除することで多様性を減らすように働く場合もある。ときには、菌根菌の植物に対するフィードバックが何世代も続くことがあり、この現象は「遺産効果」と呼ばれる（Mueller et al. [2019]）。北米沿岸の害虫アメリカマツノキクイムシの影響にかんする研

究では、マツの苗木の生存はその菌根菌の起源によって異なった。マツの苗木を成木がアメリカマツノキクイムシによって枯らされた地域の菌根菌と一緒に育てると、苗木は枯れる率が高かった。菌根菌はアメリカマツノキクイムシの影響をマツの世代を超えて維持するようだった（Karst et al. [2015]）。

(38)　Howard (1945), chs. 1 and 2.

(39)　作物の収量が倍増したことについてはTilman et al. (2002) を、農業による温室効果ガス排出および作物収量グラフの横這いについてはFoley et al. (2005) およびGodfray et al. (2010) を、リン肥料を使用したことによる弊害についてはElser and Bennett (2011) を、作物の収量減少についてはKing et al. (2017) を、サッカーピッチ30個分についてはArsenault (2014) を、世界全体の食糧需要の予測についてはTilman et al. (2011) を参照のこと。

(40)　中国における伝統農法の研究についてはKing (1911) を、「土壌の生命」にかかわるハワードの懸念についてはHoward (1940) を、農業による土壌内の微生物群集のダメージについてはWagg et al. (2014), de Vries et al. (2013) およびToju et al. (2018) を参照のこと。

(41)　アグロスコープの研究についてはBanerjee et al. (2019) を、土を耕すことが菌根菌に与える影響についてはHelgason et al. (1998) を、有機農法と無機農業が菌根菌に与える影響の比較についてはVerbruggen et al. (2010), Manoharan et al. (2017) およびRillig et al. (2019) を参照のこと。

(42)　「生態系エンジニア」についてはBanerjee et al. (2018) を、土壌の安定性に菌根菌が果たす役割についてはLeifheit et al. (2014), Mardhiah et al. (2016), Delavaux et al. (2017), Lehmann et al. (2017), Powell and Rillig (2018) およびChen et al. (2018) を、菌根菌が土壌による水分吸収に与える影響についてはMartínez-García et al. (2017) を、土壌中に固定された炭素についてはSwift (2001) およびScharlemann et al. (2014) を、菌類が固定した土壌中の炭素分析についてはClemmensen et al. (2013) およびLehmann et al. (2017) を、土壌に暮らす生物総数の推定値についてはBerendsen et al. (2012) を、これまでに生きた人類総数の推定値についてはwww.prb.org/howmanypeoplehaveeverlivedonearth/［2019年10月29日にアクセス］を閲覧のこと。

(43)　植物のストレスに対する耐性に菌根菌が与える影響についてはZabinski and Bunn (2014), Delavaux et al. (2017), Brito et al. (2018), Rillig et al. (2018) およびChialva et al. (2018) を参照のこと。他の研究によれば、作物に植物の芽で生きる内生菌を接種することで、作物の旱魃と熱ストレスに対する耐性が劇的に改善するという（Redman and Rodriguez [2017]）。

(44)　菌根共生が作物の収量に与える予測不能の影響についてはRyan and Graham (2018) だけでなくRillig et al. (2019) およびZhang et al. (2019) も参照のこと。菌根菌に対する作物の反応についてはThirkell et al. (2017) を、作物の変種間で異なる菌根の反応についてはThirkell et al. (2019) を参照のこと。

(45)　市販の菌根製品の効果についてはHart et al. (2018) およびKaminsky et al. (2018) を参照のこと。植物の内生菌を使って作物を守る製品は増えている。2019年、アメリカ合衆国環境保護庁は菌類を使用した殺虫剤を認可した。この殺虫剤はハチによって植物に与えられる（Fritts [2019]）。

(46)　Kiers and Denison (2014) を参照のこと。

(47)　Howard (1940), ch. 11を参照のこと。

(48)　Bateson (1987), ch. 4.94 およびMerleau-Ponty (2002), pt. 1, "The Spatiality of One's Own Body and Motility."

第6章　ウッド・ワイド・ウェブ

(1)　Humboldt (1845), vol. 1, p. 33. このドイツ語から英語への訳者はアナ・ウェスターメイヤー（Anna Westermeier）。「絡んだ網状の構造」という語句を含む文章は、1849年に刊行された英語の翻訳書にはない（"Eine allgemeine Verkettung, nicht in einfacher linearer Richtung, sondern in netzartig verschlugenem Gewebe, [...], stellt sich allmählich dem forschenden

Natursinn dar”)。

(2)　このロシアの植物学者はF・カミエンスキー（F. Kamienski）で、ギンリョウソウモドキにかんする見解を1882年に発表している（Trappe [2015]）。放射性グルコースにかんする研究についてはBjörkman (1960) を参照のこと。

(3)　フンボルトの「絡んだ網状の構造」についてはWulf (2015), ch. 18を参照のこと。

(4)　炭素の放射性同位体で標識した二酸化炭素を使ったリードの研究についてはFrancis and Read (1984) を参照のこと。1988年、共有菌根ネットワークのテーマについて有名な評論を書いたエドワード・I・ニューマン（Edward I. Newman）は、「この現象が広まれば生態系の機能に多大な影響を与える可能性がある」と指摘した。ニューマンは共有菌根ネットワークが影響を与えるであろう五つの経路を示した。①苗木が早期に大規模菌糸体ネットワークにつながり初期段階で利益を受けられるようになる。②植物が有機物質（エネルギーを多く含む炭素化合物など）を別の植物から菌糸リンクを介して受け取り、その量が「受容体」の成長と生存率を高めるに十分である可能性がある。③植物が個々に土壌からミネラルを得るのではなく共有菌根ネットワークから得るのであれば、植物間の競争バランスに変化が生まれるかもしれない。④鉱物栄養素を持つ植物からこれらの栄養素が別の植物に与えられることで、競争による支配が減少する。⑤枯れる根からの栄養素が土壌という解決法に頼らずに、菌糸リンクを通じて直接生きた根に与えられるかもしれない。

(5)　Simard et al. (1997). シマールはブリティッシュ・コロンビア州の森林に生えていた3種の樹木の苗木を育てた。うち2種――アメリカシラカバとダグラスモミ――は同一の菌根菌と共生関係を樹立した。3番目の種――ベイスギ――はきわめて異なるタイプの菌根菌と関係を形成した。つまり、アメリカシラカバとダグラスモミは同一のネットワークを共有するが、ベイスギは根の空間をこれらの菌と直接には共有しなかったという推測がほぼ成り立つ（ただしこの手法では植物が間違いなく関係していなかったと言えるわけではなく、彼女の研究はのちにこの点において批判を受けた）。シマールが以前のリードの研究を変えた重要な点は、苗木のペアを2種の異なる放射性炭素同位体に曝露したことにある。1種の同位体では、植物間の*双方向*における同位体の移動を追跡することは不可能だ。受容体植物が供与体植物からの標識をつけた炭素を吸収した可能性は否定できない。だが供与体植物が受容体植物からの炭素を吸収することも可能であり、どちらかであるかを判断することができない。シマールの手法であれば植物間の正味の移動量を計算することができる。

(6)　Read (1997).

(7)　根つらなりについてはBader and Leuzinger (2019) を、「重視すべきである」についてはRead (1997) を参照のこと。根つらなりはここ数十年にわたってさほど注目されていない現象だが、「生きている木株」――切り倒されたあとも長年生き続ける――など多くの興味深い現象を説明してくれる。根つらなりは1本の木の根どうし、同種の木の根どうし、さらに異種の木の根どうしのあいだですら形成されることがある。

(8)　Barabási (2001).

(9)　ワールド・ワイド・ウェブの研究についてはBarabási and Albert (1999) を、1990年代なかばのネットワーク・サイエンス全般についてはBarabási (2014) を、「共通点が多い」についてはBarabási (2001) を、「宇宙網」と宇宙のネットワーク構造についてはFerreira (2019) のアクセス可能な要約、Gott (2016), ch. 9, Govoni et al. (2019) およびUmehata et al. (2019) ――Hamden (2019) の論評つき――を参照のこと。

(10)　植物間の生物学的に有意な資源の移動についてはSimard et al. (2015) を参照のこと。「280キログラム」についてはKlein et al. (2016) およびvan der Heijden (2016) の論評を参照の

こと。クラインらの研究は森の中の成木間の炭素移動を測定した点において独特である。樹木はそれぞれの樹齢が近く、このことはこれらの木のあいだには明らかな供与体－受容体関係はなかったことを示唆する。

(11) 利益がほぼ得られないか安定しない例を報告した研究については van der Heijden et al. (2009) および Booth (2004) を参照のこと。植物に明らかな利益があることを示した実験は一般に、外生菌根菌と呼ばれるグループと共生する植物種について調べていた。より曖昧な効果を報告した研究は、最古のグループの一つであるアーバスキュラー菌根菌を調べていた。

(12) 研究者によってさまざまな見解があり、証拠にかかわる解釈も異なる点については Hoeksema (2015) を参照のこと。問題の一因は共有菌根ネットワークの実験が人為的に制御された実験室の条件下では複雑になり、もちろん自然な土壌の場合にはその傾向が強くなることにある。まず、2本の植物が同じ菌類でつながっていることを示すことはとても難しい。生物系は把握しづらいのだ。放射性標識が1本の植物から別の植物に移るには無数の経路がある。それにネットワークにかかわる実験ではネットワークでつながっている植物とそうでない植物を比較しなければならない。問題は、ネットワークがデフォルト・モードにあることだ。植物間にある網状の遮蔽物の位置を移動することによって、これらの植物を互いにつなげる菌類をネットワークから切り離す研究者もいる。さらに植物のあいだに溝を掘る人もいるが、こうした人工的な介入が他の部分にダメージを与えているかどうかを知る手段すらない。

(13) 菌従属栄養の多様な起源については Merckx (2013) を参照のこと。ダーウィンはランを溺愛し、ランがあれほど小さな種子でいったいどのようにして生き延びるのか考えあぐねた。1863年、キュー王立植物園の園長ジョセフ・フッカー（Joseph Hooker）に宛てた書簡の中で、ダーウィンは「事実を探り当てたわけではないが」と前置きした上で、芽を出したランは若いうちは隠花植物［または菌類］に寄生していると「固く信じている」と綴っている。ランの種子が出芽するためには菌類が不可欠であることが判明したのは30年後だった（Beerling [2019], p. 141）。

(14) スノープラントについては Muir (1912), ch. 8 を、「無数の目に見えぬ紐」については Wulf (2015), ch. 23 を参照のこと。これはミューアが何度も触れたテーマであり、彼は「無数の壊れない紐」とも言っている。また彼がこう言ったのはさらに有名だ。「あるものを周囲のものから引き離したとすれば、それが宇宙にあるすべてのものにつながっていることを知るだろう」

(15) シュガースティックとマツタケの記述にかんしては、Tsing (2015), 'Interlude. Dancing' を参照のこと。

(16) 植物の光合成は供給源と吸収源の力学によって調整されている。光合成産物が蓄積すると、光合成の速度が下がる。すると菌根菌ネットワークが炭素吸収源として働いて光合成産物の蓄積を防ぐことで植物の光合成速度を上げる（Gavito et al. [2019]）。

(17) シマールがダグラスモミの苗木を日陰で育てたことについては Simard et al. (1997) を、枯れ始めた植物については Eason et al. (1991) を参照のこと。

(18) 炭素の流れの方向転換については Simard et al. (2015) を参照のこと。

(19) 進化の謎については Wilkinson (1998) および Gorzelak et al. (2015) を参照のこと。

(20) 余剰の資源を「公共の財」として共有することについては Walder and van der Heijden (2015) を参照のこと。もう一つの可能性は受容体植物が複数の異なる菌類種と共生している場合である。条件が変われば、植物Aは植物Bが共生している菌類の恩恵を受けるかもしれない。多様な菌類と共生することは不安定な環境に対する保険となる（Moeller and Neubert [2016]）。

(21) 共有菌根ネットワークによる血縁選択に

ついては Gorzelak et al. (2015), Pickles et al. (2017) および Simard (2018) を参照のこと。多くのシダ種は共有菌根ネットワークを通じて一種の血縁選択あるいは「子育て」を行い、同じことを何百万年にもわたって続けてきた（Beerling [2019], pp. 138–40)。これらのシダ種（ヒカゲノカズラ属、コスギラン属、マツバラン属、ハナワラビ属、ハナヤスリ属のシダ）には2相ある。出芽した胞子は「配偶体」と呼ばれる相を形成する。配偶体は小さな地下構造で、光合成をしない。配偶体は生殖行動が起きる場所である。配偶体が生殖に成功すると、地面の上の「胞子体」と呼ばれる相に生育する。胞子体は光合成をする。配偶体が地下で生きていられるのは生育した胞子体から菌根ネットワークを通じて炭素を与えてもらうからだ。これは「今は与えてもらい、あとで借りを返す」方式と言える。

(22) 双方向の物質輸送については Lindahl et al. (2001) および Schmieder et al. (2019) を参照のこと。

(23) 植物が共有菌根ネットワークに参加して得られる恩恵については Booth (2004), McGuire (2007), Bingham and Simard (2011) および Simard et al. (2015) を参照のこと。

(24) 植物が共有菌根ネットワークに参加してまったく恩恵を得られないケースの研究については Booth (2004) を、共有菌根ネットワークによって競争が増すことについては Weremijewicz et al. (2016) および Jakobsen and Hammer (2015) を参照のこと。

(25) 「菌類専用車線」と菌類の毒の輸送については Barto et al. (2011 and 2012) および Achatz and Rillig (2014) を参照のこと。

(26) ホルモンについては Pozo et al. (2015) を、共有菌根ネットワークを通じた細胞核の輸送については Giovannetti et al. (2004 and 2006) を、寄生植物と宿主間の RNA の輸送については Kim et al. (2014) を、植物と病原性菌類間の RNA を介した相互作用については Cai et al. (2018) を参照のこと。

(27) 細菌が菌類ネットワークを使用することについては Otto et al. (2017), Berthold et al. (2016) および Zhang et al. (2018) を、「内生」細菌が菌類の代謝に与える影響については Vannini et al. (2016), Bonfante and Desirò (2017) および Deveau et al. (2018) を、アシブトアミガサタケが細菌を育てることについては Pion et al. (2013) および Lohberger et al. (2019) を参照のこと。

(28) Babikova et al. (2013).

(29) Babikova et al. (2013).

(30) トマトの植物体間の情報伝達については Song and Zeng (2010) を、ダグラスモミとマツの苗木間のストレス信号の伝達については Song et al. (2015a) を、ダグラスモミとマツの苗木間の物質輸送については Song et al. (2015b) を参照のこと。

(31) 植物における電気信号の伝達については Mousavi et al. (2013), Toyota et al. (2018) および Muday and Brown-Harding (2018) による論評を、草食動物に対する植物の電気的反応については Salvador-Recatalà et al. (2014) を参照のこと。植物の根と菌類間で起きる化学的な会話については、そもそも両者がどのようにして関係を結んだのかにかんする多くの問いが残されている。リードはあるとき菌従属栄養植物のスノープラント——ミューアが「輝く火の柱」と呼んだもの——を育てようと試み、「厚い壁」にぶつかる前にいくらか成果を得た。「それは素晴らしかった」とリードは思い返す。「菌類が種子に向かって伸び、とても興奮して興味津々だった。菌類は喜び勇んで『やあ！』と言った。明らかに信号は伝達されている。悲しいことに、もっと明確な信号を出す大きな植物はない。この信号伝達の問題は次世代の研究者が解くべき問題だ」

(32) デイヴィッド・リードも同じ考えのようだ。彼は私にこう説明した。「2週間前のことです。あるラジオ番組の担当者が、植物どうしが会話をしているとか、そのような愚かしい話について私にインタビューを申し込んできたのですよ」

(33) Beiler et al. (2009 and 2015). 他の研究は種

どうしが相互作用する共有菌根ネットワークの構造を調べているが、これらの研究は生態系における樹木の空間分布を明確に示してはいない。たとえば、Southworth et al. (2005), Toju et al. (2014 and 2016) および Toju and Sato (2018) などである。

(34) ベイラーの森林区画の樹木間にランダムに線を引くと、各樹木は似通った数のリンクを持つ。リンクが例外的なほど多いか少ない樹木は稀である。樹木1本の平均リンク数を計算すると、大半の樹木のリンク数は平均値に近い。ネットワーク用語では、この特徴的なノード（節点）はネットワークの「スケール」を示す。実際には、私たちに見えているものは少々違う。ベイラーが調べた区画、バラバシのウェブ地図、あるいは航空会社の運行経路のネットワークでは、リンクがきわめて多い一握りのハブがネットワーク内の接続の大多数を占める。この種のネットワークのノードは互いにあまりに異なるため、特徴的なノードと呼べるものはない。この場合、そのネットワークにはスケールがなく、「スケールフリー」であるとされる。1990年代後期におけるバラバシによるスケールフリー・ネットワークの発見によって、複雑系の挙動をモデル化するための枠組みが得られた。つながりの多いハブと少ないハブの違いについては、Barabási (2014), "The Sixth Link: The 80/20 Rule" を、スケールフリー・ネットワークの脆弱性については Albert et al. (2000) および Barabási (2001) を、自然界におけるスケールフリー・ネットワークについては Bascompte (2009) を参照のこと。

(35) 異なるタイプの共有菌根ネットワークとそれらの対照的な構造については Simard et al. (2012) を、異なるアーバスキュラー菌根ネットワークどうしの融合については Giovannetti et al. (2015) を参照のこと。2本の樹木がつながっているというだけでは、それらの木が同じようにつながっていることを意味しない。たとえば、ハンノキの一部の種は非常に少ない菌種としかつながらず、これらの菌種はハンノキ以外の樹木とつながらない傾向にある。つまり、ハンノキは孤立する傾向にあり、閉じた内向きのネットワークを形成するようだ。森林区画全体の構造から見ると、ハンノキの木立は「モジュール」——内部ではよくつながっているが外部とのつながりは希薄だ——である（Kennedy et al. [2015]）。私たちはこの現象には慣れている。あなたの知人のネットワークを紙に描いてみよう。各リンクを人間関係と考えてみる。いくつの関係が同等だろうか。きょうだい、みいとこ（祖父母のいとこの孫）、職場の友人、家主との関係は、あなたの社会ネットワーク内で同等だろうか。ネットワーク科学者のニコラス・クリスタキスとジェイムズ・ファウラーは、あるリンクが社会ネットワークでどれほどの影響を持つかを「伝染（contagion）」という語で記述する。あなたはきょうだいや家主と関係があるかもしれないが、各リンクが持つ影響、つまり伝染の程度は異なる。クリスタキスとファウラーは「3度の影響（three degrees of influence）」として知られる理論によって、社会的な影響が3度の伝達を超えると途絶える現象を記述する（Christakis and Fowler [2009], ch. 1）。

(36) Prigogine and Stengers (1984), ch. 1.

(37) 生態系が複雑な適応系であることについては Levin (2005) を、生態系の動的で非線形的な振る舞いについては Hastings et al. (2018) を参照のこと。

(38) シマールによる共有菌根ネットワークと神経ネットワークの類似性については Simard (2018) を参照のこと。他分野の研究者も同様の見方をしている。Manicka and Levin (2019) は、脳機能を調べるためにこれまで使用されてきたツールを生物学の他分野に援用することで、生物学の諸分野を孤立させる「閉ざされた知のサイロ（thematic silo）」問題を克服しようと呼びかける。神経科学においては、「コネクトーム」という脳内の神経接続の地図がある。生態系の菌根コネクトームを描くことは可能だろうか。「もし

私に無尽蔵の資金があったなら」とベイラーが私に語った。「私は森で試料を採取しまくりたいです。そうすればネットワークのとても精細な全貌——誰が誰とどこでつながっているか——と、システム全体の概略がわかるでしょう」。同様のアプローチを採用する神経科学の研究例についてはMarkram et al. (2015) を参照のこと。

(39) Simard (2018).

(40) 「多くの菌類は植物の根と緩い相互作用をしています」とセロスは私に説明した。「たとえば、トリュフについて考えてみましょう。もちろん、トリュフはその正式な『宿主』の木の根で成長する菌糸体を持っています。でも、トリュフの菌糸体はその自然な宿主以外の周辺の植物で、通常はまったく菌根を形成しない植物の根にもいます。このカジュアルな関係は厳密には菌根ではないのですが、それでも存在していることに変わりはありません」。異なる植物につながっているが菌根を形成してはいない菌についてはToju and Sato (2018) を参照のこと。

第7章 ラディカル菌類学

(1) Le Guin (2017).

(2) これらの初期の植物——小葉植物やシダ植物——はそれほど「真の」木材をつくらず、ほぼ「周皮」として知られる樹皮に似た材料からできている (Nelsen et al. [2016])。

(3) 約3兆本の樹木についてはCrowther et al. (2015) を参照のこと。世界全体の生物量分布にかんする現在もっとも正確な推定値によれば、植物は地球上の総生物量の約80%を占める。うち約70%が「木質の」茎や幹と推定され、地上の生物量の大まかに言って60%が木材ということになる (Bar-On et al. [2018])。

(4) 木材の組成と比較的大量に含まれるリグニンとセルロースについてはMoore (2013a), ch. 1 を参照のこと。

(5) 木材の分解と酵素を触媒とする燃焼の概論についてはMoore et al. (2011), ch. 10.7 および Watkinson et al. (2015), ch. 5 を、約85ギガトンの炭素についてはHawksworth (2009) を、2018年の世界二酸化炭素予算 (Global carbon budget)〔世界全体の二酸化炭素排出量と吸収量の収支〕についてはQuéré et al. (2018) を参照のこと。もう一種の木材腐朽菌は褐色腐朽菌で、こう呼ばれるのはこの菌が材を褐色に変えるからだ。褐色腐朽菌はおもに材のセルロースを消化する。しかし、これらの菌はラディカル化学を使ってリグニンの分解を促進することもできる。彼らの手法は白色腐朽菌とわずかながら違う。フリーラジカルを使ってリグニン分子を分解するのではなく、褐色腐朽菌はリグニンと反応するラジカルをつくって細菌による腐食に対して脆弱にする (Tornberg and Olsson [2002])。

(6) それほど多くの木材がなぜかくも長きにわたって腐食しなかったのかについては多くの議論が交わされてきた。2012年に『サイエンス』誌に発表された論文によれば、デイヴィッド・ヒベット (David Hibbett) 率いるチームは次のように論じた。白色腐朽菌のリグニンペルオキシダーゼの進化は、石炭紀後期に起きた炭素埋蔵量の「急激な減少」と時を同じくしている。このことは、それまで菌類がリグニンの分解能力を進化させていなかったので、石炭紀において木材堆積物が増えたことを示している (Floudas et al. [2012] および Hittinger [2012] の論評)。この知見は最初にRobinson (1990) が唱えた仮説を裏づけていた。2016年、マシュー・ネルセンらが次の理由によってこの仮説を斥ける論文を発表した。①石炭紀の大量の炭素埋蔵につながった木材堆積物を形成した植物の多くはリグニンを形成する種ではなかった。②リグニンを分解する菌類や細菌は石炭紀以前に存在していた。③白色腐朽菌がリグニン分解酵素を進化させたと推測されている時点以降、厚い炭層が形成されている。④石炭紀以前にリグニンの分解がまったく起きなかったのであれば、大気中の二酸化炭素は100万年以内に枯渇したと考えられる。Nelsen et al. (2016) および Montañez

(2016) の論評を参照のこと。問題は単純ではない。分解速度と炭素埋蔵の相対速度の測定は困難であり、木材中のリグニンその他の硬い成分（結晶性セルロースなど）を分解する白色腐朽菌の能力が世界全体における炭素埋蔵のレベルに影響を与えなかったとは考えにくい(Hibbett et al. [2016])。

(7) 菌類による石炭分解についてはSingh (2006), pp. 14-15を参照のこと。「ケロシン菌類」は*Candida keroseneae*という酵母のことである(Buddie et al. [2011])。

(8) Hawksworth (2009). Rambold et al. (2013) も参照のこと。ランボルトらは「菌類学は生物学の中で他分野と同等に見なされるべきである」と主張した。

(9) 古代中国における菌類学についてはYun-Chang (1985) を、現代中国における菌類学を取り巻く状況および世界中で進行しているキノコ栽培については「世界の菌類：2018年版」を、毒キノコによる死亡例についてはMarley (2010) を参照のこと。

(10) 「世界の菌類: 2018年版」およびHawksworth (2009).

(11) 市民科学や「zooniverse」――広範な分野の研究プロジェクトに一般人が参加するためのデジタルプラットフォーム――の最近の歴史についてはWest (2019) のレビュー付きのLintott (2019) を、エイズ危機における「在野の研究家」についてはEpstein (1995) を、現代のクラウドソーシングによる一般人の科学への参加についてはKelty (2010) を、生態学における市民科学者についてはSilvertown (2009) を、自宅で行われる実験的な「簡易(thrifty)」科学の歴史についてはWerrett (2019) を参照のこと。最後の簡易科学については、ダーウィンの研究が典型例と言えよう。生涯の大半において、彼はほぼすべての研究を自宅で行った。窓台でラン、果樹園でリンゴ、小屋でレース鳩、テラスでミミズを育てた。進化論を証明するためにダーウィンが使った証拠の多くは、アマチュアの動植物ブリーダーのネットワークから得たものであり、ダーウィンはコレクションを趣味としている人びとや、裏庭で動植物を熱心に育てている人びとを高度に組織化したネットワークのメンバーと交わした大量の書簡を保管していた (Boulter [2010])。今日では、デジタルプラットフォームが新たな可能性の窓を開けてくれる。2018年11月に、低周波の地震波が世界中を駆け巡ったが、この地震波は主要な専門機関の地震検知システムには記録されなかった。その軌跡と正体はTwitter上での専門家と市民地震研究家らのにわか作りのネットワークによって解明された (Sample [2018])。

(12) DIY菌類学の歴史についてはSteinhardt (2018) を参照のこと。

(13) McCoy (2016), p. xx.

(14) 農業廃棄物についてはMoore et al. (2011), ch. 11.6を、メキシコシティのオムツの実験についてはEspinosa-Valdemar et al. (2011) ――プラスチックを残したままでも重量の減少は70%と高かった――を参照のこと。インドにおける農業廃棄物についてはPrasad (2018) を参照のこと。

(15) 白亜紀－古第三紀 (K-T) 境界の絶滅期における菌類の繁栄についてはVajda and McLoughlin (2004) を、広島に原爆が投下されたあとに生えたマツタケについてはTsing (2015), "Prologue" を参照のこと。チンはメモにこの話の出所は不明と記している。

(16) ヒラタケが煙草の吸殻を消化する動画についてはhttps://web.archive.org/web/20200429100059/https://www.youtube.com/watch?v=fCAX9P50SNU［2019年10月29日にアクセス］を参照のこと。

(17) 働きの特定されていない菌類酵素についての議論とそれが毒物を分解する可能性についてはHarms et al. (2011) を参照のこと。

(18) 2015年、スタメッツはアメリカ菌類学会からある賞を授与されている。正式な声明で彼は、「菌類学界のきわめて独創的な独学のメンバーであり、菌類学に大いに寄与し続けている」と称えられた (fungi.com/blogs/articles/paul-receives-the-gordon-and-tina-wasson-award［2019年10月29日にアクセ

ス］）。2018年のティモシー・フェリス（Tim Ferris）へのインタビューで、スタメッツは自分は「史上誰よりも多くの学生を菌類学の分野に呼び込んだ」ために賞を与えられたと説明した（tim.blog/2018/10/15/the-tim-ferriss-show-transcripts-paul-stamets/［2019年10月29日にアクセス］）。

(19) DMMPについてはStamets (2011), "Part II: Mycorestoration" を参照のこと。ただしその中でシビレタケ属菌に言及していないことに注意。スタメッツが私に直接教えてくれた。

(20) 毒物を分解する菌類の能力の要約についてはHarms et al. (2011) を、マイコレメディエーションにかんするより広範な議論についてはMcCoy (2016), ch. 10を参照のこと。

(21) 菌糸体の高速道路についてはHarms et al. (2011) を、大腸菌のマイコフィルトレーションについてはTaylor et al. (2015) を、菌糸体を使って金を回収しているフィンランドの企業については https://web.archive.org/web/20200429095819/https://phys.org/news/2014-04-filter-recover-gold-mobile-scrap.html［2019年10月29日にアクセス］を参照のこと。チェルノブイリ事故後の放射性降下物のために放射性セシウムを含むキノコが発見されたという報告が多数あった（Oolbekkink and Kuyper [1989], Kammerer et al. [1994] およびNikolova et al. [1997]）。

(22) 菌類がさらに必要とするものについてはHarms et al. (2011) を、問題についてはMcCoy (2016), ch. 10を参照のこと。

(23) コ・リニューアルについてはcorenewal.org［2019年10月29日にアクセス］を、カリフォルニア州で起きた火災後の菌類による除染についてはnewfoodeconomy.org/mycoremediation-radical-mycology-mushroom-natural-disaster-pollution-clean-up/［2019年10月29日にアクセス］を、デンマークの港におけるヒラタケ属菌を使ったオイルフェンスについてはwww.sailing.org/news/87633.php#.XCkcIc9KiOE［2019年10月29日にアクセス］を参照のこと。

(24) ポリウレタンを分解する菌類についてはKhan et al. (2017) を、プラスチックを分解する別の菌類についてはBrunner et al. (2018) を参照のこと。マッシュルーム・マウンテンという機関で働く菌類学者トラッド・コッター（Tradd Cotter）は珍しい場所から菌類株を採集するクラウドソーシング・イニシアチブを進めている。newfoodeconomy.org/mycoremediation-radical-mycology-mushroom-natural-disaster-pollution-clean-up/［2019年10月29日にアクセス］を参照のこと。

(25) メアリー・ハントについてはBennett and Chung (2001) を参照のこと。「クラウド」はかならずしも「科学者以外」を意味しない。2017年、『ネイチャー』誌にアース・マイクロバイオーム・プロジェクトを発表した研究はその類例を見ない手法で注目を浴びた。研究者らは世界中の科学者に対して、世界規模で微生物の多様性を調査するために、良好に保全された環境の試料を送って欲しいと呼びかけた（Raes [2017]）。

(26) 毎年、ダーウィンはいとこの教区司祭とどちらが最新の変種を掛けあわせていちばん大きなナシを収穫できるか競争した。それは一族の楽しい行事となった。Boulter (2010), p. 31を参照のこと。

(27) 呉三公についてはMcCoy (2016), p. 71を、「パリの」キノコについてはMonaco (2017) を、ヨーロッパ全般におけるキノコ栽培の歴史についてはAinsworth (1976), ch. 4を参照のこと。パリの地下でキノコを栽培する話には最近になって興味深い傾向がある。パリで乗用車を所有する人が減少の一途をたどっているため、地下の駐車場がいくつか食用キノコ栽培に転換して成功を収めているというのだ。www.bbc.co.uk/news/av/business-49928362/turning-paris-s-underground-car-parks-into-mushrooms-farms［2019年10月29日にアクセス］を参照のこと。

(28) キノコの処理はもちろんヒトに限らない。北米の数種のリスはキノコを乾燥させておいて後日食べるために保存する（O'Regan et al. [2016]）。

(29) オオキノコシロアリの土塚の経年数については Erens et al. (2015) を、オオキノコシロアリ社会の複雑さについては Aanen et al. (2002) を参照のこと。

(30) オオキノコシロアリの分解と活発な代謝については Aanen et al. (2002), Poulsen et al. (2014) および Yong (2014) を参照のこと。

(31) 「私有財産」を食べ尽くすシロアリについては Margonelli (2018), ch. 1 を、紙幣を食べるシロアリについては www.bbc.co.uk/news/world-south-asia-13194864〔2019 年 10 月 29 日にアクセス〕を、スタメッツのシロアリを退治する菌類製品については Stamets (2011), "Mycopesticides" を参照のこと。2019 年に『サイエンス』誌に発表された論文では、メタリジウムの遺伝子改変株がブルキナファソの実験的な「自然に近い環境」内の蚊をほぼ全面的に退治した。論文の執筆者はメタリジウムの遺伝子改変株をマラリアの広がりを防ぐために使用することを提案している（Lovett et al. [2019]）。

(32) 土壌を「目覚めさせる」については Fairhead and Scoones (2005) を、土塚の土が与えてくれる恩恵については Fairhead (2016) を、フランス軍駐屯地の破壊については Fairhead and Leach (2003) を参照のこと。

(33) 霊的な格の序列については Fairhead (2016) を参照のこと。ギニアの一部の地方では、人びとは家の壁にオオキノコシロアリの土塚から取ってきた土で漆喰を塗る（Fairhead [2016]）。

(34) 菌類材料については Haneef et al. (2017) および Jones et al. (2019) を、マッシュルーム〔日本で一般に洋風料理に使用される白または茶色のキノコ〕と電池については Campbell et al. (2015) を、菌類でできた皮膚の代替物については Suarato et al. (2018) を参照のこと。

(35) シロアリに対する耐性を持つ菌類材料については phys.org/news/2018-06-scientists-material-fungus-rice-glass.html〔2019 年 10 月 29 日にアクセス〕を参照のこと。菌糸体でできた建材は多くの人目を引く建築物に使われてきた。たとえば、ニューヨーク近代美術館（MoMA）の 2014 年の PS1 ギャラリー・パヴィリオンや、インドのコチに建設されたシェル・マイセリウム〔菌類と木枠でできたドーム型の建築物で、イベント後に自然劣化する〕などがある。

(36) 宇宙で構造体を成長させる NASA の計画については www.nasa.gov/directorates/spacetech/niac/2018_Phase_I_Phase_II/Myco-architecture_off_planet/〔2019 年 10 月 29 日にアクセス〕を、菌糸体を使った「自己修復」コンクリートについては Luo et al. (2018) を参照のこと。

(37) 木と菌類の複合体をつくるには、おがくずと穀粒粉を混ぜる。菌類を接種したら、混合物をプラスチックの型に流し込む。菌糸が「伸びていき」、菌糸体と一部分解されたおがくずが絡みあった製品が得られる。皮革製品と柔らかい発泡体では製造工程が異なる。まず接種した混合物を型に入れる代わりに、平らなシートの上に広げる。成長条件を制御して、菌糸体が空気中を上に向かって伸びるように仕向ける。1 週間以内にスポンジのような層が収穫できる。これを圧縮して褐色に色づけしたら、驚くほど皮革に似た材料ができる。圧縮せずに乾燥すれば発泡体になる。

(38) ベイヤーの長期的な目標は、菌糸体が物理的な構造を形成する生物物理学を理解することだった。「私は菌類をナノテクノロジーを使って分子を組み立てる分子アセンブラー〔環境内の原子を使って分子をつくる技術。まだ実現していない〕と考えています」と彼は言った。「私たちはマイクロファイバーの 3D 配向が、材料の性質（強度、耐久性、柔軟性）にどのような影響を与えるかを知りたいのです」。ベイヤーの夢は遺伝的にプログラム可能な菌類の開発だ。「それほどのレベルのコントロールが可能になれば、私たちは異なる材料の世界に足を踏み入れることができます。一例を挙げれば、柔軟で耐水性を持つ材料です。可能性は無限と言えるでしょう」。可能性は強力な言葉だ。菌類の遺伝学はひどく込み入っていて、

あまり理解が進んでいない。遺伝子を挿入し、菌類にその遺伝子を発現させるのは簡単だ。だが、遺伝子を挿入し、菌類にそれを安定して予測可能に発現させるとなると話は違ってくる。一連の遺伝子指令を発生させ、菌類の挙動をプログラムするとなればさらに違うレベルの話になる。

(39) これまでに菌類で建築物を建てた例はない。だからたくさんの研究をゼロからしなくてはならない。これはベイヤーにとって単に製造というより大きな目標なのだ。ここ10年で、彼らは研究に3000万ドルを投じてきた。菌糸体を使ってこの目標を達するには新たな手法が求められる。菌類に新たな成長形態、異なる振る舞いをしてもらわなくてはならないのだ。

(40) FUNGARについては、info.uwe.ac.uk/news/uwenews/news.aspx?id=3970 および www.theregister.co.uk/2019/09/17/like_computers_love_fungus/［いずれも2019年10月29日にアクセス］。

(41) 授粉者とその減少については Klein et al. (2007) および Potts et al. (2010) を、ミツバチヘギイタダニによって生じる問題については Stamets et al. (2018) を参照のこと。

(42) 菌類が分泌する抗ウイルス化合物のレビューについては Linnakoski et al. (2018) を、プロジェクト・バイオシールドについては Stamets (2011), ch. 4 を参照のこと。スタメッツによると、最強の抗ウイルス性を示す菌類はアガリコン（*Laricifomes officinalis*）、チャーガ（*Inonotus obliquus*）、マンネンタケ属（*Ganoderma spp.* spp. はこの属の複数種の意）、カンバタケ（*Fomitopsis betulina*）、カワラタケ（*Trametes versicolor*）である。菌類による治療法の歴史を記した文書がもっとも豊富に残されているのは中国であり、彼の国では医療用キノコが少なくとも2000年にわたって薬局方の中心的存在だった。西暦200年にさかのぼる中国最古の薬物書『神農本草経（しんのうほんぞうきょう）』はさらに古くからの口承伝統をまとめたものと考えられていて、今日でも使用されている数種の菌類を含む。その中に霊芝（マンネンタケ *Ganoderma lucidum*）やチョレイマイタケ（*Polyporus umbellatus*）などがある。霊芝はもっとも尊ばれた菌類で、無数の絵画、彫刻、刺繍のモチーフになっている。

(43) Stamets et al. (2018).

第8章　菌類を理解する

(1) Haraway (2016), ch. 4.

(2) ヒトのマイクロバイオームに含まれる酵母については Huffnagle and Noverr (2013) を参照のこと。

(3) 酵母の塩基配列決定については Goffeau et al. (1996) を、酵母にかかわるノーベル賞については「世界の菌類：2018年版」、「有用な菌類（Useful Fungi）」の項を参照のこと。

(4) 初期の醸造の証拠については Money (2018), ch. 2 を参照のこと。

(5) Lévi-Strauss (1973), p. 473.

(6) 酵母の育成については Money (2018), ch. 1 および Legras et al. (2007) を、「パンよりビールだったという説」については Wadley and Hayden (2015) および Dunn (2012) を参照のこと。農業の発達によってヒトと菌類の関係はいくつかの点において変化した。植物に対して病原性を持つ菌類の多くは栽培作物と同時に進化したと考えられている。現在と同じように、家畜化と栽培は植物に対して病原性を持つ菌類に新たな感染の機会を与えるのである（Dugan [2008], p. 56）。

(7) 私は優れた本 *Sacred Herbal and Healing Beers* (Buhner [1998]) にインスピレーションを受けた。

(8) シュメール人とエジプトの『死者の書』については Katz (2003), ch. 2 を、チョルティ人については Aasved (1988), p. 757 を、ディオニューソスについては Kerényi (1976) および Paglia (2001), ch. 3 を参照のこと。

(9) バイオテクノロジーにおける酵母については Money (2018), ch. 5 を、Synthetic Yeast 2.0 : Sc2.0 については syntheticyeast.org/sc2-0/introduction/［2019年10月29日にアクセス］を参照のこと。

(10) 熱のこもった俳句については Yun-Chang

(1985) を参照のこと。山口素堂の引用は Tsing (2015), "Prologue"、マグヌスの引用は Letcher (2006), p. 50、ジェラードの引用は Letcher (2006), p. 49 より。

(11) Wasson and Wasson (1957), vol. II, ch. 18. ワッソン夫妻は世界のほとんどのものを自分たちのカテゴリーにもとづいて分けた。アメリカ人（夫のワッソンはアメリカ人だった）は菌類嫌いであり、これにアングロサクソン人やスカンディナヴィア諸国の人も準じた。ロシア人（妻のヴァレンティナはロシア人だった）は菌類好きで、スラヴ人やカタルーニャ人も同様だった。「ギリシャ人は」と夫妻は見下すように述べる。「つねに菌類嫌いだった。古代ギリシャが生んだ著作の数々の中でキノコについて熱狂的な言葉に一度も出くわしたことがない」。もちろん、物事はそう簡単に白黒をつけられないものだ。ワッソン夫妻は二分法をつくり上げたものの、二つのカテゴリーを分ける境界を最初に曖昧にした張本人でもあった。彼らはフィンランド人が「伝統的に菌類嫌いだ」としながらも、かつてロシア人が休暇を過ごした地域では「多くの菌種を知って愛する」ようになったと述べた。考えを変えさせられたフィンランド人がワッソン夫妻による二分法のどこに収まるのかについて夫妻は述べていない。

(12) 菌類と細菌の再分類については Sapp (2009), p. 47 を参照のこと。

(13) 菌類分類の歴史については Ainsworth (1976), ch. 10 を参照のこと。

(14) テオプラストスについては Ainsworth (1976), p. 35 を、菌類を落雷と結びつけること、およびヨーロッパにおける菌類の理解にかんする概論については Ainsworth (1976), ch. 2 を、「菌類の目（もく）」と菌類分類にかんする秀でた歴史については Ramsbottom (1953), ch. 3 を参照のこと。

(15) Money (2013).

(16) Raverat (1952), p. 136.

(17) 菌類目の分類をはじめて試みた記録は 1601 年にさかのぼり、この分類ではキノコが「可食」と「有毒」の二つのカテゴリーに分けられた。つまり、人体に影響を及ぼす可能性に応じて分類されたのである (Ainsworth [1976], p. 183)。こうした判断が意味をなすことはほとんどない。酒造りのための酵母はパンやアルコールをつくる目的にも使用できるものの、血中に入れば生死にかかわる感染症を起こす。

(18) 「相利共生」という言葉は誕生後の数十年間は明らかに政治的な意味合いを持っていた。すなわち、初期の無政府主義を意味していたのだ。「生物（有機体 organism）」の概念もまた 19 世紀末期ドイツの植物学者らによって明らかに政治的な意味合いを付与された。ルドルフ・フィルヒョーは、生物とは協力しあう細胞の集団からなり、各々の細胞は全体の善のために働くと考えた。それはあたかも、相互に協力する市民集団が健全な国民国家の運営を確かなものとするのと同じなのだ (Ball [2019], ch. 1)。

(19) 「周縁近く」については Sapp (2004) を参照のこと。ダーウィンの自然選択による進化論、トマス・マルサスによる食糧供給と人口の分析、アダム・スミスの市場理論の関係は学者の多大な注目を浴びた。たとえば、Young (1985) を参照のこと。

(20) Sapp (1994), ch. 2.

(21) Sapp (2004).

(22) ニーダムについては Haraway (2004), p. 106 および Lewontin (2000), p. 3 を参照のこと。

(23) オランダのアムステルダム自由大学で教鞭を執るトビー・キアーズは、「生物学的な株式市場」を植物や菌類の相互作用に応用する主要な一人だ。生物学的市場そのものは新たな概念ではなく、動物の行動について考える際にすでに数十年にわたって使われていた。しかしキアーズらははじめてその概念を脳を持たない生物に応用した（たとえば、Werner et al. [2014], Wyatt et al. [2014], Kiers et al. [2016] および Noë and Kiers [2018] を参照のこと）。キアーズにとって、経済的な隠喩が経済モデルを裏づけ、経済モデルが有用な調査ツールとなってくれる。「それ

は人間の市場になぞらえようという試みではありません」と彼女は私に語った。そうではなく、「経済モデルのおかげでより検証しやすい予測をすることが可能になるのです」。目まいを起こしそうなほど変化の激しい植物と菌類のやり取りの世界を「複雑性」や「文脈依存性」などという曖昧な概念に落とし込むことなく、経済モデルは過密な相互作用のネットワークを分類し、基本的な仮説の検証を可能にしてくれる。キアーズが生物学的市場に興味を抱いたのは、植物と菌類が「互恵的な報酬」を使って炭素とリンの交換を調整していることを知ったときだった。菌類からより多くのリンを受け取る植物はその菌により多くの炭素を与える。植物からより多くの炭素を受け取る菌類はより多くのリンをその植物に与える(Kiers et al. [2011])。キアーズの考えでは、市場モデルはこれらの「戦略的な行動」がどのようにして進化し、異なる条件ならどう変化したかを理解する手段になってくれる。「これまでのところ、このモデルはとても有用なツールで、異なる実験を可能にしてくれるという意味でもそうです」と彼女は述べる。「こう言ってもいいかもしれません。『理論的には、パートナーの数が増えれば、交換戦略は資源の量に応じて一定の方向に変化する』。もしそうならば、私たちは実験を行うことができます。パートナーの数を変えて、この戦略が実際に変化するかを確かめられるのです。それは厳格なプロトコルというより、反応を調べる手段なのです」。この場合、市場の枠組みはツール、つまり人間どうしの相互作用にもとづいて世界にかんする問いを発し、新たな世界観を創出するための物語群なのだ。それは、クロポトキンが言ったように、人間は人間以外の生物の行動にならって行動すべきだという話ではない。また植物と菌類が実際に合理的な判断をする資本主義を奉じる個人であるというわけでもない。もちろん、もしそうであっても、植物と菌類の行動が人間の経済モデルに完璧に適合することはありそうにない。経済学者なら誰でも認めるように、人間の市場は実際には「理想的な」市場のように振る舞うわけではない。人間の経済活動が持つ混乱した複雑性は、それを含むように考えられたモデルからでも漏出する。実際には、菌類の生活は生物学的な市場の理論に完全に適合するわけでもない。まず、生物学的な市場は——その起源となった人間の資本主義市場と同じく——それぞれの利益にもとづいて行動する個々の「トレーダー」を識別できることが条件となる。実際には、個々の「トレーダー」がどういうものかは明確ではない(Noë and Kiers [2018])。「1個」の菌根菌の菌糸体は別の菌根菌の菌糸体と融合し、異なる細胞核——数種の異なるゲノム——がそのネットワーク内を流れているかもしれない。個体をどう定義すればいいのだろうか。個々の細胞核？　一つの相互につながったネットワーク？　あるネットワークの一つの分岐？　キアーズはこれらの問題について明確な答えを持っている。「もし生物学的な市場の理論が植物と菌類の相互作用を研究する方法として有用でないとわかったら、私たちはその時点でその手法を使うのをやめます」。市場の枠組みはその有用性があらかじめわかっていないツールだ。それでも、生物学的な市場はこの分野の一部の研究者にとっては問題となる。キアーズはこう指摘する。「この議論は取り立てて感情的になる理由はないのに感情的になるのです」。ことによると、生物学的な市場の枠組みが社会政治的な面で神経を逆なでするのだろうか。人間の経済システムは多数あって多様でもある。ところが生物学的な市場の枠組みとして知られる理論は、資本主義にもとづく自由市場に驚くほど似通っている。異なる文化から得た経済モデルの価値を比較することは有益だろうか。価値を付与する方法は多数ある。まだ考慮されていない他の通貨があるのかもしれない。

(24)　インターネットとワールド・ワイド・ウェブは、人間がつくり出した大多数のテク

ノロジーに比べれば自己組織化するシステムである（バラバシの言葉を借りれば、ワールド・ワイド・ウェブは「スイス製の時計より細胞や生態系との共通点が多い」らしい）。それでも、これらのネットワークは自己組織化することがなく、つねに人の力を借りなければ機能しなくなる機械とプロトコルから成る。

(25)　サップが、生物学者が使う隠喩がどれほど容易に一触即発の状況になるかを示す話をしてくれた。彼はたいていの人がより大きく複雑な生物（動物や植物）をパートナーの細菌や菌類より「成功者」と見なすことに気づいた。サップはこの見方を安易すぎると考える。「いったい成功をどう定義するのですか。どう見ても、世界は微生物にあふれています。この惑星は微生物のものです。最初に微生物がいたのであって、複雑で『高等な』動物がいなくなって最後に残るのも微生物でしょう。彼らが大気と私たちが知る生命をつくり出し、私たちの身体の大半を占めているのです」。サップは、進化生物学者のジョン・メイナード＝スミスが隠喩を変えることで微生物を軽視したと説明した。メイナード＝スミスは微生物が関係から利を得ていれば「微小寄生体」と呼び、大きい方の生物を「宿主」と呼んだ。しかし、大きな生物が微生物を操作していても、彼はその大きな生物を寄生体とは呼ばなかった。隠喩を変えて、大きな動物を「主人」、微生物を「奴隷」と呼んだ。サップが気にかけているのは、メイナード＝スミスにとって微生物はつねに寄生体か奴隷のどちらかであり、宿主を操作する支配的なパートナーにはならない点にあった。彼にとって、微生物は支配者の側にいることがないのだ。

(26)　プポウィーについては、Kimmerer (2013), “Learning the Grammar of Animacy” and “Allegiance to Gratitude” を参照のこと。オランダの霊長類学者フランス・ドゥ・ヴァールは、人間中心主義を擁護せんとして「擬人化(anthropomorphism)」に陥っている人びとに不満を感じ、彼らの「人間性否認 (anthropodenial)」を嘆く。「これらの人びとは、ヒトと動物には共有する特徴があるにもかかわらず、そのことをア・プリオリに拒絶している」というのである。

(27)　Hustak and Myers (2012).

(28)　ティム・インゴルドは、もし動物ではなく菌類が「生命のパラダイム」であると考えるなら、人間の思考がどう変わるだろうかと問う。彼は生命の「菌類モデル」を採用することの意味を探り、ヒトは菌類と同じくネットワークにつながっているが、私たちの「関係性」が菌類のそれより見えづらいだけなのだと主張する (Ingold [2003])。

(29)　「資源の共有」については Waller et al. (2018) を参照のこと。

(30)　Deleuze and Guattari (2005), p. 11.〔ジル・ドゥルーズ＋フェリックス・ガタリ『千のプラトー――資本主義と分裂症　上』（河出文庫）、宇野邦一ほか訳、河出書房新社、2010年、32頁〕。

(31)　Carrigan et al. (2015). アルコール脱水素酵素はアセトアルデヒド脱水素酵素とは異なる。後者は人によって異なるアルコール代謝にかかわる別の酵素で、一部の人ではアルコールの代謝を難しくする。

(32)　「酔った猿の仮説」については Dudley (2014) を参照のこと。菌類が混入するとフルーツの香りが強くなり、動物や鳥類が引き寄せられる。

(33)　Wiens et al. (2008) および Money (2018), ch. 2.

(34)　アメリカにおけるバイオ燃料製造の結果については Money (2018), ch. 5 を、土地使用の変化とバイオ燃料については Wright and Wimberly (2013) を、助成金と炭素放出については Lu et al. (2018) を参照のこと。

(35)　Stukeley (1752).

エピローグ　この分解者

(1)　Ladinsky (2002).

参考文献

（邦訳のあるものについては書誌情報を示したが、
本文での引用は特に注記のないかぎり独自訳である）

Aanen DK, Eggleton P, Rouland-Lefevre C, Guldberg-Froslev T, Rosendahl S, Boomsma JJ. 2002. The evolution of fungus-growing termites and their mutualistic fungal symbionts. *Proceedings of the National Academy of Sciences* 99 : 14887–892.

Aasved MJ. 1988. *Alcohol, drinking, and intoxication in preindustrial societies : Theoretical, nutritional, and religious considerations*. PhD thesis, University of California at Santa Barbara.

Abadeh A, Lew RR. 2013. Mass flow and velocity profiles in Neurospora hyphae : partial plug flow dominates intra-hyphal transport. *Microbiology* 159 : 2386–394.

Achatz M, Rillig MC. 2014. Arbuscular mycorrhizal fungal hyphae enhance transport of the allelochemical juglone in the field. *Soil Biology and Biochemistry* 78 : 76–82.

Adachi K, Chiba K. 2007. FTY720 story. Its discovery and the following accelerated development of sphingosine 1-phosphate receptor agonists as immunomodulators based on reverse pharmacology. *Perspectives in Medicinal Chemistry* 1 : 11–23.

Adamatzky A. 2016. *Advances in Physarum Machines*. Springer International Publishing.

Adamatzky A. 2019. A brief history of liquid computers. *Philosophical Transactions of the Royal Society B* 374 : 20180372.

Adamatzky A. 2018a. On spiking behaviour of oyster fungi *Pleurotus djamor. Scientific Reports* 8 : 7873.

Adamatzky A. 2018b. Towards fungal computer. *Journal of the Royal Society Interface Focus* 8 : 20180029.

Ahmadjian V. 1995. Lichens are more important than you think. *BioScience* 45 : 123.

Ahmadjian V, Heikkilä H. 1970. The culture and synthesis of *Endocarpon pusillum and Staurothele clopima. The Lichenologist* 4 : 259–67.

Ainsworth GC. 1976. *Introduction to the History of Mycology*. Cambridge, UK : Cambridge University Press. 〔G.C. エインズワース『キノコ・カビの研究史――人が菌類を知るまで』、小川眞訳、京都大学学術出版会、2010 年〕。

Albert R, Jeong H, Barabási A-L. 2000. Error and attack tolerance of complex networks. *Nature* 406 : 378–82.

Alberti S. 2015. Don't go with the cytoplasmic flow. *Developmental Cell* 34 : 381–82.

Alim K. 2018. Fluid flows shaping organism morphology. *Philosophical Transactions of the Royal Society B* 373 : 20170112.

Alim K, Andrew N, Pringle A, Brenner MP. 2017. Mechanism of signal propagation in Physarum polycephalum. *Proceedings of the National Academy of Sciences* 114 : 5136–141.

Allaway W, Ashford A. 2001. Motile tubular vacuoles in extramatrical mycelium and sheath hyphae of ectomycorrhizal systems. *Protoplasma* 215 : 218–25.

Allen J, Arthur J. 2005. "Ethnomycology and Distribution of Psilocybin Mushrooms." In *Sacred Mushroom of Visions : Teonanacatl*. Metzner R, ed. Rochester, VT : Park Street Press, pp. 49–68.

Alpert C. 2011. Unraveling the Mysteries of the Canadian Whiskey Fungus. *Wired* : www.wired.com/2011/05/ff-angelsshare/ 〔2019 年 10 月 29 日にアクセス〕。

Alpi A, Amrhein N, Bertl A, Blatt MR, Blumwald E, Cervone F, Dainty J, Michelis M, Epstein E, Galston AW, et al. 2007. Plant neurobiology : no brain, no gain? *Trends in Plant Science* 12 : 135–36.

Aly A, Debbab A, Proksch P. 2011. Fungal endophytes: unique plant inhabitants with great promises. *Applied Microbiology and Biotechnology* 90: 1829–845.

Alzarhani KA, Clark DR, Underwood GJ, Ford H, Cotton AT, Dumbrell AJ. 2019. Are drivers of root-associated fungal community structure context specific? *The ISME Journal* 13: 1330–344.

Anderson JB, Bruhn JN, Kasimer D, Wang H, Rodrigue N, Smith ML. 2018. Clonal evolution and genome stability in a 2500-year-old fungal individual. *Proceedings of the Royal Society B* 285: 20182233.

Andersen SB, Gerritsma S, Yusah KM, Mayntz D, Hywel Jones NL, Billen J, Boomsma JJ, Hughes DP. 2009. The life of a dead ant: the expression of an adaptive extended phenotype. *The American Naturalist* 174: 424–33.

Araldi-Brondolo SJ, Spraker J, Shaffer JP, Woytenko EH, Baltrus DA, Gallery RE, Arnold EA. 2017. Bacterial endosymbionts: master modulators of fungal phenotypes. *Microbiology spectrum* 5: FUNK-0056-2016.

Arnaud-Haond S, Duarte CM, Diaz-Almela E, Marbà N, Sintes T, Serrão EA. 2012. Implications of extreme life span in clonal organisms: millenary clones in meadows of the threatened seagrass *Posidonia oceanica*. *PLOS ONE* 7: e30454.

Arnold EA, Mejía L, Kyllo D, Rojas EI, Maynard Z, Robbins N, Herre E. 2003. Fungal endophytes limit pathogen damage in a tropical tree. *Proceedings of the National Academy of Sciences* 100: 15649–654.

Arnold EA, Miadlikowska J, Higgins LK, Sarvate SD, Gugger P, Way A, Hofstetter V, Kauff F, Lutzoni F. 2009. A phylogenetic estimation of trophic transition networks for ascomycetous fungi: are lichens cradles of symbiotrophic fungal diversification? *Systematic Biology* 58: 283–97.

Arsenault C. 2014. Only 60 Years of Farming Left if Soil Degradation Continues. *Scientific American*: www.scientificamerican.com/article/only-60-years-of-farming-left-if-soil-degradation-continues/ ［2019年10月29日にアクセス］。

Aschenbrenner IA, Cernava T, Berg G, Grube M. 2016. Understanding microbial multi-species symbioses. *Frontiers in Microbiology* 7: 180.

Asenova E, Lin H-Y, Fu E, Nicolau DV, Nicolau DV. 2016. Optimal fungal space searching algorithms. *IEEE Transactions on NanoBioscience* 15: 613–18.

Ashford AE, Allaway WG. 2002. The role of the motile tubular vacuole system in mycorrhizal fungi. *Plant and Soil* 244: 177–87.

Averill C, Dietze MC, Bhatnagar JM. 2018. Continental-scale nitrogen pollution is shifting forest mycorrhizal associations and soil carbon stocks. *Global Change Biology* 24: 4544–553.

Awan AR, Winter JM, Turner D, Shaw WM, Suz LM, Bradshaw AJ, Ellis T, Dentinger B. 2018. Convergent evolution of psilocybin biosynthesis by psychedelic mushrooms. *bioRxiv*: 374199.

Babikova Z, Gilbert L, Bruce TJ, Birkett M, Caulfield JC, Woodcock C, Pickett JA, Johnson D. 2013. Underground signals carried through common mycelial networks warn neighbouring plants of aphid attack. *Ecology Letters* 16: 835–43.

Bachelot B, Uriarte M, McGuire KL, Thompson J, Zimmerman J. 2017. Arbuscular mycorrhizal fungal diversity and natural enemies promote coexistence of tropical tree species. *Ecology* 98: 712–20.

Bader MK-F, Leuzinger S. 2019. Hydraulic coupling of a leafless kauri tree remnant to conspecific hosts. *iScience* 19: 1238-43.

Bahn Y-S, Xue C, Idnurm A, Rutherford JC, Heitman J, Cardenas ME. 2007. Sensing the environment: lessons from fungi. *Nature Reviews Microbiology* 5: 57–69.

Bain N, Bartolo D. 2019. Dynamic response and hydrodynamics of polarized crowds. *Science* 363: 46–49.

Ball P. 2019. *How to Grow a Human*. London, UK: William Collins. 〔フィリップ・ボール『人工培養され

た脳は「誰」なのか――超先端バイオ技術が変える新生命』、桐谷知未訳、原書房、2020 年〕。

Banerjee S, Schlaeppi K, van der Heijden MG. 2018. Keystone taxa as drivers of microbiome structure and functioning. *Nature Reviews Microbiology* 16: 567–76.

Banerjee S, Walder F, Büchi L, Meyer M, Held AY, Gattinger A, Keller T, Charles R, van der Heijden MG. 2019. Agricultural intensification reduces microbial network complexity and the abundance of keystone taxa in roots. *The ISME Journal* 13: 1722–736.

Barabási A-L. 2014. *Linked: How Everything Is Connected to Everything Else and What It Means for Business, Science, and Everyday Life*. New York, NY: Basic Books. 〔アルバート = ラズロ・バラバシ『新ネットワーク思考――世界のしくみを読み解く』、青木薫訳、日本放送出版協会、2002 年〕。

Barabási A-L. 2001. The Physics of the Web. *Physics World* 14: 33–38. physicsworld.com/a/the-physics-of-the-web/ 〔2019 年 10 月 29 日にアクセス〕。

Barabási A-L, Albert R. 1999. Emergence of scaling in random networks. *Science* 286: 509–12.

Barbey AK. 2018. Network neuroscience theory of human intelligence. *Trends in Cognitive Sciences* 22: 8–20.

Bar-On YM, Phillips R, Milo R. 2018. The biomass distribution on Earth. *Proceedings of the National Academy of Sciences* 115: 6506–511.

Barto KE, Hilker M, Müller F, Mohney BK, Weidenhamer JD, Rillig MC. 2011. The fungal fast lane: common mycorrhizal networks extend bioactive zones of allelochemicals in soils. *PLOS ONE* 6: e27195.

Barto KE, Weidenhamer JD, Cipollini D, Rillig MC. 2012. Fungal superhighways: do common mycorrhizal networks enhance below ground communication? *Trends in Plant Science* 17: 633–37.

Bascompte J. 2009. Mutualistic networks. *Frontiers in Ecology and the Environment* 7: 429–36.

Baslam M, Garmendia I, Goicoechea N. 2011. Arbuscular mycorrhizal fungi (AMF) improved growth and nutritional quality of greenhouse-grown lettuce. *Journal of Agricultural and Food Chemistry* 59: 5504–515.

Bass D, Howe A, Brown N, Barton H, Demidova M, Michelle H, Li L, Sanders H, Watkinson SC, Willcock S, et al. 2007. Yeast forms dominate fungal diversity in the deep oceans. *Proceedings of the Royal Society B* 274: 3069–77.

Bassett DS, Sporns O. 2017. Network neuroscience. *Nature Neuroscience* 20: 353–64.

Bassett E, Keith MS, Armelagos G, Martin D, Villanueva A. 1980. Tetracycline-labeled human bone from ancient Sudanese Nubia (A.D. 350). *Science* 209: 1532–534.

Bateson B. 1928. *William Bateson, Naturalist*. Cambridge, UK: Cambridge University Press.

Bateson G. 1987. *Steps to an Ecology of Mind*. Northvale, NJ: Jason Aronson Inc. 〔G・ベイトソン『精神の生態学』(改訂第 2 版)、佐藤良明訳、新思索社、2000 年〕。

Bebber DP, Hynes J, Darrah PR, Boddy L, Fricker MD. 2007. Biological solutions to transport network design. *Proceedings of the Royal Society B* 274: 2307–315.

Beck A, Divakar P, Zhang N, Molina M, Struwe L. 2015. Evidence of ancient horizontal gene transfer between fungi and the terrestrial alga *Trebouxia*. *Organisms Diversity & Evolution* 15: 235–48.

Beerling D. 2019. *Making Eden*. Oxford, UK: Oxford University Press.

Beiler KJ, Durall DM, Simard SW, Maxwell SA, Kretzer AM. 2009. Architecture of the wood-wide web: Rhizopogon spp. genets link multiple Douglas-fir cohorts. *New Phytologist* 185: 543–53.

Beiler KJ, Simard SW, Durall DM. 2015. Topology of tree-mycorrhizal fungus interaction networks in xeric and mesic Douglas-fir forests. *Journal of Ecology* 103: 616–28.

Bengtson S, Rasmussen B, Ivarsson M, Muhling J, Broman C, Marone F, Stampanoni M, Bekker A. 2017. Fungus-like mycelial fossils in 2.4-billion-year-old vesicular basalt. *Nature Ecology & Evolution* 1: 0141.

Bennett JA, Cahill JF. 2016. Fungal effects on plant–plant interactions contribute to grassland plant abundances:

evidence from the field. *Journal of Ecology* 104: 755–64.

Bennett JA, Maherali H, Reinhart KO, Lekberg Y, Hart MM, Klironomos J. 2017. Plant-soil feedbacks and mycorrhizal type influence temperate forest population dynamics. *Science* 355: 181–84.

Bennett JW, Chung KT. 2001. Alexander Fleming and the discovery of penicillin. *Advances in Applied Microbiology* 49: 163–84.

Berendsen RL, Pieterse CM, Bakker PA. 2012. The rhizosphere microbiome and plant health. *Trends in Plant Science* 17: 478–86.

Bergson H. 1911. *Creative Evolution*. New York, NY: Henry Holt and Company.〔アンリ・ベルクソン『創造的進化』(ちくま学芸文庫、合田正人、松井久訳、筑摩書房、2010年) ほか〕。

Berthold T, Centler F, Hübschmann T, Remer R, Thullner M, Harms H, Wick LY. 2016. Mycelia as a focal point for horizontal gene transfer among soil bacteria. *Scientific Reports* 6: 36390.

Bever JD, Richardson SC, Lawrence BM, Holmes J, Watson M. 2009. Preferential allocation to beneficial symbiont with spatial structure maintains mycorrhizal mutualism. *Ecology Letters* 12: 13–21.

Bingham MA, Simard SW. 2011. Mycorrhizal networks affect ectomycorrhizal fungal community similarity between conspecific trees and seedlings. *Mycorrhiza* 22: 317–26.

Björkman E. 1960. *Monotropa Hypopitys* L.—an Epiparasite on Tree Roots. *Physiologia Plantarum* 13: 308–27.

Boddy L, Hynes J, Bebber DP, Fricker MD. 2009. Saprotrophic cord systems: dispersal mechanisms in space and time. *Mycoscience* 50: 9–19.

Bonfante P. 2018. The future has roots in the past: the ideas and scientists that shaped mycorrhizal research. *New Phytologist* 220: 982–95.

Bonfante P, Desirò A. 2017. Who lives in a fungus? The diversity, origins and functions of fungal endobacteria living in Mucoromycota. *The ISME Journal* 11: 1727–735.

Bonfante P, Selosse M-A. 2010. A glimpse into the past of land plants and of their mycorrhizal affairs: from fossils to evo-devo. *New Phytologist* 186: 267–70.

Bonifaci V, Mehlhorn K, Varma G. 2012. Physarum can compute shortest paths. *Journal of Theoretical Biology* 309: 121–33.

Booth MG. 2004. Mycorrhizal networks mediate overstorey-understorey competition in a temperate forest. *Ecology Letters* 7: 538–46.

Bordenstein SR, Theis KR. 2015. Host biology in light of the microbiome: ten principles of holobionts and hologenomes. *PLOS Biology* 13: e1002226.

Bouchard F. 2018. "Symbiosis, Transient Biological Individuality, and Evolutionary Process." In *Everything Flows: Towards a Processual Philosophy of Biology*. Dupré J, Nicholson J, eds. Oxford, UK: Oxford University Press, pp. 186–98.

Boulter M. 2010. *Darwin's Garden: Down House and the Origin of Species*. Berkeley, CA: Counterpoint.

Boyce GR, Gluck-Thaler E, Slot JC, Stajich JE, Davis WJ, James TY, Cooley JR, Panaccione DG, Eilenberg J, Licht HH, et al. 2019. Psychoactive plant-and mushroom-associated alkaloids from two behavior modifying cicada pathogens. *Fungal Ecology* 41: 147–64.

Brand A, Gow NA. 2009. Mechanisms of hypha orientation of fungi. *Current Opinion in Microbiology* 12: 350–57.

Brandt A, de Vera JP, Onofri S, Ott S. 2014. Viability of the lichen *Xanthoria elegans* and its symbionts after 18 months of space exposure and simulated Mars conditions on the ISS. *International Journal of Astrobiology* 14: 411–25.

Brandt A, Meeßen J, Jänicke RU, Raguse M, Ott S. 2017. Simulated space radiation: impact of four different

types of high-dose ionizing radiation on the lichen *Xanthoria elegans*. *Astrobiology* 17 : 136–44.

Bringhurst R. 2009. *Everywhere Being Is Dancing*. Berkeley, CA : Counterpoint.

Brito I, Goss MJ, Alho L, Brígido C, van Tuinen D, Félix MR, Carvalho M. 2018. Agronomic management of AMF functional diversity to overcome biotic and abiotic stresses—the role of plant sequence and intact extraradical mycelium. *Fungal Ecology* 40 : 72–81.

Bruce-Keller AJ, Salbaum MJ, Berthoud H-R. 2018. Harnessing gut microbes for mental health : getting from here to there. *Biological Psychiatry* 83 : 214–23.

Bruggeman FJ, van Heeswijk WC, Boogerd FC, Westerhoff HV. 2000. Macromolecular Intelligence in Microorganisms. *Biological Chemistry* 381 : 965–72.

Brundrett MC. 2002. Coevolution of roots and mycorrhizas of land plants. *New Phytologist* 154 : 275–304.

Brundrett MC, Tedersoo L. 2018. Evolutionary history of mycorrhizal symbioses and global host plant diversity. *New Phytologist* 220 : 1108–115.

Brunet T, Arendt D. 2015. From damage response to action potentials : early evolution of neural and contractile modules in stem eukaryotes. *Philosophical Transactions of the Royal Society B* 371 : 20150043.

Brunner I, Fischer M, Rüthi J, Stierli B, Frey B. 2018. Ability of fungi isolated from plastic debris floating in the shoreline of a lake to degrade plastics. *PLOS ONE* 13 : e0202047.

Bublitz DC, Chadwick GL, Magyar JS, Sandoz KM, Brooks DM, Mesnage S, Ladinsky MS, Garber AI, Bjorkman PJ, Orphan VJ, et al. 2019. Peptidoglycan Production by an Insect-Bacterial Mosaic. *Cell* 179 : 1–10.

Buddie AG, Bridge PD, Kelley J, Ryan MJ. 2011. *Candida keroseneae* sp. nov., a novel contaminant of aviation kerosene. *Letters in Applied Microbiology* 52 : 70–75.

Büdel B, Vivas M, Lange OL. 2013. Lichen species dominance and the resulting photosynthetic behavior of Sonoran Desert soil crust types (Baja California, Mexico). *Ecological Processes* 2 : 6.

Buhner SH. 1998. *Sacred Herbal and Healing Beers*. Boulder, CO : Siris Books.

Buller AHR. 1931. *Researches on Fungi*, vol. 4. London, UK : Longmans, Green, and Co.

Büntgen U, Egli S, Schneider L, von Arx G, Rigling A, Camarero JJ, Sangüesa-Barreda G, Fischer CR, Oliach D, Bonet JA, et al. 2015. Long-term irrigation effects on Spanish holm oak growth and its black truffle symbiont. *Agriculture, Ecosystems & Environment* 202 : 148–59.

Burford EP, Kierans M, Gadd GM. 2003. Geomycology : fungi in mineral substrata. *Mycologist* 17 : 98–107.

Burkett W. 1987. *Ancient Mystery Cults*. Cambride, MA : Harvard University Press.

Burr C. 2012. *The Emperor of Scent*. New York, NY : Random House. 〔チャンドラー・バール『匂いの帝王——天才科学者ルカ・トゥリンが挑む嗅覚の謎』、金子浩訳、早川書房、2003 年〕。

Bushdid C, Magnasco M, Vosshall L, Keller A. 2014. Humans can discriminate more than 1 trillion olfactory stimuli. *Science* 343 : 1370–372.

Cai Q, Qiao L, Wang M, He B, Lin F-M, Palmquist J, Huang S-D, Jin H. 2018. Plants send small RNAs in extracellular vesicles to fungal pathogen to silence virulence genes. *Science* 360 : 1126–129.

Calvo Garzón P, Keijzer F. 2011. Plants : Adaptive behavior, root-brains, and minimal cognition. *Adaptive Behavior* 19 : 155–71.

Campbell B, Ionescu R, Favors Z, Ozkan CS, Ozkan M. 2015. Bio-derived, binderless, hierarchically porous carbon anodes for Li-ion batteries. *Scientific Reports* 5 : 14575.

Caporael L. 1976. Ergotism : the satan loosed in Salem ? *Science* 192 : 21–26.

Carhart-Harris RL, Bolstridge M, Rucker J, Day CM, Erritzoe D, Kaelen M, Bloomfield M, Rickard JA, Forbes B, Feilding A, et al. 2016a. Psilocybin with psychological support for treatment-resistant depression : an open-

label feasibility study. *The Lancet Psychiatry* 3 : 619–27.

Carhart-Harris RL, Erritzoe D, Williams T, Stone J, Reed LJ, Colasanti A, Tyacke RJ, Leech R, Malizia AL, Murphy K, et al. 2012. Neural correlates of the psychedelic state as determined by fMRI studies with psilocybin. *Proceedings of the National Academy of Sciences* 109 : 2138–143.

Carhart-Harris RL, Muthukumaraswamy S, Roseman L, Kaelen M, Droog W, Murphy K, Tagliazucchi E, Schenberg EE, Nest T, Orban C, et al. 2016b. Neural correlates of the LSD experience revealed by multimodal neuroimaging. *Proceedings of the National Academy of Sciences* 113 : 4853–858.

Carrigan MA, Uryasev O, Frye CB, Eckman BL, Myers CR, Hurley TD, Benner SA. 2015. Hominids adapted to metabolize ethanol long before human-directed fermentation. *Proceedings of the National Academy of Sciences* 112 : 458–63.

Casadevall A. 2012. Fungi and the rise of mammals. *Pathogens* 8 : e1002808.

Casadevall A, Cordero RJ, Bryan R, Nosanchuk J, Dadachova E. 2017. Melanin, Radiation, and Energy Transduction in Fungi. *Microbiology Spectrum* 5 : FUNK-0037-2016.

Casadevall A, Kontoyiannis DP, Robert V. 2019. On the Emergence of *Candida auris*: Climate Change, Azoles, Swamps, and Birds. *mBio* 10 : e01397-19.

Ceccarelli N, Curadi M, Martelloni L, Sbrana C, Picciarelli P, Giovannetti M. 2010. Mycorrhizal colonization impacts on phenolic content and antioxidant properties of artichoke leaves and flower heads two years after field transplant. *Plant and Soil* 335 : 311–23.

Cepelewicz J. 2019. Bacterial Complexity Revises Ideas About "Which Came First?" *Quanta* : www.quantamagazine.org/bacterial-organelles-revise-ideas-about-which-came-first-20190612/［2019 年 10 月 29 日にアクセス］。

Cerdá-Olmedo E. 2001. *Phycomyces* and the biology of light and color. *FEMS Microbiology Reviews* 25 : 503–12.

Cernava T, Aschenbrenner I, Soh J, Sensen CW, Grube M, Berg G. 2019. Plasticity of a holobiont : desiccation induces fasting-like metabolism within the lichen microbiota. *The ISME Journal* 13 : 547–56.

Chen J, Blume H, Beyer L. 2000. Weathering of rocks induced by lichen colonization—a review. *Catena* 39 : 121–46.

Chen L, Swenson NG, Ji N, Mi X, Ren H, Guo L, Ma K. 2019. Differential soil fungus accumulation and density dependence of trees in a subtropical forest. *Science* 366 : 124–28.

Chen M, Arato M, Borghi L, Nouri E, Reinhardt D. 2018. Beneficial services of arbuscular mycorrhizal fungi—from ecology to application. *Frontiers in Plant Science* 9 : 1270.

Chialva M, di Fossalunga A, Daghino S, Ghignone S, Bagnaresi P, Chiapello M, Novero M, Spadaro D, Perotto S, Bonfante P. 2018. Native soils with their microbiotas elicit a state of alert in tomato plants. *New Phytologist* 220 : 1296–308.

Chrisafis A. 2010. French truffle farmer shoots man he feared was trying to steal "black diamonds." *The Guardian* : www.theguardian.com/world/2010/dec/22/french-truffle-farmer-shoots-trespasser［2019 年 10 月 29 日にアクセス］。

Christakis NA, Fowler JH. 2009. *Connected : The Surprising Power of Our Social Networks and How They Shape Our Lives*. London, UK : HarperPress.［ニコラス・A・クリスタキス、ジェイムズ・H・ファウラー『つながり——社会的ネットワークの驚くべき力』、鬼澤忍訳、講談社、2010 年］。

Chu C, Murdock MH, Jing D, Won TH, Chung H, Kressel AM, Tsaava T, Addorisio ME, Putzel GG, Zhou L, et al. 2019. The microbiota regulate neuronal function and fear extinction learning. *Nature* 574 : 543–48.

Chung T-Y, Sun P-F, Kuo J-I, Lee Y-I, Lin C-C, Chou J-Y. 2017. Zombie ant heads are oriented relative to solar cues. *Fungal Ecology* 25 : 22–28.

Cixous H. 1991. *The Book of Promethea*. Lincoln, NE: University of Nebraska Press.

Claus R, Hoppen H, Karg H. 1981. The secret of truffles: A steroidal pheromone? *Experientia* 37: 1178–179.

Clay K. 1988. Fungal Endophytes of Grasses: A Defensive Mutualism between Plants and Fungi. *Ecology* 69: 10–16.

Clemmensen K, Bahr A, Ovaskainen O, Dahlberg A, Ekblad A, Wallander H, Stenlid J, Finlay R, Wardle D, Lindahl B. 2013. Roots and associated fungi drive long-term carbon sequestration in boreal forest. *Science* 339: 1615–618.

Cockell CS. 2008. The interplanetary exchange of photosynthesis. *Origins of Life and Evolution of Biospheres* 38: 87–104.

Cohen R, Jan Y, Matricon J, Delbrück M. 1975. Avoidance response, house response, and wind responses of the sporangiophore of *Phycomyces*. *The Journal of General Physiology* 66: 67–95.

Collier FA, Bidartondo MI. 2009. Waiting for fungi: the ectomycorrhizal invasion of lowland heathlands. *Journal of Ecology* 97: 950–63.

Collinge A, Trinci A. 1974. Hyphal tips of wild-type and spreading colonial mutants of *Neurospora crassa*. *Archive of Microbiology* 99: 353–68.

Cooke M. 1875. *Fungi: Their Nature and Uses*. New York, NY: D. Appleton and Company.

Cooley JR, Marshall DC, Hill KBR. 2018. A specialized fungal parasite (*Massospora cicadina*) hijacks the sexual signals of periodical cicadas (Hemiptera: Cicadidae: *Magicicada*). *Scientific Reports* 8: 1432.

Copetta A, Bardi L, Bertolone E, Berta G. 2011. Fruit production and quality of tomato plants (*Solanum lycopersicum* L.) are affected by green compost and arbuscular mycorrhizal fungi. *Plant Biosystems* 145: 106–15.

Copetta A, Lingua G, Berta G. 2006. Effects of three AM fungi on growth, distribution of glandular hairs, and essential oil production in *Ocimum basilicum* L. var. Genovese. *Mycorrhiza* 16: 485–94.

Corbin A. 1986. *The Foul and the Fragrant: Odor and the French Social Imagination*. Leamington Spa, UK: Berg Publishers Ltd. 〔アラン・コルバン『においの歴史──嗅覚と社会的想像力』（新版）、山田登世子、鹿島茂訳、藤原書店、1990 年〕。

Cordero RJ. 2017. Melanin for space travel radioprotection. *Environmental Microbiology* 19: 2529–532.

Corrales A, Mangan SA, Turner BL, Dalling JW. 2016. An ectomycorrhizal nitrogen economy facilitates monodominance in a neotropical forest. *Ecology Letters* 19: 383–92.

Corrochano LM, Galland P. 2016. "Photomorphogenesis and Gravitropism in Fungi." In *Growth, Differentiation, and Sexuality*. Wendland J, ed. Springer International Publishing, pp. 235–66.

Cosme M, Fernández I, van der Heijden MG, Pieterse C. 2018. Non-mycorrhizal Plants: The Exceptions that Prove the Rule. *Trends in Plant Science* 23: 577–87.

Costello EK, Lauber CL, Hamady M, Fierer N, Gordon JI, Knight R. 2009. Bacterial community variation in human body habitats across space and time. *Science* 326: 1694–697.

Cottin H, Kotler J, Billi D, Cockell C, Demets R, Ehrenfreund P, Elsaesser A, d'Hendecourt L, van Loon JJ, Martins Z, et al. 2017. Space as a tool for astrobiology: review and recommendations for experimentations in earth orbit and beyond. *Space Science Reviews* 209: 83–181.

Coyle MC, Elya CN, Bronski MJ, Eisen MB. 2018. Entomophthovirus: An insect-derived iflavirus that infects a behavior manipulating fungal pathogen of dipterans. *bioRxiv*: 371526.

Craig ME, Turner BL, Liang C, Clay K, Johnson DJ, Phillips RP. 2018. Tree mycorrhizal type predicts within-site variability in the storage and distribution of soil organic matter. *Global Change Biology* 24: 3317–330.

Crowther T, Glick H, Covey K, Bettigole C, Maynard D, Thomas S, Smith J, Hintler G, Duguid M, Amatulli G, et al. 2015. Mapping tree density at a global scale. *Nature* 525: 201–68.

Currie CR, Poulsen M, Mendenhall J, Boomsma JJ, Billen J. 2006. Coevolved crypts and exocrine glands support mutualistic bacteria in fungus-growing ants. *Science* 311 : 81–83.

Currie CR, Scott JA, Summerbell RC, Malloch D. 1999. Fungus-growing ants use antibiotic-producing bacteria to control garden parasites. *Nature* 398 : 701–04.

Dadachova E, Casadevall A. 2008. Ionizing radiation : how fungi cope, adapt, and exploit with the help of melanin. *Current Opinion in Microbiology* 11 : 525–31.

Dance A. 2018. Inner Workings : The mysterious parentage of the coveted black truffle. *Proceedings of the National Academy of Sciences* 115 : 10188–190.

Darwin C, Darwin F. 1880. *The Power of Movement in Plants*. London, UK : John Murray. 〔C・ダーウィン原著『植物の運動力』(POD 版)、渡辺仁訳、森北出版、2012 年〕。

Davis J, Aguirre L, Barber N, Stevenson P, Adler L. 2019. From plant fungi to bee parasites : mycorrhizae and soil nutrients shape floral chemistry and bee pathogens. *Ecology* 100 : e02801.

Davis W. 1996. *One River : Explorations and Discoveries in the Amazon Rain Forest*. New York, NY : Simon and Schuster.

Dawkins R. 1982. *The Extended Phenotype*. Oxford, UK : Oxford University Press. 〔リチャード・ドーキンス『延長された表現型——自然淘汰の単位としての遺伝子』、日高敏隆、遠藤彰、遠藤知二訳、紀伊國屋書店、1987 年〕。

Dawkins R. 2004. Extended Phenotype—But Not Too Extended. A Reply to Laland, Turner and Jablonka. *Biology and Philosophy* 19 : 377–96.

de Bekker C, Quevillon LE, Smith PB, Fleming KR, Ghosh D, Patterson AD, Hughes DP. 2014. Species-specific ant brain manipulation by a specialized fungal parasite. *BMC Evolutionary Biology* 14 : 166.

de Gonzalo G, Colpa DI, Habib M, Fraaije MW. 2016. Bacterial enzymes involved in lignin degradation. *Journal of Biotechnology* 236 : 110–19.

de Jong E, Field JA, Spinnler HE, Wijnberg JB, de Bont JA. 1994. Significant biogenesis of chlorinated aromatics by fungi in natural environments. *Applied and Environmental Microbiology* 60 : 264–70.

de la Fuente-Nunez C, Meneguetti B, Franco O, Lu TK. 2017. Neuromicrobiology : how microbes influence the brain. *ACS Chemical Neuroscience* 9 : 141–50.

de la Torre R, Miller AZ, Cubero B, Martín-Cerezo LM, Raguse M, Meeßen J. 2017. The effect of high-dose ionizing radiation on the astrobiological model lichen *Circinaria gyrosa*. *Astrobiology* 17 : 145–53.

de la Torre Noetzel R, Miller AZ, de la Rosa JM, Pacelli C, Onofri S, Sancho L, Cubero B, Lorek A, Wolter D, de Vera JP. 2018. Cellular responses of the lichen *Circinaria gyrosa* in Mars-like conditions. *Frontiers in Microbiology* 9 : 308.

Delaux PM, Radhakrishnan GV, Jayaraman D, Cheema J, Malbreil M, Volkening JD, Sekimoto H, Nishiyama T, Melkonian M, Pokorny L, et al. 2015. Algal ancestor of land plants was preadapted for symbiosis. *Proceedings of the National Academy of Sciences* 112 : 13390–395.

Delavaux CS, Smith-Ramesh L, Kuebbing SE. 2017. Beyond nutrients : a meta-analysis of the diverse effects of arbuscular mycorrhizal fungi on plants and soils. *Ecology* 98 : 2111–119.

Deleuze G, Guattari F. 2005. *A Thousand Plateaus : Capitalism and Schizophrenia*. Minneapolis, MN : University of Minnesota Press. 〔ジル・ドゥルーズ、フェリックス・ガタリ『千のプラトー——資本主義と分裂症　上・中・下』(河出文庫)、宇野邦一ほか訳、河出書房新社、2010 年〕

de los Ríos A, Sancho L, Grube M, Wierzchos J, Ascaso C. 2005. Endolithic growth of two *Lecidea* lichens in granite from continental Antarctica detected by molecular and microscopy techniques. *New Phytologist* 165 : 181–90.

Delwiche C, Cooper E. 2015. The evolutionary origin of a terrestrial flora. *Current Biology* 25 : R899–R910.

Deng Y, Qu Z, Naqvi NI. 2015. Twilight, a novel circadian-regulated gene, integrates phototropism with nutrient and redox homeostasis during fungal development. *PLOS Pathogens* 11 : e1004972.

Deveau A, Bonito G, Uehling J, Paoletti M, Becker M, Bindschedler S, Hacquard S, Hervé V, Labbé J, Lastovetsky O, et al. 2018. Bacterial-fungal interactions : ecology, mechanisms and challenges. *FEMS Microbiology Reviews* 42 : 335–52.

de Vera JP, Alawi M, Backhaus T, Baqué M, Billi D, Böttger U, Berger T, Bohmeier M, Cockell C, Demets R, et al. 2019. Limits of life and the habitability of Mars : The ESA Space Experiment BIOMEX on the ISS. *Astrobiology* 19 : 145–57.

de Vries FT, Thébault E, Liiri M, Birkhofer K, Tsiafouli MA, Bjørnlund L, Jørgensen H, Brady M, Christensen S, de Ruiter PC, et al. 2013. Soil food web properties explain ecosystem services across European land use systems. *Proceedings of the National Academy of Sciences* 110 : 14296–301.

de Waal FBM. 1999. Anthropomorphism and Anthropodenial : Consistency in Our Thinking about Humans and Other Animals. *Philosophical Topics* 27 : 255–80.

Diamant L. 2004. *Chaining the Hudson : The Fight for the River in the American Revolution*. New York, NY : Fordham University Press.

di Fossalunga A, Lipuma J, Venice F, Dupont L, Bonfante P. 2017. The endobacterium of an arbuscular mycorrhizal fungus modulates the expression of its toxin–antitoxin systems during the life cycle of its host. *The ISME Journal* 11 : 2394–398.

Ditengou FA, Müller A, Rosenkranz M, Felten J, Lasok H, van Doorn M, Legué V, Palme K, Schnitzler J-P, Polle A. 2015. Volatile signalling by sesquiterpenes from ectomycorrhizal fungi reprogrammes root architecture. *Nature Communications* 6 : 6279.

Dixon LS. 1984. Bosch's "St. Anthony Triptych"—An Apothecary's Apotheosis. Art Journal 44 : 119–31.

Donoghue PC, Antcliffe JB. 2010. Early life : origins of multicellularity. *Nature* 466 : 41.

Doolittle FW, Booth A. 2017. It's the song, not the singer : an exploration of holobiosis and evolutionary theory. *Biology & Philosophy* 32 : 5–24.

Dressaire E, Yamada L, Song B, Roper M. 2016. Mushrooms use convectively created airflows to disperse their spores. *Proceedings of the National Academy of Sciences* 113 : 2833–838.

Dudley R. 2014. *The Drunken Monkey : Why We Drink and Abuse Alcohol*. Berkeley, CA : University of California Press.

Dugan FM. 2011. *Conspectus of World Ethnomycology*. St. Paul, MN : American Phytopathological Society.

Dugan FM. 2008. *Fungi in the Ancient World*. St. Paul, MN : American Phytopathological Society.

Dunn R. 2012. A Sip for the Ancestors. *Scientific American* : blogs.scientificamerican.com/guest-blog/a-sip-for-the-ancestors-the-true-story-of-civilizations-stumbling-debt-to-beer-and-fungus/ ［2019 年 10 月 29 日にアクセス］。

Dupré J, Nicholson DJ. 2018. "A manifesto for a processual biology." In Dupré J, Nicholson DJ, eds. *Everything Flows : Towards a Processual Philosophy of Biology*. Oxford, UK : Oxford University Press, pp. 3–48.

Dyke E. 2008. *Psychedelic Psychiatry : LSD from Clinic to Campus*. Baltimore, MD : The Johns Hopkins University Press.

Eason W, Newman E, Chuba P. 1991. Specificity of interplant cycling of phosphorus : The role of mycorrhizas. *Plant and Soil* 137 : 267–74.

Elser J, Bennett E. 2011. A broken biogeochemical cycle. *Nature* : www.nature.com/articles/478029a ［2019 年 10 月 29 日にアクセス］。

Eltz T, Zimmermann Y, Haftmann J, Twele R, Francke W, Quezada-Euan JJG, Lunau K. 2007. Enfleurage, lipid recycling and the origin of perfume collection in orchid bees. *Proceedings of the Royal Society B* 274: 2843–848.

Eme L, Spang A, Lombard J, Stairs CW, Ettema TJG. 2017. Archaea and the origin of eukaryotes. *Nature Reviews Microbiology* 15: 711–23.

Engelthaler DM, Casadevall A. 2019. On the Emergence of *Cryptococcus gattii* in the Pacific Northwest: ballast tanks, tsunamis, and black swans. *mBio* 10: e02193–19.

Ensminger PA. 2001. *Life Under the Sun*. New Haven, CT: Yale Scholarship Online.

Epstein S. 1995. The construction of lay expertise: AIDS activism and the forging of credibility in the reform of clinical trials. *Science, Technology, Human Values* 20: 408–37.

Erens H, Boudin M, Mees F, Mujinya B, Baert G, Strydonck M, Boeckx P, Ranst E. 2015. The age of large termite mounds—radiocarbon dating of *Macrotermes falciger* mounds of the Miombo woodland of Katanga, DR Congo. *Palaeogeography, Palaeoclimatology, Palaeoecology* 435: 265–71.

Espinosa-Valdemar R, Turpin-Marion S, Delfín-Alcalá I, Vázquez-Morillas A. 2011. Disposable diapers biodegradation by the fungus *Pleurotus ostreatus*. *Waste Management* 31: 1683–688.

Fairhead J, Leach M. 2003. "Termites, Society and Ecology: Perspectives from West Africa." In *Insects in Oral Literature and Traditions*. Motte-Florac E, Thomas J, eds. Leuven, Belgium: Peeters.

Fairhead J, Scoones I. 2005. Local knowledge and the social shaping of soil investments: critical perspectives on the assessment of soil degradation in Africa. *Land Use Policy* 22: 33–41.

Fairhead JR. 2016. Termites, mud daubers and their earths: a multispecies approach to fertility and power in West Africa. *Conservation and Society* 14: 359–67.

Farahany NA, Greely HT, Hyman S, Koch C, Grady C, Pașca SP, Sestan N, Arlotta P, Bernat JL, Ting J, et al. 2018. The ethics of experimenting with human brain tissue. *Nature* 556: 429–32.

Fellbaum CR, Mensah JA, Cloos AJ, Strahan GE, Pfeffer PE, Kiers TE, Bücking H. 2014. Fungal nutrient allocation in common mycorrhizal networks is regulated by the carbon source strength of individual host plants. *New Phytologist* 203: 646–56.

Ferguson BA, Dreisbach T, Parks C, Filip G, Schmitt C. 2003. Coarse-scale population structure of pathogenic *Armillaria* species in a mixed-conifer forest in the Blue Mountains of northeast Oregon. *Canadian Journal of Forest Research* 33: 612–23.

Fernandez CW, Nguyen NH, Stefanski A, Han Y, Hobbie SE, Montgomery RA, Reich PB, Kennedy PG. 2017. Ectomycorrhizal fungal response to warming is linked to poor host performance at the boreal-temperate ecotone. *Global Change Biology* 23: 1598–609.

Ferreira B., There's growing evidence that the universe is connected by giant structures, *Vice* (2019), www.vice.com/en_us/article/zmj7pw/theres-growing-evidence-that-the-universe-is-connected-by-giant-structures ［2019 年 11 月 16 日にアクセス］。

Field KJ, Cameron DD, Leake JR, Tille S, Bidartondo MI, Beerling DJ. 2012. Contrasting arbuscular mycorrhizal responses of vascular and non-vascular plants to a simulated Palaeozoic CO2 decline. *Nature Communications* 3: 835.

Field KJ, Leake JR, Tille S, Allinson KE, Rimington WR, Bidartondo MI, Beerling DJ, Cameron DD. 2015. From mycoheterotrophy to mutualism: mycorrhizal specificity and functioning in *Ophioglossum vulgatum* sporophytes. *New Phytologist* 205: 1492–502.

Fisher MC, Hawkins NJ, Sanglard D, Gurr SJ. 2018. Worldwide emergence of resistance to antifungal drugs challenges human health and food security. *Science* 360: 739–42.

Fisher MC, Henk DA, Briggs CJ, Brownstein JS, Madoff LC, McCraw SL, Gurr SJ. 2012. Emerging fungal

threats to animal, plant and ecosystem health. *Nature* 484 : 186–94.

Floudas D, Binder M, Riley R, Barry K, Blanchette RA, Henrissat B, Martínez AT, Otillar R, Spatafora JW, Yadav JS, et al. 2012. The Paleozoic origin of enzymatic lignin decomposition reconstructed from 31 fungal genomes. *Science* 336 : 1715–719.

Foley JA, DeFries R, Asner GP, Barford C, Bonan G, Carpenter SR, Chapin SF, Coe MT, Daily GC, Gibbs HK, et al. 2005. Global consequences of land use. *Science* 309 : 570–74.

Francis R, Read DJ. 1984. Direct transfer of carbon between plants connected by vesicular–arbuscular mycorrhizal mycelium. *Nature* 307 : 53–56.

Frank AB. 2005. On the nutritional dependence of certain trees on root symbiosis with belowground fungi (an English translation of A. B. Frank's classic paper of 1885). *Mycorrhiza* 15 : 267–75.

Fredericksen MA, Zhang Y, Hazen ML, Loreto RG, Mangold CA, Chen DZ, Hughes DP. 2017. Three-dimensional visualization and a deep-learning model reveal complex fungal parasite networks in behaviorally manipulated ants. *Proceedings of the National Academy of Sciences* 114 : 12590–595.

Fricker MD, Boddy L, Bebber DP. 2007a. "Network Organisation of Mycelial Fungi." In *Biology of the Fungal Cell*. Howard RJ, Gow NAR, eds. Springer International Publishing, pp. 309–30.

Fricker MD, Heaton LL, Jones NS, Boddy L. 2017. The Mycelium as a Network. *Microbiology Spectrum* 5 : FUNK-0033-2017.

Fricker MD, Lee J, Bebber D, Tlalka M, Hynes J, Darrah P, Watkinson S, Boddy L. 2008. Imaging complex nutrient dynamics in mycelial networks. *Journal of Microscopy* 231 : 317–31.

Fricker MD, Tlalka M, Bebber D, Tagaki S, Watkinson SC, Darrah PR. 2007b. Fourier-based spatial mapping of oscillatory phenomena in fungi. *Fungal Genetics and Biology* 44 : 1077–84.

Fries N. 1943. Untersuchungen über Sporenkeimung und Mycelentwicklung bodenbewohneneder Hymenomyceten. *Symbolae Botanicae Upsaliensis* 6 : 633–664.

Fritts R. 2019. A new pesticide is all the buzz. *Ars Technica* : arstechnica.com/science/2019/10/now-available-in-the-us-a-pesticide-delivered-by-bees/［2019 年 10 月 29 日にアクセス］。

Fröhlich-Nowoisky J, Pickersgill DA, Després VR, Pöschl U. 2009. High diversity of fungi in air particulate matter. *Proceedings of the National Academy of Sciences* 106 : 12814–819.

Fukusawa Y, Savoury M, Boddy L. 2019. Ecological memory and relocation decisions in fungal mycelial networks : responses to quantity and location of new resources. *The ISME Journal* 10.1038/s41396-018-0189-7.

Galland P. 2014. The sporangiophore of *Phycomyces blakesleeanus* : a tool to investigate fungal gravireception and graviresponses. *Plant Biology* 16 : 58–68.

Gavito ME, Jakobsen I, Mikkelsen TN, Mora F. 2019. Direct evidence for modulation of photosynthesis by an arbuscular mycorrhiza-induced carbon sink strength. *New Phytologist* 223 : 896–907.

Geml J, Wagner MR. 2018. Out of sight, but no longer out of mind—towards an increased recognition of the role of soil microbes in plant speciation. *New Phytologist* 217 : 965–67.

Giauque H, Hawkes CV. 2013. Climate affects symbiotic fungal endophyte diversity and performance. *American Journal of Botany* 100 : 1435–444.

Gilbert CD, Sigman M. 2007. Brain states : top-down influences in sensory processing. *Neuron* 54 : 677–96.

Gilbert JA, Lynch SV. 2019. Community ecology as a framework for human microbiome research. *Nature Medicine* 25 : 884–89.

Gilbert SF, Sapp J, Tauber AI. 2012. A symbiotic view of life : we have never been individuals. *The Quarterly Review of Biology* 87 : 325–41.

Giovannetti M, Avio L, Fortuna P, Pellegrino E, Sbrana C, Strani P. 2006. At the Root of the Wood Wide Web. *Plant Signaling & Behavior* 1 : 1–5.

Giovannetti M, Avio L, Sbrana C. 2015. "Functional Significance of Anastomosis in Arbuscular Mycorrhizal Networks." In *Mycorrhizal Networks*. Horton T, ed. Springer International Publishing, pp. 41–67.

Giovannetti M, Sbrana C, Avio L, Strani P. 2004. Patterns of below-ground plant interconnections established by means of arbuscular mycorrhizal networks. *New Phytologist* 164 : 175–81.

Gluck-Thaler E, Slot JC. 2015. Dimensions of horizontal gene transfer in eukaryotic microbial pathogens. *PLOS Pathogens* 11 : e1005156.

Godfray CH, Beddington JR, Crute IR, Haddad L, Lawrence D, Muir JF, Pretty J, Robinson S, Thomas SM, Toulmin C. 2010. Food security : the challenge of feeding 9 billion people. *Science* 327 : 812–18.

Godfrey-Smith P. 2017. *Other Minds : The Octopus and the Evolution of Intelligent Life*. London, UK : William Collins.〔ピーター・ゴドフリー＝スミス『タコの心身問題——頭足類から考える意識の起源』、夏目大訳、みすず書房、2018 年〕。

Goffeau A, Barrell B, Bussey H, Davis R, Dujon B, Feldmann H, Galibert F, Hoheisel J, Jacq C, Johnston M, et al. 1996. Life with 6000 Genes. *Science* 274 : 546–67.

Gogarten PJ, Townsend JP. 2005. Horizontal gene transfer, genome innovation and evolution. *Nature Reviews Microbiology* 3 : 679–87.

Gond SK, Kharwar RN, White JF. 2014. Will fungi be the new source of the blockbuster drug taxol? *Fungal Biology Reviews* 28 : 77–84.

Gontier N. 2015a. "Historical and Epistemological Perspectives on What Horizontal Gene Transfer Mechanisms Contribute to Our Understanding of Evolution." In *Reticulate Evolution*. Gontier N, ed. Springer International Publishing.

Gontier N. 2015b. "Reticulate Evolution Everywhere." In *Reticulate Evolution*. Gontier N, ed. Springer International Publishing.

Gordon J, Knowlton N, Relman DA, Rohwer F, Youle M. 2013. Superorganisms and holobionts. *Microbe* 8 : 152–53.

Goryachev AB, Lichius A, Wright GD, Read ND. 2012. Excitable behavior can explain the "ping-pong" mode of communication between cells using the same chemoattractant. *BioEssays* 34 : 259–66.

Gorzelak MA, Asay AK, Pickles BJ, Simard SW. 2015. Inter-plant communication through mycorrhizal networks mediates complex adaptive behaviour in plant communities. *AoB PLANTS* 7 : plv050.

Gott JR. 2016. *The Cosmic Web : Mysterious Architecture of the Universe*. Princeton, NJ : Princeton University Press.

Govoni F, Orrù E, Bonafede A, Iacobelli M, Paladino R, Vazza F, Murgia M, Vacca V, Giovannini G, Feretti L, et al. 2019. A radio ridge connecting two galaxy clusters in a filament of the cosmic web. *Science* 364 : 981–84.

Gow NAR, Morris BM. 2009. The electric fungus. *Botanical Journal of Scotland* 47 : 263–77.

Goward T. 1995. Here for a Long Time, Not a Good Time. *Nature Canada* 24 : 9. www.waysofenlichenment.net/public/pdfs/Goward_1995_Here_for_a_good_time_not_a_long_time.pdf〔2019 年 10 月 29 日にアクセス〕。

Goward T. 2009a. Twelve Readings on the Lichen Thallus IV—Re-emergence. *Evansia* 26 : 1–6. www.waysofenlichenment.net/ways/readings/essay4〔2019 年 10 月 29 日にアクセス〕。

Goward T. 2009b. Twelve Readings on the Lichen Thallus V—Conversational. *Evansia* 26 : 31–37. www.waysofenlichenment.net/ways/readings/essay5〔2019 年 10 月 29 日にアクセス〕。

Goward T. 2009c. Twelve Readings on the Lichen Thallus VII—Species. *Evansia* 26 : 153–62. www.waysofenlichenment.net/ways/readings/essay7〔2019 年 10 月 29 日にアクセス〕。

Goward T. 2010. Twelve Readings on the Lichen Thallus VIII—Theoretical. *Evansia* 27: 2–10. www.waysofenlichenment.net/ways/readings/essay8［2019 年 10 月 29 日にアクセス］。

Gregory PH. 1982. Fairy rings; free and tethered. *Bulletin of the British Mycological Society* 16: 161–63.

Griffiths D. 2015. Queer Theory for Lichens. *UnderCurrents* 19: 36–45.

Griffiths R, Johnson M, Carducci M, Umbricht A, Richards W, Richards B, Cosimano M, Klinedinst M. 2016. Psilocybin produces substantial and sustained decreases in depression and anxiety in patients with life-threatening cancer: A randomized double-blind trial. *Journal of Psychopharmacology* 30: 1181–197.

Griffiths R, Richards W, Johnson M, McCann U, Jesse R. 2008. Mystical-type experiences occasioned by psilocybin mediate the attribution of personal meaning and spiritual significance 14 months later. *Journal of Psychopharmacology* 22: 621–32.

Grman E. 2012. Plant species differ in their ability to reduce allocation to non-beneficial arbuscular mycorrhizal fungi. *Ecology* 93: 711–18.

Grube M, Cernava T, Soh J, Fuchs S, Aschenbrenner I, Lassek C, Wegner U, Becher D, Riedel K, Sensen CW, et al. 2015. Exploring functional contexts of symbiotic sustain within lichen-associated bacteria by comparative omics. *The ISME Journal* 9: 412–24.

Gupta M, Prasad A, Ram M, Kumar S. 2002. Effect of the vesicular–arbuscular mycorrhizal (VAM) fungus *Glomus fasciculatum* on the essential oil yield related characters and nutrient acquisition in the crops of different cultivars of menthol mint (*Mentha arvensis*) under field conditions. *Bioresource Technology* 81: 77–79.

Guzmán G, Allen JW, Gartz J. 1998. A worldwide geographical distribution of the neurotropic fungi, an analysis and discussion. *Annali del Museo Civico di Rovereto: Sezione Archeologia, Storia, Scienze Naturali.* 14: 189–280. www.museocivico.rovereto.tn.it/UploadDocs/104_art09-Guzman%20&%20C.pdf［2019 年 10 月 29 日にアクセス］。

Hague T, Florini M, Andrews P. 2013. Preliminary in vitro functional evidence for reflex responses to noxious stimuli in the arms of *Octopus vulgaris*. *Journal of Experimental Marine Biology and Ecology* 447: 100–5.

Hall IR, Brown GT, Zambonelli A. 2007. *Taming the Truffle*. Portland, OR: Timber Press.

Hamden E. 2019. Observing the cosmic web. *Science* 366: 31–32.

Haneef M, Ceseracciu L, Canale C, Bayer IS, Heredia-Guerrero JA, Athanassiou A. 2017. Advanced materials from fungal mycelium: fabrication and tuning of physical properties. *Scientific Reports* 7: 41292.

Hanson KL, Nicolau DV, Filipponi L, Wang L, Lee AP, Nicolau DV. 2006. Fungi use efficient algorithms for the exploration of microfluidic networks. *Small* 2: 1212–220.

Haraway DJ. 2004. *Crystals, Fabrics, and Fields*. Berkeley, CA: North Atlantic Books.

Haraway DJ. 2016. *Staying with the Trouble: Making Kin in the Chthulucene*. Durham, NC: Duke University Press.

Harms H, Schlosser D, Wick LY. 2011. Untapped potential: exploiting fungi in bioremediation of hazardous chemicals. *Nature Reviews Microbiology* 9: 177–92.

Harold FM, Kropf DL, Caldwell JH. 1985. Why do fungi drive electric currents through themselves? *Experimental Mycology* 9: 183–86.

Hart MM, Antunes PM, Chaudhary V, Abbott LK. 2018. Fungal inoculants in the field: Is the reward greater than the risk? *Functional Ecology* 32: 126–35.

Hastings A, Abbott KC, Cuddington K, Francis T, Gellner G, Lai Y-C, Morozov A, Petrovskii S, Scranton K, Zeeman M. 2018. Transient phenomena in ecology. *Science* 361: eaat6412.

Hawksworth D. 2001. The magnitude of fungal diversity: the 1.5 million species estimate revisited. *Mycological Research* 12: 1422–432.

Hawksworth D. 2009. "Mycology: A Neglected Megascience." In *Applied Mycology*. Rai M, Bridge PD, eds. Oxford, UK: CABI, pp. 1–16.

Hawksworth DL, Lücking R. 2017. Fungal Diversity Revisited: 2.2 to 3.8 Million Species. *Microbiology Spectrum* 5: FUNK-00522016.

Heads SW, Miller AN, Crane LJ, Thomas JM, Ruffatto DM, Methven AS, Raudabaugh DB, Wang Y. 2017. The oldest fossil mushroom. *PLOS ONE* 12: e0178327.

Hedger J. 1990. Fungi in the tropical forest canopy. *Mycologist* 4: 200–2.

Held M, Edwards C, Nicolau D. 2009. Fungal intelligence; Or on the behaviour of microorganisms in confined micro-environments. *Journal of Physics: Conference Series* 178: 012005.

Held M, Edwards C, Nicolau DV. 2011. Probing the growth dynamics of *Neurospora crassa* with microfluidic structures. *Fungal Biology* 115: 493–505.

Held M, Kašpar O, Edwards C, Nicolau DV. 2019. Intracellular mechanisms of fungal space searching in microenvironments. *Proceedings of the National Academy of Sciences* 116: 13543–552.

Held M, Lee AP, Edwards C, Nicolau DV. 2010. Microfluidics structures for probing the dynamic behaviour of filamentous fungi. *Microelectronic Engineering* 87: 786–89.

Helgason T, Daniell T, Husband R, Fitter A, Young J. 1998. Ploughing up the wood-wide web? *Nature* 394: 431–31.

Hendricks PS. 2018. Awe: a putative mechanism underlying the effects of classic psychedelic-assisted psychotherapy. *International Review of Psychiatry* 30: 1–12.

Hibbett D, Blanchette R, Kenrick P, Mills B. 2016. Climate, decay, and the death of the coal forests. *Current Biology* 26: R563–R567.

Hibbett D, Gilbert L, Donoghue M. 2000. Evolutionary instability of ectomycorrhizal symbioses in basidiomycetes. *Nature* 407: 506–08.

Hickey PC, Dou H, Foshe S, Roper M. 2016. Anti-jamming in a fungal transport network. arXiv:1601:06097v1 (physics.bio-ph).

Hickey PC, Jacobson D, Read ND, Glass LN. 2002. Live-cell imaging of vegetative hyphal fusion in *Neurospora crassa. Fungal Genetics and Biology* 37: 109–19.

Hillman B. 2018. *Extra Hidden Life, Among the Days*. Middletown, CT: Wesleyan University Press.

Hiruma K, Kobae Y, Toju H. 2018. Beneficial associations between Brassicaceae plants and fungal endophytes under nutrient-limiting conditions: evolutionary origins and host-symbiont molecular mechanisms. *Current Opinion in Plant Biology* 44: 145–54.

Hittinger C. 2012. Endless rots most beautiful. *Science* 336: 1649–650.

Hoch HC, Staples RC, Whitehead B, Comeau J, Wolf ED. 1987. Signaling for growth orientation and cell differentiation by surface topography in *Uromyces. Science* 235: 1659–662.

Hoeksema J. 2015. "Experimentally Testing Effects of Mycorrhizal Networks on Plant-Plant Interactions and Distinguishing Among Mechanisms." In *Mycorrhizal Networks*. Horton T, ed. Springer International Publishing, pp. 255–77.

Hoeksema JD, Chaudhary VB, Gehring CA, Johnson NC, Karst J, Koide RT, Pringle A, Zabinski C, Bever JD, Moore JC, et al. 2010. A meta-analysis of context-dependency in plant response to inoculation with mycorrhizal fungi. *Ecology Letters* 13: 394–407.

Hom EF, Murray AW. 2014. Niche engineering demonstrates a latent capacity for fungal-algal mutualism. *Science* 345: 94–98.

Honegger R. 2000. Simon Schwendener (1829–1919) and the dual hypothesis of lichens. *The Bryologist* 103:

307–13.

Honegger R, Edwards D, Axe L. 2012. The earliest records of internally stratified cyanobacterial and algal lichens from the Lower Devonian of the Welsh Borderland. *New Phytologist* 197 : 264–75.

Honegger R, Edwards D, Axe L, Strullu-Derrien C. 2018. Fertile *Prototaxites taiti* : a basal ascomycete with inoperculate, polysporous asci lacking croziers. *Philosophical Transactions of the Royal Society B* 373 : 20170146.

Hooks KB, Konsman J, O'Malley MA. 2018. Microbiota-gut-brain research : a critical analysis. *Behavioral and Brain Sciences* 42 : e60.

Horie M, Honda T, Suzuki Y, Kobayashi Y, Daito T, Oshida T, Ikuta K, Jern P, Gojobori T, Coffin JM, et al. 2010. Endogenous non-retroviral RNA virus elements in mammalian genomes. *Nature* 463 : 84–87.

Hortal S, Plett K, Plett J, Cresswell T, Johansen M, Pendall E, Anderson I. 2017. Role of plant–fungal nutrient trading and host control in determining the competitive success of ectomycorrhizal fungi. *The ISME Journal* 11 : 2666–676.

Howard A. 1940. *An Agricultural Testament*. Oxford, UK : Oxford University Press. www.journeytoforever.org/farm_library/howardAT/ATtoc.html#contents ［2019 年 10 月 29 日にアクセス］。

Howard A. 1945. *Farming and Gardening for Health and Disease*. London, UK : Faber and Faber. journeytoforever.org/farm_library/howardSH/SHtoc.html ［2019 年 10 月 29 日にアクセス］。

Howard R, Ferrari M, Roach D, Money N. 1991. Penetration of hard substrates by a fungus employing enormous turgor pressures. *Proceedings of the National Academy of Sciences* 88 : 11281–284.

Hoysted GA, Kowal J, Jacob A, Rimington WR, Duckett JG, Pressel S, Orchard S, Ryan MH, Field KJ, Bidartondo MI. 2018. A mycorrhizal revolution. *Current Opinion in Plant Biology* 44 : 1–6.

Hsueh Y-P, Mahanti P, Schroeder FC, Sternberg PW. 2013. Nematode-Trapping Fungi Eavesdrop on Nematode Pheromones. *Current Biology* 23 : 83–86.

Huffnagle GB, Noverr MC. 2013. The emerging world of the fungal microbiome. *Trends in Microbiology* 21 : 334–41.

Hughes DP. 2013. Pathways to understanding the extended phenotype of parasites in their hosts. *Journal of Experimental Biology* 216 : 142–47.

Hughes DP, Araújo J, Loreto R, Quevillon L, de Bekker C, Evans H. 2016. From so simple a beginning : the evolution of behavioural manipulation by fungi. *Advances in Genetics* 94 : 437–69.

Hughes DP. 2014. On the Origins of Parasite-Extended Phenotypes. *Integrative and Comparative Biology* 54 : 210–17.

Hughes DP, Wappler T, Labandeira CC. 2011. Ancient death-grip leaf scars reveal ant–fungal parasitism. *Biology Letters* 7 : 67–70.

Humboldt A von. 1849. *Cosmos : A Sketch of Physical Description of the Universe*. London, UK : Henry G. Bohn.

Humboldt A von. 1845. *Kosmos : Entwurf einer physischen Weltbeschreibung*. Stuttgart and Tübingen, GER : J.G. Cotta'schen Buchhandlungen. archive.org/details/b29329693_0001 ［2019 年 10 月 29 日にアクセス］。

Humphrey N. 1976. "The Social Function of Intellect." In *Growing Points in Ethology*. Bateson P, Hindle RA, eds. Cambridge, UK : Cambridge University Press, pp. 303–17.

Hustak C, Myers N. 2012. Involutionary momentum : affective ecologies and the sciences of plant/insect encounters. *Differences* 23 : 74–118.

Hyde K, Jones E, Leano E, Pointing S, Poonyth A, Vrijmoed L. 1998. Role of fungi in marine ecosystems. *Biodiversity and Conservation* 7 : 1147–161.

Ingold T. 2003. "Two Reflections on Ecological Knowledge." In *Nature Knowledge : Ethnoscience, Cognition, and Utility*. Sanga G, Ortalli G, eds. Oxford, UK : Berghahn Books, pp. 301–11.

Islam F, Ohga S. 2012. The response of fruit body formation on *Tricholoma matsutake in situ* condition by applying electric pulse stimulator. *ISRN Agronomy* 2012 : 1–6.

Jackson S, Heath I. 1992. UV microirradiations elicit Ca2+-dependent apex-directed cytoplasmic contractions in hyphae. *Protoplasma* 170 : 46–52.

Jacobs LF, Arter J, Cook A, Sulloway FJ. 2015. Olfactory orientation and navigation in humans. *PLOS ONE* 10 : e0129387.

Jacobs R. 2019. *The Truffle Underground.* New York, NY : Clarkson Potter. 〔ライアン・ジェイコブズ『トリュフの真相――世界で最も高価なキノコ物語』、清水由貴子訳、パンローリング、2020 年〕。

Jakobsen I, Hammer E. 2015. "Nutrient Dynamics in Arbuscular Mycorrhizal Networks." In *Mycorrhizal Networks.* Horton T, ed. Springer International Publishing, pp. 91–131.

James W. 2002. *The Varieties of Religious Experience : A Study in Human Nature (Centenary Edition).* London, UK : Routledge. 〔W. ジェイムズ『宗教的経験の諸相　上・下』(岩波文庫)、桝田啓三郎訳、岩波書店、1969-1970 年〕。

Jedd G, Pieuchot L. 2012. Multiple modes for gatekeeping at fungal cell-to-cell channels. *Molecular Microbiology* 86 : 1291–294.

Jenkins B, Richards TA. 2019. Symbiosis : wolf lichens harbour a choir of fungi. *Current Biology* 29 : R88–R90.

Ji B, Bever JD. 2016. Plant preferential allocation and fungal reward decline with soil phosphorus : implications for mycorrhizal mutualism. *Ecosphere* 7 : e01256.

Johnson D, Gamow R. 1971. The avoidance response in *Phycomyces. The Journal of General Physiology* 57 : 41–49.

Johnson MW, Garcia-Romeu A, Cosimano MP, Griffiths RR. 2014. Pilot study of the 5-HT 2AR agonist psilocybin in the treatment of tobacco addiction. *Journal of Psychopharmacology* 28 : 983–92.

Johnson MW, Garcia-Romeu A, Griffiths RR. 2015. Long-term follow-up of psilocybin-facilitated smoking cessation. *The American Journal of Drug and Alcohol Abuse* 43 : 55–60.

Johnson MW, Garcia-Romeu A, Johnson PS, Griffiths RR. 2017. An online survey of tobacco smoking cessation associated with naturalistic psychedelic use. *Journal of Psychopharmacology* 31 : 841–50.

Johnson NC, Angelard C, Sanders IR, Kiers TE. 2013. Predicting community and ecosystem outcomes of mycorrhizal responses to global change. *Ecology Letters* 16 : 140–53.

Jolivet E, L'Haridon S, Corre E, Forterre P, Prieur D. 2003. *Thermococcus gammatolerans* sp. nov., a hyperthermophilic archaeon from a deep-sea hydrothermal vent that resists ionizing radiation. *International Journal of Systematic and Evolutionary Microbiology* 53 : 847–51.

Jones MP, Lawrie AC, Huynh TT, Morrison PD, Mautner A, Bismarck A, John S. 2019. Agricultural by-product suitability for the production of chitinous composites and nanofibers. *Process Biochemistry* 80 : 95–102.

Jönsson KI, Rabbow E, Schill RO, Harms-Ringdahl M, Rettberg P. 2008. Tardigrades survive exposure to space in low Earth orbit. *Current Biology* 18 : R729–R731.

Jönsson KI, Wojcik A. 2017. Tolerance to X-rays and heavy ions (Fe, He) in the tardigrade. *Richtersius coronifer* and the bdelloid rotifer *Mniobia russeola. Astrobiology* 17 : 163–67.

Kaminsky LM, Trexler RV, Malik RJ, Hockett KL, Bell TH. 2018. The inherent conflicts in developing soil microbial inoculants. *Trends in Biotechnology* 37 : 140–51.

Kammerer L, Hiersche L, Wirth E. 1994. Uptake of radiocaesium by different species of mushrooms. *Journal of Environmental Radioactivity* 23 : 135–50.

Karst J, Erbilgin N, Pec GJ, Cigan PW, Najar A, Simard SW, Cahill JF. 2015. Ectomycorrhizal fungi mediate indirect effects of a bark beetle outbreak on secondary chemistry and establishment of pine seedlings. *New Phytologist* 208 : 904–14.

Katz SE. 2003. *Wild Fermentation*. White River Junction, VT: Chelsea Green Publishing Company.〔サンダー・E・キャッツ『天然発酵の世界』、きはらちあき訳、築地書館、2015年〕。

Kavaler L. 1967. *Mushrooms, Moulds and Miracles: The Strange Realm of Fungi*. London, UK: George G. Harrap & Co.

Keijzer FA. 2017. Evolutionary convergence and biologically embodied cognition. *Journal of the Royal Society Interface Focus* 7: 20160123.

Keller EF. 1984. *A Feeling for the Organism*. New York, NY: Times Books.〔エブリン・フォックス・ケラー『動く遺伝子——トウモロコシとノーベル賞』、石館三枝子、石館康平訳、晶文社、1987年〕。

Kelly JR, Borre Y, O'Brien C, Patterson E, Aidy El S, Deane J, Kennedy PJ, Beers S, Scott K, Moloney G, et al. 2016. Transferring the blues: Depression-associated gut microbiota induces neurobehavioural changes in the rat. *Journal of Psychiatric Research* 82: 109–18.

Kelty C. 2010. Outlaw, hackers, victorian amateurs: diagnosing public participation in the life sciences today. *Journal of Science Communication* 9.

Kendi IX. 2017. *Stamped from the Beginning*. New York, NY: Nation Books.

Kennedy PG, Walker JKM, Bogar LM. 2015. "Interspecific Mycorrhizal Networks and Non-networking Hosts: Exploring the Ecology of the Host Genus *Alnus*." *In Mycorrhizal Networks*. Horton T, ed. Springer International Publishing, pp. 227–54.

Kerényi C. 1976. *Dionysus: Archetypal Image of Indestructible Life*. Princeton, NJ: Princeton University Press.〔カール・ケレーニイ『ディオニューソス——破壊されざる生の根源像』(新装復刊)、岡田素之訳、白水社、1999年〕。

Kern VD. 1999. Gravitropism of basidiomycetous fungi—On Earth and in microgravity. *Advances in Space Research* 24: 697–706.

Khan S, Nadir S, Shah Z, Shah A, Karunarathna SC, Xu J, Khan A, Munir S, Hasan F. 2017. Biodegradation of polyester polyurethane by *Aspergillus tubingensis*. *Environmental Pollution* 225: 469–80.

Kiers ET, Denison RF. 2014. Inclusive fitness in agriculture. *Philosophical Transactions of the Royal Society B* 369: 20130367.

Kiers TE, Duhamel M, Beesetty Y, Mensah JA, Franken O, Verbruggen E, Fellbaum C, Fellbaum CR, Kowalchuk GA, et al. 2011. Reciprocal rewards stabilize cooperation in the mycorrhizal symbiosis. *Science* 333: 880–82.

Kiers TE, West SA, Wyatt GA, Gardner A, Bücking H, Werner GD. 2016. Misconceptions on the application of biological market theory to the mycorrhizal symbiosis. *Nature Plants* 2: 16063.

Kim G, LeBlanc ML, Wafula EK, dePamphilis CW, Westwood JH. 2014. Genomic-scale exchange of mRNA between a parasitic plant and its hosts. *Science* 345: 808–11.

Kimmerer RW. 2013. *Braiding Sweetgrass*. Minneapolis, MN: Milkweed Editions.〔ロビン・ウォール・キマラー『植物と叡智の守り人——ネイティブアメリカンの植物学者が語る科学・癒し・伝承』、三木直子訳、築地書館、2018年〕。

King A. 2017. Technology: The Future of Agriculture. *Nature* 544: S21–S23.

King FH. 1911. *Farmers of Forty Centuries*. Emmaus, PA: Organic Gardening Press. soilandhealth.org/wp-content/uploads/01aglibrary/010122king/ffc.html［2019年10月29日にアクセス］。

Kivlin SN, Emery SM, Rudgers JA. 2013. Fungal symbionts alter plant responses to global change. *American Journal of Botany* 100: 1445–457.

Klein A-M, Vaissière BE, Cane JH, Steffan-Dewenter I, Cunningham SA, Kremen C, Tscharntke T. 2007. Importance of pollinators in changing landscapes for world crops. *Proceedings of the Royal Society B* 274: 303–13.

Klein T, Siegwolf RT, Körner C. 2016. Belowground carbon trade among tall trees in a temperate forest. *Science* 352 : 342–44.

Kozo-Polyanksy BM. 2010. *Symbiogenesis: A New Principle of Evolution.* Cambridge, MA: Harvard University Press.

Krebs TS, Johansen P-Ø. 2012. Lysergic acid diethylamide (LSD) for alcoholism: meta-analysis of randomized controlled trials. *Journal of Psychopharmacology* 26 : 994–1002.

Kroken S. 2007. "Miss Potter's First Love"—A Rejoinder. *Inoculum* 58 : 14.

Kusari S, Singh S, Jayabaskaran C. 2014. Biotechnological potential of plant-associated endophytic fungi: hope versus hype. *Trends in Biotechnology* 32 : 297–303.

Ladinsky D. 2002. *Love Poems from God.* New York, NY: Penguin.

Ladinsky D. 2010. *A Year with Hafiz: Daily Contemplations.* New York, NY: Penguin.

Lai J, Koh C, Tjota M, Pieuchot L, Raman V, Chandrababu K, Yang D, Wong L, Jedd G. 2012. Intrinsically disordered proteins aggregate at fungal cell-to-cell channels and regulate intercellular connectivity. *Proceedings of the National Academy of Sciences* 109 : 15781–786.

Lalley J, Viles H. 2005. Terricolous lichens in the northern Namib Desert of Namibia: distribution and community composition. *The Lichenologist* 37 : 77–91.

Lanfranco L, Fiorilli V, Gutjahr C. 2018. Partner communication and role of nutrients in the arbuscular mycorrhizal symbiosis. *New Phytologist* 220 : 1031–46.

Latty T, Beekman M. 2011. Irrational decision-making in an amoeboid organism: transitivity and context-dependent preferences. *Proceedings of the Royal Society B* 278 : 307–12.

Leake J, Johnson D, Donnelly D, Muckle G, Boddy L, Read D. 2004. Networks of power and influence: the role of mycorrhizal mycelium in controlling plant communities and agroecosystem functioning. *Canadian Journal of Botany* 82 : 1016–45.

Leake J, Read D. 2017. "Mycorrhizal Symbioses and Pedogenesis Throughout Earth's History." In *Mycorrhizal Mediation of Soil: Fertility, Structure, and Carbon Storage.* Johnson N, Gehring C, Jansa J, eds. Oxford, UK: Elsevier, pp. 9–33.

Leary T. 2005. "The Initiation of the 'High Priest'." In *Sacred Mushroom of Visions: Teonanacatl.* Metzner R, ed. Rochester, VT: Park Street Press, 160–78.

Lederberg J. 1952. Cell genetics and hereditary symbiosis. *Physiological Reviews* 32 : 403–30.

Lederberg J, Cowie D. 1958. Moondust; the study of this covering layer by space vehicles may offer clues to the biochemical origin of life. *Science* 127 : 1473–475.

Ledford H. 2019. Billion-year-old fossils set back evolution of earliest fungi. *Nature*: www.nature.com/articles/d41586-019-01629-1［2019 年 10 月 29 日にアクセス］。

Lee NN, Friz J, Fries MD, Gil JF, Beck A, Pellinen-Wannberg A, Schmitz B, Steele A, Hofmann BA. 2017. "The Extreme Biology of Meteorites: Their Role in Understanding the Origin and Distribution of Life on Earth and in the Universe." In *Adaptation of Microbial Life to Environmental Extremes.* Stan-Lotter H, Fendrihan S, eds. Springer International Publishing, pp. 283–325.

Lee Y, Mazmanian SK. 2010. Has the microbiota played a critical role in the evolution of the adaptive immune system? *Science* 330 : 1768–773.

Legras J, Merdinoglu D, Couet J, Karst F. 2007. Bread, beer and wine: *Saccharomyces cerevisiae* diversity reflects human history. *Molecular Ecology* 16 : 2091–102.

Le Guin U. 2017. "Deep in Admiration." In *Arts of Living on a Damaged Planet: Ghosts of the Anthropocene.* Tsing A, Swanson H, Gan E, Bubandt N, eds. Minneapolis, MN: University of Minnesota Press, pp. M15–M21.

Lehmann A, Leifheit EF, Rillig MC. 2017. "Mycorrhizas and Soil Aggregation." In *Mycorrhizal Mediation of Soil: Fertility, Structure, and Carbon Storage*. Johnson N, Gehring C, Jansa J, eds. Oxford, UK: Elsevier, pp. 241–62.

Leifheit EF, Veresoglou SD, Lehmann A, Morris KE, Rillig MC. 2014. Multiple factors influence the role of arbuscular mycorrhizal fungi in soil aggregation—a meta-analysis. *Plant and Soil* 374: 523–37.

Lekberg Y, Helgason T. 2018. *In situ* mycorrhizal function—knowledge gaps and future directions. *New Phytologist* 220: 957–62.

Leonhardt Y, Kakoschke S, Wagener J, Ebel F. 2017. Lah is a transmembrane protein and requires Spa10 for stable positioning of Woronin bodies at the septal pore of *Aspergillus fumigatus*. *Scientific Reports* 7: 44179.

Letcher A. 2006. *Shroom: A Cultural History of the Magic Mushroom*. London, UK: Faber and Faber.

Levin M. 2012. Morphogenetic fields in embryogenesis, regeneration, and cancer: non-local control of complex patterning. *Biosystems* 109: 243–61.

Levin M. 2011. The wisdom of the body: future techniques and approaches to morphogenetic fields in regenerative medicine, developmental biology and cancer. *Regenerative Medicine* 6: 667–73.

Levin SA. 2005. Self-organization and the emergence of complexity in ecological systems. *BioScience* 55: 1075–79.

Lévi-Strauss C. 1973. *From Honey to Ashes: Introduction to a Science of Mythology, 2*. New York, NY: Harper & Row.〔クロード・レヴィ＝ストロース『蜜から灰へ　神話論理　II』、早水洋太郎訳、みすず書房、2007年〕。

Lewontin R. 2001. *It Ain't Necessarily So: The Dream of the Human Genome and Other Illusions*. New York, NY: New York Review of Books.

Lewontin R. 2000. *The Triple Helix: Gene, Organism, and Environment*. Cambridge, MA: Harvard University Press.

Li N, Alfiky A, Vaughan MM, Kang S. 2016. Stop and smell the fungi: fungal volatile metabolites are overlooked signals involved in fungal interaction with plants. *Fungal Biology Reviews* 30: 134–44.

Li Q, Yan L, Ye L, Zhou J, Zhang B, Peng W, Zhang X, Li X. 2018. Chinese black truffle (*Tuber indicum*) alters the ectomycorrhizosphere and endoectomycosphere microbiome and metabolic profiles of the host tree *Quercus aliena*. *Frontiers in Microbiology* 9: 2202.

Lindahl B, Finlay R, Olsson S. 2001. Simultaneous, bidirectional translocation of 32P and 33P between wood blocks connected by mycelial cords of *Hypholoma fasciculare*. *New Phytologist* 150: 189–94.

Linnakoski R, Reshamwala D, Veteli P, Cortina-Escribano M, Vanhanen H, Marjomäki V. 2018. Antiviral agents from fungi: diversity, mechanisms and potential applications. *Frontiers in Microbiology* 9: 2325.

Lintott C. 2019. *The Crowd and the Cosmos: Adventures in the Zooniverse*. Oxford, UK: Oxford University Press.

Lipnicki LI. 2015. The role of symbiosis in the transition of some eukaryotes from aquatic to terrestrial environments. *Symbiosis* 65: 39–53.

Liu J, Martinez-Corral R, Prindle A, Lee D-YD, Larkin J, Gabalda-Sagarra M, Garcia-Ojalvo J, Süel GM. 2017. Coupling between distant biofilms and emergence of nutrient time-sharing. *Science* 356: 638–42.

Lohberger A, Spangenberg JE, Ventura Y, Bindschedler S, Verrecchia EP, Bshary R, Junier P. 2019. Effect of organic carbon and nitrogen on the interactions of *Morchella* spp. and bacteria dispersing on their mycelium. *Frontiers in Microbiology* 10: 124.

Löpez-Franco R, Bracker CE. 1996. Diversity and dynamics of the Spitzenkörper in growing hyphal tips of higher fungi. *Protoplasma* 195: 90–111.

Loron CC, François C, Rainbird RH, Turner EC, Borensztajn S, Javaux EJ. 2019. Early fungi from the Proterozoic era in Arctic Canada. *Nature* 570: 232–35.

Lovett B, Bilgo E, Millogo S, Ouattarra A, Sare I, Gnambani E, Dabire RK, Diabate A, Leger RJ. 2019. Transgenic *Metarhizium* rapidly kills mosquitoes in a malaria-endemic region of Burkina Faso. *Science* 364: 894–97.

Lu C, Yu Z, Tian H, Hennessy DA, Feng H, Al-Kaisi M, Zhou Y, Sauer T, Arritt R. 2018. Increasing carbon footprint of grain crop production in the US Western Corn Belt. *Environmental Research Letters* 13: 124007.

Luo J, Chen X, Crump J, Zhou H, Davies DG, Zhou G, Zhang N, Jin C. 2018. Interactions of fungi with concrete: Significant importance for bio-based self-healing concrete. *Construction and Building Materials* 164: 275–85.

Lutzoni F, Nowak MD, Alfaro ME, Reeb V, Miadlikowska J, Krug M, Arnold EA, Lewis LA, Swofford DL, Hibbett D, et al. 2018. Contemporaneous radiations of fungi and plants linked to symbiosis. *Nature Communications* 9: 5451.

Lutzoni F, Pagel M, Reeb V. 2001. Major fungal lineages are derived from lichen symbiotic ancestors. *Nature* 411: 937–40.

Ly C, Greb AC, Cameron LP, Wong JM, Barragan EV, Wilson PC, Burbach KF, Zarandi S, Sood A, Paddy MR, et al. 2018. Psychedelics promote structural and functional neural plasticity. *Cell Reports* 23: 3170–182.

Lyons T, Carhart-Harris RL. 2018. Increased nature relatedness and decreased authoritarian political views after psilocybin for treatment-resistant depression. *Journal of Psychopharmacology* 32: 811–19.

Ma Z, Guo D, Xu X, Lu M, Bardgett RD, Eissenstat DM, McCormack LM, Hedin LO. 2018. Evolutionary history resolves global organization of root functional traits. *Nature* 555: 94–97.

MacLean KA, Johnson MW, Griffiths RR. 2011. Mystical experiences occasioned by the hallucinogen psilocybin lead to increases in the personality domain of openness. *Journal of Psychopharmacology* 25: 1453–461.

Mangold CA, Ishler MJ, Loreto RG, Hazen ML, Hughes DP. 2019. Zombie ant death grip due to hypercontracted mandibular muscles. *Journal of Experimental Biology* 222: jeb200683.

Manicka S, Levin M. 2019. The Cognitive Lens: a primer on conceptual tools for analysing information processing in developmental and regenerative morphogenesis. *Philosophical Transactions of the Royal Society B* 374: 20180369.

Manoharan L, Rosenstock NP, Williams A, Hedlund K. 2017. Agricultural management practices influence AMF diversity and community composition with cascading effects on plant productivity. *Applied Soil Ecology* 115: 53–59.

Mardhiah U, Caruso T, Gurnell A, Rillig MC. 2016. Arbuscular mycorrhizal fungal hyphae reduce soil erosion by surface water flow in a greenhouse experiment. *Applied Soil Ecology* 99: 137–40.

Margonelli L. 2018. *Underbug: An Obsessive Tale of Termites and Technology*. New York, NY: Farrar, Straus and Giroux.

Margulis L. 1996. "Gaia Is a Tough Bitch." In *The Third Culture: Beyond the Scientific Revolution*. John Brockman, ed. New York, NY: Touchstone.

Margulis L. 1981. *Symbiosis in Cell Evolution: Life and Its Environment on the Early Earth*. San Francisco, CA: W. H. Freeman and Company. 〔Lynn Margulis『細胞の共生進化——始生代と原生代における微生物群集の世界　上・下』(第 2 版)、永井進訳、学会出版センター、2002-2004 年〕。

Margulis L. 1999. *The Symbiotic Planet: A New Look at Evolution*. London, UK: Phoenix. 〔リン・マーギュリス『共生生命体の 30 億年』、中村桂子訳、草思社、2000 年〕。

Markram H, Muller E, Ramaswamy S, Reimann MW, Abdellah M, Sanchez C, Ailamaki A, Alonso-Nanclares L, Antille N, Arsever S, et al. 2015. Reconstruction and simulation of neocortical microcircuitry. *Cell* 163: 456–92.

Marley G. 2010. *Chanterelle Dreams, Amanita Nightmares: The Love, Lore, and Mystique of Mushrooms.* White River Junction, VT: Chelsea Green Publishing Company.

Márquez LM, Redman RS, Rodriguez RJ, Roossinck MJ. 2007. A virus in a fungus in a plant: three-way symbiosis required for thermal tolerance. *Science* 315: 513–15.

Martin FM, Uroz S, Barker DG. 2017. Ancestral alliances: Plant mutualistic symbioses with fungi and bacteria. *Science* 356: eaad4501.

Martinez-Corral R, Liu J, Prindle A, Süel GM, Garcia-Ojalvo J. 2019. Metabolic basis of brain-like electrical signalling in bacterial communities. *Philosophical Transactions of the Royal Society B* 374: 20180382.

Martínez-García LB, De Deyn GB, Pugnaire FI, Kothamasi D, van der Heijden MG. 2017. Symbiotic soil fungi enhance ecosystem resilience to climate change. *Global Change Biology* 23: 5228–236.

Masiulionis VE, Weber RW, Pagnocca FC. 2013. Foraging of *Psilocybe* basidiocarps by the leaf-cutting ant *Acromyrmex lobicornis* in Santa Fé, Argentina. *SpringerPlus* 2: 254.

Mateus ID, Masclaux FG, Aletti C, Rojas EC, Savary R, Dupuis C, Sanders IR. 2019. Dual RNA-seq reveals large-scale non-conserved genotype × genotype-specific genetic reprograming and molecular crosstalk in the mycorrhizal symbiosis. *The ISME Journal* 13: 1226–238.

Matossian MK. 1982. Ergot and the Salem Witchcraft Affair: An outbreak of a type of food poisoning known as convulsive ergotism may have led to the 1692 accusations of witchcraft. *American Scientist* 70: 355–57.

Matsuura K, Yashiro T, Shimizu K, Tatsumi S, Tamura T. 2009. Cuckoo fungus mimics termite eggs by producing the cellulose-digesting enzyme β-Glucosidase. *Current Biology* 19: 30–36.

Matsuura Y, Moriyama M, Łukasik P, Vanderpool D, Tanahashi M, Meng X-Y, McCutcheon JP, Fukatsu T. 2018. Recurrent symbiont recruitment from fungal parasites in cicadas. *Proceedings of the National Academy of Sciences* 115: E5970–E5979.

Maugh TH. 1982. The scent makes sense. *Science* 215: 1224.

Maxman A. 2019. CRISPR might be the banana's only hope against a deadly fungus. *Nature*: www.nature.com/articles/d41586-019-02770-7〔2019 年 10 月 29 日にアクセス〕。

Mazur S. 2009. Lynn Margulis: Intimacy of Strangers & Natural Selection. *Scoop*: www.scoop.co.nz/stories/HL0903/S00194/lynn-margulis-intimacy-of-strangers-natural-selection.htm〔2019 年 10 月 29 日にアクセス〕。

Mazzucato L, Camera LG, Fontanini A. 2019. Expectation-induced modulation of metastable activity underlies faster coding of sensory stimuli. *Nature Neuroscience* 22: 787–796.

McCoy P. 2016. *Radical Mycology: A Treatise on Working and Seeing with Fungi.* Portland, OR: Chthaeus Press.

McFall-Ngai M. 2007. Adaptive Immunity: Care for the community. *Nature* 445: 153.

McGann JP. 2017. Poor human olfaction is a 19th-century myth. *Science* 356: eaam7263.

McGuire KL. 2007. Common ectomycorrhizal networks may maintain monodominance in a tropical rain forest. *Ecology* 88: 567–74.

McKenna D. 2012. *Brotherhood of the Screaming Abyss.* Clearwater, MN: North Star Press of St. Cloud Inc.

McKenna T. 1992. *Food of the Gods: The Search for the Original Tree of Knowledge.* New York, NY: Bantam Books.〔テレンス・マッケナ『神々の糧（ドラッグ）——太古の知恵の木を求めて：植物とドラッグ、そして人間進化の歴史再考』（新版）、小山田義文、中村功訳、第三書館、2003 年〕。

McKenna T, McKenna D (Oss OT, Oeric ON). 1976. *Psilocybin: Magic Mushroom Grower's Guide.* Berkeley, CA: AND/OR Press.

McKenzie RN, Horton BK, Loomis SE, Stockli DF, Planavsky NJ, Lee C-TA. 2016. Continental arc volcanism as the principal driver of icehouse-greenhouse variability. *Science* 352: 444–47.

McKerracher L, Heath I. 1986a. Fungal nuclear behavior analysed by ultraviolet microbeam irradiation. *Cell Motility and the Cytoskeleton* 6 : 35–47.

McKerracher L, Heath I. 1986b. Polarized cytoplasmic movement and inhibition of saltations induced by calcium-mediated effects of microbeams in fungal hyphae. *Cell Motility and the Cytoskeleton* 6 : 136–45.

Meeßen J, Backhaus T, Brandt A, Raguse M, Böttger U, de Vera JP, de la Torre R. 2017. The effect of high-dose ionizing radiation on the isolated photobiont of the astrobiological model lichen *Circinaria gyrosa*. *Astrobiology* 17 : 154–62.

Mejía LC, Herre EA, Sparks JP, Winter K, García MN, Bael SA, Stitt J, Shi Z, Zhang Y, Guiltinan MJ, et al. 2014. Pervasive effects of a dominant foliar endophytic fungus on host genetic and phenotypic expression in a tropical tree. *Frontiers in Microbiology* 5 : 479.

Merckx V. 2013. "Mycoheterotrophy : An Introduction." In *Mycoheterotrophy—The Biology of Plants Living on Fungi*. Merckx V, ed. Springer International Publishing, pp. 1–18.

Merleau-Ponty M. 2002. *Phenomenology of Perception*. London, UK : Routledge Classics.〔モーリス・メルロ＝ポンティ『知覚の現象学』(改装版)、中島盛夫訳、法政大学出版局、2015 年〕。

Meskkauskas A, McNulty LJ, Moore D. 2004. Concerted regulation of all hyphal tips generates fungal fruit body structures : experiments with computer visualizations produced by a new mathematical model of hyphal growth. *Mycological Research* 108 : 341–53.

Metzner R. 2005. "Introduction : Visionary Mushrooms of the Americas." In *Sacred Mushroom of Visions : Teonanacatl*. Metzner R, ed. Rochester, VT : Park Street Press, pp. 1–48.

Miller MJ, Albarracin-Jordan J, Moore C, Capriles JM. 2019. Chemical evidence for the use of multiple psychotropic plants in a 1,000-year-old ritual bundle from South America. *Proceedings of the National Academy of Sciences* 116 : 11207–212.

Mills BJ, Batterman SA, Field KJ. 2017. Nutrient acquisition by symbiotic fungi governs Palaeozoic climate transition. *Philosophical Transactions of the Royal Society B* 373 : 20160503.

Milner DS, Attah V, Cook E, Maguire F, Savory FR, Morrison M, Müller CA, Foster PG, Talbot NJ, Leonard G, et al. 2019. Environment-dependent fitness gains can be driven by horizontal gene transfer of transporter-encoding genes. *Proceedings of the National Academy of Sciences* 116 : 201815994.

Moeller HV, Neubert MG. 2016. Multiple friends with benefits : an optimal mutualist management strategy? *The American Naturalist* 187 : E1–E12.

Mohajeri HM, Brummer RJ, Rastall RA, Weersma RK, Harmsen HJ, Faas M, Eggersdorfer M. 2018. The role of the microbiome for human health : from basic science to clinical applications. *European Journal of Nutrition* 57 : 1–14.

Mohan JE, Cowden CC, Baas P, Dawadi A, Frankson PT, Helmick K, Hughes E, Khan S, Lang A, Machmuller M, et al. 2014. Mycorrhizal fungi mediation of terrestrial ecosystem responses to global change : mini-review. *Fungal Ecology* 10 : 3–19.

Moisan K, Cordovez V, van de Zande EM, Raaijmakers JM, Dicke M, Lucas-Barbosa D. 2019. Volatiles of pathogenic and non-pathogenic soil-borne fungi affect plant development and resistance to insects. *Oecologia* 190 : 589–604.

Monaco E. 2017. The Secret History of Paris's Catacomb Mushrooms. *Atlas Obscura* : www.atlasobscura.com/articles/paris-catacomb-mushrooms〔2019 年 10 月 29 日にアクセス〕。

Mondo SJ, Lastovetsky OA, Gaspar ML, Schwardt NH, Barber CC, Riley R, Sun H, Grigoriev IV, Pawlowska TE. 2017. Bacterial endosymbionts influence host sexuality and reveal reproductive genes of early divergent fungi. *Nature Communications* 8 : 1843.

Money NP. 2013. Against the naming of fungi. *Fungal Biology* 117 : 463–65.

Money NP. 2004a. The fungal dining habit : a biomechanical perspective. *Mycologist* 18 : 71–76.

Money NP. 2016. *Fungi : A Very Short Introduction*. Oxford, UK : Oxford University Press.

Money NP. 1999. Fungus punches its way in. *Nature* 401 : 332–33.

Money NP. 1998. More g's than the Space Shuttle : ballistospore discharge. *Mycologia* 90 : 547.

Money NP. 2018. *The Rise of Yeast*. Oxford, UK : Oxford University Press.

Money NP. 2004b. Theoretical biology : mushrooms in cyberspace. Nature 431 : 32.

Money NP. 2007. *Triumph of the Fungi : A Rotten History*. Oxford, UK : Oxford University Press.〔ニコラス・マネー『チョコレートを滅ぼしたカビ・キノコの話――植物病理学入門』、小川真訳、築地書館、2008 年〕。

Montañez I. 2016. A Late Paleozoic climate window of opportunity. *Proceedings of the National Academy of Sciences* 113 : 2334–336.

Montiel-Castro AJ, González-Cervantes RM, Bravo-Ruiseco G, Pacheco-López G. 2013. The microbiota-gut-brain axis : neurobehavioral correlates, health and sociality. *Frontiers in Integrative Neuroscience* 7 : 70.

Moore D. 2013a. *Fungal Biology in the Origin and Emergence of Life*. Cambridge, UK : Cambridge University Press.

Moore D. 1996. Graviresponses in fungi. *Advances in Space Research* 17 : 73–82.

Moore D. 2005. Principles of mushroom developmental biology. *International Journal of Medicinal Mushrooms* 7 : 79–101.

Moore D. 2013b. *Slayers, Saviors, Servants, and Sex : An Exposé of Kingdom Fungi*. Springer International Publishing.

Moore D, Hock B, Greening JP, Kern VD, Frazer L, Monzer J. 1996. Gravimorphogenesis in agarics. *Mycological Research* 100 : 257–73.

Moore D, Robson GD, Trinci APJ. 2011. *21st Century Guidebook to Fungi*. Cambridge, UK : Cambridge University Press.〔David Moore, Geoffrey D. Robson, Anthony P.J. Trinci『現代菌類学大鑑』、堀越孝雄ほか訳、共立出版、2016 年〕。

Mousavi SA, Chauvin A, Pascaud F, Kellenberger S, Farmer EE. 2013. GLUTAMATE RECEPTOR-LIKE genes mediate leaf-to-leaf wound signalling. *Nature* 500 : 422–26.

Muday GK, Brown-Harding H. 2018. Nervous system-like signaling in plant defense. Science 361 : 1068–69.

Mueller RC, Scudder CM, Whitham TG, Gehring CA. 2019. Legacy effects of tree mortality mediated by ectomycorrhizal fungal communities. *New Phytologist* 224 : 155–65.

Muir J. 1912. *The Yosemite*. New York, NY : The Century Company. vault.sierraclub.org/john_muir_exhibit/writings/the_yosemite/〔2019 年 10 月 29 日にアクセス〕。

Myers N. 2014. Conversations on plant sensing : notes from the field. *NatureCulture* 3 : 35–66.

Naef R. 2011. The volatile and semi-volatile constituents of agarwood, the infected heartwood of Aquilaria species : a review. *Flavour and Fragrance Journal* 26 : 73–87.

Nakagaki T, Yamada H, Tóth A. 2000. Maze-solving by an amoeboid organism. *Nature* 407 : 470.

Nelson ML, Dinardo A, Hochberg J, Armelagos GJ. 2010. Mass spectroscopic characterization of tetracycline in the skeletal remains of an ancient population from Sudanese Nubia 350–550 CE. *American Journal of Physical Anthropology* 143 : 151–54.

Nelsen MP, DiMichele WA, Peters SE, Boyce KC. 2016. Delayed fungal evolution did not cause the Paleozoic peak in coal production. *Proceedings of the National Academy of Sciences* 113 : 2442–447.

Newman EI. 1988. Mycorrhizal links between plants : their functioning and ecological significance. *Advances in*

Ecological Research 18: 243–70.

Nikolova I, Johanson KJ, Dahlberg A. 1997. Radiocaesium in fruitbodies and mycorrhizae in ectomycorrhizal fungi. *Journal of Environmental Radioactivity* 37: 115–25.

Niksic M, Hadzic I, Glisic M. 2004. Is *Phallus impudicus* a mycological giant? *Mycologist* 18: 21–22.

Noë R, Hammerstein P. 1995. Biological markets. *Trends in Ecology & Evolution* 10: 336–39.

Noë R, Kiers TE. 2018. Mycorrhizal Markets, Firms, and Co-ops. *Trends in Ecology & Evolution* 33: 777–89.

Nordbring-Hertz B. 2004. Morphogenesis in the nematode-trapping fungus *Arthrobotrys oligospora*—an extensive plasticity of infection structures. *Mycologist* 18: 125–33.

Nordbring-Hertz B, Jansson H, Tunlid A. 2011. "Nematophagous Fungi." In *Encyclopedia of Life Sciences*. Chichester, UK: John Wiley & Sons Ltd.

Novikova N, Boever P, Poddubko S, Deshevaya E, Polikarpov N, Rakova N, Coninx I, Mergeay M. 2006. Survey of environmental biocontamination on board the International Space Station. *Research in Microbiology* 157: 5–12.

Oettmeier C, Brix K, Döbereiner H-G. 2017. *Physarum polycephalum*—a new take on a classic model system. *Journal of Physics D: Applied Physics* 50: 41.

Oliveira AG, Stevani CV, Waldenmaier HE, Viviani V, Emerson JM, Loros JJ, Dunlap JC. 2015. Circadian control sheds light on fungal bioluminescence. *Current Biology* 25: 964–68.

Olsson S. 2009. "Nutrient Translocation and Electrical Signalling in Mycelia." In *The Fungal Colony*. Gow NAR, Robson GD, Gadd GM, eds. Cambridge, UK: Cambridge University Press, pp. 25–48.

Olsson S, Hansson B. 1995. Action potential–like activity found in fungal mycelia is sensitive to stimulation. *Naturwissenschaften* 82: 30–31.

O'Malley MA. 2015. Endosymbiosis and its implications for evolutionary theory. *Proceedings of the National Academy of Sciences* 112: 10270–277.

Oolbekkink GT, Kuyper TW. 1989. Radioactive caesium from Chernobyl in fungi. *Mycologist* 3: 3–6.

O'Regan HJ, Lamb AL, Wilkinson DM. 2016. The missing mushrooms: Searching for fungi in ancient human dietary analysis. *Journal of Archaeological Science* 75: 139–43.

Orrell P. 2018. *Linking Above and Below-Ground Interactions in Agro-Ecosystems: An Ecological Network Approach*. PhD thesis, University of Newcastle, Newcastle, UK. theses.ncl.ac.uk/jspui/handle/10443/4102 〔2019 年 10 月 29 日にアクセス〕。

Osborne OG, De-Kayne R, Bidartondo MI, Hutton I, Baker WJ, Turnbull CG, Savolainen V. 2018. Arbuscular mycorrhizal fungi promote coexistence and niche divergence of sympatric palm species on a remote oceanic island. *New Phytologist* 217: 1254–266.

Ott J. 2002. Pharmaka, philtres, and pheromones. Getting high and getting off. *MAPS* XII: 26–32.

Otto S, Bruni EP, Harms H, Wick LY. 2017. Catch me if you can: dispersal and foraging of *Bdellovibrio bacteriovorus* 109J along mycelia. *The ISME Journal* 11: 386–93.

Ouellette NT. 2019. Flowing crowds. *Science* 363: 27–28.

Oukarroum A, Gharous M, Strasser RJ. 2017. Does *Parmelina tiliacea* lichen photosystem II survive at liquid nitrogen temperatures? *Cryobiology* 74: 160–62.

Ovid. 1958. *Ovid: The Metamorphoses*. Gregory H., trans. New York, NY: Viking Press. 〔オウィディウス『変身物語　上・下』(岩波文庫)、中村善也訳、岩波書店、1981-1984 年〕。

Pagán OR. 2019. The brain: a concept in flux. *Philosophical Transactions of the Royal Society B* 374: 20180383.

Paglia C. 2001. *Sexual Personae: Art and Decadence from Nefertiti to Emily Dickinson*. New Haven, CT: Yale University Press. 〔カミール・パーリア『性のペルソナ——古代エジプトから 19 世紀末までの芸術

とデカダンス　上・下』、鈴木晶ほか訳、河出書房新社、1998 年〕。

Pan X, Pike A, Joshi D, Bian G, McFadden MJ, Lu P, Liang X, Zhang F, Raikhel AS, Xi Z. 2017. The bacterium *Wolbachia* exploits host innate immunity to establish a symbiotic relationship with the dengue vector mosquito *Aedes aegypti. The ISME Journal* 12 : 277–88.

Patra S, Banerjee S, Terejanu G, Chanda A. 2015. Subsurface pressure profiling : a novel mathematical paradigm for computing colony pressures on substrate during fungal infections. *Scientific Reports* 5 : 12928.

Peay KG. 2016. The mutualistic niche : mycorrhizal symbiosis and community dynamics. *Annual Review of Ecology, Evolution, and Systematics* 47 : 1–22.

Peay KG, Kennedy PG, Talbot JM. 2016. Dimensions of biodiversity in the Earth mycobiome. *Nature Reviews Microbiology* 14 : 434–47.

Peintner U, Poder R, Pumpel T. 1998. The iceman's fungi. *Mycological Research* 102 : 1153–162.

Pennazza G, Fanali C, Santonico M, Dugo L, Cucchiarini L, Dachà M, D'Amico A, Costa R, Dugo P, Mondello L. 2013. Electronic nose and GC–MS analysis of volatile compounds in Tuber magnatum Pico : Evaluation of different storage conditions. *Food Chemistry* 136 : 668–74.

Pennisi E. 2019a. Algae suggest eukaryotes get many gifts of bacteria DNA. *Science* 363 : 439–40.

Pennisi E. 2019b. Chemicals released by bacteria may help gut control the brain, mouse study suggests. *Science* : www.sciencemag.org/news/2019/10/chemicals-released-bacteria-may-help-gut-control-brain-mouse-study-suggests〔2019 年 10 月 29 日にアクセス〕。

Peris JE, Rodríguez A, Peña L, Fedriani J. 2017. Fungal infestation boosts fruit aroma and fruit removal by mammals and birds. *Scientific Reports* 7 : 5646.

Perrottet T. 2006. Mt. Rushmore. *Smithsonian Magazine* : www.smithsonianmag.com/travel/mt-rushmore-116396890/〔2019 年 10 月 29 日にアクセス〕。

Petri G, Expert P, Turkheimer F, Carhart-Harris R, Nutt D, Hellyer P, Vaccarino F. 2014. Homological scaffolds of brain functional networks. *Journal of The Royal Society Interface* 11 : 20140873.

Pfeffer C, Larsen S, Song J, Dong M, Besenbacher F, Meyer R, Kjeldsen K, Schreiber L, Gorby YA, El-Naggar MY, et al. 2012. Filamentous bacteria transport electrons over centimetre distances. *Nature* 491 : 218–21.

Phillips RP, Brzostek E, Midgley MG. 2013. The mycorrhizal-associated nutrient economy : a new framework for predicting carbon–nutrient couplings in temperate forests. *New Phytologist* 199 : 41–51.

Pickles B, Egger K, Massicotte H, Green D. 2012. Ectomycorrhizas and climate change. *Fungal Ecology* 5 : 73–84.

Pickles BJ, Wilhelm R, Asay AK, Hahn AS, Simard SW, Mohn WW. 2017. Transfer of 13C between paired Douglas-fir seedlings reveals plant kinship effects and uptake of exudates by ectomycorrhizas. *New Phytologist* 214 : 400–11.

Pion M, Spangenberg J, Simon A, Bindschedler S, Flury C, Chatelain A, Bshary R, Job D, Junier P. 2013. Bacterial farming by the fungus *Morchella crassipes. Proceedings of the Royal Society B* 280 : 20132242.

Pirozynski KA, Malloch DW. 1975. The origin of land plants : A matter of mycotrophism. *Biosystems* 6 : 153–64.

Pither J, Pickles BJ, Simard SW, Ordonez A, Williams JW. 2018. Below-ground biotic interactions moderated the postglacial range dynamics of trees. *New Phytologist* 220 : 1148–160.

Policha T, Davis A, Barnadas M, Dentinger BT, Raguso RA, Roy BA. 2016. Disentangling visual and olfactory signals in mushroom-mimicking *Dracula* orchids using realistic three-dimensional printed flowers. *New Phytologist* 210 : 1058–71.

Pollan M. 2018. *How to Change Your Mind : The New Science of Psychedelics.* London, UK : Penguin.〔マイケル・ポーラン『幻覚剤は役に立つのか』、宮﨑真紀訳、亜紀書房、2020 年〕。

Pollan M. 2013. The Intelligent Plant. *The New Yorker* : michaelpollan.com/articles-archive/the-intelligent-plant/

［2019 年 10 月 29 日にアクセス］。

Popkin G. 2017. Bacteria Use Brainlike Bursts of Electricity to Communicate. *Quanta*: www.quantamagazine.org/bacteria-use-brainlike-bursts-of-electricity-to-communicate-20170905/［2019 年 10 月 29 日にアクセス］。

Porada P, Weber B, Elbert W, Pöschl U, Kleidon A. 2014. Estimating impacts of lichens and bryophytes on global biogeochemical cycles. *Global Biogeochemical Cycles* 28: 71–85.

Potts SG, Biesmeijer JC, Kremen C, Neumann P, Schweiger O, Kunin WE. 2010. Global pollinator declines: trends, impacts and drivers. *Trends in Ecology & Evolution* 25: 345–53.

Poulsen M, Hu H, Li C, Chen Z, Xu L, Otani S, Nygaard S, Nobre T, Klaubauf S, Schindler PM, et al. 2014. Complementary symbiont contributions to plant decomposition in a fungus-farming termite. *Proceedings of the National Academy of Sciences* 111: 14500–505.

Powell JR, Rillig MC. 2018. Biodiversity of arbuscular mycorrhizal fungi and ecosystem function. *New Phytologist* 220: 1059–75.

Powell M. 2014. *Medicinal Mushrooms: A Clinical Guide*. Bath, UK: Mycology Press.

Pozo MJ, López-Ráez JA, Azcón-Aguilar C, García-Garrido JM. 2015. Phytohormones as integrators of environmental signals in the regulation of mycorrhizal symbioses. *New Phytologist* 205: 1431–436.

Prasad S. 2018. An ingenious way to combat India's suffocating pollution. *The Washington Post*: www.washingtonpost.com/news/theworldpost/wp/2018/08/01/india-pollution/［2019 年 10 月 29 日にアクセス］。

Pressel S, Bidartondo MI, Ligrone R, Duckett JG. 2010. Fungal symbioses in bryophytes: New insights in the Twenty First Century. *Phytotaxa* 9: 238–53.

Prigogine I, Stengers I. 1984. *Order Out of Chaos: Man's New Dialogue with Nature*. New York, NY: Bantam Books.［I. プリゴジン、I. スタンジェール『混沌からの秩序』、伏見康治、伏見譲、松枝秀明訳、みすず書房、1987 年］。

Prindle A, Liu J, Asally M, Ly S, Garcia-Ojalvo J, Süel GM. 2015. Ion channels enable electrical communication in bacterial communities. *Nature* 527: 59–63.

Purschwitz J, Müller S, Kastner C, Fischer R. 2006. Seeing the rainbow: light sensing in fungi. *Current Opinion in Microbiology* 9: 566–71.

Quéré C, Andrew RM, Friedlingstein P, Sitch S, Hauck J, Pongratz J, Pickers P, Korsbakken J, Peters GP, Canadell JG, et al. 2018. Global Carbon Budget 2018. *Earth System Science Data Discussions*: https://doi.org/10:5194/essd-2018-120［2019 年 10 月 29 日にアクセス］。

Quintana-Rodriguez E, Rivera-Macias LE, Adame-Alvarez RM, Torres J, Heil M. 2018. Shared weapons in fungus-fungus and fungus-plant interactions? Volatile organic compounds of plant or fungal origin exert direct antifungal activity *in vitro*. *Fungal Ecology* 33: 115–21.

Quirk J, Andrews M, Leake J, Banwart S, Beerling D. 2014. Ectomycorrhizal fungi and past high CO2 atmospheres enhance mineral weathering through increased below-ground carbon-energy fluxes. *Biology Letters* 10: 20140375.

Rabbow E, Horneck G, Rettberg P, Schott J-U, Panitz C, L'Afflitto A, Heise-Rotenburg von R, Willnecker R, Baglioni P, Hatton J, et al. 2009. EXPOSE, an astrobiological exposure facility on the International Space Station—from proposal to flight. *Origins of Life and Evolution of Biospheres* 39: 581–98.

Raes J. 2017. Crowdsourcing Earth's microbes. *Nature* 551: 446–47.

Rambold G, Stadler M, Begerow D. 2013. Mycology should be recognized as a field in biology at eye level with other major disciplines—a memorandum. *Mycological Progress* 12: 455–63.

Ramsbottom J. 1953. *Mushrooms and Toadstools*. London, UK: Collins.

Raverat G. 1952. *Period Piece: A Cambridge Childhood*. London, UK: Faber.〔グウェン・ラヴェラ『ダーウィン家の人々――ケンブリッジの思い出』(岩波現代文庫)、山内玲子訳、岩波書店、2012 年〕。

Rayner A. 1997. *Degrees of Freedom*. London, UK: World Scientific.

Rayner A, Griffiths GS, Ainsworth AM. 1995. Mycelial Interconnectedness. In *The Growing Fungus*. Gow NAR, Gadd GM, eds. London, UK: Chapman & Hall, pp. 21–40.

Rayner M. 1945. *Trees and Toadstools*. London, UK: Faber and Faber.

Read D. 1997. Mycorrhizal fungi: The ties that bind. *Nature* 388: 517–18.

Read N. 2018. "Fungal cell structure and organization." In *Oxford Textbook of Medical Mycology*. Kibbler CC, Barton R, Gow NAR, Howell S, MacCallum DM, Manuel RJ, eds. Oxford, UK: Oxford University Press, pp. 23–34.

Read ND, Lichius A, Shoji J, Goryachev AB. 2009. Self-signalling and self-fusion in filamentous fungi. *Current Opinion in Microbiology* 12: 608–15.

Redman RS, Rodriguez RJ. 2017. "The Symbiotic Tango: Achieving Climate-Resilient Crops Via Mutualistic Plant-Fungus Relationships." In *Functional Importance of the Plant Microbiome, Implications for Agriculture, Forestry and Bioenergy*. Doty S, ed. Springer International Publishing, pp. 71–87.

Rees B, Shepherd VA, Ashford AE. 1994. Presence of a motile tubular vacuole system in different phyla of fungi. *Mycological Research* 98: 985–92.

Reid CR, Latty T, Dussutour A, Beekman M. 2012. Slime mold uses an externalized spatial "memory" to navigate in complex environments. *Proceedings of the National Academy of Sciences* 109: 17490–494.

Relman DA. 2008. "Til death do us part": coming to terms with symbiotic relationships. Forward. *Nature Reviews Microbiology* 6: 721–24.

Reynaga-Peña CG, Bartnicki-García S. 2005. Cytoplasmic contractions in growing fungal hyphae and their morphogenetic consequences. *Archives of Microbiology* 183: 292–300.

Reynolds HT, Vijayakumar V, Gluck-Thaler E, Korotkin H, Matheny P, Slot JC. 2018. Horizontal gene cluster transfer increased hallucinogenic mushroom diversity. *Evolution Letters* 2: 88–101.

Rich A. 1994. "Notes Toward a Politics of Location." In *Blood, Bread, and Poetry: Selected Prose, 1979–1985*. New York, NY: W. W. Norton.〔アドリエンヌ・リッチ『血、パン、詩。――アドリエンヌ・リッチ女性論　1979-1985』、大島かおり訳、晶文社、1989 年〕。

Richards TA, Leonard G, Soanes DM, Talbot NJ. 2011. Gene transfer into the fungi. *Fungal Biology Reviews* 25: 98–110.

Rillig MC, Aguilar-Trigueros CA, Camenzind T, Cavagnaro TR, Degrune F, Hohmann P, Lammel DR, Mansour I, Roy J, van der Heijden MG, et al. 2019. Why farmers should manage the arbuscular mycorrhizal symbiosis: A response to Ryan & Graham (2018) "Little evidence that farmers should consider abundance or diversity of arbuscular mycorrhizal fungi when managing crops." *New Phytologist* 222: 1171–175.

Rillig MC, Lehmann A, Lehmann J, Camenzind T, Rauh C. 2018. Soil Biodiversity Effects from Field to Fork. *Trends in Plant Science* 23: 17–24.

Riquelme M. 2012. Tip growth in filamentous fungi: a road trip to the apex. *Microbiology* 67: 587–609.

Ritz K, Young I. 2004. Interactions between soil structure and fungi. *Mycologist* 18: 52–59.

Robinson JM. 1990. Lignin, land plants, and fungi: Biological evolution affecting Phanerozoic oxygen balance. *Geology* 18: 607–10.

Rodriguez R, White JF, Arnold A, Redman R. 2009. Fungal endophytes: diversity and functional roles. *New Phytologist* 182: 314–30.

Rodriguez-Romero J, Hedtke M, Kastner C, Müller S, Fischer R. 2010. Fungi, hidden in soil or up in the air: light makes a difference. *Microbiology* 64: 585–610.

Rogers R. 2012. *The Fungal Pharmacy*. Berkeley, CA: North Atlantic Books.

Roper M, Dressaire E. 2019. Fungal biology: bidirectional communication across fungal networks. *Current Biology* 29: R130–R132.

Roper M, Lee C, Hickey PC, Gladfelter AS. 2015. Life as a moving fluid: fate of cytoplasmic macromolecules in dynamic fungal syncytia. *Current Opinion in Microbiology* 26: 116–22.

Roper M, Seminara A. 2017. Mycofluidics: the fluid mechanics of fungal adaptation. *Annual Review of Fluid Mechanics* 51: 1–28.

Roper M, Seminara A, Bandi M, Cobb A, Dillard HR, Pringle A. 2010. Dispersal of fungal spores on a cooperatively generated wind. *Proceedings of the National Academy of Sciences* 107: 17474–479.

Roper M, Simonin A, Hickey PC, Leeder A, Glass LN. 2013. Nuclear dynamics in a fungal chimera. *Proceedings of the National Academy of Sciences* 110: 12875–880.

Ross AA, Müller KM, Weese JS, Neufeld JD. 2018. Comprehensive skin microbiome analysis reveals the uniqueness of human skin and evidence for phylosymbiosis within the class Mammalia. *Proceedings of the National Academy of Sciences* 115: E5786–E5795.

Ross S, Bossis A, Guss J, Agin-Liebes G, Malone T, Cohen B, Mennenga S, Belser A, Kalliontzi K, Babb J, et al. 2016. Rapid and sustained symptom reduction following psilocybin treatment for anxiety and depression in patients with life-threatening cancer: a randomized controlled trial. *Journal of Psychopharmacology* 30: 1165–180.

Roughgarden J. 2013. *Evolution's Rainbow*. Berkeley, CA: University of California Press.

Rouphael Y, Franken P, Schneider C, Schwarz D, Giovannetti M, Agnolucci M, Pascale S, Bonini P, Colla G. 2015. Arbuscular mycorrhizal fungi act as biostimulants in horticultural crops. *Scientia Horticulturae* 196: 91–108.

Rubini A, Riccioni C, Arcioni S, Paolocci F. 2007. Troubles with truffles: unveiling more of their biology. *New Phytologist* 174: 256–59.

Russell B. 1956. *Portraits from Memory and Other Essays*. New York, NY: Simon and Schuster. 〔バートランド・ラッセル『自伝的回想』(新装版)、中村秀吉訳、みすず書房、2002 年〕。

Ryan MH, Graham JH. 2018. Little evidence that farmers should consider abundance or diversity of arbuscular mycorrhizal fungi when managing crops. *New Phytologist* 220: 1092–107.

Sagan L. 1967. On the origin of mitosing cells. *Journal of Theoretical Biology* 14: 225–74.

Salvador-Recatalà V, Tjallingii FW, Farmer EE. 2014. Real-time, in vivo intracellular recordings of caterpillar-induced depolarization waves in sieve elements using aphid electrodes. *New Phytologist* 203: 674–84.

Sample I. 2018. Magma shift may have caused mysterious seismic wave event. *The Guardian*: www.theguardian.com/science/2018/nov/30/magma-shift-mysterious-seismic-wave-event-mayotte [2019 年 10 月 29 日にアクセス]。

Samorini G. 2002. *Animals and Psychedelics: The Natural World and the Instinct to Alter Consciousness*. Rochester, VT: Park Street Press.

Sancho LG, de la Torre R, Pintado A. 2008. Lichens, new and promising material from experiments in astrobiology. *Fungal Biology Reviews* 22: 103–9.

Sapp J. 2004. The dynamics of symbiosis: an historical overview. *Canadian Journal of Botany* 82: 1046–56.

Sapp J. 1994. *Evolution by Association*. Oxford, UK: Oxford University Press.

Sapp J. 2009. *The New Foundations of Evolution*. Oxford, UK: Oxford University Press.

Sapp J. 2016. *The Symbiotic Self. Evolutionary Biology* 43 : 596–603.

Sapsford SJ, Paap T, Hardy GE, Burgess TI. 2017. The "chicken or the egg" : which comes first, forest tree decline or loss of mycorrhizae ? *Plant Ecology* 218 : 1093–106.

Sarrafchi A, Odhammer AM, Salazar L, Laska M. 2013. Olfactory sensitivity for six predator odorants in cd-1 mice, human subjects, and spider monkeys. *PLOS ONE* 8 : e80621.

Saupe S. 2000. Molecular genetics of heterokaryon incompatibility in filamentous ascomycetes. *Microbiology and Molecular Biology Reviews* 64 : 489–502.

Scharf C. 2016. How the Cold War Created Astrobiology. *Nautilus*: nautil.us/issue/32/space/how-the-cold-war-created-astrobiology-rp ［2019 年 10 月 29 日にアクセス］。

Scharlemann JP, Tanner EV, Hiederer R, Kapos V. 2014. Global soil carbon : understanding and managing the largest terrestrial carbon pool. *Carbon Management* 5 : 81–91.

Schenkel D, Maciá-Vicente JG, Bissell A, Splivallo R. 2018. Fungi indirectly affect plant root architecture by modulating soil volatile organic compounds. *Frontiers in Microbiology* 9 : 1847.

Schmieder SS, Stanley CE, Rzepiela A, van Swaay D, Sabotič J, Nørrelykke SF, deMello AJ, Aebi M, Künzler M. 2019. Bidirectional propagation of signals and nutrients in fungal networks via specialized hyphae. *Current Biology* 29 : 217–28.

Schmull M, Dal-Forno M, Lücking R, Cao S, Clardy J, Lawrey JD. 2014. *Dictyonema huaorani* (Agaricales : Hygrophoraceae), a new lichenized basidiomycete from Amazonian Ecuador with presumed hallucinogenic properties. *The Bryologist* 117 : 386–94.

Schultes RE. 1940. Teonanacatl : The Narcotic Mushroom of the Aztecs. *American Anthropologist* 42 : 429–43.

Schultes RE, Hofmann A, Rätsch C. 2001. *Plants of the Gods : Their Sacred, Healing, and Hallucinogenic Powers*. Rochester, VT : Healing Arts Press, 2nd edition. ［リチャード・エヴァンズ・シュルテス、アルベルト・ホフマン、クリスティアン・レッチュ『図説　快楽植物大全』、鈴木立子訳、東洋書林、2007 年］。

Seaward M. 2008. "Environmental role of lichens." In *Lichen Biology*. Nash TH, ed. Cambridge, UK : Cambridge University Press, pp. 274–98.

Selosse M-A. 2002. *Prototaxites* : a 400 Myr old giant fossil, a saprophytic holobasidiomycete, or a lichen ? *Mycological Research* 106 : 641–44.

Selosse M-A, Schneider-Maunoury L, Martos F. 2018. Time to re-think fungal ecology ? Fungal ecological niches are often prejudged. *New Phytologist* 217 : 968–72.

Selosse M-A, Schneider-Maunoury L, Taschen E, Rousset F, Richard F. 2017. Black truffle, a hermaphrodite with forced unisexual behaviour. *Trends in Microbiology* 25 : 784–87.

Selosse M-A, Strullu-Derrien C, Martin FM, Kamoun S, Kenrick P. 2015. Plants, fungi and oomycetes : a 400-million year affair that shapes the biosphere. *New Phytologist* 206 : 501–6.

Selosse M-A, Tacon LF. 1998. The land flora : a phototroph-fungus partnership ? *Trends in Ecology & Evolution* 13 : 15–20.

Sergeeva NG, Kopytina NI. 2014. The first marine filamentous fungi discovered in the bottom sediments of the oxic/anoxic interface and in the bathyal zone of the black sea. *Turkish Journal of Fisheries and Aquatic Sciences* 14 : 497–505.

Sheldrake M, Rosenstock NP, Revillini D, Olsson PA, Wright SJ, Turner BL. 2017. A phosphorus threshold for mycoheterotrophic plants in tropical forests. *Proceedings of the Royal Society B* 284 : 20162093.

Shepherd V, Orlovich D, Ashford A. 1993. Cell-to-cell transport via motile tubules in growing hyphae of a fungus. *Journal of Cell Science* 105 : 1173–178.

Shomrat T, Levin M. 2013. An automated training paradigm reveals long-term memory in planarians and its persistence through head regeneration. *Journal of Experimental Biology* 216: 3799–810.

Shukla V, Joshi GP, Rawat MSM. 2010. Lichens as a potential natural source of bioactive compounds: a review. *Phytochemical Reviews* 9: 303–14.

Siegel RK. 2005. *Intoxication: The Universal Drive for Mind-Altering Substances*. Rochester, VT: Park Street Press.

Silvertown J. 2009. A new dawn for citizen science. *Trends in Ecology & Evolution* 24: 467–71.

Simard S. 2018. "Mycorrhizal Networks Facilitate Tree Communication, Learning, and Memory." In *Memory and Learning in Plants*. Baluska F, Gagliano M, Witzany G, eds. Springer International Publishing, pp. 191–213.

Simard S, Asay A, Beiler K, Bingham M, Deslippe J, He X, Phillip L, Song Y, Teste F. 2015. "Resource Transfer Between Plants Through Ectomycorrhizal Fungal Networks." In *Mycorrhizal Networks*. Horton T, ed. Springer International Publishing, pp. 133–76.

Simard S, Perry DA, Jones MD, Myrold DD, Durall DM, Molina R. 1997. Net transfer of carbon between ectomycorrhizal tree species in the field. *Nature* 388: 579–82.

Simard SW, Beiler KJ, Bingham MA, Deslippe JR, Philip LJ, Teste FP. 2012. Mycorrhizal networks: Mechanisms, ecology and modelling. *Fungal Biology Reviews* 26: 39–60.

Singh H. 2006. *Mycoremediation*. New York, NY: John Wiley & Sons.

Slayman C, Long W, Gradmann D. 1976. "Action potentials" in *Neurospora crassa*, a mycelial fungus. *Biochimica et Biophysica Acta* 426: 732–44.

Smith SE, Read DJ. 2008. *Mycorrhizal Symbiosis*. London, UK: Academic Press.

Solé R, Moses M, Forrest S. 2019. Liquid brains, solid brains. *Philosophical Transactions of the Royal Society B* 374: 20190040.

Soliman S, Greenwood JS, Bombarely A, Mueller LA, Tsao R, Mosser DD, Raizada MN. 2015. An endophyte constructs fungicide-containing extracellular barriers for its host plant. *Current Biology* 25: 2570–576.

Song Y, Simard SW, Carroll A, Mohn WW, Zeng R. 2015a. Defoliation of interior Douglas-fir elicits carbon transfer and stress signalling to ponderosa pine neighbors through ectomycorrhizal networks. *Scientific Reports* 5: 8495.

Song Y, Ye M, Li C, He X, Zhu-Salzman K, Wang R, Su Y, Luo S, Zeng R. 2015b. Hijacking common mycorrhizal networks for herbivore-induced defence signal transfer between tomato plants. *Scientific Reports* 4: 3915.

Song Y, Zeng R. 2010. Interplant communication of tomato plants through underground common mycorrhizal networks. *PLOS ONE* 5: e11324.

Southworth D, He X-H, Swenson W, Bledsoe C, Horwath W. 2005. Application of network theory to potential mycorrhizal networks. *Mycorrhiza* 15: 589–95.

Spanos NP, Gottleib J. 1976. Ergotism and the Salem village witch trials. *Science* 194: 1390–4.

Splivallo R, Fischer U, Göbel C, Feussner I, Karlovsky P. 2009. Truffles regulate plant root morphogenesis via the production of auxin and ethylene. *Plant Physiology* 150: 2018–29.

Splivallo R, Novero M, Bertea CM, Bossi S, Bonfante P. 2007. Truffle volatiles inhibit growth and induce an oxidative burst in *Arabidopsis thaliana*. *New Phytologist* 175: 417–24.

Splivallo R, Ottonello S, Mello A, Karlovsky P. 2011. Truffle volatiles: from chemical ecology to aroma biosynthesis. *New Phytologist* 189: 688–99.

Spribille T. 2018. Relative symbiont input and the lichen symbiotic outcome. *Current Opinion in Plant Biology* 44: 57–63.

Spribille T, Tuovinen V, Resl P, Vanderpool D, Wolinski H, Aime CM, Schneider K, Stabentheiner E, Toome-

Heller M, Thor G, et al. 2016. Basidiomycete yeasts in the cortex of ascomycete macrolichens. *Science* 353: 488–92.

Stamets P. 2005. "Global Ecologies, World Distribution, and Relative Potency of Psilocybin Mushrooms." In *Sacred Mushroom of Visions: Teonanacatl*. Metzner R, ed. Rochester, VT: Park Street Press, pp. 69–75.

Stamets P. 2011. *Mycelium Running*. Berkeley, CA: Ten Speed Press.

Stamets P. 1996. *Psilocybin Mushrooms of the World*. Berkeley, CA: Ten Speed Press.

Stamets PE, Naeger NL, Evans JD, Han JO, Hopkins BK, Lopez D, Moershel HM, Nally R, Sumerlin D, Taylor AW, et al. 2018. Extracts of polypore mushroom mycelia reduce viruses in honey bees. *Scientific Reports* 8: 13936.

State of the World's Fungi. 2018. Royal Botanic Gardens, Kew, UK. stateoftheworldsfungi.org［2019年10月29日にアクセス］。

Steele EJ, Al-Mufti S, Augustyn KA, Chandrajith R, Coghlan JP, Coulson SG, Ghosh S, Gillman M, Gorczynski RM, Klyce B, et al. 2018. Cause of Cambrian Explosion—Terrestrial or cosmic? *Progress in Biophysics and Molecular Biology* 136: 3–23.

Steidinger B, Crowther T, Liang J, Nuland VM, Werner G, Reich P, Nabuurs G, de-Miguel S, Zhou M, Picard N, et al. 2019. Climatic controls of decomposition drive the global biogeography of forest-tree symbioses. *Nature* 569: 404–8.

Steinberg G. 2007. Hyphal growth: a tale of motors, lipids, and the spitzenkörper. *Eukaryotic Cell* 6: 351–60.

Steinhardt JB. 2018. *Mycelium is the Message: open science, ecological values, and alter native futures with do-it-yourself mycologists*. PhD thesis, University of California, Santa Barbara, CA.

Stierle A, Strobel G, Stierle D. 1993. Taxol and taxane production by *Taxomyces andreanae*, an endophytic fungus of Pacific yew. *Science* 260: 214–16.

Stough JM, Yutin N, Chaban YV, Moniruzzaman M, Gann ER, Pound HL, Steffen MM, Black JN, Koonin EV, Wilhelm SW, et al. 2019. Genome and environmental activity of a chrysochromulina parva virus and its virophages. *Frontiers in Microbiology* 10: 703.

Strullu-Derrien C, Selosse M-A, Kenrick P, Martin FM. 2018. The origin and evolution of mycorrhizal symbioses: from palaeomycology to phylogenomics. *New Phytologist* 220: 1012–30.

Studerus E, Kometer M, Hasler F, Vollenweider FX. 2011. Acute, subacute and long-term subjective effects of psilocybin in healthy humans: a pooled analysis of experimental studies. *Journal of Psychopharmacology* 25: 1434–452.

Stukeley W. 1752. *Memoirs of Sir Isaac Newton's Life*. Unpublished, available from website of the Royal Society: ttp.royalsociety.org/ttp/ttp.html?id=1807da00-909a-4abf-b9c1-0279a08e4bf2&type=book［2019年10月29日にアクセス］。

Suarato G, Bertorelli R, Athanassiou A. 2018. Borrowing from nature: biopolymers and biocomposites as smart wound care materials. *Frontiers in Bioengineering and Biotechnology* 6: 137.

Sudbery P, Gow N, Berman J. 2004. The distinct morphogenic states of *Candida albicans*. *Trends in Microbiology* 12: 317–24.

Swift RS. 2001. Sequestration of carbon by soil. *Soil Science* 166: 858–71.

Taiz L, Alkon D, Draguhn A, Murphy A, Blatt M, Hawes C, Thiel G, Robinson DG. 2019. Plants neither possess nor require consciousness. *Trends in Plant Science* 24: 677–87.

Takaki K, Yoshida K, Saito T, Kusaka T, Yamaguchi R, Takahashi K, Sakamoto Y. 2014. Effect of electrical stimulation on fruit body formation in cultivating mushrooms. *Microorganisms* 2: 58–72.

Talou T, Gaset A, Delmas M, Kulifaj M, Montant C. 1990. Dimethyl sulphide: the secret for black truffle

hunting by animals? *Mycological Research* 94: 277–78.

Tanney JB, Visagie CM, Yilmaz N, Seifert KA. 2017. Aspergillus subgenus *Polypaecilum* from the built environment. *Studies in Mycology* 88: 237–67.

Taschen E, Rousset F, Sauve M, Benoit L, Dubois M-P, Richard F, Selosse M-A. 2016. How the truffle got its mate: insights from genetic structure in spontaneous and planted Mediterranean populations of *Tuber melanosporum*. *Molecular Ecology* 25: 5611–627.

Taylor A, Flatt A, Beutel M, Wolff M, Brownson K, Stamets P. 2015. Removal of *Escherichia coli* from synthetic stormwater using mycofiltration. *Ecological Engineering* 78: 79–86.

Taylor L, Leake J, Quirk J, Hardy K, Banwart S, Beerling D. 2009. Biological weathering and the long-term carbon cycle: integrating mycorrhizal evolution and function into the current paradigm. *Geobiology* 7: 171–91.

Taylor T, Klavins S, Krings M, Taylor E, Kerp H, Hass H. 2007. Fungi from the Rhynie chert: a view from the dark side. *Transactions of the Royal Society of Edinburgh: Earth Sciences* 94: 457–73.

Temple R. 2007. The prehistory of panspermia: astrophysical or metaphysical? *International Journal of Astrobiology* 6: 169–80.

Tero A, Takagi S, Saigusa T, Ito K, Bebber DP, Flicker MD, Yumiki K, Kobayashi R, Nakagaki T. 2010. Rules for biologically inspired adaptive network design. *Science* 327: 439–42.

Terrer C, Vicca S, Hungate BA, Phillips RP, Prentice IC. 2016. Mycorrhizal association as a primary control of the CO2 fertilization effect. *Science* 353: 72–74.

Thierry G. 2019. Lab-grown mini brains: we can't dismiss the possibility that they could one day outsmart us. *The Conversation*: theconversation.com/lab-grown-mini-brains-we-cant-dismiss-the-possibility-that-they-could-one-day-outsmart-us-125842 [2019年10月29日にアクセス]。

Thirkell TJ, Charters MD, Elliott AJ, Sait SM, Field KJ. 2017. Are mycorrhizal fungi our sustainable saviours? Considerations for achieving food security. *Journal of Ecology* 105: 921–29.

Thirkell TJ, Pastok D, Field KJ. 2019. Carbon for nutrient exchange between arbuscular mycorrhizal fungi and wheat varies according to cultivar and changes in atmospheric carbon dioxide concentration. *Global Change Biology*: DOI: 10:1111/gcb.14851.

Thomas P, Büntgen U. 2017. First harvest of Périgord black truffle in the UK as a result of climate change. *Climate Research* 74: 67–70.

Tilman D, Balzer C, Hill J, Befort BL. 2011. Global food demand and the sustainable intensification of agriculture. *Proceedings of the National Academy of Sciences* 108: 20260–264.

Tilman D, Cassman KG, Matson PA, Naylor R, Polasky S. 2002. Agricultural sustainability and intensive production practices. *Nature* 418: 671–77.

Tkavc R, Matrosova VY, Grichenko OE, Gostinčar C, Volpe RP, Klimenkova P, Gaidamakova EK, Zhou CE, Stewart BJ, Lyman MG, et al. 2018. Prospects for Fungal Bioremediation of Acidic Radioactive Waste Sites: Characterization and Genome Sequence of *Rhodotorula taiwanensis* MD1149. *Frontiers in Microbiology* 8: 2528.

Tlalka M, Bebber DP, Darrah PR, Watkinson SC, Fricker MD. 2007. Emergence of self-organised oscillatory domains in fungal mycelia. *Fungal Genetics and Biology* 44: 1085–95.

Tlalka M, Hensman D, Darrah P, Watkinson S, Fricker MD. 2003. Noncircadian oscillations in amino acid transport have complementary profiles in assimilatory and foraging hyphae of *Phanerochaete velutina*. *New Phytologist* 158: 325–35.

Toju H, Guimarães PR, Olesen JM, Thompson JN. 2014. Assembly of complex plant–fungus networks. *Nature Communications* 5: 5273.

Toju H, Peay KG, Yamamichi M, Narisawa K, Hiruma K, Naito K, Fukuda S, Ushio M, Nakaoka S, Onoda Y, et al. 2018. Core microbiomes for sustainable agroecosystems. *Nature Plants* 4 : 247–57.

Toju H, Sato H. 2018. Root-associated fungi shared between arbuscular mycorrhizal and ectomycorrhizal conifers in a temperate forest. *Frontiers in Microbiology* 9 : 433.

Toju H, Yamamoto S, Tanabe AS, Hayakawa T, Ishii HS. 2016. Network modules and hubs in plant-root fungal biomes. *Journal of the Royal Society Interface* 13 : 20151097.

Tolkien JRR. 2014. *The Lord of the Rings*. London, UK : Harper Collins. 〔J・R・R・トールキン『指輪物語 1-10』(評論社文庫、新版)、瀬田貞二、田中明子訳、評論社、1992-2003 年〕。

Tornberg K, Olsson S. 2002. Detection of hydroxyl radicals produced by wood-decomposing fungi. *FEMS Microbiology Ecology* 40 : 13–20.

Torri L, Migliorini P, Masoero G. 2013. Sensory test vs. electronic nose and/or image analysis of whole bread produced with old and modern wheat varieties adjuvanted by means of the mycorrhizal factor. *Food Research International* 54 : 1400–408.

Toyota M, Spencer D, Sawai-Toyota S, Jiaqi W, Zhang T, Koo AJ, Howe GA, Gilroy S. 2018. Glutamate triggers long-distance, calcium-based plant defense signaling. *Science 361* : 1112–115.

Trappe J. 2015. "Foreword." In *Mycorrhizal Networks*. Horton T., ed. Springer International Publishing.

Trappe JM. 2005. A. B. Frank and mycorrhizae : the challenge to evolutionary and ecologic theory. *Mycorrhiza* 15 : 277–81.

Trewavas A. 2016. Intelligence, Cognition, and Language of Green Plants. *Frontiers in Psychology* 7 : 588.

Trewavas A. 2014. *Plant Behaviour and Intelligence*. Oxford, UK : Oxford University Press.

Trewavas A. 2007. Response to Alpi et al. : Plant neurobiology—all metaphors have value. *Trends in Plant Science* 12 : 231–33.

Trivedi DK, Sinclair E, Xu Y, Sarkar D, Walton-Doyle C, Liscio C, Banks P, Milne J, Silverdale M, Kunath T, et al. 2019. Discovery of volatile biomarkers of Parkinson's disease from sebum. *ACS Central Science* 5 : 599–606.

Tsing AL. 2015. *The Mushroom at the End of the World*. Princeton, NJ : Princeton University Press. 〔アナ・チン『マツタケ——不確定な時代を生きる術』、赤嶺淳訳、みすず書房、2019 年〕。

Tuovinen V, Ekman S, Thor G, Vanderpool D, Spribille T, Johannesson H. 2019. Two basidiomycete fungi in the cortex of wolf lichens. *Current Biology* 29 : 476–83.

Tyne D, Manson AL, Huycke MM, Karanicolas J, Earl AM, Gilmore MS. 2019. Impact of antibiotic treatment and host innate immune pressure on enterococcal adaptation in the human bloodstream. *Science Translational Medicine* 11 : eaat8418.

Umehata H, Fumagalli M, Smail I, Matsuda Y, Swinbank AM, Cantalupo S, Sykes C, Ivison RJ, Steidel CC, Shapley AE, et al. 2019. Gas filaments of the cosmic web located around active galaxies in a protocluster. *Science* 366 : 97–100.

Vadder F, Grasset E, Holm L, Karsenty G, Macpherson AJ, Olofsson LE, Bäckhed F. 2018. Gut microbiota regulates maturation of the adult enteric nervous system via enteric serotonin networks. *Proceedings of the National Academy of Sciences* 115 : 6458–463.

Vahdatzadeh M, Deveau A, Splivallo R. 2015. The role of the microbiome of truffles in aroma formation : a meta-analysis approach. *Applied and Environmental Microbiology* 81 : 6946–952.

Vajda V, McLoughlin S. 2004. Fungal proliferation at the cretaceous- tertiary bound-ary. *Science* 303 : 1489–489.

Valles- Colomer M, Falony G, Darzi Y, Tigchelaar EF, Wang J, Tito RY, Schiweck C, Kurilshikov A, Joossens M, Wijmenga C, et al. 2019. The neuroactive potential of the human gut microbiota in quality of life and depression. *Nature Microbiology* : 623–32.

van Delft FC, Ipolitti G, Nicolau DV, Perumal A, Kašpar O, Kheireddine S, Wachsmann- Hogiu S, Nicolau DV. 2018. Something has to give: scaling com-binatorial computing by biological agents exploring physical networks en-coding NP- complete problems. *Journal of the Royal Society Interface Focus* 8: 20180034.

van der Heijden MG. 2016. Underground networking. *Science* 352: 290–91.

van der Heijden MG, Bardgett RD, Straalen NM. 2008. The unseen majority: soil mi-crobes as drivers of plant diversity and productivity in terrestrial ecosystems. *Ecology Letters* 11: 296–310.

van der Heijden MG, Dombrowski N, Schlaeppi K. 2017. Continuum of root- fungal symbioses for plant nutrition. *Proceedings of the National Academy of Sciences* 114: 11574–576.

van der Heijden MG, Horton TR. 2009. Socialism in soil? The importance of mycor-rhizal fungal networks for facilitation in natural ecosystems. *Journal of Ecology* 97: 1139–150.

van der Heijden MG, Walder F. 2016. Reply to "Misconceptions on the application of biological market theory to the mycorrhizal symbiosis." *Nature Plants* 2: 16062.

van der Linde S, Suz LM, Orme DC, Cox F, Andreae H, Asi E, Atkinson B, Benham S, Carroll C, Cools N, et al. 2018. Environment and host as large- scale controls of ectomycorrhizal fungi. *Nature* 558: 243–48.

Vannini C, Carpentieri A, Salvioli A, Novero M, Marsoni M, Testa L, Pinto M, Amoresano A, Ortolani F, Bracale M, et al. 2016. An interdomain network: the endobacterium of a mycorrhizal fungus promotes antioxidative responses in both fungal and plant hosts. *New Phytologist* 211: 265–75.

Van Tyne D, Manson AL, Huycke MM, Karanicolas J, Earl AM, Gilmore MS. 2019. Impact of antibiotic treatment and host innate immune pressure on enterococcal adaptation in the human bloodstream. *Science Translational Medicine* 487: eaat8418.

Venner S, Feschotte C, Biémont C. 2009. Dynamics of transposable elements: towards a community ecology of the genome. *Trends in Genetics* 25: 317–23.

Verbruggen E, Röling WF, Gamper HA, Kowalchuk GA, Verhoef HA, van der Hei-jden MG. 2010. Positive effects of organic farming on below- ground mutualists: large- scale comparison of mycorrhizal fungal communities in agricultural soils. *New Phytologist* 186: 968–79.

Vetter W, Roberts D. 2007. Revisiting the organohalogens associated with 1979- samples of Brazilian bees (*Eufriesea purpurata*). *Science of the Total Environ-ment* 377: 371–77.

Vita F, Taiti C, Pompeiano A, Bazihizina N, Lucarotti V, Mancuso S, Alpi A. 2015. Volatile organic compounds in truffle (*Tuber magnatum* Pico): comparison of samples from different regions of Italy and from different seasons. *Scientific Reports* 5: 12629.

Viveiros de Castro E. 2004. Exchanging perspectives: the transformation of objects into subjects in amerindian ontologies. *Common Knowledge*: 463–84.

von Bertalanffy L. 1933. *Modern Theories of Development: An Introduction to Theoretical Biology*. London, UK: Humphrey Milford.

Wadley G, Hayden B. 2015. Pharmacological influences on the Neolithic Transition. *Journal of Ethnobiology* 35: 566–84.

Wagg C, Bender FS, Widmer F, van der Heijden MG. 2014. Soil biodiversity and soil community composition determine ecosystem multifunctionality. *Proceedings of the National Academy of Sciences* 111: 5266–270.

Wainwright M. 1989a. Moulds in ancient and more recent medicine. *Mycologist* 3: 21–23.

Wainwright M. 1989b. Moulds in Folk Medicine. *Folklore* 100: 162–66.

Wainwright M, Rally L, Ali T. 1992. The scientific basis of mould therapy. *Mycologist* 6: 108–10.

Walder F, Niemann H, Natarajan M, Lehmann MF, Boller T, Wiemken A. 2012. Mycorrhizal networks: common goods of plants shared under unequal terms of trade. *Plant Physiology* 159: 789–97.

Walder F, van der Heijden MG. 2015. Regulation of resource exchange in the arbuscular mycorrhizal symbiosis. *Nature Plants* 1 : 15159.

Waller LP, Felten J, Hiiesalu I, Vogt-Schilb H. 2018. Sharing resources for mutual benefit : crosstalk between disciplines deepens the understanding of mycorrhizal symbioses across scales. *New Phytologist* 217 : 29–32.

Wang B, Yeun L, Xue J, Liu Y, Ané J, Qiu Y. 2010. Presence of three mycorrhizal genes in the common ancestor of land plants suggests a key role of mycorrhizas in the colonization of land by plants. *New Phytologist* 186 : 514–25.

Wasson G, Hofmann A, Ruck C. 2009. *The Road to Eleusis : Unveiling the Secret of the Mysteries*. Berkeley, CA : North Atlantic Books.

Wasson G, Kramrisch S, Ott J, Ruck C. 1986. *Persephone's Quest : Entheogens and the Origins of Religion*. New Haven, CT : Yale University Press.

Wasson VP, Wasson G. 1957. *Mushrooms, Russia and History*. New York, NY : Pantheon Books, Inc.

Watanabe S, Tero A, Takamatsu A, Nakagaki T. 2011. Traffic optimization in railroad networks using an algorithm mimicking an amoeba-like organism, *Physarum plasmodium. Biosystems* 105 : 225–32.

Watkinson SC, Boddy L, Money N. 2015. *The Fungi*. London, UK : Academic Press.

Watts J. 2018. Scientists identify vast underground ecosystem containing billions of micro-organisms. *The Guardian* : www.theguardian.com/science/2018/dec/10/tread-softly-because-you-tread-on-23bn-tonnes-of-micro-organisms［2019 年 10 月 29 日にアクセス］。

Watts-Williams SJ, Cavagnaro TR. 2014. Nutrient interactions and arbuscular mycorrhizas : a meta-analysis of a mycorrhiza-defective mutant and wild-type tomato genotype pair. *Plant and Soil* 384 : 79–92.

Wellman CH, Strother PK. 2015. The terrestrial biota prior to the origin of land plants (embryophytes) : a review of the evidence. *Palaeontology* 58 : 601–27.

Weremijewicz J, da Sternberg L, Janos DP. 2016. Common mycorrhizal networks amplify competition by preferential mineral nutrient allocation to large host plants. *New Phytologist* 212 : 461–71.

Werner GD, Kiers TE. 2015. Partner selection in the mycorrhizal mutualism. *New Phytologist* 205 : 1437–442.

Werner GD, Strassmann JE, Ivens AB, Engelmoer DJ, Verbruggen E, Queller DC, Noë R, Johnson N, Hammerstein P, Kiers TE. 2014. Evolution of microbial markets. *Proceedings of the National Academy of Sciences* 111 : 1237–244.

Werrett S. 2019. *Thrifty Science : Making the Most of Materials in the History of Experiment*. Chicago, IL : University of Chicago Press.

West M. 2019. Putting the "I" in science. *Nature* : www.nature.com/articles/d41586-019-03051-z［2019 年 10 月 29 日にアクセス］。

Westerhoff HV, Brooks AN, Simeonidis E, García-Contreras R, He F, Boogerd FC, Jackson VJ, Goncharuk V, Kolodkin A. 2014. Macromolecular networks and intelligence in microorganisms. *Frontiers in Microbiology* 5 : 379.

Weyrich LS, Duchene S, Soubrier J, Arriola L, Llamas B, Breen J, Morris AG, Alt KW, Caramelli D, Dresely V, et al. 2017. Neanderthal behaviour, diet, and disease inferred from ancient DNA in dental calculus. *Nature* 544 : 357–61.

Whiteside MD, Werner GDA, Caldas VEA, Van't Padje A, Dupin SE, Elbers B, Bakker M, Wyatt GAK, Klein M, Hink MA, et al. 2019. Mycorrhizal fungi respond to resource inequality by moving phosphorus from rich to poor patches across networks. *Current Biology* 29 : 2043–50.

Whittaker R. 1969. New Concepts of Kingdoms of Organisms. *Science* 163 : 150–60.

Wiens F, Zitzmann A, Lachance M-A, Yegles M, Pragst F, Wurst FM, von Holst D, Guan S, Spanagel R. 2008.

Chronic intake of fermented floral nectar by wild treeshrews. *Proceedings of the National Academy of Sciences* 105 : 10426–431.

Wilkinson DM. 1998. The evolutionary ecology of mycorrhizal networks. *Oikos* 82 : 407–10.

Willerslev R. 2007. *Soul Hunters : Hunting, Animism, and Personhood among the Siberian Yukaghirs*. Berkeley, CA : University of California Press.〔レーン・ウィラースレフ『ソウル・ハンターズ――シベリア・ユカギールのアニミズムの人類学』、奥野克巳、近藤祉秋、古川不可知訳、亜紀書房、2018 年〕。

Wilson GW, Rice CW, Rillig MC, Springer A, Hartnett DC. 2009. Soil aggregation and carbon sequestration are tightly correlated with the abundance of arbuscular mycorrhizal fungi : results from long-term field experiments. *Ecology Letters* 12 : 452–61.

Winkelman MJ. 2017. The mechanisms of psychedelic visionary experiences : hypotheses from evolutionary psychology. *Frontiers in Neuroscience* 11 : 539.

Wipf D, Krajinski F, Tuinen D, Recorbet G, Courty P. 2019. Trading on the arbuscular mycorrhiza market : from arbuscules to common mycorrhizal networks. *New Phytologist* 223 : 1127–142.

Wisecaver JH, Slot JC, Rokas A. 2014. The evolution of fungal metabolic pathways. *PLOS Genetics* 10 : e1004816.

Witt P. 1971. Drugs alter web-building of spiders : a review and evaluation. *Behavioral Science* 16 : 98–113.

Wolfe BE, Husband BC, Klironomos JN. 2005. Effects of a belowground mutualism on an aboveground mutualism. *Ecology Letters* 8 : 218–23.

Wright CK, Wimberly MC. 2013. Recent land use change in the Western Corn Belt threatens grasslands and wetlands. *Proceedings of the National Academy of Sciences* 110 : 4134–139.

Wulf A. 2015. *The Invention of Nature*. New York, NY : Alfred A. Knopf.〔アンドレア・ウルフ『フンボルトの冒険――自然という「生命の網」の発明』、鍛原多惠子訳、NHK 出版、2017 年〕。

Wyatt GA, Kiers TE, Gardner A, West SA. 2014. A biological market analysis of the plant-mycorrhizal symbiosis. *Evolution* 68 : 2603–618.

Yano JM, Yu K, Donaldson GP, Shastri GG, Ann P, Ma L, Nagler CR, Ismagilov RF, Masmanian SK, Hsiao EY. 2015. Indigenous bacteria from the gut microbiota regulate host serotonin biosynthesis. *Cell* 161 : 264–76.

Yon D. 2019. Now You See It. *Quanta* : aeon.co/essays/how-our-brain-sculpts-experience-in-line-with-our-expectations?［2019 年 10 月 29 日にアクセス］。

Yong E. 2014. The Guts That Scrape The Skies. *National Geographic* : www.nationalgeographic.com/science/phenomena/2014/09/23/the-guts-that-scrape-the-skies/［2019 年 10 月 29 日にアクセス］。

Yong E. 2017. How the Zombie Fungus Takes Over Ants' Bodies to Control Their Minds. *The Atlantic* : www.theatlantic.com/science/archive/2017/11/how-the-zombie-fungus-takes-over-ants-bodies-to-control-their-minds/545864/［2019 年 10 月 29 日にアクセス］。

Yong E. 2016. *I Contain Multitudes : The Microbes Within Us and a Grander View of Life*. New York, NY : Ecco Press.〔エド・ヨン『世界は細菌にあふれ、人は細菌によって生かされる』、安部恵子訳、柏書房、2017 年〕。

Yong E. 2018. This Parasite Drugs Its Hosts With the Psychedelic Chemical in Shrooms. *The Atlantic* : www.theatlantic.com/science/archive/2018/07/massospora-parasite-drugs-its-hosts/566324/［2019 年 10 月 29 日にアクセス］。

Yong E. 2019. The Worst Disease Ever Recorded. *The Atlantic* : www.theatlantic.com/science/archive/2019/03/bd-frogs-apocalypse-disease/585862/［2019 年 10 月 29 日にアクセス］。

Young RM. 1985. *Darwin's Metaphor*. Cambridge, UK : Cambridge University Press.

Yuan X, Xiao S, Taylor TN. 2005. Lichen-like symbiosis 600 million years ago. Science 308 : 1017–20.

Yun-Chang W. 1985. Mycology in Ancient China. *Mycologist* 1 : 59–61.

Zabinski CA, Bunn RA. 2014. "Function of Mycorrhizae in Extreme Environments." In *Mycorrhizal Fungi : Use in Sustainable Agriculture and Land Restoration*. Solaiman Z, Abbott L, Varma A, eds. Springer International Publishing, pp. 201–14.

Zhang MM, Poulsen M, Currie CR. 2007. Symbiont recognition of mutualistic bacteria by *Acromyrmex* leaf-cutting ants. *The ISME Journal* 1 : 313–20.

Zhang S, Lehmann A, Zheng W, You Z, Rillig MC. 2019. Arbuscular mycorrhizal fungi increase grain yields : a meta-analysis. *New Phytologist* 222 : 543–55.

Zhang Y, Kastman EK, Guasto JS, Wolfe BE. 2018. Fungal networks shape dynamics of bacterial dispersal and community assembly in cheese rind microbiomes. *Nature Communications* 9 : 336.

Zheng C, Ji B, Zhang J, Zhang F, Bever JD. 2015. Shading decreases plant carbon preferential allocation towards the most beneficial mycorrhizal mutualist. *New Phytologist* 205 : 361–68.

Zheng P, Zeng B, Zhou C, Liu M, Fang Z, Xu X, Zeng L, Chen J, Fan S, Du X, et al. 2016. Gut microbiome remodeling induces depressive-like behaviors through a pathway mediated by the host's metabolism. *Molecular Psychiatry* 21 : 786–96.

Zhu K, McCormack LM, Lankau RA, Egan FJ, Wurzburger N. 2018. Association of ectomycorrhizal trees with high carbon-to-nitrogen ratio soils across temperate forests is driven by smaller nitrogen not larger carbon stocks. *Journal of Ecology* 106 : 524–35.

Zhu L, Aono M, Kim S-J, Hara M. 2013. Amoeba-based computing for traveling salesman problem : Long-term correlations between spatially separated individual cells of *Physarum polycephalum*. *Biosystems* 112 : 1–10.

Zobel M. 2018. Eltonian niche width determines range expansion success in ectomycorrhizal conifers. *New Phytologist* 220 : 947–49.

本書の著者と出版社は、以下の文献の抜粋を再掲することを許諾してくれた著作権者に深謝する。
'Heaven is Jealous' from *A Year With Hafiz: Daily Contemplations*, translation © Daniel Ladinsky 2011 ; 'Like Roots' from *Love Poems From God : Twelve Sacred Voices From the East and West*, translation © Daniel Ladinsky 2002 ; 'Fayan Wenyi' from 'The Book of Silences' from *Selected Poems* © Robert Bringhurst 2009 ; 'Green Grass', words and music by Kathleen Brennan & Thomas Waits © 2004 Jalma Music. Universal Music Publishing MGB Limited. All rights reserved. International copyright secured. Used by permission of Hal Leonard Europe Limited ; 'A New Year Greeting' © The Estate of W. H. Auden.

原画（© Symbolae）のコリン・エルダー氏による翻案を本書 67 ページに再掲することを許諾してくれた著作権者に深謝する。

マーリン・シェルドレイク（Merlin Sheldrake）
イギリスの生物学者。関心のある領域は植物学、微生物学、生態学、科学史・科学哲学など。スミソニアン熱帯研究所のリサーチフェローとして、パナマの熱帯雨林で地中の菌類ネットワークを研究したことで、ケンブリッジ大学の熱帯生態学の博士号を取得する。初の著書である本書（原題 *Entangled Life*）は、2021 年の王立協会科学図書賞や、米国『TIME』誌の 2020 年の必読書 100 選に選ばれるなど高い評価を得ており、20 か国以上で刊行が決定した国際的ベストセラーとなっている。

鍛原多惠子（かじはら・たえこ）
翻訳家。米国フロリダ州ニューカレッジ卒業（哲学・人類学専攻）。訳書に、エリザベス・コルバート『6 度目の大絶滅』、アンドレア・ウルフ『フンボルトの冒険』、マーク・ホニグスバウム『パンデミックの世紀』（以上、NHK 出版）、ジャスティン・ソネンバーグ & エリカ・ソネンバーグ『腸科学』（早川書房）ほか多数。

日本では、酒類製造免許を受けずにアルコール分 1 度以上の酒類を製造することは、酒税法により原則として禁じられております。
また、日本では、シロシビン（サイロシビン）及びシロシン（サイロシン）を含有するきのこ類は、麻薬及び向精神薬取締法により、研究目的を除いて栽培が禁じられるとともに、使用及び所持等することが禁じられています。

菌類が世界を救う
——キノコ・カビ・酵母たちの驚異の能力

2022年 1月30日　初版発行
2023年12月30日　2刷発行

著　者　マーリン・シェルドレイク
訳　者　鍛原多惠子
装　幀　木庭貴信（オクターヴ）
発行者　小野寺優
発行所　株式会社河出書房新社
〒151-0051　東京都渋谷区千駄ヶ谷 2-32-2
電話 03-3404-1201［営業］　03-3404-8611［編集］
https://www.kawade.co.jp/
印　刷　株式会社亨有堂印刷所
製　本　大口製本印刷株式会社
Printed in Japan
ISBN978-4-309-25439-5